全国地层多重划分对比研究

（41）

河南省岩石地层

主　编：席文祥　裴放
编　者：席文祥　裴　放　巴光进
王朝栋　贺国虔　武太安
王志海　刘献华
（以编写章节为序）

中国地质大学出版社

内 容 简 介

河南省跨越华北、华南两个地层大区，地层发育良好。通过清理，查清了以往使用过的地层名称共517个。按照《中国地层指南及中国地层指南说明书》共选用185个岩石地层单位，包括11个群，4个（岩）群，1个杂岩，152个组，14个（岩）组和3个段，建立了河南省岩石地层系统及层序。

本书重点对采用的岩石地层单位的创名、原始定义、沿革、层型、现在定义、地质特征及区域变化等作了论述。在古生代共划分95个生物地层单位，对其地层位置及特征分子作了描述，共划分22个阶一级年代地层单位，指明了其含义。对古生代的岩石、生物、年代地层单位的关系作了较详细的对比。

本书对1∶5万区调填图、科研及矿产普查等均具有较高的实用价值。

图书在版编目(CIP)数据

河南省岩石地层/席文祥，裴放主编．—武汉：中国地质大学出版社，1997.9(2017.5 重印)
(全国地层多重划分对比研究：41)
ISBN 978-7-5625-1167-0

Ⅰ．河…
Ⅱ．①席…②裴…
Ⅲ．地层学—河南省
Ⅳ．P535.261

中国版本图书馆 CIP 数据核字(2008)第184433号

河南省岩石地层 席文祥 裴放 主编

责任编辑：张晓红 贾晓青 责任校对：熊华珍

出版发行：中国地质大学出版社（武汉市洪山区鲁磨路388号） 邮编：430074
电话：(027)67883511 传真：67883580 **E-mail**：cbb @ cug.edu.cn
经 销：全国新华书店 **http**://www.cugp.cn

开本：787毫米×1092毫米 1/16 字数：500千字 印张：19.375
版次：1997年9月第1版 印次：2017年5月第3次印刷
印刷：武汉教文印刷厂 印数：1101—1600册

ISBN 978-7-5625-1167-0 定价：59.00元

序

100多年来，地层学始终是地质学的重要基础学科的支柱，甚至还可以说是基础中的基础，它为近代地质学的建立和发展发挥了十分重要的作用。随着板块构造学说的提出和发展，地质科学正经历着一场深刻的变革，古老的地层学和其他分支学科一样还面临着满足社会不断进步与发展的物质需要和解决人类的重大环境问题等双重任务的挑战。为了迎接这一挑战，依靠现代科技进步及各学科之间相互渗透，地层学的研究范围将不断扩大，研究途径更为宽广，研究方法日趋多样化，并萌发出许多新的思路和学术思想，产生出许多分支学科，如生态地层学、磁性地层学、地震地层学、化学地层学、定量地层学、事件地层学、气候地层学、构造地层学和月球地层学等等，它们的综合又导致了“综合地层学”和“全球地层学”概念的提出。所有这一切，标志着地层学研究向高度综合化方向发展。

我国的地层学和与其密切相关的古生物学早在本世纪前期的创立阶段，就涌现出一批杰出的地层古生物学家和先驱，他们的研究成果奠定了我国地层学的基础。但是大规模的进展，还是从1949年以后，尤其是随着全国中小比例尺区域地质调查的有计划开展，以及若干重大科学计划的执行而发展起来的。正像我国著名的地质学家尹赞勋先生在第一届全国地层会议上所讲：“区域地质调查成果的最大受益者就是地层古生物学。”1959年召开的中国第一届全国地层会议，总结了建国十年来所获的新资料，制定了中国第一份地层规范（草案），标志着我国地层学和地层工作进入了一个新的阶段。过了20年，地层学在国内的发展经历了几乎十年停滞以后，于1979年召开了中国第二届全国地层会议，会议在某种程度上吸收学习了国际地层学研究的新成果，还讨论制定了《中国地层指南及中国地层指南说明书》，为推动地层学在中国的发展，缩小同国际地层学研究水平的差距奠定了良好基础。这次会议以后所进行的一系列工作，包括应用地层单位的多重性概念所进行的地层划分对比研究、区域地层格架及地层模型的研究，现代地层学与沉积学相结合所进行的盆地分析以及1∶5万区域地质填图方法的改进与完善等，都成为我国地层学进一步发展的强大推动力。为此，地质矿产部组织了一项“全国地层多重划分对比研究（清理）”的系统工程，在30个省、直辖市、自治区（含台湾省，不含上海市）范围内，自下而上由省（市、区）、大区和全国设立三个层次的课题，在现代地层学和沉积学理论指导下，对以往所建立的地层单位进行研究（清理），追溯地层单位创名的沿革，重新厘定单位含义、层型类型与特征、区域延伸与对比，消除同物异名，查清同名异物，在大范围内建立若干断代岩石地层单位的时空格架、编制符合现代地层学含义的新一代区域地层序列表，并与地层多重划分对比研究工作同步开展了省（市、区）和全国两级地层数据库的研建，对巩固地层多重划分对比研究（清理）成果，为地层学的科学化、系统化和现代化发展打下了良好基础。这项研究工作在部、省（市、区）各级领导的支持关怀下，全体研究人员经过5年的艰苦努力已圆满地完成了任务，高兴地看到许多成果已陆续要出版了。这项工作涉及的范围之广、参加的单位及人员之多、文件的时间跨度之长，以及现代科学理论与计算机技术的应用等各方面，都可以说是在我国地层学工作不断发展中具有里程碑意义的。这项研究中不同层次成果的出版问世，不仅对区域地质调查、地质图件的编测、区域矿产普查与勘查、地质科研和教学等方面都具有现实的指导作用和实用价值，而且对我国地层学的发展和科学化、系统化将起到积极的促进作用。

首次组织实施这样一项规模空前的全国性的研究工作，尽管全体参与人员付出了极大的辛勤劳动，全国项目办和各大区办进行了大量卓有成效和细致的组织协调工作，取得了巨大的成绩，但由于种种原因，难免会有疏漏甚至失误之处。即使这样，该系列研究是认识地层学真理长河中的一个相对真理的阶段，其成果仍不失其宝贵的科学意义和巨大的实用价值。我相信经过广大地质工作者的使用与检验，在修订再版时，其内容将会更加完美。在此祝贺这一系列地层研究成果的公开出版，它必将发挥出巨大社会经济效益，为地质科学的发展做出新的贡献。

程裕淇

前　　言

地层学在地质科学中是一门奠基性的基础学科，是基础地质的基础。自从19世纪初由W史密斯奠定的基本原理和方法以来的一个半世纪中，地层学是地质科学中最活跃的一个分支学科，对现代地质学的建立和发展产生了深刻的影响，作出了不可磨灭的贡献，特别是在20世纪60年代由于板块构造学说兴起引发的一场“地学革命”，其表现更为显著。随着板块构造学的确立，沉积学和古生态学的发展，地球历史和生物演化中的灾变论思想的复兴和地质事件概念的建立，使地层学的分支学科，如时间地层学、生态地层学、地震地层学、同位素地层学、气候地层学、磁性地层学、定量地层学和构造地层学等像雨后春笋般地蓬勃发展，这种情况必然对地层学、生物地层和沉积地层等的传统理论认识和方法提出了严峻的挑战。经过20年的论战，充分体现当代国际地质科学先进思想的《国际地层指南》（英文版）于1976年见诸于世，之后在不到20年的时间里又于1979、1987、1993年连续三次进行了修改补充，陆续补充了《磁性地层极性单位》、《不整合界限地层单位》，以及把岩浆岩与变质岩等作为广义地层学范畴纳入地层指南而又补充编写了《火成岩和变质岩岩体的地层划分与命名》等内容。

国际地层学上述重大变革，对我国地学界产生了强烈冲击，十年动乱形成的政治禁锢被打开，迎来了科学的春天，先进的科学思潮像潮水般涌来，于是在1979年第二届全国地层会议上通过并于1981年公开出版了《中国地层指南及中国地层指南说明书》，其中阐述了地层多重划分概念。于1983年按地层多重划分概念和岩石地层单位填图在安徽区调队进行了首次试点。1985年《贵州省区域地质志》中地层部分吸取了地层多重划分概念进行撰写。1986年地质矿产部设立了“七五”重点科技攻关项目——“1∶5万区调中填图方法研究项目”，把以岩石地层单位填图，多重地层划分对比，识别基本地层层序等现代地层学和现代沉积学相结合的内容列为沉积岩区区调填图方法研究课题，从此拉开了新一轮1∶5万区调填图的序幕，由试点的贵州、安徽和陕西三省逐步推向全国。

1∶5万区调填图方法研究试点中遇到的最大问题是如何按照现代地层学的理论和方法来对待与处理按传统理论和方法所建立的地层单位？如果维持长期沿用的按传统理论建立的地层单位，虽然很省事，但是又如何体现现代地层学和现代沉积学相结合的理论与方法呢？这样就谈不上紧跟世界潮流，迎接这一场由板块构造学说兴起所带来的“地学革命”。如果要坚持这一技术领域的革命性变革，就要下决心花费很大力气克服人力、财力和技术性等方面的重重困难，对长期沿用的不规范化的地层单位进行彻底的清理。经过反复研究比较，我们认识到科学技术的变革也和社会经济改革的潮流一样是不可逆转的，只有坚持改革才能前进，不进则退，否则就将被历史所淘汰，别无选择。在这一关键时刻，地质矿产部和原地矿部直管局领导作出了正确决策，从1991年开始，从地勘经费中设立一项重大基础地质研究项目——全国地层多重划分对比研究项目，简称全国地层清理项目，开始了一场地层学改革的系统工程，在全国范围内由下而上地按照现代地层学的理论和方法对原有的地层单位重新明确其定义、划分对比标准、延伸范围及各类地层单位的相互关系，与此同时研建全国地层数据库，巩固地层清理成果，推动我国地层学研究和地层单位管理的规范化和现代化，指导当前和今后一个时期1∶5万、1∶25万等区调填图等，提高我国地层学研究水平。1991年地质矿产部原直管局将地层清理作为部指令性任务以地直发(1991)005号文和1992年以地直发(1992)014号文下发了《地矿部全国地层多重划分对比（清理）研究项目第一次工作会议纪要》，明确了各省（市、自治区）地质矿产局（厅）清理研究任务，并于1993年2月补办了专项地勘科技项目合同（编号直科专92-1），并明确这一任务分别设立部、大区和省（市、自治区）三级领导小组，实行三级管理。

部级成立全国项目领导小组

组长	李廷栋	地质矿产部副总工程师
副组长	叶天竺	地质矿产部原直管局副局长
	赵　逊	中国地质科学院副院长

成立全国地层清理项目办公室，受领导小组委托对全国地层清理工作进行技术业务指导和协调以及经常性业务组织管理工作，并设立在中国地质科学院区域地质调查处（简称区调处）。

项目办公室主任	陈克强	区调处处长，教授级高级工程师
副主任	高振家	区调处总工，教授级高级工程师
	简人初	区调处高级工程师
专家	张守信	中国科学院地质研究所研究员
	魏家庸	贵州省地质矿产局区调院教授级高级工程师
成员	姜　义	区调处工程师
	李　忠	会计师
	周统顺	中国地质科学院地质研究所研究员

大区一级成立大区领导小组，由大区内各省（市、自治区）局级领导成员和地科院沈阳、天津、西安、宜昌、成都、南京六个地质矿产研究所各推荐一名专家组成。领导小组对本大区地层清理工作进行组织、指导、协调、仲裁并承担研究的职责。下设大区办公室，负责大区地层清理的技术业务指导和经常性业务技术管理工作。在全国项目办直接领导下，成立全国地层数据库研建小组，由福建区调队和部区调处承担，负责全国和省（市、自治区）二级地层数据库软件开发研制。

各省（市、自治区）成立省级领导小组，以省（市、自治区）局总工或副总工为组长，有区调主管及有关处室负责人组成，在专业区调队（所、院）等单位成立地层清理小组，具体负责地层清理工作，同时成立省级地层数据库录入小组，按照全国地层数据库研建小组研制的软件及时将本省清理的成果进行数据录入，并检验软件运行情况，及时反馈意见，不断改进和优化软件。在全国地层清理的三个级次的项目中，省级项目是基础，因此要求各省（市、自治区）地层清理工作必须实行室内清理与野外核查相结合，清理工作与区调填图相结合，清理与研究相结合，地层清理与地层数据库建立相结合，“生产”单位与科研教学单位相结合，并强调地层清理人员要用现代地层学和现代沉积学的理论武装起来，彻底打破传统观点，统一标准内容，严格要求，高标准地完成这一历史使命。实践的结果，凡是按上述五个相结合去做的效果都比较好，不仅出了好成果，而且通过地层清理培养锻炼了一支科学技术队伍，从总体上把我国区调水平提高到一个新台阶。

三年多以来，参加全国地层清理工作的人员总数达400多人，总计查阅文献约24 000份，野外核查剖面约16 472.6 km，新测剖面70余条约300 km，清理原有地层单位有12 880个，通过清查保留的地层单位约4721个（还有省与省之间重复的），占总数36.6%，建议停止使用或废弃的单位有8159个（为同物异名或非岩石地层单位等），占总数63.4%，清查中通过实测剖面新建地层单位134个。与此同时研制了地层单位的查询、检索、命名和研究对比功能的数据库，通过各省（市、自治区）数据录入小组将12 880个地层单位（每个单位5张数据卡片）和10 000多条各类层型剖面全部录入，首次建立起全国30个（不含上海市）省（市、自治区）基础地层数据库，为全国地层数据库全面建成奠定了坚实的基础。从1994年7月—11月，分七个片对30个省（市、自治区）地层清理成果报告及数据库的数据录入进行了评审验收，到1994年底可以说基本上完成了省一级地层清理任务。1995—1996年将全面完成大区和总项目的清理研究任务。由此可见，这次全国地层清理工作无论是参加人数之多，涉及面之广，新方法新技术的应用以及理论指导的高度和研究的深度都可以堪称中国地层学研究的第三个里程碑。这一系统工程所完成的成果，不仅是这次直接参加清理的400多人的成果，而且亦应该归功于全国地层工作者、区域地质调查者、地层学科研与教学人员以及为地层工作做过贡献的普查勘探人员。全国地层清理成果的公开出版，必将对提高我国地层学研究水平，统一岩石地层划分和命名指导区调填图，加强地层单位的管理以及地质勘察和科研教学等方面发挥重要的作用。

鉴于本次地层清理工作和地层数据库的研建是过去从未进行过的一项研究性很强的系统工程，涉及的范围很广，时间跨度长达100多年，参加该项工作的人员多达300～400人，由于时间短，经费有限，人员水平不一，文献资料掌握程度等种种主客观原因，尽管所有人员都尽了最大努力，但是在本书中少数地层单位的名称、出处、命名人和命名时间等不可避免地存在一些问题。本书中地层单位名称出现的“岩群”、“岩组”等名词，是根据1990年公开出版的程裕淇主编的《中国地质图（1∶500万）及说明书》所阐述的定义。为了考虑不同观点的读者使用，本书对有“岩群”、“岩组”的地层单位，均暂以（岩）群、（岩）组处理。如鞍山（岩）群、迁西（岩）群。总之，本书中存在的错漏及不足之处，衷心地欢迎广大读者提出宝贵意见，以便今后不断改正和补充。

在30个省（市、自治区）地层清理系统成果即将公开出版之际，我代表全国地层清理项目办公室向参加30个省（市、自治区）地层清理、数据库研建和数据录入的同志所付出的辛勤劳动表示衷心的感谢和亲切的慰问。在全国地层清理项目立项过程中，原直管局王新华、黄崇轲副局长给予了大力支持，原直管局局长兼财务司司长现地矿部副部长陈洲其在项目论证会上作了立项论证报告，在人、财、物方面给予过很大支持；全国地层委员会副主任程裕淇院士一直对地层清理工作给予极大的关心和支持，并在立项论证会上作了重要讲话；中国地质大学教授、全国地层委员会地层分类命名小组组长王鸿祯院士是本项目的顾问，在地层清理的指导思想、方法步骤及许多重大技术问题上给予了具体的指导和帮助；中国地质大学教授杨遵仪院士对这项工作热情关心并给以指导；中国地质科学院院长、部总工程师陈毓川研究员参加了第三次全国地层清理工作会议并作了重要指示与鼓励性讲话；部科技司姜作勤高工，计算中心邬宽廉、陈传霖，信息院赵精满，地科院刘心铸等专家对地层数据库设计进行评审，为研建地层数据库提出许多有意义的建议。中国科学院地质研究所，南京古生物研究所，中国地质科学院地质研究所，天津、沈阳、南京、宜昌、成都和西安地质矿产研究所，南京大学，西北大学，中国地质大学，长春地质学院，西安地质学院等单位的知名专家、教授和学者，各省（市、自治区）地矿局领导、总工程师、区调主管、质量检查员和区调队、地研所、综合大队等单位的区域地质学家共600余人次参加了各省（市、自治区）地层清理研究成果和六个大区区域地层成果报告的评审和鉴定验收，给予了友善的帮助；各省（市、自治区）地矿局（厅）、区调队（所、院）等各级领导给予地层清理工作在人、财、物方面的大力支持。可以肯定，没有以上各有关单位和部门的领导和众多的专家教授对地层清理工作多方面的关心和支持，这项工作是难以完成的。在30个省（市、自治区）地层清理成果评审过程中一直到成果出版之前，中国地质大学出版社，特别是以褚松和副社长和刘粤湘编辑为组长的全国地层多重划分对比研究报告编辑出版组为本套书编辑出版付出了极大的辛苦劳动，使这一套系统成果能够如此快地、规范化地出版了！在全国项目办设在区调处的几年中，除了参加项目办的成员外，区调处的陈兆棉、其和日格、田玉莹、魏书章、刘凤仁多次承担地层清理会议的会务工作，赵洪伟和于庆文同志除了承担会议事务还为会议打印文稿，于庆文同志还协助绘制地层区划图及文稿复印等工作。

在此，向上面提到的单位和所有同志一并表示我们最诚挚的谢意，并希望继续得到他们的关心和支持。

全国地层清理项目办公室（陈克强执笔）

目　录

第一章　绪　论…………（1）

第一篇　华北地层大区

第二章　太古宙…………（11）
　第一节　岩石地层单位…………（11）
　第二节　地质年代…………（14）
第三章　元古宙…………（15）
　第一节　岩石地层单位…………（15）
　第二节　年代地层…………（81）
第四章　寒武纪—奥陶纪…………（84）
　第一节　岩石地层单位…………（84）
　第二节　生物地层单位…………（107）
　第三节　年代地层单位…………（112）
　第四节　岩石、生物、年代地层单位的对比…………（112）
　第五节　问题讨论…………（115）
第五章　泥盆纪—二叠纪…………（116）
　第一节　岩石地层单位…………（116）
　第二节　生物地层单位…………（139）
　第三节　年代地层单位…………（146）
　第四节　岩石、生物、年代地层单位的对比…………（146）
　第五节　问题讨论…………（148）
第六章　三叠纪—白垩纪…………（149）
第七章　第三纪…………（177）

第二篇　华南地层大区

第八章　太古宙—元古宙…………（209）
第九章　寒武纪—志留纪…………（221）
　第一节　岩石地层单位…………（221）
　第二节　生物地层单位…………（238）
　第三节　浙川北部与南部寒武纪地层的对比…………（243）
　第四节　问题讨论…………（244）
第十章　泥盆纪—石炭纪…………（246）
　第一节　岩石地层单位…………（246）

第二节　生物地层单位……………………………………………………………………………（254）
第三节　问题讨论……………………………………………………………………………（257）
第十一章　白垩纪……………………………………………………………………………（259）
第十二章　第三纪……………………………………………………………………………（264）
第十三章　结　语……………………………………………………………………………（270）
参考文献……………………………………………………………………………（273）
附录Ⅰ　河南省地层数据库的建库情况及功能介绍……………………………………（279）
附录Ⅱ　河南省采用的岩石地层单位……………………………………………………（283）
附录Ⅲ　河南省建议不采用的地层名称…………………………………………………（289）

第一章
绪 论

一、目的和任务

地质矿产部根据国内外地层研究现状，结合我国的区调工作和基础地质研究需要，决定“八五”期间开展“全国地层多重划分对比研究”项目和建立省与全国两级地层数据库。河南地矿厅依据地质矿产部地直发〔1991〕005号文精神，于1991年3月印发了豫地字〔1991〕081号文，责成河南省区调队承担“河南省地层多重划分对比研究”项目。1992年3月地质矿产部在北京召开了“全国地层多重划分对比研究项目第一次工作会议”，会后下达了〔1992〕014号文，对“全国地层多重划分对比研究”项目又作了具体指示和部署，提出了总体设计，明确指出了本项目的目的、任务和主要内容，以及管理机构等。“河南省地层多重划分对比研究”项目的主要目的和任务就是根据现代地层学的多重地层划分概念及近年来1∶5万区调取得的新成果、新知识，明确河南省境内采用的岩石地层单位的定义、层型、划分对比标准、延伸范围以及与生物、年代地层单位之间的相互关系，提高科学性，纠正地层学研究中统一地层划分的传统的思想观念，摸清家底，建立能为大多数人接受的、客观的、稳定且适用的岩石地层单位系统。通过地层数据库的建立，促进地层学研究和地层单位划分与管理的规范化、现代化，直接为1∶5万区调填图、普查找矿和地层研究服务，从而实现地质科学、普查找矿及地质填图的现代化，发挥其在国民经济建设中的更大作用，并使我国的地层学研究跨入国际先进行列。

二、地层综合区划及地层发育概况

（一）地层综合区划

按照全国项目办1994年7月北京“地层区划工作会议记要”精神，结合河南省的具体情况，以丹凤-镇平-信阳断裂为界，将本省划分为华北，华南两个地层大区（Ⅰ级），三个地层区（Ⅱ级），三个地层分区（Ⅲ级）和四个地层小区（Ⅳ级）（图1-1）。

（二）区域地层发育概况

河南省跨越华北、华南两个地层大区，地层比较发育（表1-1），沉积类型复杂，生物化石和沉积矿产丰富，是研究中国地层学、沉积学、生物学及沉积矿床学等学科的重要地区之

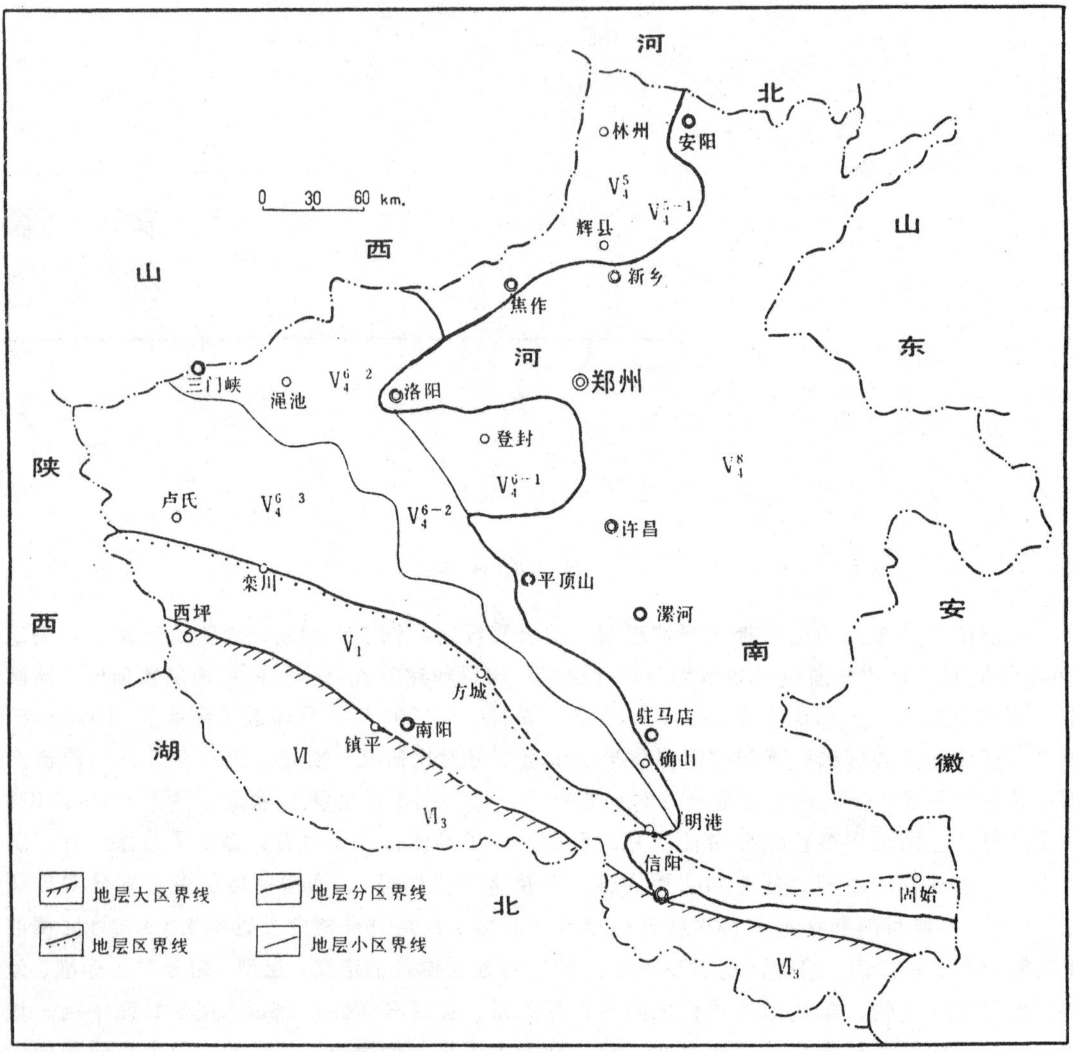

图 1-1 河南省综合地层区划图

华北地层大区（V）；晋冀鲁豫地层区（V_4）；山西地层分区（V_4^5）；太行山地层小区（V_4^{5-2}）；豫陕地层分区（V_4^6）；嵩山小区（V_4^{6-1}；渑池-确山小区（V_4^{6-2}）；华熊小区（V_4^{6-3}）；华北平原地层分区（V_4^8）；秦祁昆地层区（V_1）；华南地层大区（Ⅵ）；南秦岭-大别山地层区（$Ⅵ_3$）

一，它北连华北，南接华南，是研究我国南北地层的桥梁。

1. 华北地层大区（V）

以栾川-明港-固始断裂为界可分为晋冀鲁豫和秦祁昆两个地层区。

(1) 晋冀鲁豫地层区（V_4）：晋冀鲁豫地层区的范围为栾川-明港-固始断裂以北的广大地区。本区具明显的基底和盖层二元结构，为典型的台型沉积。基底由太古宇—下元古界构成。盖层由中元古界—新生界组成，各时代地层的岩相及厚度稳定，地层序列清楚，古生物化石丰富，生物演化规律明显，地层时代属性比较可靠，地层褶皱微弱，基本未受区域变质。本区经历了嵩阳、中条、王屋山、加里东—华力西、印支—燕山及喜马拉雅等多次构造活动，造成地层之间的不整合或平行不整合，是地层划分的明显标志。根据地质构造和地层发育特征，

表 1-1　河南省岩石地层单位划分表

年代地层			华南地层大区		华北地层大区					
			南秦岭-大别山地层区		秦祁昆地层区		晋冀鲁豫地层区			
							豫陕地层分区			山西地层分区
宇	界	系	浙川	西峡-大别山	南部	北部	华熊地层小区	渑池-确山地层小区	嵩山地层小区	太行山地层小区
元古宇	上元古界	震旦系（600—800）	灯影组 陡山沱组				陶湾(岩)组 三岔口组 栾川群：鱼库组、大红口组	东坡组 罗圈组 董家组 黄莲垛组	东坡组 罗圈组 红岭组	
元古宇	上元古界	青白口系（800—1000）	耀岭河组	龟山(岩)组	峡河(岩)群：界牌(岩)组	宽坪(岩)群：谢湾(岩)组	栾川群：煤窑沟组、南泥湖组、三川组、白术沟组	汝阳群：洛峪口组、三教堂组、崔庄组	五佛山群：何家寨组、骆驼畔组、葡萄峪组	
元古宇	中元古界	蓟县系（1000—1400）	姚营寨组	苏家河(岩)群：定远(岩)组	峡河(岩)群：寨根(岩)组	宽坪(岩)群：四岔口(岩)组	官道口群：冯家湾组、杜关组、巡检司组、龙家园组 高山河组	汝阳群：北大尖组、白草坪组、云梦山组 兵马沟组	五佛山群：马鞍山组 兵马沟组	白草坪组 云梦山组
元古宇	中元古界	长城系（1400—1800）		苏家河(岩)群：浒湾(岩)组		宽坪(岩)群：广东坪(岩)组	熊耳群：马家河组、鸡蛋坪组、许山组 大古石组	马家河组 鸡蛋坪组 许山组 大古石组		
元古宇	下元古界	（1800—2500）	陡岭杂岩		秦岭(岩)群：石槽沟(岩)组、雁岭沟(岩)组、郭庄(岩)组			双房(岩)组 银鱼沟群：北崖山组、赤山沟组、幸福园组	花峪组 嵩山群：庙坡山组、五指岭组、罗汉洞组	
太古宇		（2500以前）		大别杂岩			太华(岩)群：雪花沟(岩)组、水底沟(岩)组、铁山岭(岩)组、荡泽河(岩)组、耐庄(岩)组	登封(岩)群：石梯沟(岩)组、常窑(岩)组、郭家窑(岩)组、石牌河(岩)组	登封(岩)群（续）	登封(岩)群（续）

注：太古宇未列入清理范围，地层名称未入附录Ⅱ。

续表 1-1

年代地层				华南地层大区			华北地层大区				
				南秦岭-大别山地层区			秦祁昆地层区			晋冀鲁豫地层区	
界	系	统	代号	浙川南部	浙川北部	西峡-大别山	光山-商城	二郎坪-刘山崖		豫陕-山西地层分区	
上古生界	二叠系	上统	P_2							石千峰群 石盒子组	孙家沟组 平顶山段 云盖山段
		下统	P_1							石盒子组 山西组 太原组	小风口段
	石炭系	上统	C_3				双石头组 杨小庄组			本溪组	
		中统	C_2		三关垭组		胡油坊组 道人冲组		柿树园组		
		下统	C_1		梁沟组 下集组 葫芦山组		杨山组 花园墙组		柿树园组		
	泥盆系	上统	D_3		王冠沟组 白山沟组	南湾组			柿树园组		
		中统	D_2			周进沟(岩)组	歪庙(岩)组				
		下统	D_1			周进沟(岩)组	歪庙(岩)组				
下古生界	志留系	上统	S_3			周进沟(岩)组		抱树坪组			
		中统	S_2			周进沟(岩)组		小寨组			
		下统	S_1		张湾组	周进沟(岩)组	石门冲(岩)组	小寨组			
	奥陶系	上统	O_3		蛮子营组	周进沟(岩)组	石门冲(岩)组	二郎坪群	火神庙组		
		中统	O_2		岞岫组	周进沟(岩)组		二郎坪群	大庙组	马家沟组	
		下统	O_1		牛尾巴山组 白龙庙组	周进沟(岩)组		二郎坪群	大庙组	三山子组	
	寒武系	上统	$\in_3$	秀子沟组	石瓮子组			二郎坪群	大庙组	炒米店组 崮山组 张夏组	
		中统	$\in_2$	习家店组 冯家凹组	岳家坪组			二郎坪群	大庙组	馒头组	三段 二段 一段
		下统	$\in_1$	岩屋沟组 杨家堡组	水沟口组			二郎坪群	大庙组	朱砂洞组 辛集组	

续表 1-1

界	系	统	代号	华南地层大区 *	华南地层大区 **	华北地层大区 秦祁昆地层区 大别山北麓盆地	吴城盆地	南召盆地	五里川盆地	华北地层大区 晋冀鲁豫地层区 潭头盆地	卢氏盆地	三门峡盆地	洛阳-汝州盆地	济源盆地	汤阴盆地
新生界	上第三系	上新统	N_2	凤凰镇组		尹庄组	尹庄组				雪家沟组	棉凹组	大安组	上第三系	庞村组 潞王坟组
新生界	上第三系	中新统	N_1	凤凰镇组		尹庄组	尹庄组						洛阳组	上第三系	鹤壁组 彰武组
新生界	下第三系	渐新统	E_3	上寺组							大峪组	刘林河组	石台街组		
新生界	下第三系	始新统	E_2	核桃园组 大仓房组		李庄组	五里墩组 李士沟组 毛家坡组			潭头组	卢氏组 张家村组	小安组 坡底组 门里组	蟒川组 陈宅沟组	南姚组 泽峪组 余庄组 聂庄组	
新生界	下第三系	古新统	E_1	玉皇顶组						高峪沟组					
中生界	白垩系	上统	K_2	寺沟组	寺沟组 马家村组 高沟组	周家湾组		上白垩统	寺沟组	秋扒组		南朝组	东孟村组		
中生界	白垩系	下统	K_1		白湾组	陈棚组		马市坪组					九店组 大营组		
中生界	侏罗系	上统	J_3			段集组 金刚台组		南召组						韩庄组	
中生界	侏罗系	中统	J_2			朱集组								马凹组	
中生界	侏罗系	下统	J_1										义马组	鞍腰组	
中生界	三叠系	上统	T_3					太子山组 太山庙组	五里川组				延长群	谭庄组 椿树腰组	
中生界	三叠系	中统	T_2										延长群 二马营组	油房庄组 二马营组	
中生界	三叠系	下统	T_1										石千峰群	和尚沟组 刘家沟组	

* 李官桥、南阳盆地

** 西峡、淅川盆地

本区可分为三个地层分区。

山西地层分区（$Ⅴ_4^5$）：仅出露太行山小区（$Ⅴ_4^{5-1}$）。基底为太古宙变质地层，盖层为中元古界碎屑岩组合、寒武系—奥陶系碳酸盐岩组合以及石炭系—二叠系含煤岩系等。

豫陕地层分区（$Ⅴ_4^6$）：位于晋冀鲁豫地层区的南部，可划分为三个地层小区。

嵩山地层小区（$Ⅴ_4^{6-1}$）：区内地层发育较全，基底构造变形复杂，由太古宇中深变质岩系和下元古界碎屑岩-碳酸盐岩组合构成；盖层为中元古界碎屑岩、寒武系—奥陶系碳酸盐岩、石炭系—三叠系碎屑岩-碳酸盐岩以及新生界等地层。本区太古宙、元古宙、古生代及中生代三叠纪地层发育较齐全，剖面完整，是一个优越的天然地质博物馆。

渑池-确山地层小区（$Ⅴ_4^{6-2}$）：基底由太古宙中深变质岩系和下元古界碎屑岩-碳酸盐岩组成；盖层为中元古界中-酸性火山岩、中上元古界碎屑岩-碳酸盐岩、寒武系—奥陶系碳酸盐岩、石炭系—二叠系碎屑岩-碳酸盐岩，以及侏罗系含煤碎屑岩、白垩系碎屑岩和新生界地层。

华熊地层小区（$Ⅴ_4^{6-3}$）：基底主要由太古宙中深变质岩系组成，盖层主要由中元古界中-酸性火山岩、碎屑岩-碳酸盐岩、粗面岩，三岔口组砾岩夹碎屑岩，陶湾（岩）组碎屑岩、碳酸盐岩。

华北平原地层分区（$Ⅴ_4^8$）：位于河南省东部广大地区，属华北平原的南部，广为第四系覆盖。

(2) 秦祁昆地层区（$Ⅴ_1$）：该区介于栾川-明港-固始断裂和丹凤-镇平-信阳断裂之间，为一复杂的活动区，地层多呈近东西向带状展布，由于构造及岩浆活动强烈，褶皱和断裂构造十分发育。地层单位之间多为断层或岩体破坏。各时代地层都具有沉积厚度大、相变快、沉积建造复杂、火山岩较发育等特点，反映了该区长期活动和多旋回发展的过程。大多数地层均遭受不同程度的区域变质。

该区北部的宽坪（岩）群为一套中深变质的中基性火山岩-碎屑岩-碳酸盐岩复杂组合。南部的秦岭（岩）群为一套中深变质的碎屑岩-中基性-中酸性火山岩-碳酸盐岩的复杂组合，峡河（岩）群为一套中浅变质的碎屑岩-火山岩-碳酸盐岩的复杂组合。中部的二郎坪群属裂陷槽喷发沉积，为一套中-浅变质的细碧岩-石英角斑岩夹碎屑岩及碳酸盐岩复杂组合。小寨组—抱树坪组及柿树园组为浅变质碎屑岩组合。

在本区东段光山—商城一带出露的石门冲（岩）组和歪庙（岩）组为两个外来构造岩块，岩性复杂。石炭系属断陷盆地沉积，为一套含煤碎屑岩组合，其中古生物面貌具南、北方过渡色彩。此外，还有零星分布的中生代地层，均沿断陷盆地分布，其建造组合复杂，主要为碎屑岩及火山岩组合。

2. 华南地层大区（Ⅵ）

在我省仅包括1个二级地层区，即南秦岭-大别山地层区（$Ⅵ_3$）。由于省内面积较小，不再划分地层分区和小区。

南秦岭-大别山地层区（$Ⅵ_3$）：位于丹凤-镇平-信阳断裂以南。在该区北部，即丹凤-镇平-信阳断裂以南、木家垭-桐柏-商城断裂以北，分布有龟山（岩）组、南湾组及周进沟（岩）组。龟山（岩）组呈近东西向狭长带状展布，为一套中浅变质的碎屑岩夹少量碳酸盐岩及火山岩组合。南湾组呈近东西向狭长带状展布，为一套浅变质浊积复理石碎屑岩组合。周进沟（岩）组呈构造岩块产出，为一套浅变质碎屑岩夹碳酸盐岩组合。

在淅川地区，陡岭杂岩为一套中深变质的含石墨碎屑岩-碳酸盐岩组合。姚营寨组［相当武当山（岩）群变沉积（岩）组］为一套浅变质碎屑岩组合。耀岭河组为一套碎屑岩-细碧岩

-石英角斑岩组合，震旦系为一套碎屑岩-碳酸盐岩组合，寒武系-石炭系为碎屑岩-碳酸盐岩夹基性火山岩组合。在桐柏山-大别山地区，桐柏-商城断裂以南分布有大别杂岩，由中深变质的深成岩和表壳岩组成。苏家河（岩）群为中浅变质的中基性-中酸性火山岩、碎屑岩夹碳酸盐岩复杂组合。南阳-西峡盆地为中新生代盆地，区内分布中新生代地层，为含膏、盐、石油碎屑岩组合。

三、遵循的原则及具体规定

(1) 本次地层对比研究范围为早元古代—第三纪地层。因太古宙强烈变质地层和第四纪松散堆积地层研究程度低，未列入本次研究范围。太古界仅作简介。

(2) 本次对比研究的基础资料为1：20万区调报告，1：50万河南省地质图（第一代）及《河南地层》(1962)，1：50万河南省地质图（第二代）及其说明书（1981)，《河南省区域地质志》，并参阅了1993年底前的1：5万区调报告和有关科研专著、论文等。

(3) 本次对比研究以《国际地层指南》、《中国地层指南及中国地层指南说明书》为准则，参考沉积岩区、变质岩区1：5万区域地质填图方法指南和《现代地层学》有关理论。

(4) 本次对比研究的重点是组一级岩石地层单位，其次为群、段两级岩石地层单位。组的划分和确立不但具有规律的岩石岩相组合特征，还应有宏观而明显的顶、底界面，适当的厚度和纵横向的稳定性，具有较好的填图性。群是具有某种共同岩性特征的两个或多个上下相邻的组归并而成的高一级岩石地层单位。段一般不作全省统一划分，只有在对区域地质学研究有重要意义时才划分正式段。对于过去习惯划分的一、二、三段或上、中、下段等非正式岩石地层单位可视其具体情况予以保留。

(5) 岩石地层单位界线的确定，应能充分反映这个岩石地层单位发育的一般规律，应该划在岩性发生明显变化的地方，最理想的界线是划在岩性突变处，只有在不得已时才划在岩性过渡带内。在两种或多种岩性交互成层，或以一种岩性渐变过渡到另一种岩性时，界线应划在便于确定的地方。在群内，特别是组和段内不应有不整合及明显的平行不整合。群内可以有平行不连续，组内也可以有规模不大的平行不连续。

(6) 层型的确定：层型是一个地层单位最初下定义的模式。如果原层型的描述不符合要求时，应做野外补充或重新描述。若原正层型或选层型地点被破坏，本次可另选一剖面（新层型）来代替。凡河南省内命名的岩石地层单位的层型，必须引用原始命名地点的剖面的列述，如果命名地点剖面发育不好，代表性较差，底、顶不全时，还需补充列述一个发育较好的参考剖面（副层型）来说明。凡援引外省命名的岩石地层单位，仅简述其特征、原定义、现定义，在河南省选择一条与其含义基本相同的参考剖面（次层型）列述，作为延伸层型的客观标准。在填写岩石单位名称卡片中注明层型所在地区的剖面名称、位置（经纬度)、文献、原定义及现定义。

(7) 岩石地层单位名称的选用，要尊重命名优先权的原则，同时也要考虑其知名度，使用的广泛性和合理性。尽量沿用常用和公开发表的地层单位名称。对原统一地层划分中的地层单位名称，凡符合岩石地层单位划分原则的，一律纳入岩石地层单位体系，若基本符合，只是顶、底界线稍有变动者，原则上保留原来名称。对沿用的旧名一定要赋于明确的或新的地层含义。

(8) 对陆相盆地的地层、造山带内的地层和中深变质地层的组级地层单位划分可宽容性大一些，宜粗不易细。

(9) 岩石地层单位名称的使用，组、群由地理名称加单位名称组成，如：云梦山组、汝阳群。段可由地理名称和单位名称构成，如：平顶山段。或用表示相对位置的非正式岩石地层单位，如下、中、上段，一、二、三段等。

(10) 岩石地层单位划分原则采用《变质岩区1∶5万填图方法指南》推荐的三种形式：①对各岩石地层单位间的界面主要为具正常叠置的关系能建立地层层序的地层，采用正式的岩石地层单位——群、组、段；②对构造岩石地层采用（岩）群、（岩）组；③对各种岩石地层单位由于构造作用或岩浆作用形成的混杂体采用杂岩。

四、工作程序及方法

(1) 准备阶段（1991年5月—1992年2月）：认真学习《国际地层指南》，《中国地层指南及中国地层指南说明书》，现代地层学多重地层划分的理论，沉积岩区、变质岩区1∶5万区域地质填图指南，地直发〔1991〕005号文等。根据上级文件精神及外省经验，结合河南的具体情况，在现有资料的基础上，于9月底完成了“河南省地层多重划分对比研究工作设计”。

(2) 收集资料及野外检查阶段（1992年3月—1993年7月底）：1992年3月北京“全国地层多重划分对比研究项目第一次工作会议”之后，5月正式组建河南省地层清理组，7月底人员陆续配齐。根据会议精神又编写了补充设计，广泛地收集本省及邻省的有关资料和文献，并作了少量野外工作，初步清理出河南省使用过的地层单位，7月底初步完成了河南地层划分沿革表和岩石地层单位划分表，同时填写了部分岩石地层单位卡片。

(3) 填卡及综合研究阶段（1993年8月—1994年3月）：根据全国项目办的统一规定，按微机录入要求，重新填写岩石地层单位卡片，并结合本省情况编写了填卡细则。编制地层划分沿革表、地层格架（横剖面）图、岩石地层单位分布及剖面位置图、地层区划图等，1993年11月编写了“河南省岩石地层单位简介”及报告编写提纲。

(4) 建库及报告编写阶段（1994年3月—10月）：1994年3月开始录入卡片，在卡片录入前、后均进行了详细检查，8月底卡片录入工作结束。4月初开始编写《河南省地层多重划分对比研究报告》，8月底完成送审稿，9月初上报地质矿产部项目办、华北大区办及省地矿厅。9月27日省地质矿产厅在郑州召开了评审验收会议。10月6日—13日在山东烟台市参加华北大区七省（市）成果评审验收。

(5) 卡片及报告修改阶段（1994年11月—1995年6月）：按照验收决议书和评审员的意见对卡片及报告进行修改完善，1995年6月向省地矿厅提交《河南省岩石地层》修改稿，经审查同意后送出版社出版。

五、完成工作量及成果

（一）完成工作量

本次收集和查阅了省内外大量地质资料和文献，并进行了少量野外检查，对所有地层单位均按全国项目办的要求填写了登记卡片，并输入微机，建立了河南省地层数据库。通过本次地层清理研究，基本澄清了河南省历年来创建和使用过的地层单位数量，以及它们的来龙去脉，明确了每个选用岩石地层单位的定义、层型、地质特征及年代属性等，进而建立了地层系统。本次共清理出元古宙至第三纪约517个地层单位，从中筛选和厘定出185个岩石地层单位，其中包括15个群［含4个（岩）群］、166个组［含14个（岩）组］、1个杂岩和3

个段，并建立了卡片，废弃或停用332个地层单位。此外，对未列入清理范围的太古宙地层，从原有约76个地层单位中选用12个，其中包括2个（岩）群、9个（岩）组和1个杂岩（未填卡和建库）。在古生代选用95个生物地层单位，22个年代地层单位。共选用剖面588条，并对部分剖面进行了野外核查。

（二）主要成果

（1）《全国地层多重划分对比研究（41）河南省岩石地层》专著。

（2）河南省地层数据库磁盘2套（分别存部、省两级地层数据库）。

六、人员分工

（1）选用及非选用地层单位卡片由以下人员负责填写。华北区前寒武系：席文祥、刘福寿；秦岭区变质地层：贺国谦、王鸿彬；古生界：裴放、刘长乐、武太安；中生界：巴光进、亢进法；第三系：王朝栋、王志海。

（2）数据库建库人员：刘献华。

（3）本书编写由以下人员执笔：第一章为席文祥、裴放；第二章为席文祥，第三、八章为席文祥、贺国谦；第四、五章为裴放、武太安、贺国谦；第六、十一章为巴光进；第七、十二章为王朝栋、王志海；第九、十章为裴放、武太安、贺国谦；第十三章为裴放。另外，刘献华、刘长乐、刘福寿、王鸿彬、亢进法等也参加了本书编写的辅助工作。本书统稿工作由裴放完成。参加本项目前期资料收集工作的还有胡子琴。文字打印及复制由王兰君、刘献华承担，附图由绘图室谢莉红、孙学梅等承担。

本项目研究工作是在地质矿产部全国项目办、华北大区办指导下、河南省地质矿产厅领导下由河南区域地质调队（区调队）完成的。省地质矿产厅成立了项目领导小组，伍英发、屠森、杨文智副总工先后任组长，王志宏高级工程师为成员，负责业务领导和协调工作。项目工作始终得到了省地质矿产厅罗铭玖总工程师的关怀和指导，区调队队长张兴辽高级工程师、总工林德超高级工程师对该项目给予了关心和支持，区调所所长、总工劳子强、张翼对项目给予了具体领导和技术指导，并审阅了初稿。

研究报告于1994年9月和10月分别在郑州和烟台市进行了省内和大区评审验收。省内评审王志宏高工任主审，伍英发教授级高工、金守文教授级高工、关保德高工、阎国顺高工任评审员，厅总工罗铭玖教授级高工到会作了指导。大区评审杨文智高工任主任委员，王志宏高工、高振家教授级高工、张守信研究员、陈晋镳研究员、简人初高工、赖才根教授级高工、项礼文研究员、王思恩研究员、沈其韩研究员、姜义工程师、李超岭高工任评审员，全国项目办和华北大区领导小组领导参加了评审验收会议，对报告提出了宝贵的意见和指导性建议，在此表示衷心的感谢。

第一篇

华北地层大区

第二章
太古宙

河南省太古宙地层比较发育，在华北地层大区晋冀鲁豫地层区构成华北陆块最古老的基底。因地层强烈变形，构造十分复杂，地层序列难以恢复。前人划分出繁多的地层单位。因研究程度低，故本次未列入地层清理范畴。现在前人工作的基础上，给予概略介绍。

第一节　岩石地层单位

登封（岩）群　Ar*D*

张伯声（1951）称其为泰山杂岩。马杏垣（1957）于登封县嵩山地区创名登封杂岩。河南地研所（1962）①、王泽九等（1963）、河南区测队（1964a）、宜昌地矿所（1981）②、西北大学地质系（1976—1979）及中国科学院许昌铁矿研究队（1980）③、河南地科所（1979）④ 均作过划分。在王屋山地区，河南地质研究所（1962）创名横岭关群。河南区测队（1964c）改称林山群。河南地质科学研究所（简称河南地科所）(1979)、河南省地质局地质二队（1981）沿用林山群，并作了划分。在太行山地区，山西区测队（1972）将相当地层称赞皇群。河南地科所（1979）沿用赞皇群。河南区调队（1981a）、河南地矿局（1989）统一划归登封群。

登封(岩)群自下而上划分为石牌河、郭家窑、常窑及石梯沟四个(岩)组。岩性主要为黑云(二云)斜长片麻岩、黑云(二云)变粒岩、斜长角闪片(麻)岩、千枚岩、绢云石英片岩、绿泥片岩，夹少量大理岩及磁铁石英岩等。未见底，顶被下元古界嵩山群等地层不整合覆盖，时代归太古宙。

该(岩)群下部片麻岩系强烈混合岩化，一般构成穹窿构造的核心；中部以斜长角闪片岩为主；上部为浅变质正常沉积的片岩类，具复理石建造。从岩性组合、建造类型及地层序列方面来看，登封（岩）群应属花岗岩-绿岩-碎屑岩序列。该群在登封县城附近发育，在济源县

---

① 河南地质研究所，1962，河南地层。
② 宜昌地矿所，1981，豫中皖西地区晚太古代沉积变质铁矿分布规律及找矿方向（未刊）。
③ 中国科学院许昌铁矿队，1980，豫中太古代地质与铁矿（未刊）。
④ 河南地质科研所，1979，河南省北中部前震旦纪地层及含矿层位的划分与对比（未刊）。

林山，太行山区林州-辉县等地，多见下部层位，上部层位不及嵩山地区发育。

石牌河（岩）组　Ar$\hat{s}$

河南区测队（1964a）创名于登封县石牌河。本（岩）组主要岩性为黑云变粒岩、黑云斜长片麻岩，局部混合岩化强烈，呈条带状、条纹状及变斑状混合岩和均质混合岩。其中有大量中基性-酸性脉体侵入，在石牌河地区该（岩）组西部见变闪长岩及花岗岩分布。

郭家窑（岩）组　Ar*g*

河南区测队（1964a）创名于登封县君召郭家窑。本（岩）组岩性为斜长角闪片岩、二云变粒岩、二云石英片岩、角闪变粒岩、黑云变粒岩夹钙质绢云绿泥片岩、薄层大理岩及黑云斜长片麻岩等。以灰绿色斜长角闪岩类为主要特征，原岩以基性火山岩为主，在变质较浅地段可见杏仁、气孔、集块及火山角砾等火山岩构造，其中夹少量酸性火山岩和正常沉积的碎屑岩及碳酸盐岩。在分布上该（岩）组多出现在穹窿构造的外围。其中有大量中基性-酸性脉体侵入，有些地段混合岩化强烈。在汝州北黄虎堆一带变质相对较浅，火山岩构造明显；在其它地段变质相对强烈，火山岩构造不易看出。

常窑（岩）组　Ar$\hat{c}$

河南地矿局（1989）创名于汝州市常窑。本组下部为钠长角闪片岩、黑云或角闪变粒岩、绢云（绿泥）变粒岩，夹钠长角闪或绿泥片岩、钙质绿泥片岩及薄层大理岩，局部夹磁铁石英岩；上部为钙质绿泥片岩、绢云石英片岩，夹绢云变粒岩和大理岩，局部夹赤铁石英岩等。

石梯沟（岩）组　Ar$\hat{s}t$

西北大学地质系（1979）创名于汝州市石梯河。本组主要由绿泥石英片岩和绢云石英片岩组成，夹条带状含铁石英岩。以绿泥石英片岩与绢云石英片岩的互层产出为特征。主要为一套浅变质的正常沉积碎屑岩，原岩为泥砂质岩石，局部含砾，夹铁硅质、泥钙质岩和少量中酸性火山岩。在汝州北石梯沟一带发育最好。在登封县君召老羊沟一带以白云石英片岩、白云（二云）片岩及绢云绿泥石英片岩为主，其中普遍含砾以及十字石、石榴石等矿物。

太华（岩）群　Ar*T*

阎廉泉1959年于小秦岭、熊耳山、鲁山地区创名太华群及荡泽河群。秦岭区测队（1965a、b、c）沿用，河南地研所（1962）、西北大学地质系1976—1979年及中科院许昌铁矿研究队（1980）、宜昌地矿所（1981）、河南地科所（1979）、胡受奚等（1988）、沈福农（1994）均作了划分。河南区调队（1981a）、河南地矿局（1989）作了统一，本书沿用。

太华（岩）群包括耐庄、荡泽河、铁山岭、水底沟、雪花沟五个（岩）组。下部主要为黑云斜长片麻岩、斜长角闪片麻岩，强烈混合岩化；上部主要为斜长角闪片岩、含铁斜长角闪片岩，石墨斜长片麻岩、石墨大理岩、石英岩、斜长角闪片麻岩、黑云（或石墨、矽线）斜长片麻岩、夹大理岩等。岩层厚8 686 m。下未见底；上被中元古界熊耳群等不同地层不整合覆盖，时代归太古宙。

太华（岩）群主要分布于渑池-汝州以南舞钢、叶县辛店、鲁山县瓦屋、熊耳山、崤山、小秦岭等地，向西延入陕西境内。为一套中深变质岩系，变质程度普遍达铁铝榴石角闪岩相，其上部和下部变质岩组合和原岩建造类型有明显差异。下部主要由混合岩化的黑云斜长片麻岩和斜长角闪片麻岩组成，混合岩化强烈，普遍呈条带状、条痕状混合岩，局部为混合花岗岩，且结晶颗粒粗大，恢复原岩主要为酸性-中基性岩。上部主要为变粒岩、斜长角闪片麻岩、石墨斜长片麻岩及石墨大理岩等，并夹有变质铁矿层，是良好的标志，岩层混合岩化较弱，一般结晶颗粒较细，恢复原岩以正常沉积碎屑岩及碳酸盐岩为主，夹少量火山岩。从区域岩性变化情况来看，东西岩性差异较大，东部多为上部层位，富含石墨及铁矿；西部小秦岭、崤山及熊耳山等地变质深成岩较发育，以含金、铁、蛭石等矿为特征。

耐庄（岩）组 Ar*n*

西北大学地质系（1979）创名于鲁山县耐庄。本组以强烈混合岩化的黑云斜长片麻岩和斜长角闪片麻岩为主，斜长角闪片麻岩沿走向常相变为角闪斜长片麻岩及斜长角闪岩等。有时含石榴石，普遍强烈混合岩化，呈条带状、条痕状混合岩。厚度不稳定。原岩可能为深成岩（花岗质岩石）。

荡泽河（岩）组 Ar*d*

阎廉泉（1959）创名于鲁山县荡泽河。本（岩）组以巨厚层斜长角闪片麻岩为主，夹少量黑云斜长片麻岩等，原岩可能为中基性岩夹酸性岩。与下伏耐庄（岩）组为过渡关系，界线不太明显，其分层依据主要以岩性组合和色调为标志。本组内有较多的变基性-超基性岩墙（体、脉）及变闪长岩-辉长岩体。在正层型上荡泽河（岩）组以矽线蓝晶石片岩出现为标志与耐庄（岩）组分界。

铁山岭（岩）组 Ar*t*

西北大学地质系（1979）创名于鲁山县铁山岭。本（岩）组岩性复杂，变化较大。在铁山岭、李家岭一带发育大理岩、石英磁铁矿及石英片岩等，形成铁矿岩系，最厚达160余米，由铁山岭向西迅速变薄，被黑云斜长片麻岩及斜长角闪片岩等代替。变质达角闪岩相，原岩以中酸性火山岩为主，次为砂质粘土岩，基性火山岩，夹泥灰岩、白云质灰岩、白云岩、铁硅质岩等。本（岩）组以含铁矿层为主要特征。

水底沟（岩）组 Ar*ŝd*

西北大学地质系（1979）创名于鲁山县水底沟。本（岩）组岩性下部为石墨矽线（石榴）黑云斜长片麻岩夹斜长角闪片麻岩、石墨大理岩及方柱透辉大理岩；上部为石墨（透闪）黑云斜长片麻岩，夹石墨（透辉）大理岩、石墨钙质片岩及钙质石英岩等，为石墨矿层。本（岩）组以含石墨为主要标志。

雪花沟（岩）组 Ar*x*

西北大学地质系（1979）创名于鲁山县雪花沟。本（岩）组岩性下部为透辉斜长片麻岩、绿帘斜长角闪片麻岩及透辉变粒岩，夹蛇纹石大理岩；上部为混合质石榴黑云斜长片麻岩、黑云斜长条带状混合岩，夹斜长角闪条带状混合岩、石榴矽线片麻岩、石墨黑云斜长片麻岩及石墨大理岩等。

第二节 地质年代

(一) 登封(岩)群

前人对登封(岩)群研究较多,据不完全统计有关同位素年龄值约70个。宜昌地矿所及北京第三研究所作了大量的测试,其中具有代表性的有:石牌河(岩)组全岩Rb-Sr等时线年龄值为2 710±900 Ma(君召北),2 890±240 Ma(汝州北),郭家窑岩组全岩Rb-Sr等时线年龄值为2 510±210 Ma(君召北),2 562±170 Ma(许昌磁异常),侵入该(岩)群下部的变闪长岩全岩Rb-Sr等时线年龄值为3 010±310 Ma(君召北)及2 841 Ma(王泽九,1984),郭家窑(岩)组全岩Rb-Sr等时线年龄值为2 540±160 Ma(太行山地区)。以上年龄大致反映了登封(岩)群形成后的早期变质年龄。侵入于石梯沟(岩)组的变质花岗岩锆石U-Pb谐和线年龄值为2 392 Ma(汝州北),此年龄值可能为后期改造年龄,而侵入年龄应大于此值。另外,登封(岩)群中还有两组K-Ar表面年龄值,即2 000~2 300 Ma和1 800~1 900 Ma,它们可能反映了多期变质形成的降低年龄。综上所述,登封(岩)群可能形成于2 500 Ma以前,应归太古宙。

(二) 太华(岩)群

太华(岩)群的年龄值较多,主要有以下年龄值:据宜昌地矿所(1981)测得荡泽河(岩)组黑云角闪斜长片麻岩锆石U-Th-Pb年龄值为2 620 Ma(鲁山地区),铁山岭(岩)组混合岩化角闪斜长片麻岩磷灰石U-Th-Pb年龄值为2 658 Ma(鲁山地区),铁山岭岩组(原赵案庄组)蛇纹石磁铁矿石磷灰石U-Th-Pb年龄值为2 580 Ma(舞阳地区)。南京大学(1989)用Rb-Sr法则得耐庄(岩)组斜长角闪岩全岩年龄值为2 667 Ma(鲁山地区)。据沈福农(1994)报道,最近西北大学孙勇在鲁山县瓦屋北1 km和3 km两处采集的片麻岩,经德国M. P. I测定单颗粒锆石$^{207}Pb/^{206}Pb$(蒸发法)年龄值分别为2 841±6 Ma、2 806±7 Ma及2 807±4 Ma,与早先营俊龙在鲁山县瓦屋地区所采斜长角闪岩全岩Rb-Sr法年龄值为2 981 Ma基本一致。表明太华(岩)群形成于2 800 Ma以前,其时代应归太古宙。从太华(岩)群的年龄值来看,多数在2 500~2 600 Ma,反映在此期间太华(岩)群曾遭受过热-构造事件的影响。

第三章 元古宙

河南省华北地层大区元古宙地层广泛发育，从沉积及变质变形特征等方面来看，表现为两个截然不同的沉积-构造环境，即北部晋冀鲁豫地层区属稳定沉积环境，南部秦祁昆地层区属活动沉积环境。

在豫陕及山西地层分区，岩性岩相一般比较简单，变质较浅，地层序列较完整清楚，旋回性强。该地层分区元古宙地层根据不整合面明显地分为四个大的沉积阶段：①在嵩山、王屋山等地区沉积嵩山群及银鱼沟群等，为一套碎屑岩-碳酸盐岩建造，绿片岩相，其下以太古宙地层为基底；②在豫陕地层分区广泛沉积了熊耳群，为一套巨厚的中性夹酸性火山岩建造，浅-轻微变质；③在豫陕地层分区广泛沉积了一套巨厚的海相地层官道口群、汝阳群、五佛山群及高山河组、栾川群等，以碎屑岩与碳酸盐岩相互交替沉积为特征，构成多个旋回层；④在豫陕地层分区的南部零星沉积了罗圈组—东坡组，为一套冰碛-浅海相碎屑岩建造，其上被早寒武世地层平行不整合覆盖，以及三岔口组砾岩-板岩组合、陶湾（岩）组碎屑岩-碳酸盐岩组合，强烈变质变形。

在秦祁昆地层区的元古宙地层，因处于秦岭活动带内，长期受构造及岩浆活动的影响，强烈变质变形，局部混合岩化，断裂及褶皱构造发育，岩层破坏严重，岩性岩相复杂多变，地层序列很难恢复。南部出露秦岭（岩）群及峡河（岩）群，北部出露宽坪（岩）群，均为碎屑岩-碳酸盐岩-火山岩组成的复杂组合，属中-深变质角闪岩相，局部达麻粒岩相。

根据岩性组合等，将华北大区的元古宙地层划分为10群［包括3个（岩）群］，49个组［包括10个（岩）组］，共计59个岩石地层单位（表1-1）。

第一节　岩石地层单位

嵩山群　Pt_1S　（05-41-0101）

【创名及原始定义】　张伯声（1951）于登封县嵩山地区创名嵩山石英岩。原始定义：五台系的石英岩在这里构成中岳嵩山的骨干，所以称为嵩山石英岩，嵩山石英岩及五指岭片岩是一个系的岩层，它们下与泰山杂岩不整合（嵩阳运动），上与震旦系不整合（吕梁运动）。

【沿革】 冯景兰、张伯声1950年在河南进行矿产调查时创建嵩山石英岩及五指岭片岩，张伯声（1951）公开发表。张尔道（1954）、马杏垣（1957）、王曰伦等（1959）①、王泽九等（1963）、河南区测队（1964a）、北京地质学院（1964②、1973③、河南区测队（1977）、河南区调队（1981a）及河南省地矿局（1989）均作了划分（表3-1）。本次地层对比研究采用河南区调队（1981a）厘定的嵩山群含义。不采用五台系、滹沱系。

【现在定义】 嵩山群自下而上划分为罗汉洞、五指岭、庙坡山及花峪四个组，为一套碎屑岩夹碳酸盐岩组合，与下伏登封（岩）群和上覆五佛山群均为不整合接触。

【地质特征及区域变化】 该群主要分布于登封、新密、巩义、偃师、禹州、汝州等县（市）境内的嵩山、箕山、荟萃山地区，为一套碎屑岩夹碳酸盐岩组合，沉积韵律明显，旋回性强。其中的罗汉洞组—五指岭组和庙坡山组—花峪组，均是由粗—细，构成两个大的沉积旋回。前者以碎屑岩为主，沉积厚度达1 487 m；后者碳酸盐成分相对增多，沉积厚度约404 m，明显反映该群整个为一海进序列，旋回周期逐渐缩短。该群底部砾岩发育，上部碳酸盐岩中产叠层石，岩层中普遍发育波痕、复理石印模、平行层纹、波状层理及交错层理等沉积构造，应属河流—滨海—浅海沉积环境。该群以区域和动力变质作用为主，为一套浅变质岩系，属低绿片岩相。该群内赋存丰富的石英岩（硅石）、白云岩及铁、磷等矿产。

罗汉洞组 Pt_1l （05-41-0102）

【创名及原始定义】 北京地质学院1964年于登封县城北西嵩岳寺塔北罗汉洞名胜点创名罗汉洞组。原始定义：本组岩性单调，为一套石英岩，下部夹数层砾岩。下界以底砾岩或石英岩为标志，与登封岩群不整合接触；上界以石英岩层基本结束为标志，与五指岭组为整合过渡关系，时代归早元古代。

【沿革】 见嵩山群条目及表3-1。本次地层对比研究采用罗汉洞组。因组内岩性标志不明显，不再分段。

【现在定义】 罗汉洞组岩性为石英岩，下部为中粗粒石英岩夹1～3层石英砾岩，中部为中细粒石英岩，上部为中粗粒石英岩。下以底砾岩为标志与登封群不整合接触；上以石英岩层基本结束，绢云石英片岩大量出现为标志与五指岭组呈整合过渡关系。

【层型】 正层型位于登封县城北西嵩岳寺塔北罗汉洞—金沟（113°01′，34°37′），北京地质学院（1964）测制。

上覆地层：**五指岭组** 下段石英岩夹绢云石英片岩

——————整 合——————

罗汉洞组	总厚度 749 m
3. 浅黄色、灰白色厚层中粗粒石英岩，夹少量绢云石英片岩	203 m
2. 白色厚—巨厚层中细粒石英岩	391 m
1. 灰白色厚层中粗粒石英岩，底部为砾岩，下部夹1～3层砾	155 m

~~~~~~~~不 整 合~~~~~~~~

下伏地层：**登封（岩）群** 绢云片岩、绢云石英片岩

---

① 王曰伦、王泽九、李德本、郭孟申，1959，嵩山前寒武纪地层野外报告（未刊）。
② 北京地质学院，1964，1：5万河南嵩山地质图。
③ 北京地质学院，1973，1：5万河南嵩山地区地质图。
~~~~~~~~

表 3-1　嵩山群划分沿革表

划分者	上覆地层	嵩山群	下伏地层
张伯声 1951	Z 震旦系	五台系：五指岭片岩 嵩山石英岩	Ar 泰山杂岩
张尔道 1954	旧元古界：五佛山系	旧元古界：嵩山石英岩	Ar 泰山杂岩
马杏垣 1957	Pt_1^3 五佛山系	滹沱系：五指岭片岩 嵩山石英岩	五台系 登封杂岩
王曰伦、王泽九等 1959	Z 五佛山群	嵩山群 Pt：五指岭片岩组 嵩山石英岩组	Ar 登封片岩片麻岩
王泽九、李本德等 1963	Z 五佛山系	嵩山群 Pt_2：五指岭片岩组 嵩山石英岩组	Ar 登封杂岩
全国地层委员会 1962	Z 五佛山群	嵩山群 Pt_2：五指岭组 嵩山组	Ar 登封群
河南地质研究所 1962	云梦山群 马鞍山组	嵩山群 Pt_1：五指岭片岩组 嵩山石英岩组	Ar 登封群
河南区测队 1964a	Z_1 云梦山组	嵩山群 Pt_1：五指岭组 嵩山组	Ar 登封群
北京地质学院 1964	Z 五佛山群	嵩山群 Pt_3：五指岭组 罗汉洞组（上段、中段、下段）	Ar 登封群
北京地质学院 1973	Z 五佛山群	嵩山群 Pt_1：小花峪组 井湾组 五指岭组（上段、中段、下段） 罗汉洞组	Ar 登封群
河南区测队 1977	Z 马鞍山组	嵩山群 Pt_1：花峪组 庙坡组 五指岭组（三段、二段、一段） 嵩山组（二段、一段）	Ar 登封群
武汉地质学院 1977	Pt_2 五佛山群	嵩山群 Pt_1：小花峪组 庙坡组 五指岭组 罗汉洞组	Ar 登封群
河南区调队 1981a	汝阳群 云梦山组	嵩山群 Pt_1：花峪组 庙坡山组 五指岭组（三段、二段、一段） 罗汉洞组（二段、一段）	Ar 登封群
河南省地矿局 1989	汝阳群 云梦山组	嵩山群 Pt_1：花峪组 庙坡山组 五指岭组（三段、二段、一段） 罗汉洞组（二段、一段）	Ar 登封群
本书	五佛山群 马鞍山组	嵩山群 Pt_1：花峪组 庙坡山组 五指岭组（上段、中段、下段） 罗汉洞组	Ar 登封（岩）群

【地质特征及区域变化】 罗汉洞组为一套单调而稳定的石英砾岩-石英岩层，岩性坚硬难以风化，形成陡峻的山峰，构成中岳嵩山的脊梁（太室山、少室山）。石英岩 SiO_2 含量较高，一般为95%，有的可达98%以上。可作硅石、玻璃原料。厚度较稳定，在罗汉洞厚749 m，跑马岭厚450 m，挡阳山厚623 m，郭沟厚778 m。岩层中发育斜层理、复理石印模、平行层纹及交错层理等沉积构造，属河流-滨海沉积环境。

五指岭组　Pt_1w　（05-41-0103）

【创名及原始定义】 张伯声（1951）于登封县、巩义市五指岭创名五指岭片岩。原始定义：五指岭片岩的岩性颇为复杂，主要岩性为灰色千枚岩、淡褐色水纹状千枚岩、细片状云母片岩、灰绿色绿泥片岩、黑灰色云母片岩、白色石英片岩、云母状赤铁矿片岩。片岩中夹着各种石英岩，如黑白相间的带状石英岩。具有黑砂交错的石英岩，褐色坚质石英岩、碧石质胶结的石英岩，富于黑砂的黑色石英岩等。五指岭片岩与嵩山石英岩为整合关系，上被震旦系不整合覆盖。归五台系。

【沿革】 孙健初（1993）① 称龙坡寨层，归五台系。创名后见嵩山群条目及表3-1。本次选用北京地质学院（1973）修定后的五指岭组的含义。停止使用龙坡寨层。

【现在定义】 五指岭组下段为石英岩夹绢云石英片岩；中段为绢云片岩；上段为绢云石英片岩、绿泥绢云石英片岩夹石英岩、大理岩、白云石大理岩及铁矿等。本组下以绢云石英片岩大量出现为标志，与罗汉洞组为整合过渡关系；上以绢云石英片岩结束为标志与庙坡山组石英岩整合接触。

【层型】 本组下、中、上三段，分三个地段测制，为复合层型（选层型），均由北京地质学院（1973）实测。①登封中岳庙寺里沟五指岭组下段剖面，位于登封县中岳庙北寺里沟（113°04′，34°29′）。②登封唐庄铁匠沟五指岭组中段剖面，位于登封县唐庄乡西铁匠沟（113°05′，34°30′）。③登封唐庄井湾岩崩东坡五指岭组上段剖面，位于登封县唐庄井湾岩崩村东坡（113°09′，34°34′）。岩崩村址现已被水库淹没，但剖面仍保存。

上覆地层：**庙坡山组**　石英岩

——————— 整　合 ———————

五指岭组	总厚度 747.5 m
上段	总厚度 319.9 m
11. 浅紫色绢云石英片岩	31.1 m
10. 灰白、紫红色厚层铁质绢云石英片岩	9.3 m
9. 浅紫色含铁质绢云石英片岩	68.2 m
8. 假象磁铁矿层	9.0 m
7. 紫色铁质绢云片岩	40.6 m
6. 紫色含铁质绢云石英片岩	40.6 m
5. 浅紫绿泥绢云片岩，夹铁质石英岩	42.7 m
4. 浅绿色绿泥绢云片岩与浅紫色绢云石英片岩互层	28.9 m
3. 绿泥绢云片岩夹厚层铁质石英岩	20.9 m
2. 绿泥绢云石英片岩与绢云石英片岩互层，夹铁质长石石英岩	18.3 m

① 孙健初，1933，河南禹县、密县煤田地质（手抄本）。

1. 浅紫灰、灰白色厚层中粗粒含绢云绿泥石英岩，具交错层理	10.3 m
中段	厚度 303.8 m
5. 浅青灰色千枚状绢云片岩	6.3 m
4. 灰白色含石英白云岩	2.4 m
3. 浅青灰色千枚状绢云片岩夹石英岩	126.5 m
2. 灰绿色千枚状绿泥绢云片岩	8.6 m
1. 浅青灰色千枚状绢云石英片岩夹铁质石英岩	160.0 m
下段	厚度 123.80 m
10. 黄褐色厚层石英岩	15.7 m
9. 灰色绢云石英片岩夹石英岩	13.4 m
8. 厚层石英岩夹绢云石英片岩	10.8 m
7. 薄层石英岩和绢云石英片岩互层	14.8 m
6. 厚层石英岩和绢云石英片岩互层	9.5 m
5. 银灰色绢云石英片岩夹少量石英岩	2.2 m
4. 厚层石英岩夹绢云石英片岩	19.4 m
3. 石英岩与绢云石英片岩互层	7.4 m
2. 灰绿色绢云石英片岩夹石英岩	20.1 m
1. 厚层石英岩夹绢云石英片岩	10.5 m

———————— 整 合 ————————

下伏地层：**罗汉洞组** 石英岩

【地质特征及区域变化】 五指岭组以片岩为主夹碳酸盐岩，易风化，是构成五指岭和荟萃山的主要岩层。岩性变化不大，在井湾一带其上段夹铁矿层，在荟萃山地区上段大理岩及白云岩夹层增多。厚度由北西向东南增大，在五指岭地区厚 748 m，在荟萃山地区仅见中、上段，厚 844 m。岩层中具波痕及斜层理等沉积构造，属滨海—浅海沉积环境。其中产铁、白云岩、石英岩、磷等有益矿产。

庙坡山组 Pt_1m （05-41-0104）

【创名及原始定义】 河南区测队（1977）于登封县唐庄井湾村东侧庙坡创名庙坡组。原始定义：本组岩性单调，下部为中—细粒石英岩，夹少量绢云石英片岩，上部为石英岩及条带状磁铁矿石英岩。本组与下伏五指岭组和上覆花峪组均为整合关系。归下元古界嵩山群。

【沿革】 见嵩山群条目及表 3-1。本次对比研究选用庙坡山组，停止使用井湾组。

【现在定义】 庙坡山组主要岩性为石英岩，下部为白、浅绿色细粒石英岩（油石层）；上部为红色中粒石英岩夹黑色磁铁石英岩条带或薄层。上、下均以石英岩为标志，分别与五指岭组、花峪组整合接触。

【层型】 正层型位于登封县唐庄井湾村庙坡东侧（113°10′，34°33′）。王泽九等（1963）测制。现用北京地质学院（1973）创名井湾组时所测剖面。

上覆地层：**花峪组** 紫灰色或灰白色千枚岩

———————— 整 合 ————————

庙坡山组	总厚度 275 m
6. 下部为中厚层、紫灰色紫色条带状石英岩，上部为紫红色或暗红色中粒	

石英岩 96 m

5. 灰白色中厚层石英岩，夹有薄层的绢云母石英片岩及粉红色、淡黄色的致密块状石英岩 179 m

—————— 整　合 ——————

下伏地层：**五指岭组**　灰色绢云石英片岩

【地质特征及区域变化】　庙坡山组为一套单调而稳定的石英岩层，岩性坚硬，难以风化，性脆，节理发育，易碎裂。岩性变化不大，仅在新郑县凤后岭一带相变为含绢云母石英片岩。厚度变化不大，在井湾一带厚275 m，王村佛洞169 m。岩层中具交错层理及波痕等沉积构造，属浅海-滨海沉积环境。本组下部夹数层白、浅绿、微红色细粒石英岩，质地纯洁细腻，可作油石或宝石，由于其中SiO_2含量达99%左右，还可作硅石和玻璃原料，上部石英岩颗粒相对较粗，夹大量黑色磁（赤）铁矿条带。

花峪组　Pt_1h　(05-41-0105)

【创名及原始定义】　北京地质学院（1973）于登封县唐庄小花峪创名小花峪组。原始定义：本组为一套绢云千枚岩，含磷角砾状铁质千枚岩、夹白云石大理岩及石英岩等。其下以杂色绢云千枚岩为标志与下伏井湾组石英岩整合接触；上以石英岩层为标志与上覆马鞍山组砾岩层不整合接触。本组以含磷矿为主要特征，上、下关系清楚。归下元古界嵩山群。

【沿革】　北京地质学院（1973）从原五指岭组上部分解出来一套地层，命名为小花峪组，归嵩山群。河南区测队（1977）将其改称花峪组。尔后广泛使用。本次对比研究选用花峪组。

【现在定义】　花峪组岩性为绢云千枚岩、含磷角砾状铁质千枚岩、变质砂岩、白云石大理岩及石英岩等。以含磷为主要特征。下以杂色千枚岩或变质砂岩为标志与庙坡山组整合接触；上被马鞍山组底砾岩不整合覆盖。

【层型】　正层型位于登封县唐庄井湾村花峪（113°08′，34°33′）。王泽九等（1963）首测，北京地质学院（1973）创名时重测，河南区测队（1977）采用王氏等所测剖面，并稍加修改。本书采用之。

上覆地层：**马鞍山组**　砾岩、石英岩状砂岩

~~~~~~ 不整合 ~~~~~~

花峪组 总厚度 194.0 m

5. 白色石英岩 42.0 m
4. 上部浅紫红色绢云石英片岩；下部为白色石英岩 10.0 m
3. 杂色千枚状绢云石英片岩夹紫红色含铁质石英岩 43.0 m
2. 乳白、青灰色厚层白云石大理岩，上部具粉红色泥质条带，夹杂色千枚状绢云石英片岩 77.0 m
1. 紫红色千枚状含铁质绢云石英片岩，含磷 22.0 m

—————— 整　合 ——————

下伏地层：**庙坡山组**　石英岩

【地质特征及区域变化】　花峪组仅见于登封县井湾、新密市五指岭及荟萃山、新郑县凤后岭等地，为一套千枚岩、变质砂岩、白云岩及石英岩等，岩性较稳定，在荟萃山地区白云岩发育，白云岩产叠层石 *Conophyton* f.，*Straticonophyton* f. 等。由于断层破坏，往往发育不
~~~~~~

全，在嵩山地区厚 129 m，在荟萃山厚 430 m，凤后岭厚 328 m。属浅海陆架沉积环境。该组含磷、白云岩等矿产。

银鱼沟群　Pt_1Y　(05-41-0106)

【创名及原始定义】　河南区测队（1964c）于济源县王屋乡银鱼沟一带创名银鱼沟群及铁山河群。原始定义：银鱼沟群包括幸福园、赤山沟两个组；铁山河群包括北崖山和双房两个组。幸福园、赤山沟及北崖三组为一套碎屑岩夹碳酸盐岩组合。双房组主要岩性为片麻岩、片岩，夹少量碎屑岩。铁山河群与上覆大古石组不整合接触，银鱼沟群与下伏林山群不整合接触。时代均归早元古代。

【沿革】　河南地质研究所（1962）①称中条群，分为界牌梁石英岩组，龙峪板岩片岩组，余元下大理岩组，刘庄冶片岩组，归早元古代，但含义模糊。河南区测队（1964c）创名银鱼沟群（包括幸福园组和赤山沟组）和铁山河群（包括北崖山组、双房组）。河南地质二队（1981）②沿用银鱼沟群及铁山河群，但修改了铁山河群的含义，即铁山河群包括白岩山组（原北崖山组下中部）和桃园组（原北崖山组上部及原双房组底部）。又将双房组从铁山河群中划出升格为双房群。河南区调队（1981a）将银鱼沟群和铁山河群归于嵩山群，并认为幸福园组相当罗汉洞组，赤山沟组相当五指岭组，北崖山组相当庙坡山组，双房组相当花峪组。《河南省区域地质志》（1989）采纳此意见。

本次对比研究认为：原银鱼沟群幸福园组、赤山沟组和铁山河群北崖山组的岩性组合基本一致，它们之间又无沉积间断，双房组从铁山河群中划出后，铁山河群内只有一个北崖山组。地质二队所建立的桃园组，实际是北崖山组的一部分，勿需再分，铁山河群应与银鱼沟群合并为一个群。因以银鱼沟群为主体，故建议选用银鱼沟群，停止使用铁山河群。不使用中条群。银鱼沟乃英鱼沟地理名称之误，因银鱼沟群沿用已久，不再更改。

【现在定义】　银鱼沟群包括幸福园、赤山沟、北崖山三个组，为一套碎屑岩夹碳酸盐岩组合，与下伏太古宙登封（岩）群和上覆双房（岩）组或熊耳群均为不整合关系。

【地质特征及区域变化】　银鱼沟群主要出露于济源县邵源、王屋以北地区，为一套碎屑岩夹碳酸盐岩组合，岩性及厚度变化大而快，在短距离可由碎屑岩变为碳酸盐岩。沉积韵律发育，旋回性强，由粗到细组成两个大沉积旋回：第一个旋回由幸福园组—赤山沟组构成，厚度达 1 554 m；第二个旋回由北崖山组组成，厚度约 661 m。为一海进—海退序列，岩层中波痕及交错层理等沉积构造发育，该群属河流—滨海—浅海沉积环境。以区域和动力变质作用为特征，属浅变质岩系，低绿片岩相。该群赋存石英岩（硅石）、大理岩、石墨、铁、铜等矿产。

幸福园组　Pt_1x　(05-41-0107)

【创名及原始定义】　河南区测队(1964c)于济源县王屋乡幸福园村创名幸福园组。原始定义：幸福园组岩性为石英岩、长石石英岩、变质砂岩、绢云（绿泥）片岩，底部有不稳定的变质砾岩，下部有少量白云石大理岩，大理岩透镜体和赤-镜铁矿体。下界以砾岩或石英岩为标志，与林山群不整合接触；上界以石英岩结束为标志，与赤山沟组整合接触。归银鱼沟群。

---

① 河南地质研究所，1962，河南地层。
② 河南地质二队，1981，1：5 万河南济源县沁阳县北部地区区调报告。

【沿革】 河南地研所（1962）称界牌梁石英岩组，归中条群，时代为早元古代。但含义模糊。河南区测队（1964c）创名幸福园组，归银鱼沟群，时代为早元古代。河南地质二队（1981）沿用。河南区调队（1981a）及《河南省区域地质志》（1989）均将其改称罗汉洞组，归嵩山群，时代为早元古代。本次对比研究选用幸福园组，在此不使用界牌梁石英岩组、罗汉洞组。幸福园乃信虎岩地理名称之误，因幸福园组已广泛使用，故不再更改。

【现在定义】 为石英岩、长石石英砂岩、变质砂岩、绢云（绿泥）片岩，下部夹少量白云质大理岩、大理岩凸镜体和赤铁-镜铁矿体，底部有不稳定的变质砾岩。下以砾岩或石英岩出现为标志，与登封（岩）群不整合接触，归银鱼沟群最下部。

【层型】 正层型位于济源县王屋乡林山——银鱼沟（112°19′，36°11′）。由河南区测队（1964）测制。

上覆地层：赤山沟组 钠长绢云片岩

——————— 整 合 ———————

幸福园组	总厚度 354 m
10. 银灰色绢云石英片岩夹黑云片岩及中厚层石英岩	55 m
9. 浅灰红色厚层状变质长石石英砂岩	20 m
8. 浅灰色绢云片岩	64 m
7. 浅灰红色中厚层粗粒变质长石石英砂岩	8 m
6. 灰红色厚层状粗粒变质长石石英砂岩	27 m
5. 灰白色厚层状石英岩	50 m
4. 灰白色绢云石英片岩夹中厚层石英岩	49 m
3. 灰白色厚层中粒变质长石砂岩、变质石英砂岩夹绿泥白云片岩	43 m
2. 乳白色厚层石英岩	7 m
1. 紫红色变质石英砂岩及变质长石石英砂岩，底部为变质砂砾岩	31 m

~~~~~~~~~~ 不 整 合 ~~~~~~~~~~

下伏地层：登封（岩）群 角闪斜长片麻岩

【地质特征及区域变化】 幸福园组主要出露于济源县邵源、王屋以北折半沟、马头山及焦树坪等地。岩性主要为石英岩、石英砾岩夹少量大理岩。岩性变化较大，厚度不稳定，总的趋势是由西向东变薄。厚度 828～310 m，岩层中具波痕、斜层理等沉积构造，属不稳定的河流-滨海沉积环境。

赤山沟组 $Pt_1\hat{c}$ （05-41-0108）

【创名及原始定义】 河南区测队（1964c）于济源县王屋乡赤山沟创名赤山沟组。原始定义：本组岩性下部为黑云片岩、二云片岩和变质砂岩；中部为大理岩、绿泥（绢云）片岩互层；上部为绢云片岩、碳质绢云片岩，本组岩性变化较大。下与幸福园组，上与北崖山组均为整合接触。归银鱼沟群。

【沿革】 河南区测队（1964）创名后，河南地质二队（1981）沿用。河南区调队（1981a）及《河南省区域地质志》（1989）均称其为五指岭组，归嵩山群，时代为早元古代。本次对比研究选用赤山沟组，在此不用五指岭组，废弃龙峪板岩片岩组、余元下大理岩组、刘庄冶片岩组。
~~~~~~~~~~

【现在定义】 本组岩性为绿泥片岩、绢云片岩夹大理岩、石英岩、磁铁石英岩、变质石英砂岩、含石墨绢云片岩等。下以片岩大量出现为标志与幸福园组整合接触；上以片岩结束为标志与北崖山组整合接触。

【层型】 正层型位于济源市王屋乡赤山顶—银鱼沟（112°18′，35°12′），由河南区测队（1964c）测制。副层型位于济源市王屋乡铁山四牛沟脑-草里沟（112°06′，35°10′），由河南区测队（1964c）测制。

上覆地层：**云梦山组** 砾岩

～～～～～～～～ 不 整 合 ～～～～～～～～

赤山沟组	总厚度 1215 m
17. 紫灰色绢云片岩	66 m
16. 绿—灰绿色钠长绿泥片岩	61 m
15. 灰黑、暗灰色碳质绢云片岩	12 m
14. 灰绿色钠长绿泥片岩及钠长绿泥绢云片岩	135 m
13. 灰色绢云石英片岩	23 m
12. 灰白色绢云片岩	14 m
11. 灰黑色碳质绢云片岩	178 m
10. 白色片状白云质大理岩夹绢云片岩	9 m
9. 灰白色钙质绢云片岩	35 m
8. 白色块状白云质大理岩	103 m
7. 绿泥片岩、绿泥绢云片岩夹凸镜状大理岩，底部为1.5 m的变质石英砂岩	68 m
6. 上部绿泥片岩、绿泥绢云片岩与块状大理岩互层；下部绿泥绢云片岩夹条带状大理岩	154 m
5. 灰白色厚层块状白云质大理岩，下部夹绿泥片岩	59 m
4. 绿色皱纹状绿泥片岩	26 m
3. 灰绿色云母钙质片岩及二云片岩	103 m
2. 灰白色变质长石石英砂岩	11 m
1. 深绿色黑云片岩	158 m

———————— 整 合 ————————

下伏地层：**幸福园组** 石英岩

【地质特征及区域变化】 本组主要分布于王屋、邵源北冷沟庄、四牛沟等地。岩性主要为片岩夹大理岩及石英岩。岩性及厚度变化较大，在银鱼沟一带碳酸盐岩夹层较多，在奄沟一带则以碎屑岩为主，厚度608～1 215 m，局部地段混合岩化。本组产铁、铜、石墨、白云岩等矿产。属不稳定的浅海沉积环境。

北崖山组 Pt_1b （05-41-0109）

【创名及原始定义】 河南区测队（1964c）于济源县王屋乡北崖山创名北崖山组。原始定义：本组岩性为变质砾岩、石英岩、大理岩等，归铁山河群，时代为早元古代。其下与赤山沟组，上与双房组均为整合关系。

【沿革】 河南区测队（1964c）创名后被广泛沿用。河南地质二队（1981）认为北崖山是白岩山之误，故根据地理名称将北崖山组改称白岩山组，并修改了北崖山组的含义。河南区调队（1981a）及《河南省区域地质志》（1989）均将原北崖山组称庙坡山组。归嵩山群，时代为早元古代。本次对比研究选用北崖山组，其含义为原北崖山组和原双房组底部的碎屑岩及碳酸盐岩，亦即包括河南地质二队划分的白岩山组和桃园组。停止使用白岩山组、桃园组、庙坡山组。北崖山乃白岩山地理名称之误，但北崖山组沿用已久，不再更改。

【现在定义】 本组岩性为石英岩、变质砾岩、变质长石石英砂岩，绢云（绿泥）片岩夹大理岩、铁矿层等。下以砾岩为标志与赤山沟组整合接触；上以石英岩或大理岩结束为标志，与双房岩组角闪片岩不整合接触。

【层型】 正层型位于济源县王屋乡和平—老庄（112°14′，35°14′），由河南区测队（1964）测制。

上覆地层：双房（岩）组 斜长绿泥片岩

~~~~~~~~ 不 整 合 ~~~~~~~~

北崖山组	总厚度 660.9 m
12. 灰色厚层石英岩，底部为万米厚的变质砂砾岩	46.5 m
11. 灰色厚层中粗粒变质长石石英砂岩	18.9 m
10. 灰绿、灰白色云英片岩	81.4 m
9. 灰白色中厚层大理岩	21.9 m
8. 灰绿色云英片岩及变质长石石英砂岩	36.1 m
7. 灰白、灰绿色白云片岩夹白色薄层大理岩	25.5 m
6. 淡紫红色中厚层变质砂砾岩	19.4 m
5. 灰白色白云石英片岩夹中厚层石英岩	13.1 m
4. 灰绿色云英岩夹薄层大理岩及透镜状赤铁矿	115.7 m
3. 白色厚层石英岩	19.5 m
2. 灰白色云英片岩	67.0 m
1. 灰白色及暗色变质长石石英砂岩、变质石英长石砂岩，底部夹变质砂砾岩	195.9 m

———— 整 合 ————

下伏地层：赤山沟组 石英岩

【地质特征及区域变化】 北崖山组出露范围有限，仅见于济源县王屋乡北白岩山、桃园、铁山村等地。岩性以石英岩为主、夹砾岩、大理岩等，岩性及厚度变化较大，其中的大理岩层及砾岩层相变较快，且层数也各地不一。总的趋势是石英颗粒由白岩山南坡向北、南两个方向粒度明显变细，长石成分减少，石英成分相对增加。厚度 661 m 左右。本组产铁矿，具单斜层理、交错层理、不对称和尖棱对称波痕等沉积构造。属不稳定的滨海沉积环境。

双房（岩）组 $Pt_1\hat{s}$ （05-41-0110）

【创名及原始定义】 河南区测队（1964c）于济源县邵源乡双房村一带创名双房组。原始定义：本组主要岩性为黑云更长片麻岩、绿泥片岩、绢云片岩夹少量变质砂岩及大理岩。其下与北崖山组为整合关系；上与大古石组为不整合关系。归铁山河群，时代为早元古代。

【沿革】 河南区测队（1964c）创名后，河南地质二队（1981）将原双房组底部的碎屑岩及碳酸盐岩划出，与下伏原北崖山组上部地层合并，命名为桃园组，其余称双房群，内分白龙沟、神沟、银洞河三个组。时代为早元古代。认为双房群与下伏铁山河群之间为平行不整合关系。河南区调队（1981a）和《河南省区域地质志》（1989）均将原双房组称花峪组，归嵩山群，时代为早元古代。本次对比研究认为，双房组是一套中深变质的复杂的火山岩系，地
~~~~~~~~

层序列不清，难以再细分组级地层单位，它与银鱼沟群的岩性组合有明显的差异，两者又为不整合关系，不能归到同一个岩石地层单位——群。故将双房组改为双房（岩）组，独立存在。其底界采纳河南地质二队（1981）修定后的界线。废弃白龙沟组、神沟组、银洞河组，停止使用花峪组。

【现在定义】 本组岩性主要为角闪片岩、斜长角闪片（麻）岩、浅（变）粒岩、黑云片岩、绿泥片岩夹少量石英岩及大理岩，具混合岩化。下以角闪片岩或绿泥片岩大量出现为标志，与北崖山组不整合接触；上被熊耳群大古石组砾岩不整合覆盖。

【层型】 正层型位于济源县王屋乡铁山河白龙沟—冷沟庄南（112°13′，35°11′），由河南区测队（1964）测制。本次略有修改。

上覆地层：**三叠系** 砂岩

═══════ 断层接触 ═══════

双房（岩）组 总厚度 407 m

2. 绿泥片岩、黑云更长片麻岩，夹青灰色不规则凸镜状大理岩，有斜长花岗岩脉注入 254 m

1. 暗绿色碳酸盐化斜长绿泥片岩 153 m

~~~~~~~~ 不整合 ~~~~~~~~

下伏地层：**北崖山组** 石英岩

【地质特征及区域变化】 双房（岩）组出露有限，仅见于济源县王屋、邵源以北白龙沟、神沟、石板道等地。主要为一套变质中基性-酸性火山岩系，地层序列不清，岩层强烈变质变形及混合岩化，属低角闪岩相，可见变余火山岩结构构造。本（岩）组的岩性组合和变质程度等方面与银鱼沟群有明显的差异。

【问题】 目前对双房（岩）组的成因及归属有不同看法：有人认为双房（岩）组属太古宙林山群。有人认为该（岩）组属银鱼沟群之上的一个地层单位。其岩性除变质火山岩之外，可能还有一部分花岗质岩石。本书暂按（岩）组处理，对其归属及划分问题有待今后进一步研究。

熊耳群 Pt_2X (05-41-0112)

【创名及原始定义】 秦岭区测队（1959b）于河南省洛宁县熊耳山地区创名熊耳群。原始定义：熊耳群内分下、中、上熊耳群。代表豫西熊耳山地区的一套中性夹酸性火山岩系。该群与下伏太古代太华群不整合接触；与上覆震旦系高山河组为平行不整合接触。时代归早元古代。

【沿革】 阎廉泉（1959）将该套地层自下而上划分为下安山玢岩岩组、流纹岩岩组、上安山玢岩（岩）组，归上元古界。秦岭区测队（1959b）创名熊耳群，内分下、中、上熊耳群，归下元古界。河南地质局（1959）称付店组，归下震旦统。全国地层委员会（1962）称熊耳山组，归下震旦统。河南地研所（1962）沿用付店组，内分下安山玢岩段、石英斑岩流纹斑岩段、上安山玢岩段，归嵪山群，时代为早震旦世。河南区测队（1964c）又创名西阳河群。在1：20万洛阳幅自下而上命名为大古石组、许山组、鸡蛋坪组、马家河组，在1：20万临汝幅中，于马家河组之上又划出龙脖组，归下震旦统。河南地科所（1975）[①] 沿用熊耳群，内分下、

① 河南地质科研所，1975，豫西熊耳群火山岩地质特征及铁铜矿产找矿方向初步探讨。
~~~~~~~~

中、上熊耳组，归下震旦统。河南区调队（1981a）沿用熊耳群，其隶属的组名沿用大古石组、许山组、鸡蛋坪组及马家河组，归中元古界，认为原龙脖组属鸡蛋坪组，故予以废弃。喻积贤、王铭生等（1985）及河南地调一队（1986）① 沿用熊耳群，自下而上又建立了磨石沟、张合庙、焦园、坡前街及眼窑寨五个组，归长城系。尔后关保德等（1988）及《河南省区域地质志》(1989）均采用河南区调队（1981a）重新厘定的熊耳群的划分方案。本次对比研究亦采纳此划分方案。停止使用西阳河群、付店组、峭山群、河口群、落凹群及刘庄组。

【现在定义】 熊耳群包括大古石、许山、鸡蛋坪及马家河四个组，为一套中（偏）基性夹酸性火山岩组合，该群与下伏太古宙太华（岩）群或下元古界银鱼沟群不整合接触；上被中元古界汝阳群或高山河组不整合覆盖。

【地质特征及区域变化】 熊耳群广泛分布于卢氏、灵宝、洛宁、栾川、陕县、渑池、济源、嵩县、汝阳、鲁山、方城、确山等县（市）境内，向北西延入晋南中条山南坡，向西延入陕西省洛南县霸源地区。该群的主体是一套中性夹酸性火山岩系。从地层发育情况来看，其喷发中心在峭山—熊耳山—外方山一带，另外，在北部的王屋山地区也有一个强烈的喷发源。喷发岩层厚度在峭山地区厚 7 171 m，熊耳山地区厚 6 047 m，外方山地区厚 3 027 m，王屋山地区厚 5 027 m。总体看来由中心向外围厚度逐渐变薄，强度减弱，熊耳群大约经过三个喷发阶段：第一阶段（许山期）为大规模中性岩浆喷溢；第二阶段（鸡蛋坪期）以酸性岩浆喷溢为主，间或有中性岩浆喷发；第三阶段（马家河期）以大规模中性岩浆喷溢为主，间或有酸性岩浆喷溢，在北部王屋山一带并伴有正常碎屑岩沉积，明显反映间歇性喷发。基本构成了中-酸-中三个大的喷发旋回，每个大旋回中包含了大小不等、数量不一的次级喷发旋回。

熊耳群展布于北秦岭、嵩山、中条山及华山（小秦岭）四个古老地块之间的三角地带，严格受断裂控制，主要沿华北陆块与秦岭造山带之间的深断裂带与华北陆块南部的边缘深断裂汇合而构成的三角形裂谷内喷溢。该三角形裂谷的南界为秦岭北界断裂（洛南-栾川-明港断裂），东西长约 500 km 左右；其南北（由栾川—绛县）长约 200 km 左右。总面积约 50 000 km^2。这一三角形裂陷谷为熊耳期岩浆活动提供了良好的通道和边界条件，熔浆由喷发中心向周围喷溢流荡，形成气势磅礴的熔浆火川，充填了整个裂谷。孙枢等（1981）对熊耳群作过详细研究，认为"熊耳群是裂谷作用的产物"，这一结论是符合客观事实的。

该群主要赋存铁、铜、铅、锌等矿产。在断裂带及后期酸性侵入岩发育地段，金含量相对富集，也是找金的有利层位。

【问题讨论】 ①龙脖组及眼窑寨组均为酸性岩，有人认为属火山喷发岩；有人认为属次火山岩。本书将此二组归次火山岩。②前人在泌阳、桐柏地区建立的刘庄组，经河南省地矿局地调三队（1986）② 1：5 万区调和本次对比研究野外检查，大致在石滚河以东可能为变质的熊耳群，以西多为花岗岩体，其中有大量中酸性和基性脉体。所以建议将原刘庄组解体，一部分归熊耳群，一部分归花岗岩体，尚需进一步工作。

大古石组 Pt_2d （05-41-0113）

【创名及原始定义】 河南区测队（1964c）于济源县邵源乡黄背角大鼓石村创名大古石组。

---

① 河南地调一队，1986，1∶5 万栾川县北部区调报告。

② 河南省地矿局地调三队，1986，1：5 万瓦岗、任店幅区调报告。

原始定义：指分布于王屋山地区，不整合于铁山河群变质岩系之上、许山组之下的一套砾岩、含砾砂岩层。归西阳河群最下一组。时代为早震旦世。

【沿革】 河南区测队（1964c）创名大古石组，归西阳河群，时代为早震旦世。河南地质二队（1981）沿用，时代归长城纪。河南区调队（1981a）沿用，归熊耳群，时代为中元古代。喻积贤、王铭生等（1985）和河南省地矿局第一地质调查队（简称河南地调一队）（1986）在栾川白土地区将与其相应的地层命名为磨石沟组，归熊耳群，时代为长城纪。《河南省区域地质志》（1989）沿用河南区调队（1981）的划分意见。本次对比研究选用大古石组。停止使用磨石沟组。大古石乃大鼓石地理名称之误，但因大古石组使用已久，影响面较广，故不再更改。

【现在定义】 大古石组岩性为砂砾岩、砂岩、砂质页岩，局部夹少量安山岩。其下以砾岩、砂砾岩为标志与太古宙太华（岩）群或下元古界不同层位不整合接触；上与许山组安山岩为整合关系。

【层型】 正层型位于济源县邵源乡黄背角大鼓石村（112°07′，35°14′），由河南省区测队（1964c）测制。

上覆地层：许山组　安山岩

——————整　合——————

大古石组	总厚度 60.2 m
10. 紫红色砂质页岩	4.0 m
9. 灰白、浅红色砂砾岩	7.2 m
8. 紫红色页岩及砂质页岩	6.0 m
7. 灰白色粗粒砂岩及砂状长石石英砂岩	1.0 m
6. 紫红色薄层中粒铁质砂岩	4.0 m
5. 紫红色厚层砂砾岩	5.1 m
4. 紫红色砂质页岩与薄层中粒砂岩互层	12.5 m
3. 灰白色厚层中粒长石石英砂岩夹黄绿色页岩	3.6 m
2. 黄绿色中细粒板状石英砂岩	16.0 m
1. 黄绿色含砾砂岩、砂砾岩	0.8 m

~~~~~~~~ 不整合 ~~~~~~~~

下伏地层：双房（岩）组　绿泥片岩

【地质特征及区域变化】 本组分布局限，仅零星见于济源、栾川、汝阳等地。主要为一套陆源碎屑岩建造，局部夹少量中性熔岩。岩性及厚度变化较大。在济源县王屋厚 60～212 m，栾川县白土厚 123 m，汝阳县寄料厚 22 m。形成于炎热干燥气候条件下，属河流—湖泊相沉积环境。

许山组　Pt_2x　（05-41-0114）

【创名及原始定义】 河南区测队（1964c）于济源县邵源乡与山西省垣曲县同善乡交界的许山村附近创名许山组。原始定义指许山组相当秦岭区测队（1959）在熊耳山地区划分的下熊耳群，主要岩性为安山岩、辉石安山岩夹玄武岩、流纹岩及火山碎屑岩等。本组与下伏大古石组整合接触；其上被鸡蛋坪组整合覆盖。归西阳河群，时代为早震旦世。
~~~~~~~~

【沿革】 阎廉泉（1959）称下安山玢岩岩组，归上元古界。秦岭区测队（1959b）称下熊耳群，归熊耳群，时代为早元古代。河南地研所（1962）称下安山玢岩段，归嵎山群付店组，时代为早震旦世。河南区测队（1964c）创名许山组，归西阳河群。时代为早震旦世。河南地科所（1975）称下熊耳组，归熊耳群，时代为早震旦世。河南区调队（1981）沿用许山组，归熊耳群，时代为中元古代。河南地调一队（1986）及喻积贤、王铭生等（1985）在栾川地区又命名张合庙组，归熊耳群，时代为长城纪。《河南省区域地质志》（1989）沿用河南区调队（1981a）划分方案。本次对比研究选用许山组，停止使用下安山玢岩岩组、下安山玢岩段、下熊耳群、下熊耳组、张合庙组。

【现在定义】 许山组岩性为安山岩、辉石安山岩、安山玄武岩夹少量流纹岩及火山碎屑岩。下以安山岩大量出现为标志与大古石组整合接触，或不整合于太古宇、下元古界等不同层位之上；上以安山岩结束为标志，与鸡蛋坪组流纹岩或石英斑岩整合接触。

【层型】 正层型位于济源县邵源乡北寨村三担河—建虎门（112°08′，35°11′），由河南区测队（1964c）测制。

上覆地层：鸡蛋坪组　石英斑岩

——————— 整　合 ———————

许山组	总厚度 2 963.4 m
34. 紫灰色杏仁状玻璃安山岩	62.5 m
33. 紫灰-紫褐色杏仁状安山岩，自下而上斑晶增多，杏仁减少，基质粗糙	91.7 m
32. 紫灰色杏仁状辉石安山岩	184.1 m
31. 暗绿色杏仁状辉石安山岩	134.7 m
30. 紫灰色杏仁状安山岩	109.5 m
29. 紫灰色杏仁状玻璃安山岩	117.1 m
28. 紫灰、灰绿色杏仁状含辉石安山岩	74.3 m
27. 紫灰、灰绿、暗灰色杏仁状玻璃辉石安山岩	76.0 m
26. 紫灰色杏仁状安山岩	64.1 m
25. 上部为 4.5 m 厚的肉红色石英斑岩，下部为 6 m 厚的火山碎屑岩	10.5 m
24. 紫灰、紫红色杏仁状含辉石安山岩	184.4 m
23. 紫灰、紫红、灰绿色杏仁状辉石安山岩	194.0 m
22. 紫灰、暗灰色杏仁状安山岩	109.1 m
21. 紫灰色杏仁状含辉石安山岩	120.0 m
20. 紫灰、灰绿色杏仁状辉石安山岩	68.0 m
19. 紫灰、灰绿色杏仁状安山岩	119.1 m
18. 紫灰、深绿色杏仁状辉石安山岩	68.1 m
17. 紫灰色杏仁状安山岩	41.0 m
16. 灰绿、紫灰色杏仁状安山岩	236.8 m
15. 紫灰色石英斑岩	43.4 m
14. 紫灰色杏仁状安山岩	106.2 m
13. 灰褐色火山碎屑岩	19.8 m
12. 紫灰、灰褐色杏仁状安山岩	186.8 m
11. 紫灰、暗灰色杏仁状含辉石安山岩	34.9 m
10. 暗绿、紫灰色杏仁状安山岩，中间夹一层 11.5 m 的含辉石安山岩	65.8 m

9.	暗灰、紫灰、暗绿色辉石安山岩	27.0 m
8.	灰绿色杏仁状安山岩	34.4 m
7.	暗绿、紫褐色杏仁状含辉石安山岩	161.1 m
6.	暗绿色杏仁状辉石安山岩	51.1 m
5.	灰绿色杏仁状含辉石安山岩	32.0 m
4.	深灰色杏仁状安山岩	37.8 m
3.	紫灰、深灰色杏仁状辉石宙山岩，底部为厚 0.7 m 的火山碎屑岩	17.6 m
2.	紫灰色杏仁状辉石安山岩	13.9 m
1.	灰绿、黄绿色杏仁状辉石安山岩	66.6 m

——————— 整 合 ———————

下伏地层：**大古石组** 砂砾岩、砂质页岩

【地质特征及区域变化】 许山组以中性熔岩为主，夹少量酸性、基性熔岩及火山碎屑山岩，正常沉积碎屑岩。安山岩中杏仁、斑晶发育，以斜长石大斑晶为特征区别于马家河组的安山岩。岩性较稳定，厚度变化大，总的趋势是由熊耳山-崤山-外方山向东西两侧变薄，由王屋山向四周变薄。在栾川-洛宁厚 2 385 m，崤山后河滩厚 3 656 m，鲁山县瓦屋乡南厚 770 m，济源县王屋山厚 2 963 m。在本组底部所夹少量的长石石英砂岩和紫红色泥岩中含少量微古植物化石。

鸡蛋坪组 Pt_2j (05-41-0115)

【创名及原始定义】 河南区测队（1964c）于豫晋交界的山西省垣曲县同善乡鸡蛋坪村创名鸡蛋坪组。原始定义：鸡蛋坪组相当秦岭区测队（1959b）在熊耳山地区建立的中熊耳群。岩性为石英斑岩，“底部有一层厚 3～10 m 的紫红、绿色铁质硅质岩及凝灰岩。”本组与下伏许山组和上覆马家河组均为整合接触。归西阳河群，属早震旦世。

【沿革】 阎廉泉（1959）称流纹岩岩组，归上元古界。秦岭区测队（1959b）称中熊耳群，归熊耳群，时代为早元古代。河南地研所（1962）称石英斑岩流纹斑岩段，归崤山群付店组，时代为早震旦世。河南区测队（1964c）测 1∶20 万洛阳幅时创名鸡蛋坪组，归西阳河群，时代为早震旦世。河南地科所（1975）称中熊耳组，归熊耳群，时代为早震旦世。河南区调队（1981a）沿用鸡蛋坪组，归熊耳群，时代为中元古代。喻积贤、王铭生等（1985）及河南地调一队（1986）在栾川地区又创名焦园组，归熊耳群，时代为长城纪。本次对比研究选用鸡蛋坪组。停止使用石英斑岩流纹斑岩段、中熊耳群、中熊耳组、焦园组。

【现在定义】 同原始定义。

【层型】 正层型位于山西省垣曲县同善乡鸡蛋坪村（112°01′，35°13′）。由河南区测队（1964c）测制。

上覆地层：**马家河组** 安山岩

——————— 整 合 ———————

鸡蛋坪组		总厚度 111.8 m
2.	紫红、灰紫色石英斑岩	101.8 m
1.	紫红、灰绿色铁、硅质岩及凝灰岩	10.0 m

——————— 整 合 ———————

下伏地层：**许山组** 安山岩

【地质特征及区域变化】 鸡蛋坪组以酸性熔岩为主，夹不等量的中性熔岩及火山碎屑岩。岩性变化较大，在王屋山地区以流纹岩和石英斑岩为主，一般无中性熔岩等夹层，在熊耳山、崤山、外方山地区常夹有火山碎屑岩及中性熔岩。在王屋山地区该组底部有一层厚3～10 m的紫红色铁、硅质岩及凝灰质砂砾岩，在崤山地区该组内偶见大斑晶安山岩和玄武岩。鲁山县瓦屋南本组中夹大量安山岩。本组厚度变化较大，济源地区厚112 m，崤山地区厚1 531 m，栾川县焦园厚1 340 m，鲁山县瓦屋南厚1 588 m，方城县小顶山厚391 m，叶县李之位厚134 m。

马家河组 Pt_2m (05-41-0116)

【创名及原始定义】 河南区测队(1964c)于山西省垣曲县垣善乡马家河村创名马家河组。原始定义：马家河组相当于秦岭区测队（1959b）在熊耳山地区创建的上熊耳群，岩性为灰绿、紫红色杏仁状安山岩、辉石安山岩，夹砂质页岩、砂岩、铁泥质鲕状灰岩、晶屑凝灰岩等，归西阳河群，属早震旦世。本组与下伏鸡蛋坪组整合接触；与上覆云梦山组为不整合关系。

【沿革】 阎廉泉（1959）称上安山玢岩岩组，归上元古界。秦岭区测队（1959b）称上熊耳群，归熊耳群，时代为早元古代。河南豫零二队（1960）① 在渑池一带进行铁矿勘探时，称西山底层，归长城系。河南地研所（1962）称上安山玢岩段，归崤山群付店组，时代为早震旦世。河南区测队（1964）创名马家河组，归西阳河群，时代为早震旦世。河南地科所（1975）称上熊耳组，归熊耳群，时代为早震旦世。山西区测队（1979）② 及河南地质二队（1981）均沿用河南区测队（1964c）划分方案。河南区调队（1981a）和《河南省区域地质志》(1989）以及关保德（1988）均沿用马家河组，归熊耳群，时代为中元古代。喻积贤、王铭生等（1985）及河南地调一队（1986）在栾川地区又创名坡前街组，均归熊耳群，时代为长城纪。本次对比研究选用马家河组。停止使用上安山玢岩岩组、上安山玢岩段、上熊耳群、上熊耳组、西山底层、坡前街组等地层名称。

【现在定义】 马家河组岩性为安山岩、辉石安山岩、玄武安山岩、夹流纹岩、英安岩、火山碎屑岩、砂、页岩和少量灰岩等。下以安山岩大量出现为标志，与鸡蛋坪组整合接触；上以安山岩结束为标志，与汝阳群或高山河组等不整合接触。

【层型】 正层型位于山西省垣曲县同善乡吴家村—山顶村—马家河（112°01′30″，35°19′00″）。由河南区测队（1964c）测制。

上覆地层：云梦山组　石英砂岩

~~~~~~~~~~ 不 整 合 ~~~~~~~~~~

马家河组	总厚度 1 953.6 m
38. 暗灰绿色辉石安山岩	176.5 m
37. 暗紫灰色砂质页岩、粉砂岩、中夹一层铁泥质鲕状灰岩	15.2 m
36. 紫灰色辉石安山岩	74.3 m
35. 暗紫红色薄层状砂质页岩	1.6 m
34. 灰绿色辉石安山岩	77.5 m

---

① 河南豫零二队，1960，河南省新安、渑池县岱眉寨铁矿地质勘查报告。

② 山西区测队，1979，山西的震旦系。内部印刷。
~~~~~~~~~~

33.	紫红色薄层砂岩与砂质页岩互层	19.8 m
32.	灰绿色辉石安山岩	21.5 m
31.	紫红色薄层中细粒长石石英砂岩	25.0 m
30.	暗灰绿色辉石安山岩	57.7 m
29.	紫红色砂质页岩	6.5 m
28.	褐黄色杏仁状安山岩	16.4 m
27.	灰绿色辉石安山岩	66.3 m
26.	紫红色薄层状粉砂质凝灰岩	2.0 m
25.	灰绿色辉石安山岩	107.9 m
24.	紫红色砂岩及砂质页岩互层	18.8 m
23.	灰绿色辉石安山岩	2.3 m
22.	底部暗紫红色薄层砂岩；中部为黄绿色杂砂质长石砂岩、砂质页岩；上部为紫红色杂质长石石英砂岩	16.3 m
21.	暗灰绿色含辉石安山岩	84.4 m
20.	上部暗紫红色中细粒长石石英砂岩；下部褐绿色中细粒杂砂质长石砂岩及砂质页岩与紫红色薄层中细粒石英长石砂岩互层	41.9 m
19.	暗灰绿色杏仁状辉石安山岩	4.0 m
18.	暗紫红色细粒长石石英砂岩、砂质页岩夹黄绿色砂岩及薄层泥岩	50.7 m
17.	深灰绿色辉石安山岩	13.2 m
16.	灰绿色钙质石英砂岩和紫红色砂质泥岩	7.1 m
15.	灰绿色辉石安山岩	335.0 m
14.	紫红色中厚层细—中粒长石石英砂岩	12.2 m
13.	上部紫红色杂砂质砾岩（5.9 m）；下部紫红色薄层细粒杂砂岩	11.2 m
12.	灰绿色安山岩	212.8 m
11.	肉红、紫红色中粒长石砂岩	11.8 m
10.	暗灰、黄褐色辉石安山岩	110.8 m
9.	黄绿、褐黄色页岩夹砂质页岩	7.9 m
8.	褐灰、灰黑色安山岩	116.5 m
7.	上部紫灰、灰黄色火山砾岩；中部夹一层棕黄色细粒砂岩（10.4 m）；下部紫红、灰白色、黄绿色砂质页岩互层，夹灰紫色薄层泥灰岩（11.3 m）	21.7 m
6.	暗褐色安山岩	8.9 m
5.	灰绿色夹紫灰色薄层砂质页岩，底部有 20 cm 的钙质泥板岩	2.1 m
4.	暗绿、棕黄色安山岩	85.2 m
3.	灰黑色燧石岩	29.7 m
2.	灰绿、棕紫色安山岩	64.2 m
1.	暗紫色晶屑凝灰岩	16.7 m

——————— 整　合 ———————

下伏地层：**鸡蛋坪组**　石英斑岩

【地质特征及区域变化】　马家河组以中性熔岩为主，夹不等的酸性熔岩、火山碎屑岩、正常沉积碎屑岩，偶见灰岩。正常沉积岩夹层发育是区别于许山组的一个标志。如层型剖面中正常沉积的碎屑岩夹层达 19 层，共厚 319 m，约占剖面岩层总厚 1 953 m 的 16%。由砂、页岩—安山岩构成 19 个喷发沉积旋回。在熊耳山区该组中正常沉积岩夹层较少，而酸—中酸性熔岩夹层相对较多。厚度变化较大，王屋山厚1 954 m，峭山厚1 584 m，熊耳山厚2 322 m，鲁山县瓦屋南厚1 269 m，方城县小顶山厚850 m，叶县李之位厚152 m。

兵马沟组　Pt_2b　（05-41-0117）

【创名及原始定义】　河南区测队（1964a）于伊川县吕店乡兵马沟村附近创名兵马沟组。原始定义：岩性为紫红色砾岩、砂砾岩、砂岩、粉砂质页岩。下以底砾岩为标志与太古宙登封群不整合接触；上被马鞍山组底砾岩平行不整合覆盖，时代归早震旦世。

【沿革】　河南省区测队（1964a）在嵩山地区首先创建兵马沟组，尔后广为沿用。王志宏（1979）[①] 河南地质二队（1981）在济源王屋山地区也发现了一套与其相当的地层，命名为小沟背组。河南区调队（1981a）和《河南省区域地质志》（1989）均认为小沟背组与兵马沟组的岩性组合及时空位置相当，两者为同物异名，根据优先权的原则选用兵马沟组。停止使用小沟背组。

【现在定义】　兵马沟组岩性为砾岩、砂砾岩、砂岩、粉砂质页岩。下以底砾岩为标志，与太古宙登封（岩）群或中元古界熊耳群不整合接触；其上与马鞍山组或云梦山组底砾岩平行不整合接触。

【层型】　正层型位于伊川县吕店乡兵马沟（112°37′，34°31′），由河南区测队（1964）测制。

上覆地层：**马鞍山组**　灰白色砾岩

——————　平行不整合　——————

兵马沟组	总厚度 546 m
10. 暗紫色粉砂质页岩，夹中厚层砂砾岩及薄层粗砂岩	109 m
9. 暗紫色粉砂质页岩与灰紫色石英砂岩互层，夹砂砾岩，具交错层理	40 m
8. 紫红、暗紫红色粉砂质铁泥质页岩与薄层石英砂岩互层，夹砂砾岩及粗砂岩	75 m
7. 暗紫红色粉砂质铁泥质页岩，与薄层粉砂岩互层，中夹砂砾岩，其中有1.4 m厚铁质石英砂岩，局部为贫铁矿	50 m
6. 暗紫色薄层—中厚层细粒长石石英砂岩，页岩夹少量砂砾岩	55 m
5. 紫红色粉砂质铁泥质页岩与细砂岩互层，夹砂砾岩	59 m
4. 灰紫色砂砾岩与粉砂质页岩互层	35 m
3. 暗紫红色中—厚层砂砾岩夹浅黄、紫红色粉砂质页岩	32 m
2. 灰紫红色中—厚层砾岩，下部为石英砂岩，页岩	32 m
1. 暗紫红色厚层砾岩	59 m

~~~~~~~~~~　不　整　合　~~~~~~~~~~

下伏地层：**登封（岩）群**　角闪斜长片麻岩

【地质特征及区域变化】　该组分布局限，零星见于嵩山、王屋山等地。岩性基本稳定，为一套粗碎屑磨拉石建造。在嵩山地区由下而上为砾岩—砂砾岩—砂岩—含砾粉砂质页岩，组成由粗—细的沉积旋回，其中有多个次级沉积韵律。在王屋山地区，本组以砾岩为主。砾石成分复杂，主要有安山岩、石英岩，次为片麻岩及脉石英等。砾石滚圆度较差，无分选性，砾

① 王志宏，1979，震旦亚界汝阳群下部小沟背组的发现，河南地质，第4期，51—55页。
~~~~~~~~~~

径 3～30 cm，最大达 120 cm。该组厚度变化较大，在短距离内可由数百米变为零，在嵩山地区厚 560 m，王屋山厚 881.1 m。岩层较疏松，未变质，其中含微古植物化石。属河流冲积相。

五佛山群 $Pt_{2\text{-}3}W$ （05-41-0118）

【创名及原始定义】 张尔道（1954）于偃师县佛光乡五佛山地区创名五佛山系。原始定义：以黄色、灰色及红色硅质灰岩层，黄色、黄绿色与红色的板岩层及淡红色或灰白色的石英岩层构成了嵩山地区变质轻微的五佛山系上、中、下三个部分。下与嵩山石英岩层，上与大石门石英岩层均为不整合关系，时代归早元古代。

【沿革】 张尔道（1954）创名后，马杏垣（1957）、王曰伦等（1959）、王泽九等（1963）、河南地质研究所（1962）、河南区测队（1964a）、北京地质学院（1973）、关保德等（1980，1988）、河南区调队（1981a）、《河南省区域地质志》（1989）均作了划分（表 3-2）。本次对比研究考虑嵩山地区的五佛山群在岩性组合、沉积环境等方面与渑池-确山地区的汝阳群具有一定的差异，不便统一，保留五佛山群。

【现在定义】 五佛山群指分布于嵩山地区的一套碎屑岩组合，自下而上划分为马鞍山组、葡萄峪组、骆驼畔组、何家寨组。该群下与兵马沟组平行不整合接触，或与嵩山群、登封（岩）群不整合接触；上与辛集组或红岭组平行不整合接触。

【层型】 正层型位于偃师县佛光乡马鞍山—西骆驼畔（112°49′，34°28′），由王泽九等（1963）首测，本次采用河南省区测队（1964a）重测剖面，并参考关保德等（1980）重测资料。

【地质特征及区域变化】 五佛山群主要分布于嵩山地区（图 3-1），为一套轻微变质的碎屑岩组合，岩性主要为砾岩、石英砂岩、粉砂质页岩、页岩等。岩性较稳定，厚度变化较大，除下部的马鞍山组广泛发育外，以上其它两个组延伸范围很小，仅偃师县佛光乡一带发育较全，马鞍山—西骆驼畔剖面最完整，该群岩层总厚 417.7 m。

马鞍山组 Pt_2ma （05-41-0119）

【创名及原始定义】 王曰伦、王泽九等（1959）于偃师县佛光乡马鞍山创名马鞍山石英岩。原始定义：马鞍山石英岩，岩性为紫红色石英岩，底部为砾岩。与下伏五指岭片岩为不整合接触；其上被普峪页岩整合覆盖。归五佛山群，时代为震旦纪。

【沿革】 孙健初（1933）将其命名为尚庙岭石英岩层，归震旦系。创名后见表 3-2。本次对比研究认为马鞍山组中间所夹数层砾岩很不稳定，多呈凸镜状，不具分组标志，不必再细分。停止使用尚庙岭石英岩层、上、下马鞍山组及峡阏组。

【现在定义】 马鞍山组相当王氏（1959）创建的马鞍山石英岩，主要岩性为石英砂岩夹少量砾岩及粉砂质页岩，具底砾岩。下以底砾岩为标志与兵马沟组平行不整合接触，或与登封（岩）群、嵩山群不整合接触；上以石英砂岩结束为标志，与葡萄峪组页岩整合接触，大部分地段与下寒武统辛集组平行不整合接触。归五佛山群。

【层型】 正层型位于偃师县佛光乡马鞍山（112°49′，34°28′），由河南区测队（1964）重测。

上覆地层：葡萄峪组 页岩

——————— 整 合 ———————

马鞍山组 总厚度 219.7 m

表 3-2 五佛山群划分沿革表

作者	年代	上覆地层	红岭组层位	何家寨组层位	骆驼畔组层位	葡峪组层位	马鞍山组层位	兵马沟组层位	下伏地层
孙建初	1933						Z 尚庙岭石英岩层		五台系 龙婆寨层
张尔道	1954	新元古界 大石门石英岩	旧元古界 五佛山系（跨至嵩山群之上）						嵩山石英岩
王曰伦、王泽九等	1959	$\in_1$ 关口砂砾岩	五佛山群 Z；小顶山组：何家寨页岩灰岩		骆驼畔砂岩	马鞍山组：普峪页岩段	马鞍山石英岩		Pt_1 嵩山群
王曰伦	1960	$\in_1$ 关口砂砾岩	前寒武系（跨全部层位）；少林寺岩组 ~?~ 页岩及砂岩				马鞍山石英岩		五指岭片岩
王泽九等	1963	$\in_1$ 馒头组 关口砂砾岩段	五佛山群 Z；骆驼畔组 Z：何家寨页岩灰岩段		骆驼畔砂岩段	五佛山组：普峪页岩段	马鞍山石英岩段		Pt_1 嵩山群
河南地研所	1962	$\in_1$ 关口砂砾岩	小顶山群 Z：洛峪口组		三教堂组	云梦山群 Z：崔庄组	马鞍山组		Pt_1 嵩山群
河南区测队	1964a	$\in_1$ 辛集组	Z_3：何家寨组		骆驼畔组	Z_2：普峪组	马鞍山组	Z_1：兵马沟组	嵩山群
马杏垣、索书田等	1975	$\in_1$ 东瑶组	五佛山群 Z：红岭组 ══ ~~ 何瑶组		骆驼畔组	葡峪组	马鞍山组		Pt 嵩山群
关保德等	1980 / 1988	$\in_1$ 辛集组	Z 红岭组	青白口系：何瑶组（1980）/ 何家寨组（1988）	骆驼畔组	葡峪组	蓟县系：上马鞍山组、下马鞍山组（1980）/ 峡冈组、马鞍山组（1988）	兵马沟组	Pt_1 嵩山群
河南地矿局	1989	$\in_1$ 辛集组	洛峪群 Pt_3：洛峪口组		三教堂组	崔庄组	汝阳群 Pt_2：北大尖组—云梦山组	兵马沟组	Pt_1 嵩山群
本书		$\in_1$ 辛集组	Z 红岭组	五佛山群 Pt_3：何家寨组	骆驼畔组	葡萄峪组	五佛山群 Pt_2：马鞍山组	Pt_2 兵马沟组	Pt_1 嵩山群

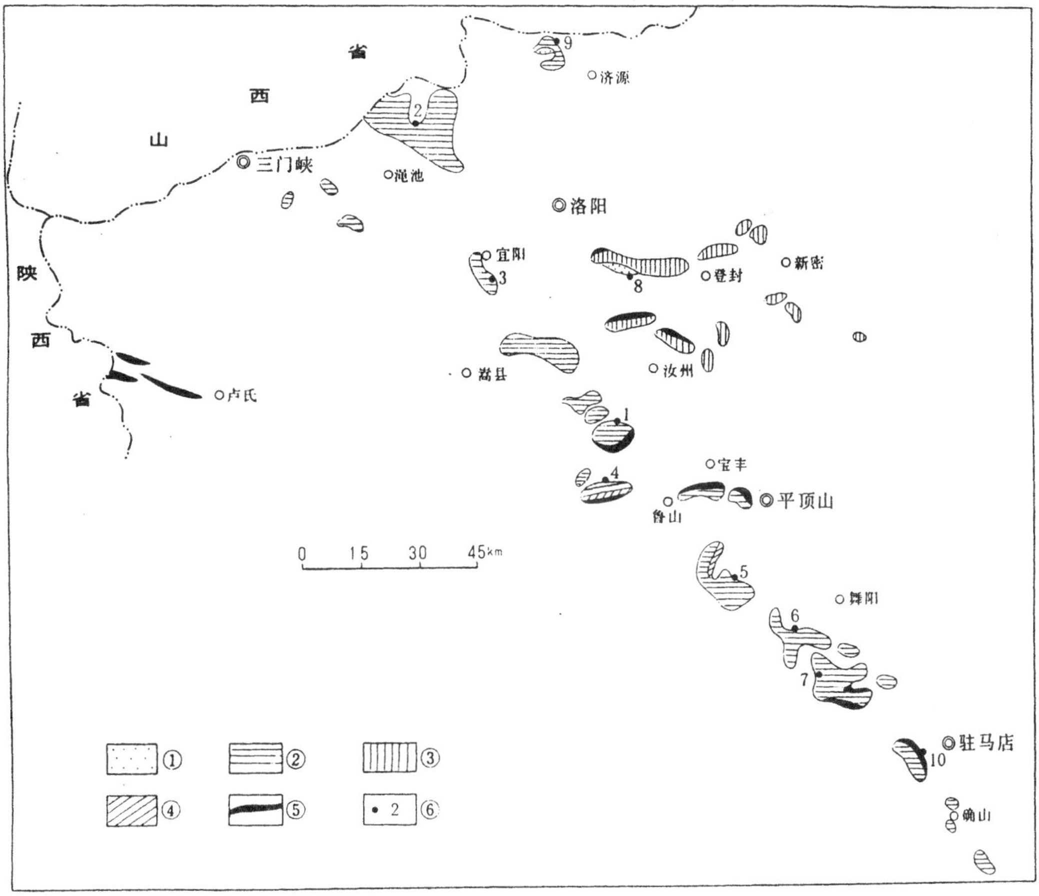

图 3-1 兵马沟组、汝阳群、五佛山群、黄连垛组、董家组、罗圈组、东坡组分布及主要剖面位置图

①兵马沟组；②汝阳群；③五佛山群；④黄连垛组、董家组；⑤罗圈组、东坡组；⑥主要剖面位置及编号；1. 汝阳县；2. 渑池县仁村；3. 宜阳县祖师庙；4. 鲁山县下汤；5. 方城县小顶山；6. 舞阳县塘山；7. 西平县大长寨；8. 偃师县佛光；9. 济源县王屋；10. 确山县胡庙

18. 灰白色中厚层状石英砂岩	4.8 m
17. 灰色页岩夹含铁石英细砂岩及海绿石砂岩	8.1 m
16 上部为灰白色细粒石英砂岩，下部为肉红色薄层细粒长石石英砂岩	5.7 m
15. 紫红色、淡肉红色细粒长石石英砂岩、泥质粉砂岩与页岩呈互层或夹层	15.6 m
14. 灰白色薄层石英粉砂岩夹薄层细砂岩	6.8 m
13. 灰白色巨厚层状石英砂岩	2.4 m
12. 灰白色细粒石英砂岩夹深灰色、黄灰色页岩、泥岩和海绿石砂岩	15.8 m
11. 肉红色细粒石英砂岩夹紫红、灰绿色页岩	12.3 m
10. 紫灰—灰色中粒石英砂岩	15.7 m
9. 灰白色细粒石英岩与紫红色泥质砂岩、页岩互层	14.6 m
8. 淡肉红—米黄色细粒石英砂岩，见少量砾石	6.5 m
7. 紫红色砾岩，有时底部见少量紫红色含细砾砂质铁质泥岩	3.0 m
6. 浅紫红色、肉红色细粒石英砂岩，板状斜层理发育	24.1 m
5. 肉红色中厚层—巨厚层不等粒条带状石英砂岩	31.2 m
4. 肉红、紫灰色中—巨厚层细粒石英砂岩，具大型单向斜层理及交错层理	23.7 m

3. 紫红色中—薄层状不等粒条带状石英砂岩 18.7 m

2. 暗紫红色含砾粗砂岩，底部为砂砾岩 7.3 m

1. 灰紫色砾岩 3.4 m

~~~~~~~~~~ 不 整 合 ~~~~~~~~~~

下伏地层：**郭家窑组** 绿泥绢云片岩

【地质特征及区域变化】 该组以肉红、灰白色石英砂岩为主，夹少量粉砂质页岩及凸镜状砾岩，底砾岩普遍存在，底砾岩层厚 3～20 m。砾石成分以石英岩、脉石英、磁铁石英岩为主，砾径 5～30 cm，大者达 1 m 左右，砾石滚圆度中等，分选性较差。部分石英砂岩层质纯，SiO_2 含量较高，可作硅石矿。本组岩性单调、稳定，仅其中所夹粉砂质页岩及砾岩层变化较大，岩层较坚硬，耐风化，往往形成陡峭的山峰或单面山，地貌标志明显。岩层厚度变化较大，如在偃师县马鞍山厚 219.7 m，祖师庙厚 645.8 m；新密县尖山厚 121.4 m；登封县王村佛洞厚 121.7 m，送表厚 445.1 m；禹州市浅井厚 162.6 m。石英砂岩层面见波痕，具交错层理，形成于滨岸海滩—河流三角洲沉积环境。

葡萄峪组 Pt_3p (05-41-0120)

【创名及原始定义】 王曰伦、王泽九等（1959）于偃师县佛光乡葡萄峪村附近创名普峪页岩。原始定义：以紫红色板状页岩为主的杂色页岩。下以页岩出现为标志与马鞍山石英岩整合接触；上以页岩结束为标志与骆驼畔石英砂岩微不整合接触；归五佛山群马鞍山组。时代为震旦纪。

【沿革】 见表 3-2。本次对比研究选用葡萄峪组。在此不用崔庄组。

【现在定义】 本组岩性为杂色页岩、砂质页岩、碳质页岩夹细砂岩。下以页岩出现为标志，与马鞍山组整合接触；上以页岩结束为标志，与骆驼畔组整合接触。

【层型】 正层型位于偃师县佛光乡葡萄峪（112°49′，34°28′），由河南区测队（1964a）重测。

上覆地层：**骆驼畔组** 含砾石英砂岩

———————— 整 合 ————————

葡萄峪组 总厚度 129.8 m

21. 下部灰黄、黄绿色页岩；上部为紫红、灰绿色板状砂质页岩与紫红色薄层细粒砂岩互层 19.4 m

20. 紫红、灰绿色页岩 22.9 m

19. 黄绿、紫红色页岩与黄灰色薄层细砂岩互层，向上页岩增多 19.7 m

18. 灰黄色薄层细砂岩 1.6 m

17. 灰黄色、薄层板状砂质页岩 4.7 m

16. 紫红，灰绿色页岩互层 10.9 m

15. 紫红色页岩 14.8 m

14. 灰黄、黄绿色页岩 18.7 m

13. 灰黑色碳质页岩 4.7 m

12. 青灰色，薄层板状砂质页岩 12.4 m

———————— 整 合 ————————

下伏地层：**马鞍山组** 石英砂岩
~~~~~~~~~~

【地质特征及区域变化】 该组仅分布于偃师县佛光地区。岩性单调，主要为一套页岩夹少量砂岩及碳质页岩，厚129.8 m。岩性及厚度较稳定。其中含丰富的微古植物化石。岩性软弱易风化，多呈负地形，标志明显。

骆驼畔组 Pt_3lt （05-41-0121）

【创名及原始定义】 王曰伦、王泽九等（1959）于偃师县佛光乡西骆驼畔创名骆驼畔砂岩。原始定义：骆驼畔砂岩厚30～40 m，下部有时为砾岩，有时为粗砂岩，下与普峪页岩微不整合接触；上与何家寨页岩灰岩整合接触。归五佛山群骆驼畔组，时代为震旦纪。

【沿革】 见表3-2。本次对比研究选用骆驼畔组，在此停止使用三教堂组。

【现在定义】 骆驼畔组岩性为石英砂岩，底部有时有细砾岩。下以石英砂岩出现为标志与葡萄峪 组整合接触；上以石英砂岩结束为标志与何家寨组整合接触。

【层型】 正层型位于偃师县佛光乡西骆驼畔（112°49′，34°28′），由河南区测队（1964）重测。

上覆地层：何家寨组　灰岩

——————整　合——————

骆驼畔组	总厚度68.2 m
25. 灰黄色、细—中粒厚层石英砂岩	42.1 m
24. 黄色薄层中粒石英砂岩	15.7 m
23. 紫红色中厚层状细粒石英砂岩	1.7 m
22. 灰白、灰黄色微显紫红色含砾石英粗砂岩	8.7 m

——————整　合——————

下伏地层：葡萄峪组　页岩

【地质特征及区域变化】 本组分布范围有限，仅见于偃师县佛光地区。岩性单调，为石英砂岩，岩性及厚度稳定，厚68.2 m。具水平层理、小型砂纹层理、楔状层理，层面有不对称波痕、新月型波痕，属中能海滩环境。

何家寨组 Pt_3h （05-41-0122）

【创名及原始定义】 王曰伦、王泽九等（1959）于偃师县佛光乡郝（何）家寨村创名何家寨页岩、灰岩。原始定义：何家寨页岩、灰岩，主要岩性为各种颜色的页岩、灰岩及泥灰岩，灰岩中含藻类化石，褶曲比较平缓。下与骆驼畔砂岩整合接触；上与寒武系关口组砂岩及砾岩平行不整合接触，归五佛山群小顶山组，时代为震旦纪。

【沿革】 见表3-2。本次对比研究选用何家寨组，将红岭组从何家寨组中划出。停止使用少林寺岩组、何窑组，在此不用洛峪口组。何家寨乃郝家寨地理名称之误，因何家寨组沿用已久，不再更改。

【现在定义】 何家寨组岩性为黄绿、紫红色页岩、灰色灰质泥岩、含叠层石灰岩、白云岩、泥质白云岩夹石英粉砂岩等。下以白云质灰岩出现为标志，与骆驼畔组整合接触；上以页岩夹灰质泥岩结束为标志，与红岭组或辛集组平行不整合接触。

【层型】 正层型位于偃师县佛光乡何家寨（112°49′，34°28′），由河南区测队（1964）重测。

上覆地层：**辛集组**　砂砾岩

——————— 平行不整合 ———————

何家寨组	总厚度 337.0 m
41. 紫红、鲜红色页岩夹薄层砂质页岩	29.6 m
40. 灰白、淡红色致密灰岩与薄板状砂质页岩互层	13.2 m
39. 灰色泥质条带灰岩与紫红色薄板状砂岩互层	11.6 m
38. 灰黄色薄层粉砂岩及薄板状砂质页岩夹灰白色泥质灰岩	9.2 m
37. 鲜红色页岩，底部夹有淡灰紫红色灰岩	46.2 m
36. 下部为灰黄色，少量紫红色页岩，夹粉砂岩及薄层灰岩；上部夹黄色薄层粉砂岩夹灰白色灰岩	33.8 m
35. 灰紫、灰黄色页岩，顶部有黄色泥灰岩	9.6 m
34. 灰黄色薄层泥质灰岩，夹青灰色薄层泥灰岩	15.4 m
33. 灰黑色薄层泥质条带灰岩	9.6 m
32. 浅灰紫色薄层粉砂岩及砂质页岩，夹灰绿色薄层泥灰岩	24.0 m
31. 灰黑色厚层泥质条带灰岩，部分泥质灰岩与灰岩互层，产叠层石：*Anabaria inconspicus*，*Inzeria heyaoensis*，*Gymnosolen ramsayi*	41.7 m
30. 灰黄色薄层砂质页岩，夹黄色薄层粉砂岩及泥质灰岩、灰岩	8.8 m
29. 黄、灰黄色泥质灰岩，夹黄灰色薄板状砂质页岩及青灰色灰岩，灰岩中有角砾岩化现象	37.6 m
28. 灰白、灰绿色砂质页岩与薄层细—中粒石英砂岩	11.8 m
27. 黄、灰黄色薄层粉砂岩，夹少量灰黄绿色砂质页岩	11.6 m
26. 下部淡灰紫色，上部为灰白色薄层灰岩	23.3 m

——————— 整　合 ———————

下伏地层：**骆驼畔组**　灰黄色细—中粒厚层石英砂岩

【地质特征及区域变化】　该组分布范围有限，仅见于偃师县佛光一带。主要为一套紫红、灰绿色页岩及灰岩、白云岩组合，其中含叠层石及微古植物化石。在佛光村以东来定窑一带，该组上部有灰岩砾岩及钙质砂岩砾岩夹黄绿、紫红色页岩。灰岩中纹层发育。含叠层石灰岩为大理岩板材。

红岭组　*Zhn*　(05-41-0153)

【创名及原始定义】　马杏垣、索书田等（1975）于偃师县佛光乡红（横）岭介绍红岭组：红岭组岩性上部为厚层青灰、玫瑰色含叠层石燧石团块硅质白云岩；中部为薄层细粒石英砂岩、粉砂岩、页岩、硅质灰岩互层；下部为绿色厚层细粒含长石石英砂岩、砂岩。下与何窑组为断层关系；上被下寒武统东窑组不整合覆盖。归五佛山群，时代为震旦纪。

【沿革】　王曰伦、王泽九等（1959，1963）将该套地层划归何家寨页岩、灰岩，时代归震旦纪。河南区测队（1964a）将该套地层划归何家寨组上部，时代为晚震旦世。北京地质学院（1973）提到红岭组，但无建组资料。马杏垣、索书田等（1975）指出："红岭组是北京地质学院嵩山队于 1964 年在偃师县佛光峪地区建立的一个组，起初称马窑组，后因马窑村并不坐落在该岩组之上，于 1972 年改为红岭组。"将红岭组归五佛山群，时代为震旦纪。关保德等（1980，1988）均沿用红岭组，时代为震旦纪。河南区调队（1981a）及《河南省区域地质志》（1989）均将该套地层归于洛峪口组，时代为晚元古代。本次对比研究选用红岭组，停止使用马窑组。红岭乃横岭地理名称之误，因红岭组沿用已久，故不更改。

【现在定义】 该组岩性为青灰、玫瑰红色含叠层石燧石团块白云岩、紫红、灰绿色页岩、粉砂岩、硅质岩、含长石石英粉砂岩、砂岩等。下以砾岩、中粗粒石英砂岩出现为标志，与何家寨组平行不整合接触；上与下寒武统辛集组砾岩、含砾砂岩平行不整合接触。

【层型】 选层型位于偃师县佛光村东红岭（112°54′，34°30′）。由关保德等（1988）测制。

上覆地层：**辛集组** 砂砾岩

——————— 平行不整合 ———————

红岭组 总厚度 80 m

3. 上部为灰色厚层白云岩，中部为灰、紫红色含燧石团块白云岩；下部为紫红色中厚层白云岩，含丰富的叠层石（3 层）：*Inzeria fuguagyuensis*；*Jurusania cylindrica*；*Jacutphyton mayaoensis* 20 m

2. 灰黑、黄灰色碳质页岩夹粉砂岩。页岩含丰富的微古植物及古蓝藻等 45 m

1. 灰色厚层钙质含长石石英砂岩 15 m

═══════ 断层接触 ═══════

下伏地层：**何家寨组** 页岩夹泥灰岩

参考剖面位于偃师县佛光村东来定窑村北（112°54′，34°30′）。由中国地质大学（北京）周洪瑞等 1993 年测制。

【地质特征及区域变化】 该组分布范围有限，仅见于佛光村以东来定窑—横岭一带。为一套碎屑岩夹碳酸盐岩组合。岩性较复杂，相变较快，颜色杂，以紫红、灰绿为主色调，含丰富的微古植物及叠层石。底砾岩砾石成分多为石英，砾径多在 4～8 cm 之间，呈次圆—次棱角状。由于岩层软弱多遭挤压破碎，难以测得完整的剖面。与下伏何家寨组多为断层关系，局部可见平行不整合关系。

汝阳群 $Pt_{2\text{-}3}R$ （05-41-0123）

【创名及原始定义】 金守文（1976）① 于汝阳地区创建汝阳群。原指分布于豫西地区的云梦山、白草坪、北大尖、崔庄、三教堂、洛峪口等六个组，与下伏熊耳群及上覆罗圈组均为不整合关系。时代归震旦纪。

【沿革】 阎廉泉、韩影山（1952）在汝阳地区由下而上建立了十个地层单位，归震旦系。河南区测队（1964a）将以上十个地层单位归并为六个岩石地层单位（表 3-3）。尔后此划分方案广泛引用。关保德等（1980，1988）将以上前三个组称汝阳群，归蓟县系；后三个组命名为洛峪群，归青白口系。河南区调队（1981a）及《河南省区域地质志》（1989），均沿用此划分方案。本书沿用原定义。

在太行山地区的相当地层，中南地质局 461 队（1956）② 划归震旦系。河南地研所（1962）命名为上八里组，时代归早寒武世。山西区测队（1972、1977）称串岭沟组，归震旦

① 金守文，1976，宽坪群和陶湾群的地层划分及时代问题。中南地质科技情报，(1)。

② 中南地质局 461 队，1956、河南省辉县西北修武东北普查工作地质简报。

表 3-3　汝阳群划分沿革表

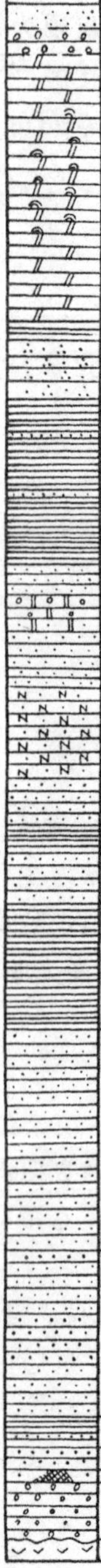

层型地层柱 厚度 m	主要岩性	阎廉泉 韩影山 1952	河南区测队 1964	金守文 1976 (群)	金守文 1976 (组)	关保德 1980 1988 (群)	关保德 1980 1988 (组)	本文 (群)	本文 (组)
	砾岩、砂岩	寒武系	辛集组		辛集组		黄连垛组		黄连垛组
210	白云岩、含叠层石	洛峪口层	洛峪口组	汝阳群	洛峪口组	洛峪群 Pt_3	洛峪口组	汝阳群	洛峪口组
15	页岩	三教堂砂岩	洛峪口组	汝阳群	洛峪口组	洛峪群 Pt_3	洛峪口组	汝阳群	洛峪口组
52	石英砂岩	三教堂砂岩	三教堂组	汝阳群	三教堂组	洛峪群 Pt_3	三教堂组	汝阳群	三教堂组
132	页岩夹少量石英砂岩	崔庄页岩	崔庄组	汝阳群	崔庄组	洛峪群 Pt_3	崔庄组	汝阳群	崔庄组
26	石英砂岩	武湾后沟层	崔庄组	汝阳群	崔庄组	洛峪群 Pt_3	崔庄组	汝阳群	崔庄组
29	砾屑砂屑白云岩	武湾后沟层	北大尖组	汝阳群	北大尖组	汝阳群 Pt_2	北大尖组	汝阳群	北大尖组
45	石英砂岩、铁质砂岩（贫铁矿层）	武湾后沟层	北大尖组	汝阳群	北大尖组	汝阳群 Pt_2	北大尖组	汝阳群	北大尖组
67	长石石英砂岩	上洛峪层	北大尖组	汝阳群	北大尖组	汝阳群 Pt_2	北大尖组	汝阳群	北大尖组
38	石英砂岩	北大尖层	北大尖组	汝阳群	北大尖组	汝阳群 Pt_2	北大尖组	汝阳群	北大尖组
22 46 99	紫红、灰绿色页岩夹石英砂岩、铁质砂岩	白草坪层	白草坪组	汝阳群	白草坪组	汝阳群 Pt_2	白草坪组	汝阳群	白草坪组
170	暗紫红、灰褐色条带状石英砂岩	莲溪寺层	云梦山组	汝阳群	云梦山组	汝阳群 Pt_2	云梦山组	汝阳群	云梦山组
126	以紫红色为主夹灰白色条带状中粒—不等粒石英砂岩	云梦山层	云梦山组	汝阳群	云梦山组	汝阳群 Pt_2	云梦山组	汝阳群	云梦山组
25 2	粗粒石英砂岩	云梦山层	云梦山组	汝阳群	云梦山组	汝阳群 Pt_2	云梦山组	汝阳群	云梦山组
6 46	上不等粒铁质石英砂岩,局部成铁矿层,下部砾岩	紫罗山（马山口）砾岩层	云梦山组	汝阳群	云梦山组	汝阳群 Pt_2	云梦山组	汝阳群	云梦山组
	安山岩	火成岩	马家河组		熊耳群		马家河组		熊耳群

系。河南区调队（1981）及《河南省区域地质志》（1989）均将其归汝阳群，仅发育云梦山组和白草坪组，时代为中元古代，现采用此划分方案。

【现在定义】 指分布于豫陕地层分区渑池-确山小区及山西地层分区的一套碎屑岩-碳酸盐岩组合，由下而上分为云梦山、白草坪、北大尖、崔庄、三教堂、洛峪口六个组。该群下与兵马沟组平行不整合接触，区域上普遍与熊耳群等不整合接触；上被黄连垛组或罗圈组等平行不整合覆盖。

【地质特征及区域变化】 汝阳群广泛分布于济源、渑池、宜阳、汝阳、汝州、鲁山、叶县、方城、舞钢、西平，泌阳、确山及太行山辉县—林州等县（市）境内（图 3-1），向西北、北分别延入山西、河北省境内。该群为一套轻微变质的碎屑岩组合，砂岩类多变为石英岩状砂岩、泥岩类变为页岩。岩性以石英砂岩、长石石英砂岩、页岩为主，夹少量白云岩，底部普遍有砾岩，岩性较稳定，区域上变化不大。岩层总厚度约 1 000～1 600 m，渑池地区最厚达 1 883 m，在王屋山、太行山地区厚度较小，324～646 m，且层位缺失较多。唯渑池-确山一带地层发育较全。该群内含丰富的微古植物及少量叠层石、遗迹化石。斜层理、波痕、泥裂等沉积构造发育。赋存铁、硅石、型砂、玻璃原料、菱铁矿、海绿石及钾长石等有益矿产。

云梦山组 Pt_2y （05-41-0124）

【创名及原始定义】 阎廉泉、韩影山（1952）于汝阳（原伊阳）县云梦山创名云梦山层以及紫罗山（马山口）砾岩层和莲溪寺层。原始定义：紫罗山（马山口）砾岩层为砾岩夹铁矿层，云梦山层及莲溪寺层均为石英砂岩夹少量页岩。三层之间均为整合关系，紫罗山（马山口）砾岩层与下伏火山岩层为不整合关系；莲溪寺层与上覆白草坪层为整合关系。时代均归震旦纪。

【沿革】 阎廉泉、韩影山（1952）创名后，河南区测队（1964a、b、c）将以上三层合并，称云梦山组，时代归中震旦世。尔后广为沿用。本次对比研究选用河南区测队修定后的云梦山组的含义，停止使用紫罗山（马山口）砾岩层、莲溪寺层、武湾组。

【现在定义】 云梦山组岩性为肉红、灰白色石英砂岩夹少量紫红、灰绿色页岩，底部为砾岩及不稳定的铁矿层。下以底砾岩为标志与兵马沟组平行不整合接触，普遍与熊耳群等老地层不整合接触；上以石英砂岩层基本结束为标志，与白草坪组整合接触。

【层型】 正层型位于汝阳县寺沟石门根—白堂根（112°30′，34°13′），由关保德等（1988）重测。

上覆地层：**白草坪组** 紫红色页岩夹薄层石英砂岩

——————— 整 合 ———————

云梦山组 总厚度 261.6 m

7. 含砾粗—中粒含长石石英砂岩。砾石为石英砂岩和紫红色页岩，产微古生物 *Trematosphaeridium* sp. 1.2 m
6. 灰色、浅紫红色条带状中粒石英砂岩，中部的砂岩层面发育有波痕，有的具有薄层泥质皮和泥砾。产微古植物：*Trematosphaeridium minutum*，*Polyporata obsoleta* 96.2 m
5. 樱红色含泥砾中粒石英砂岩 6.3 m
4. 紫红色条带状细粒石英砂岩，产微古植物 *Trematosphaeridum holtedahlii*，*T. minutum*，*Polyporata obsoleta*，*Taeniatum* cf. *crassum* 21.3 m
3. 紫红色、灰紫色中粒石英砾岩。上部砂岩含有灰色条纹。产微古植物 *Trematosphaer-*

idium holtedahlii，*T. minutum*，*Polyporata obsoleta* 47.9 m

2. 浅紫红、紫红、紫灰色条带状中—粗粒石英砂岩夹少量灰色中—粗粒石英砂岩和紫红色铁质石英砂岩 43.7 m

1. 含砾粗砂岩、砂砾岩。产微古植物化石 *Trematosphaeridium minutum* 45.0 m

~~~~~~~~~~ 不 整 合 ~~~~~~~~~~

下伏地层：**马家河组　流纹斑岩**

【地质特征及区域变化】　云梦山组为一套肉红、灰白色石英砂岩、长石石英砂岩，夹少量紫红、灰绿色页岩及砾岩，普遍存在底砾岩。砾石成分主要为石英岩、脉石英、安山岩等，在西北部地区几乎不夹页岩和粉砂质页岩，且砾岩层相对较多，如渑池县岱嵋寨一带，云梦山组中部夹有数层不稳定的砾岩层，厚 1～20 m，伴随有铁矿层。而在南部鲁山-舞钢一带，页岩、粉砂质页岩相对增加，近底部普遍有一层玄武岩或安山岩，厚 31～98 m 不等。底砾岩由汝阳县向西北砾径粗大，厚度 9～69 m，向南东砾径相对较小，厚度 1～6 m。该组总厚度一般在 400～600 m，唯渑池地区最厚，达 1 008.7 m，汝阳地区厚 161.6 m，鲁山县下汤厚 630.6 m，方城县小顶山厚 553.2 m，舞钢市塘山厚 527.0 m，西平县大长寨厚 408.6 m，林州市卢家拐厚 324 m，济源地区厚 645.8 m。本组砂岩层中普遍发育有各种类型的斜层理、波痕、泥裂也很发育。可见由紫红、灰白两色相间组成的条带状构造，属河流三角洲—近岸海滩沉积环境。

白草坪组　Pt_2b　(05-41-0125)

【创名及原始定义】　阎廉泉、韩影山（1952）于汝阳县白草坪村创名白草坪层。原始定义：白草坪层岩性为棕褐色锰质砂岩及紫红色页岩互层。本层与下伏莲溪寺层及上覆北大尖层均为整合接触，时代归震旦纪。

【沿革】　阎、韩氏（1952）创名后，河南区测队（1964a、b、c）沿用此含义，称白草坪组，时代归中震旦世。尔后广为沿用。

【现在定义】　白草坪组岩性为紫红、灰绿色粉砂质页岩、页岩，夹薄层石英砂岩，局部夹砾岩及白云岩。下以紫红、灰绿色页岩、粉砂质页岩大量出现为标志，与云梦山组整合接触；上以紫红、灰绿色页岩、粉砂质页岩结束为标志，与北大尖组整合接触。

【层型】　正层型位于汝阳县寺沟白堂根白草坪（112°30′，34°13′），由关保德等（1988）重测。

上覆地层：**北大尖组　石英砂岩**

———————— 整　合 ————————

白草坪组 总厚度 107.3 m

10. 紫红、灰绿色页岩与紫红，灰白色薄层石英砂岩互层。含微古植物 *Trematospnaeridium holtedahlii*，*Lignum punctulosum*，*Polyporata obsoleta* 86.5 m

9. 紫红色、灰白色条带状薄层石英砂岩。产微古植物化石：*Trematosphaeridium* sp. 6.1 m

8. 灰绿色、紫红色页岩夹薄层石英砂岩 14.7 m

———————— 整　合 ————————

下伏地层：**云梦山组　石英砂岩**
~~~~~~~~~~

【地质特征及区域变化】 白草坪组主要为一套紫红、灰绿色页岩、粉砂质页岩夹石英砂岩等，局部地段有砾岩及少量白云岩夹层。往往在云梦山组石英砂岩顶面有大型波痕，是分组的良好标志。本组岩性较稳定，西北部地区一般砂岩层较多，页岩层相对少些，东南部页岩层相对较多。厚度变化不大，一般为100～200 m。在汝阳地区厚107.3 m，渑池地区厚214.9 m，宜阳地区厚72.6 m，鲁山地区厚119.1 m，方城县小顶山厚180 m，本组页岩含钾6%～9%，产微古植物、遗迹化石，白云岩中偶见叠层石。具人字形层理、水平层理、波状层理、楔形层理、不对称波痕、对称波痕、菱形波痕、削平波痕等沉积构造，并可见到埋藏沙浪，长40 cm，高20 cm，保存有前积层。反映了沉积物时淹时露于海平面，为潮坪—潮间沉积环境。该组因地层较软弱，易风化，常呈负地貌形态。时代为中元古代。

北大尖组 Pt_2bd (05-41-0126)

【创名及原始定义】 阎廉泉、韩影山（1952）于汝阳县北大尖创名北大尖层、上洛峪层及武湾后沟层。原始定义：北大尖层为姜黄色石英岩夹页岩；上洛峪层为石英岩、页岩夹铁矿层，底部为长石石英岩；武湾后沟层为姜黄色石英岩及白云质砂岩。底部为海绿石砂岩。北大尖层与下伏白草坪层整合接触；武湾后沟层与上覆崔庄页岩整合接触。三层之间均为整合关系。均归震旦系。

【沿革】 阎、韩氏（1952）创名后，河南地研所（1962）在1∶50万河南省地质图上将上述三层合称岱眉寨组。河南区测队（1964a、b、c）将北大尖层、上洛峪层及武湾后沟层的下、中部三部分合并，称北大尖组，亦即以武湾后沟层中部的白云质砂岩层之顶面作为划分北大尖组与崔庄组的界线。时代归中震旦世。此划分方案广为沿用。本书对比研究选用北大尖组，停止使用上洛峪层、武湾后沟层、岱嵋寨组。

【现在定义】 岩性为石英砂岩、长石石英砂岩夹页岩、海绿石砂岩、白云岩及铁矿层等。下以石英砂岩出现为标志与白草坪组整合接触；上以白云岩结束为标志与崔庄组整合接触。

【层型】 正层型位于汝阳县洛峪下河西—崔庄（112°29′，34°12′），由关保德等（1988）重测。

上覆地层：崔庄组 石英砂岩

——————— 整 合 ———————

北大尖组	总厚度 240.0 m
18. 上部为含白云岩砾石的白云岩、砂质白云岩，下部为黄白色厚层状白云质砂岩。含有微古植物 *Trematosphaeridium holtedahlii*，*Polyporata obsoleta*	16.7 m
17. 灰绿色铁锈斑点石英砂岩，底部为海绿石石英砂岩，顶部为黄白色厚层状石英砂岩	21.1 m
16. 薄—厚层状灰绿色，白色细粒石英砂岩，上部夹有较多的页岩	21.9 m
15. 铁质不等粒石英砂岩（贫铁矿）	8.2 m
14. 灰绿色、白色薄—厚层状细粒石英砂岩，夹少量灰绿色砂质页岩	19.1 m
13. 灰白色、淡紫红色薄—中厚层状石英砂岩，夹红色页岩和碳酸质石英砂岩，底部为灰白色厚层状细粒石英砂岩	38.7 m
12. 灰白色薄层状长石石英砂岩，夹一层层面具灰绿色的薄层泥质石英砂岩，顶部为肉红色厚层长石砂岩，底部为含铁锈斑点厚层状石英砂岩	37.4 m
11. 海绿石石英砂岩，含碳质碎片的海绿石长石石英粉砂岩，上部夹有灰绿色页岩和碳	

质页岩。页岩中含微古植物 *Trematosphaeridium holtedahlii*, *Trachysphaeridium incrassatum*, *Polyporata obsoleta*, *P. microporosa*, *Laminarites antiquissimus* 35.7 m

——————整　合——————

下伏地层：**白草坪组**　紫红、灰绿色页岩

【地质特征及区域变化】　北大尖组以灰白色石英砂岩、长石石英砂岩为主，夹少量灰绿、紫红色页岩、灰黑色碳质页岩、灰绿色海绿石砂岩，含铁石英砂岩（贫铁矿层），上部夹1～3层砾屑、砂屑白云岩-砂质白云岩-白云质石英砂岩。该组岩性较稳定，仅其中所夹的页岩层、铁矿层、白云岩层及长石、海绿石的含量各地不一。岩层厚度一般在200～400 m。在汝阳地区厚186～289 m，渑池地区厚348～411 m，宜阳地区厚323.9 m，鲁山地区厚420 m，方城县小顶山厚283.9 m，舞钢市塘山厚221 m，西平县大长寨厚384～426 m。总的趋势是北西、南东较厚，中部相对薄些。岩层中发育波状层理、人字型层理、凸镜状层理、楔状层理、水平层理，层面上具对称波痕、菱形波痕、干涉波痕、小波痕重叠于大波痕之上，并发育微波痕（波纹）（波长小于1 cm）。白云岩中含砾屑、砂屑、鲕粒。证明海水具有一定的能量，应属海滩-潮坪的混合沉积环境。本组含丰富的微古植物、遗迹化石，白云岩中产叠层石。赋存有铁、硅石、海绿石、钾长石等有益矿产。由于岩层较坚硬，耐风化，地貌形态表现为正地形。

崔庄组　Pt_3c　(05-41-0127)

【创名及原始定义】　阎廉泉、韩影山（1952）于汝阳县洛峪崔庄创名崔庄页岩。原始定义：崔庄页岩岩性为绿色页岩，风化后呈紫红、灰黑等色。与下伏武湾后沟层及上覆三教堂砂岩均为整合关系，归震旦纪。

【沿革】　创名后，河南区测队（1964a）将武湾后沟层上部的石英砂岩层与崔庄页岩合并，称崔庄组。归晚震旦世。尔后广为沿用。本书亦为此含义。

【现在定义】　岩性为紫红、灰绿、灰黑等色页岩、海绿石砂岩、含铁石英砂岩，夹少量石英砂岩、钙质砂岩、碳质页岩及菱铁矿层，底部有不稳定的赤铁矿层。下以石英岩为标志与北大尖组整合接触；上以页岩或板岩结束为标志与三教堂组整合接触。

【层型】　正层型位于汝阳县洛峪崔庄-龙保（112°29′，34°12′），由关保德等（1988）重测。

上覆地层：**三教堂组**　中粒石英砂岩

——————整　合——————

崔庄组　总厚度 128.0 m

4. 紫红色与灰绿色页岩互层，下部夹有一层60～80 cm的海绿石铁质石英砂岩、页岩中产微古植物：*Leiominuscula* aff. *minuta*, *Trematosphaeridium holtedahli*, *T. minutum* 103.9 m
3. 紫红色、猪肝色页岩，夹薄层灰绿色页岩和少量薄层钙质砂岩及钙质泥岩凸镜体。含微古植物：*Leiominuscula minuta*, *Trematosphaeridium holtedahlii*, *T. minutum* 20.3 m
2. 灰绿色页岩、碳质页岩。产微植物 *Leiominuscula* aff. *minuta*, *Trematosphaeridium minutum*, *Taeniatum* sp., *Lignum punctulosum*, *Polyporata obsoleta*, *Laminarites antiquissimus* 3.8 m

1. 浅紫红、白色薄层状石英砂岩，顶、底部夹有少量页岩。产微古植物 *Leiominuscula* aff. *minuta*, *Trematasphaeridium minutum*, *T. holtedahlii*, *Taeniatum* sp., *Lignum striatum* 41.2 m

——————整　合——————

下伏地层：**北大尖组**　砾屑白云岩

【地质特征及区域变化】　该组以暗紫色石英岩、不同色调的杂色页岩为主要特征，夹少量砂岩、泥灰岩、钙质粉砂岩、菱铁矿薄层，砂岩中普遍含海绿石。岩层软弱易风化，常表现为低凹的地貌形态。岩性较稳定，其中的夹层因地而异，底部的赤铁矿层很不稳定，中部碳质页岩较稳定，上部灰绿色页岩向东南在方城县小顶山及确山县大乐山地区变为粉砂质板岩，可作砚台、磨刀石等用。厚度一般为120～200 m，在汝阳地区厚159～227 m，渑池地区厚197.8 m，宜阳地区厚115 m，鲁山地区厚213.4 m，方城县小顶山厚205 m，舞钢市塘山厚194.5 m，西平县大长寨厚129.2 m。产丰富的微古植物化石。该组页岩中无暴露构造，颜色以灰绿色为主，并有灰黑色碳质页岩沉积，为较安静的浅海陆架沉积环境。

三教堂组　Pt_3s　(05-41-0128)

【创名及原始定义】　阎廉泉、韩影山（1952）于汝阳县洛峪三角（教）堂村创名三教堂砂岩。原始定义：三教堂砂岩，岩性为淡红、微黄色细质石英岩，含磁铁斑点的薄层石英岩夹页岩，上部为绿色页岩。归震旦纪。其与下伏崔庄页岩及上覆洛峪口层均为整合关系。

【沿革】　创名后，河南区测队（1964a、b、c）沿用，称三教堂组。归晚震旦世。而将原三教堂砂岩上部的页岩层上划归洛峪口组。此方案广为沿用。本次对比研究选用区测队修定后的三教堂组的含义。三教堂乃三角堂地名之误，由于三教堂组沿用已久，故不再更改。

【现在定义】　该组岩性单调，主要为灰白、淡红色石英砂岩，其下、上均以石英砂岩为标志，分别与下伏崔庄组和上覆洛峪口组整合接触。

【层型】　正层型位于汝阳县上洪涧-下洪涧（112°26′，34°12′），由关保德等（1988）重测。

上覆地层：**洛峪口组**　页岩

——————整　合——————

三教堂组　总厚度 81.5 m

8. 淡紫红色厚层状、条带状石英砂岩，夹铁质结核中粒石英砂岩，顶部为海绿石石英砂岩，产微古植物：*Trematosphaeridium* aff. *minutum* 13.4 m
7. 含铁锈斑点紫红色条带状中—细粒石英砂岩夹一层紫红色石英砂岩 30.4 m
6. 上部为灰白色、淡紫红色中粒石英砂岩，下部为紫红色夹灰白色细粒石英砂岩，含微古植物：*Leiominuscula* aff. *minuta*, *Trematosphaeridium holtedahlii*, *T. minutum* 23.6 m
5. 上部为淡紫红条纹粉砂岩，下部为灰白色粉砂岩 14.1 m

——————整　合——————

下伏地层：**崔庄组**　页岩

【地质特征及区域变化】　三教堂组为一套单调的石英砂岩，灰白、淡红色，坚硬，耐风化，呈正地形的山峰或单面山。岩性稳定，具铁质斑点，红色砂岩中有白色砂岩长椭球体。厚度30～220 m，在汝阳地区厚81.3 m，渑池地区厚31.9 m，宜阳地区厚77 m，鲁山地区厚

221.5 m，方城县小顶山厚103 m，舞钢市厚158.6 m，遂平地区厚172.4 m。总的趋势是北西薄、东南厚。本组含微古植物化石。具水平层理、小型砂纹层理、楔状层理，层面具不对称波痕、新月型波痕，属中能海滩环境。

洛峪口组 Pt_3l (05-41-0129)

【创名及原始定义】 阎廉泉、韩影山（1952）于汝阳县洛峪口村创名洛峪口层。原始定义：洛峪口层，岩性为白云质灰岩夹页岩，顶部为紫红色页岩。其与下伏三教堂石英砂岩整合接触；与上覆寒武系不整合接触。归震旦纪。

【沿革】 创名后，河南区测队（1964a）沿用，称洛峪口组，将三教堂砂岩顶部的页岩划归洛峪口组，底界稍有修改。时代为晚震旦世。此方案广为沿用。本次对比研究选用修定后洛峪口组的含义。

【现在定义】 岩性为白云岩、页岩、粉砂质页岩、白云质灰岩、含叠层石白云岩等。下以页岩出现为标志与三教堂组整合接触；上被黄连垛组或罗圈组、辛集组等平行不整合覆盖。

【层型】 正层型位于汝阳县莱凹（112°25′，34°12′），由关保德等（1988）重测。

上覆地层：辛集组 砾岩

——————— 平行不整合 ———————

洛峪口组 总厚度 181.4 m

12. 紫红色、浅灰绿色薄层状泥质白云岩。产微古植物：*Trematosphaeridium holtedahlii*；*T. minutum*；*Polyporata obsoleta* 8.4 m

11. 紫红色厚层状白云岩 17.6 m

10. 浅紫红色白云质灰岩、白云岩。靠顶部夹20 m厚含紫红色叠层石厚层状白云岩。叠层石有 *Luoyukouella luoyukouensis*；藻类 *Praesolenopora liaoningensis*，*Multisiphonia hemicirculis*；含微古植物 *Trematosphaeridium holtedahlii*，*T. minutum*，*Polyporata obsoleta* 128.8 m

9. 灰绿色页岩，偶夹黄绿色页岩，底部为碳质页岩。产微古植物 *Trachysphaeridium incrassatum*.，*T.* aff. *laminaritum*，*T. caltum*，*T. planum*，*T.* cf. *rugosum*，*Asperatopsophosphaera* sp.，*Trematosphaeridium holtedahlii*，*T. minutum*，*Laminarites antiquissimus*，*Lignum porosum*，*L. striatum*，*Polyporata obsoleta* 26.6 m

——————— 整 合 ———————

下伏地层：三教堂组 石英砂岩

【地质特征及区域变化】 洛峪口组下部为灰绿色页岩、夹灰黑色碳质页岩，中上部为一套碳酸盐岩夹碎屑岩组合，岩性较稳定，白云岩中含丰富的叠层石。厚度一般50～180 m，在汝阳地区厚181.4 m，渑池地区厚0～57.5 m，宜阳地区厚52.7 m，鲁山地区厚165.9 m，舞钢地区厚114.2 m，遂平地区厚50.3 m。总的趋势是西北、东南薄，中间厚，以鲁山地区发育最全。叶县、方城一带缺失，可能是剥蚀的原因。本组含丰富的微古植物、叠层石。

黄连垛组 *Zh* (05-41-0130)

【创名及原始定义】 关保德、潘泽成等（1980）于鲁山县下汤乡九女洞黄连垛创名黄连垛组。原始定义：岩性为硅质条带白云岩、白云岩夹砂砾岩、石英砂岩，底部为砾岩，顶部为燧石岩。本组与下伏洛峪口组和上覆董家组均为平行不整合关系，归震旦系。

【沿革】 秦岭区测队（1965a）将该套地层划归洛峪口组，归早震旦世。河南区测队（1977）将叶县、方城地区的相当地层也划归洛峪口组，归上震旦统。河南地调二队（1981）① 将该套地层划归洛峪口组，时代为青白口纪。关保德、潘泽成等（1980）命名为黄连垛组。时代归早震旦世。潘泽成（1980）② 将该组划归汝阳群，时代为蓟县纪。杨文智（1981）③ 将黄连垛组一分为二，下部仍称黄连垛组，上部的砂砾岩及硅质层命名为火石山组。时代均归蓟县纪。并认为黄连垛组与火石山组为平行不整合关系。河南区调队（1981a）及《河南省区域地质志》（1989）均沿用关保德、潘泽成等的划分方案。本次对比研究认为关保德、潘泽成等的划分符合岩石地层单位的含义，其间无沉积间断，选用黄连垛组，停止使用火石山组。

【现在定义】 同原始定义。黄连垛组岩性主要为灰白、青灰色硅质条带含叠层石白云岩，夹砂砾岩，底部为砾岩，顶部为条带状硅质层。下以底砾岩为标志，与洛峪组或三教堂组平行不整合接触；上以条带状硅质层或硅质条带白云岩结束为标志，与董家组平行不整合接触。

【层型】 正层型位于鲁山县下汤乡九女洞南黄连垛（112°29′，33°46′），由创名者（1980）首测。

上覆地层：**董家组** 中厚层砂砾岩

——————— 平行不整合 ———————

黄连垛组	总厚度 134.2 m
8. 灰白色厚层条带状燧石岩。产微古植物 *Trematosphaeridium minutum*，*Polyporata* sp.	40.7 m
7. 浅灰色厚层状硅质条带白云岩。产微古植物 *Trematosphaeridium minutum*，*Polyporata* sp.	63.2 m
6. 淡黄色厚层状砂砾岩	1.8 m
5. 灰白色厚层状硅质条带白云岩	9.7 m
4. 灰白色厚层状粗粒含岩屑石英砂岩	1.9 m
3. 淡灰色厚层状白云岩	7.9 m
2. 白色厚层状细粒—中粒石英砂岩	3.4 m
1. 灰白色巨厚层状砂砾岩。砾石成分主要为燧石及下伏洛峪口组白云岩。产微古植物 *Trematosphaeridium* sp.，*Polyporata* sp.	5.6 m

——————— 平行不整合 ———————

下伏地层：**洛峪口组** 白云岩

【地质特征及区域变化】 黄连垛组主要分布于鲁山县下汤、叶县常村、方城县小顶山、泌阳县大邓庄等地（图 3-4），由灰白、青灰色硅质条带白云岩和硅质（燧石）岩组成，以含大量硅质（燧石）条带为本组主要特征。底砾岩较稳定，可作为与下伏地层的分界标志，有的地区砂砾岩之上还有不太厚的粗—中粒石英砂岩和硅质岩，或砂砾岩与硅质岩互层，该组上部的硅质（燧石）岩厚 33～66 m，在区域上较稳定，可作为与上覆地层的分界标志。本组岩性稳定，厚度变化较大，在鲁山县下汤厚 134.2 m，叶县常村厚 457.1 m，方城县马库庄厚

① 河南地调二队，1981，1：5 万叶县、方城、舞阳县相邻地区区调报告。

② 潘泽成，1980，豫西黄连垛组、董家组的发现及其地层意义。河南地质，(4)，27～43。

③ 杨文智，1981，黄连垛组、火石山组、马库庄组、杨寺庄组及豫西台型上元古界的对比。河南地质，(1)，55～66。

299 m，泌阳县大邓庄厚 95.6 m，总的趋势是中间厚，西北、东南两侧薄，具水平层理、波状层理，局部见滑动构造，条带状构造发育。本组含少量叠层石 *Conophyton* f.，*Luozhungelle minima*。

董家组 *Zdj* (05-41-0131)

【创名及原始定义】 关保德、潘泽成等（1980）于鲁山县下汤乡九女洞董家村创名董家组。原始定义：岩性为长石石英砂岩、石英砂岩夹粉砂岩、海绿石砂岩、页岩，底为砂砾岩，顶为泥质白云质灰岩。下以砾岩或砂砾岩为标志与黄连垛组平行不整合接触；上以白云质灰岩为标志与罗圈组平行不整合接触。时代归震旦纪。

【沿革】 秦岭区测队（1965a）将该套地层划归洛峪口组。河南区测队（1977）将叶县、方城地区的相当地层划归寒武系辛集组。杨文智（1981）将方城县小顶山地区与董家组相当地层命名为马库庄组，时代归震旦纪。河南区调队（1981a）及《河南省区域地质志》（1989）均沿用董家组，时代归震旦纪。本次对比研究选用董家组，停止使用马库庄组。

【现在定义】 该组底部为砾岩，含砾粗砂岩；中部为长石石英砂岩、石英砂岩、粉砂岩、页岩、海绿石砂岩、含铁锈斑点长石石英砂岩；上部为粉晶白云岩夹泥晶灰岩。下以底砾岩为标志与黄连垛组等平行不整合接触；上以白云岩结束为标志与罗圈组平行不整合接触。

【层型】 正层型位于鲁山县下汤乡九女洞董家（113°29′，33°40′），由创名者（1980）首测。

上覆地层：罗圈组　钙质泥砾岩

——————— 平行不整合 ———————

董家组　　总厚度 133.3 m

19. 黄色、淡红色厚层状泥质白云质灰岩。产微古植物 *Trematosphaeridium* sp.，*Polyporata* sp.　26.4 m
18. 灰白色厚层状粗粒石英砂岩　12.1 m
17. 灰绿色粉砂质页岩、灰色碳质页岩夹粉砂岩。产丰富的微古植物 *Lophosphaeridium acietatum*，*Pseudozonosphaera nucleolata*，*Trachysphaeridium cultum*，*T. laminaritum*，*T. rude* 等　6.0 m
16. 粉红色薄—中厚层铁锈斑点，中细粒长石石英砂岩　6.0 m
15. 粉红色薄层状海绿石砂岩　0.5 m
14. 黄色薄层细粒长石石英砂岩夹灰绿色粉砂岩和海绿石砂岩　6.5 m
13. 灰绿色粉砂岩夹薄层状海绿石砂岩。产微古植物 *Trematosphaeridium* sp.　7.4 m
12. 淡黄色中厚层细中粒长石石英砂岩　29.9 m
11. 淡黄色中厚层状中粗粒含岩屑长石石英砂岩　36.6 m
10. 灰白，灰黑色条带状含砂燧石岩。产微古植物 *Trematosphaeridium* sp.，*Polyporata* sp.　0.8 m
9. 灰白色厚—中厚层砂砾岩　1.1 m

——————— 平行不整合 ———————

下伏地层：黄连垛组　条带状燧石岩

【地质特征及区域变化】 董家组主要分布于鲁山、叶县、方城、舞钢、西平、泌阳等地（图 3-1）。该组为一套碎屑岩-碳酸盐岩组合。砂岩中常见有铁锈斑点，有的海绿石含量较高，底砾岩一般厚2～25 m，砾径2～5 mm，少数2 cm，成分主要为燧石、脉石英、石英砂岩及白云岩等，半滚圆状。上部主要为灰白、浅红色泥晶白云岩、粉晶白云岩夹泥晶灰岩，在方城县马库庄一带顶部见有钙质粉砂质页岩及条纹状粉砂质页岩。本组岩性较稳定，仅上部地层向东南有缺失现象，可能是因剥蚀之故。地层厚度各地不一，鲁山地区厚133 m，叶县地区厚343 m，方城地区厚207 m，舞钢地区厚69.4 m，西平地区厚28 m，泌阳县大邓庄厚119 m。可见叶县、方城地区最厚，向西北、东南两侧变薄。砂岩中普遍发育楔状交错层理和单斜层理，层面具对称浪成波痕，上部的白云岩层具有水平层理，条带状构造发育。本组含丰富的微古植物化石。

罗圈组　*Zl*　(05-41-0151)

【创名及原始定义】　刘长安、林蔚兴（1961）于汝州市（原临汝县）蟒川乡罗圈村创名罗圈组。原始定义：在秦岭北坡、豫西及嵩山（西部）的下寒武系磷矿层之下、元古界之上，有一套岩性特殊的堆积物——冰碛层。剖面最下部是冰碛泥砾，向上渐变为黄绿、紫褐等杂色页岩，从下至上构成一个沉积旋回，厚由数米至数百米不等，因在临汝县罗圈一带发育最好，故暂称罗圈组。下与元古界不整合接触，上与下寒武统为沉积间断，时代归始寒武纪。

【沿革】　杨志坚（1958）首先提出震旦纪冰碛层在豫西存在的可能性，但误将其置于小顶山统之下的大石门统顶部。中国科学院地质研究所沉积室磷矿队（1959）肯定了冰碛层的存在，将其划归中震旦统，并与南沱冰碛层对比。杨志坚（1960）称其为“临汝冰碛层”，归大石门统顶部，时代为早震旦世。以上各家均未查清该套冰碛层的层位关系。北京地质学院豫西地层队（1961）[①] 将该套地层划归下寒武统猴家山组中下部，并误认为该套地层与崔庄页岩为相变关系。刘长安、林蔚兴（1961）[②] 对豫西冰碛层作了专题研究，命名为罗圈组。此次基本澄清了冰碛层的层位关系。尔后河南地质研究所（1962）、河南区测队（1964a）、李世麟（1964）、王鸿祯、刘鸿允等（1975）、牟用吉等（1976）[③]、柯元、伍震（1976）、王曰伦（1980）及《河南省区域地质志》（1989）等，均沿用罗圈组的含义，仅时代归属各家略有差异。关保德等（1980）、关保德等（1988）将罗圈组一分为二，将其下部的砾岩层仍称罗圈组；上部的页岩层命名为东坡组，时代归属震旦纪。杨文智（1981）将罗圈组一分为二，下部砾岩层亦称罗圈组；其上部页岩层命名为杨寺庄组，并认为两者为平行不整合关系。吴瑞棠、关保德（1988）认为罗圈组-东坡组属陆上冰川-冰海-海相沉积。本次对比研究选用关保德等（1980）修定后罗圈组及东坡组的含义。停止使用临汝冰碛层及杨寺庄组。

【现在定义】　岩性为一套冰碛泥砂质砾岩，含砾页岩夹砂岩。下以砾岩出现为标志与董家组或汝阳群等平行不整合接触；上以砾岩基本结束为标志与东坡组为整合过渡关系或被下寒武统辛集组平行不整合覆盖。

【层型】　正层型位于汝州市蟒川罗圈村附近（112°45′，34°01′）。由关保德等（1988）重测。

上覆地层：东坡组　粉砂质页岩

——————— 整　合 ———————

---

① 北京地质学院豫西地层队，1961，河南省卢氏—灵宝、新安—渑池、汝阳—宜阳一带综合地质报告（未刊）。

② 刘长安、林蔚兴，1961，华北南部古生代初期冰碛层及其层位意义（未刊）。

③ 牟用吉、陆介儒、毛同春，1976，河南罗圈组冰碛层的初步认识（内刊）。

罗圈组　　　　总厚度 218.2 m

14. 紫红色，灰绿色砂质页岩少量灰绿色页岩，页岩内偶含砾石。底部为紫红色钙质泥质砾岩，其内普遍有钙质泥质条带。产微古植物 *Trematosphaeridium* sp.，*Trachysphaeridium* sp.，*Taeniatum crassum*，*Laminarites* sp.　　4.4 m
13. 灰绿色含砾页岩和灰绿色泥质砂砾岩，二者呈互层或夹层。底部为 30～40 cm 的凸镜状黄褐色泥钙质石英砂岩。砂砾岩．层理较明显。砾石成分与下部似层状、无层理的冰碛泥砾岩中的砾石成分相似　　9.4 m
12. 淡紫红色层状泥砂质砾岩，上部夹黄绿色泥砂质砾岩，砾石一般较小，岩层略显层理　　9.4 m
11. 块状泥砂质砾岩，砾石呈棱角状　　61.7 m
10. 褐黄色似层状，层状，含砾砂泥岩　　20.6 m
9. 灰、略带绿色的块状泥砂质砾岩，不显层理　　29.2 m
8. 褐黄色层状，似层状含砾砂泥岩，层理清晰，砾石形状有偏圆状和棱角状，大小不一，以小于 2 cm 者为主。产微古植物 *Trachysphaeridium* cf. *laminaritum*，*Trematosphaeridium holtedahlii*，*Tasmanites* sp.，*Laminarites antiquissimus*　　2.0 m
7. 灰色块状泥砂质砾岩，砾石排列杂乱，无分选，大小一般为 4 cm×1 cm 以下，少量大于 10 cm×4 cm。产微古植物 *Trachysphaeridium laminaritium*，*T. incrassatum trematosphaeridium holtedahlii*，*Taeniatum crassum*，*T. simplex*，*Laminarites antiquissimus*，*Polysphaeroides* cf. *contextus*，*Paleamorpha figurata*　　25.2 m
6. 下部为灰色含砾砂纹泥岩、泥岩，风化后呈褐黄色，具有清晰的褐黄色砂质、褐黄略带红的泥质韵律层理。上部为层状泥质砂砾岩，砾石 AB 面平行层理，往上砾石增多。含微古植物 *Trematosphaeridium* sp.，*Leiofusa* cf. *bicornuta*　　26.2 m
5. 灰色块状泥质砂岩，不显层理　　5.8 m
4. 紫红色含砾粉砂质页岩　　2.8 m
3. 下部以紫红色夹灰绿色，上部为浅灰色粉砂质页岩，层理清晰，偶见小砾石和凸镜状及钙质薄板层。后者有的斜切层理，页岩中产微古植物 *Trachysphaeridium incrassatum*，*T.* cf. *laminaritum*，*Trematosphaeridium minutum*，*Taeniatum crassum*，*Lignum porosum*　　10.6 m
2. 块状略显层理的含砾泥砂岩，中间夹黄色互层状和凸镜状砂岩及砂砾岩，具有粗细分选的韵律层理，砾石长轴多平行层理，产微古植物 *Trachysphaeridium* aff. *laminaritum*；*Leiofusa* sp.，*Polyporata microporsa*，*Trematosphaeridium holtedahlii*，*Lignum porosum*，*Paleamorpha asperella*　　8.1 m
1. 淡灰色块状含砾泥砂岩，砾石分布不均匀，其形状大为滚圆状、棱角状、不显层理。产微古植物 *Leiopsophosphaera pelucidus*，*L.* cf. *infriata*，*Trachysphaeridium rugosum*，*T.* cf. *incrassatum*，*Stictosphaeridium* sp.，*Taeniatum* cf. *crassum*，*Laminarites antiquissiumus*，*Lignum porosum*，*L. striatum*，*L. punstulosum*，*L. jugatum*，*Paleamorpha figuratua*　　2.8 m

——————— 平行不整合 ———————

下伏地层：北大尖组　石英砂岩

【地质特征及区域变化】　罗圈组主要分布于灵宝、卢氏、宜阳、汝州、平顶山、鲁山、遂平、泌阳、确山、固始等县市（图 3-4），向西延入陕西洛南地区及山西永济地区；向东可能延入安徽境内，沿华北地块南缘呈带状展布，为一套冰碛泥砂质砾岩、泥钙质砾岩、含砾砂岩夹砂岩、页岩及纹泥状泥质白云岩组合。层理不发育，块状、层状和似层状构造。砾石成分复杂，有太古宙的变质岩、早元古代的石英岩、中上元古代的石英岩状砂岩、火山岩、白云岩、燧石、脉石英等，一般与下伏地层有密切关系。砾石形态各异，磨圆度较差，无分选性，砾径大小不一，一般 5～30 cm，大者可达 1 m。胶结物为泥砂质和白云质，一般泥砂质偏中上部，北部发育；白云质近下部，南部发育。罗圈组与下伏地层的接触关系较复杂，可见不整合覆盖于太古宙登封（岩）群之上（汝阳马鞍桥），平行不整合覆于汝阳群以及董家组之上。说明在罗圈组形成之前华北地块南缘有一次强烈的构造运动——豫西运动（杨志坚 1960），相当于晋宁运动。该组厚度变化较大，10～230 m，一般 100 m 左右。绝大多数人认为罗圈组属冰川成因。发现有大量冰川遗迹，如：①冰蚀面及各种冰蚀现象；②杂砾岩含大量擦痕石、熨斗石、磨刻石、压坑石及压裂石等冰碛物特有的砾石；③具有冰湖沉积的纹泥层，并富含落石；④具有冰川沉积层序等。

东坡组 *Zdp* (05-41-0152)

【创名及原始定义】 关保德、潘泽成等（1980）于汝州县蟒川乡罗圈村东坡创名东坡组。原始定义："底部为透镜状钙质石英砂岩，含砾页岩和砂砾岩互层，中、上部以页岩为主，夹海绿石粉砂岩等，与下伏罗圈组为整合接触，厚 94 m"。与上覆下寒武统辛集组为平行不整合关系。时代归震旦纪。

【沿革】 见罗圈组条目。

【现在定义】 东坡组岩性为灰绿、紫红色粉砂质页岩、页岩夹少量海绿石砂岩。下以粉砂质页岩大量出现为标志，与罗圈组整合过渡；上以页岩结束为标志，与寒武系辛集组含磷砂岩平行不整合接触。

【层型】 同罗圈组位置。

上覆地层：**辛集组** 含磷粉砂岩、砂砾岩

——————— 平行不整合 ———————

东坡组	总厚度 77.3 m
17. 紫红色、暗紫红色粉砂质页岩，夹灰白淡紫红色条纹状含海绿石粉砂岩	2.7 m
16. 灰绿色海绿石粉砂质页岩	20.4 m
15. 灰绿色粉砂质页岩、海绿石粉砂质页岩，夹少量页岩和海绿石粉砂岩，粉砂质页岩具有 0.3～10 mm 厚的粗—细碎屑韵律变化	54.2 m

———————— 整　合 ————————

下伏地层：**罗圈组** 砂质页岩夹少量灰绿色页岩，偶夹砾石

【地质特征及区域变化】 东坡组系原罗圈组上部的一套细粒级碎屑岩组合。该组岩性较稳定，在灵宝县朱阳镇—洛南县上张湾一带有较多的灰黑色碳质页岩，并含较多的磷结核。厚度变化不大，除山西省永济县水幽、河南省宜阳县、偃师县上徐马、登封县送表一线缺失沉积之外，其它地区一般厚为 40～140 m，如洛南地区厚 64.3 m，灵宝县朱阳厚 148.8 m，汝州地区厚 77.3 m，鲁山区厚 42.8 m，平顶山区厚 91.2 m，叶县区厚 85.5 m，遂平县塔院厚 89.5 m，确山县吴楼厚 92.7 m。具水平层理、水平纹层理、波状层理、小型斜层理等沉积构造。本组内产伊利石矿。

高山河组 Pt_2g (05-41-0132)

【创名及原始定义】 河南地研所（1962）于陕西省洛南县高山河村创名高山河组。原始

定义指高山河组“分布于麻坪镇、石门镇、大石河、高山河、岭子河等地。与下伏的太古界片麻岩或付店组喷发岩呈明显的角度不整合接触。主要由砾岩，杂色石英岩，夹灰绿色、灰紫色页岩与钙质石英砂岩组成。局部有石英斑岩及矽质灰岩夹层。厚 110～1 150 m”。归峭山群，时代为早震旦世。

【沿革】 阎廉泉（1959）将该套地层自下而上划分为砾石岭、马头崖、老婆寨三个岩组，时代归早震旦世。河南地质研究所（1962）将其命名为高山河组，时代为早震旦世。秦岭区测队（1965）沿用高山河组，内分下、中、上三个亚组，时代为早震旦世。陕西地质六队（1976）① 将该套地层自下而上划分为下油房、下河、板岔沟、鳖盖子、二道河及陈家涧六个组，归长城系。邱树玉、刘洪福（1982）将其称高山河群，内分鳖盖子（相当上述前四个组），二道河及陈家涧三个组，归长城系。蓟万筹、邱树玉等（1987）、陕西地矿局（1989）、陕西区调队（1990）② 均沿用此划分方案。河南区调队（1981a）及《河南省区域地质志》（1989）均沿用高山河组，未予细分，归官道口群，时代归中元古代。在方城县拐河、四里店地区，河南地质九队及武汉地质学院（1976）③ 将相当地层命名为牡丹垛组下段，归蓟县系。河南区测队（1977）将相当地层命名为代岗组一段，归下元古界。河南区测队（1989）④ 称高山河组，归官道口群，时代为蓟县纪。在确山、桐柏、泌阳县交界的薄山水库地区，北京地质学院（1961d）将相当地层命名为薄山组，内分风子山段、薄山水库段。河南区测队（1966、1968）均将其一部分划为云梦山组一崔庄组，时代为震旦纪；一部分称银洞沟组一、二段，时代归早元古代。河南地调三队（1981）⑤ 沿用银洞沟组下、中段，归毛集群，时代为晚元古代。河南地调三队（1986）将其划归汝阳群（云梦山组-崔庄组），时代归中元古代。本次对比研究，选用高山河组，根据河南地层发育情况暂不细分。停止使用相关的砾石岭（岩）组、马头崖（岩）组、老婆寨（岩）组、牡丹垛组、银洞沟组、毛集群、代岗组等地层单位名称。

【现在定义】 高山河组主要为一套碎屑岩组合，夹少量碳酸盐岩。岩性为含砾石英砂岩、石英砂岩夹红色页岩，有时底部夹一层安山岩，顶部常见数米厚的赤铁矿或铁质石英砂岩，下以含砾石英砂岩出现为标志与熊耳群不整合接触；上以石英砂岩结束为标志与官道口群龙家园组整合接触。

【层型】 选层型位于陕西省洛南县黄龙铺-陈家涧（110°03′，34°19′），由陕西区测队（1976）测制，河南的次层型为灵宝县苏村乡福地南剖面（110°57′，34°19′）由河南地质四队（1977）⑥ 测制。

上覆地层：**龙家园组** 白云岩

——————整 合——————

高山河组	总厚度 387.1 m
18. 中薄层石英砂岩夹泥岩，底部含海绿石	11.3 m
17. 中薄层细粒石英砂岩与灰绿色泥岩互层	65.5 m
16. 中薄层海绿石石英砂岩，夹微层状砂质泥岩	15.2 m

① 陕西地质六队，1976，小秦岭震旦亚界。
② 陕西区调队，1990，1∶5 万嘴子、凤凰嘴幅区调报告。
③ 河南地质九队、武汉地质学院，1976，河南方城拐河街—四里店一带地质报告（油印本）。
④ 河南区调队，1989，1∶5 万云阳、四里店幅区调报告。
⑤ 河南地调三队，1981，1∶5 万竹沟幅区调报告。
⑥ 河南地质四队，1997，1∶5 万杜关幅区调报告。

15. 薄层石英砂岩夹绿色泥岩，下部夹条带状海绿石	62.3 m
14. 厚层状石英砂岩	29.2 m
13. 薄层状石英砂岩与泥互层	22.0 m
12. 厚层状石英砂岩	7.5 m
11. 砂岩与泥岩互层	9.9 m
10. 砂质泥岩夹薄层中粗粒石英砂岩	26.8 m
9. 石英砂岩夹微层状泥岩	25.6 m
8. 粉砂质泥岩，顶部夹中粗粒石英砂岩	28.2 m
7. 中薄层石英砂岩夹泥岩，具波痕	15.9 m
6. 粉砂质泥岩，夹少量薄层石英砂岩	14.3 m
5. 粗粒石英砂岩，夹薄层泥岩	20.9 m
4. 含砾粗粒石英砂岩	11.7 m
3. 粉砂质泥岩	2.6 m
2. 杏仁状安山玢岩及粗面岩	9.7 m
1. 石英砂岩，底部含砂砾岩	8.5 m

~~~~~~~~~~ 不 整 合 ~~~~~~~~~~

下伏地层：熊耳群　杏仁状安山岩

【地质特征及区域变化】　高山河组主要分布于灵宝、卢氏、栾川地区（图 3-2）。向东在南召、方城、泌阳、确山等县薄山水库等地也有零星分布。主要为一套轻、浅变质的碎屑岩组合，夹少量碳酸盐岩，主要岩性为石英砂岩、页板岩，夹白云岩、铁矿层，局部夹少量砾岩，底部有厚度不大、不稳定的砾岩。岩性较稳定，其中的页岩、白云岩夹层多寡有所变化，各地不一。在薄山水库地区白云岩较多，变质相对较深，石英砂岩多变为石英岩，页板岩多变质为云母片岩，普遍含电气石。本组厚度变化较大，为 148～3 707 m。如在洛南地区厚 3 707 m，灵宝地区厚 387 m，栾川县北部厚 222～258m，方城县北部厚 148～220 m，薄山水库地区厚 3 260 m。总的趋势是西厚层位全，东南薄层位不全，薄山一带地层厚度增大层位发育较全，但断层破坏较强烈。石门-潘河-马超营断裂以南高山河组厚度较薄，部分地段可见龙家园组直接不整合盖在熊耳群之上。该组含较多微古植物化石，赋存有铁矿。发育浪成波痕及冲洗层理，层面有时可见泥裂，属近海浅滩-潮间沉积环境。

官道口群　Pt_2G　(05-41-0136)

【创名及原始定义】　河南区调队（1981a）于卢氏县官道口地区创名官道口群，包括高山河、龙家园、巡检司、杜关、冯家湾五个组。该群与下伏熊耳群不整合接触；其上被栾川群整合覆盖。时代归中元古代。

【沿革】　阎廉泉（1959）首先将该套地层自下而上划分为龙家园、巡检司、杜关及冯家湾四个岩组。时代为中—晚元古代。河南地质研究所（1962）将以上四个岩组改称组，并命名为南天门群，时代归晚震旦世（二分）。秦岭区测队（1965c）沿用以上四组名称，并将石门-潘河-马超营断裂南侧的相当地层命名为白玉沟群（分下、上群）和香子坪群（组），时代归中—晚震旦世。陕西区测队（1976）及河南地质三队（1978）在栾川地区均将断裂南、北两侧的两套地层统一划分命名，即将下白玉沟群归龙家园组，上白玉沟群归巡检司组，香子坪组下部归杜关组，上部归冯家湾组。时代均归蓟县纪。河南地质三队将龙家园、巡检司、杜关、冯家湾四个组归栾川群下栾川群。金守文（1976）将高山河、龙家园、巡检司、杜关、冯
~~~~~~~~~~

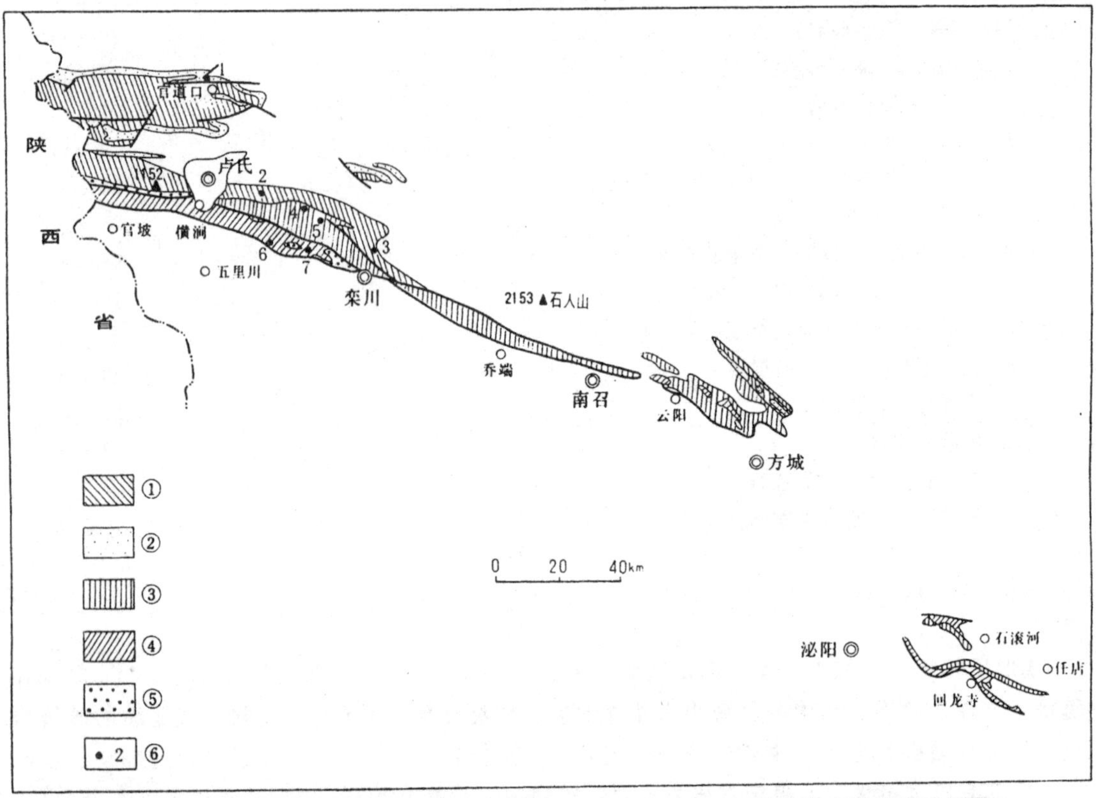

图 3-2 高山河组官道口群、栾川群、三岔口组、陶湾（岩）组分布及主要剖面位置图

①官道口群；②高山河组；③栾川群；④陶湾（岩）组；⑤三岔口组；⑥剖面位置及编号；1. 灵宝县福地-卢氏县杜关；2. 卢氏县白玉沟；3. 栾川县赤土店；4. 栾川县白术沟；5. 栾川县陶湾北沟；6. 栾川县叫河北沟；7. 栾川县中鱼库沟三岔口

家湾五个组命名为洛河群（或伊河群）时代归震旦纪。河南区调队（1981a）命名官道口群（包括高山河组、冯家湾组），时代为中元古代。邱树玉、刘洪福（1982）在洛南地区创名洛南群，包括“洛峪口组”（由龙家园组下部分出）、龙家园组、巡检司组、杜关组及冯家湾组，时代归蓟县纪。同年武铁山也提出洛南群，包括龙家园组、冯家湾组，时代为蓟县纪。席文祥（1983）① 沿用洛南群，时代为蓟县纪。翦万筹、邱树玉等（1990）沿用洛南群，将“洛峪口组”改称石庄组。本次对比研究通过综合研究选用官道口群，对其含义略加修改，即把高山河组从官道口群中划出。停止使用南天门群、下栾川群、洛河群（或伊河群）、洛南群。

【现在定义】 官道口群包括龙家园组、巡检司组、杜关组及冯家湾组，为一套碳酸盐岩沉积建造。该群与下伏高山河组为整合或平行不整合接触；上与栾川群为整合或平行不整合关系。

【层型】 选层型位于陕西省洛南县黄龙铺-西水岔沟口（112°04′42″，34°18′43″），由陕西省区测队（1976）测制。

【地质特征及区域变化】 官道口群主要分布于华北地块的南缘，出露于陕西省洛南、河南省卢氏、栾川及方城等地（图 3-2）。为一套碳酸盐岩组合，以白云岩为主，其中夹有大量

① 席文祥，1983，华北地台南缘晚前寒武纪地层讨论，河南区测（1）。

的燧石条带、条纹及团块，含丰富的叠层石。岩性较稳定，区域上变化不大，仅栾川以东因断裂、岩体破坏地层发育不全。在洛南-卢氏县白玉沟厚1500 m左右，栾川县九顶沟厚2455 m，方城县四里店地区厚477～729 m，总的来看西部厚度较稳定，栾川县以东厚度减小，层位缺失较多，仅见龙家园组。白云岩层中具豆、假鲕、砾屑，缝合线构造，具水平纹理，有时可见波痕，夹少量砂砾碎屑岩。为局限台地潮下-潮间沉积环境。

【问题讨论】 关于把高山河组从官道口群中划出的理由：①主要考虑高山河组（碎屑岩）与官道口群（碳酸盐岩）是代表两大套不同的岩性组合、两种不同的沉积环境；②高山河组与官道口群之间有沉积间断；③高山河组最厚达3 700多米，官道口群厚达1 300～2 400 m，两者都有较大的厚度。近十几年来，多数人已将高山河组升格为群，内分三组。鉴于上述理由，本书把高山河组从官道口群中划出。

龙家园组 Pt_2l （05-41-0137）

【创名及原始定义】 阎廉泉（1959c）于陕西省洛南县石门龙家园村创名龙家园岩组。原始定义：岩性为白云岩，含燧石条带，时代归早震旦世。与其下伏老婆寨岩组及上覆巡检司岩组均为整合接触。

【沿革】 阎廉泉（1959）创名龙家园岩组，时代为中震旦世。河南地质研究所（1962）改称龙家园组，归南天门群，时代为中震旦世。秦岭区测队（1965c、d）沿用龙家园组，并将石门-潘河-马超营断裂南侧的相当地层命名为下白玉沟群。时代均归中震旦世。陕西区测队（1976）及河南地质三队（1978）① 均将下白玉沟群归于龙家园组，时代均为蓟县纪。本次对比研究选用龙家园组，停止使用下白玉沟群。

【现在定义】 岩性为燧石条带白云岩、白云岩、含叠层石白云岩，底部为石英砂岩，含砂白云岩，局部夹薄层砾岩，下以紫红色含铁砾岩为标志，与高山河组整合或平行不整合接触；上以燧石层及含砾的褐铁矿风化壳为标志与巡检司组整合或平行不整合接触。

【层型】 选层型位于陕西省洛南县黄龙铺-西水岔沟口（110°04′42″，34°18′43″），由陕西省区测队（1976）测制。河南的次层型位于卢氏县官道口乡龙台西（110°03′，34°17′），由河南地调一队（1981）测制。

上覆地层：巡检司组　角砾状燧石岩

——————整　合——————

龙家园组	总厚度 820.0 m
29. 燧石条带白云岩与厚层白云岩互层	10.7 m
28. 燧石条带白云岩。含波状叠层石	83.9 m
27. 厚层白云岩	11.7 m
26. 燧石条纹（带）白云岩夹厚层白云岩	34.6 m
25. 厚层白云岩夹豆状白云岩	41.3 m
24. 厚层条纹白云岩夹豆状白云岩	24.7 m
23. 厚层白云岩	16.3 m
22. 藻礁白云岩。含隐生叠层石	13.7 m
21. 厚层白云岩	8.2 m

① 河南地质三队，1978，1∶5万栾川县南部区调报告。

20. 条纹状白云岩，含波状及层柱状叠层石 143.5 m

19. 细纹状白云岩。含波状、层柱状叠层石及核形石 43.3 m

18. 燧石条纹白云岩。含假裸枝叠层石 28.2 m

17. 燧石条纹（带）白云岩 24.3 m

16. 燧石条带白云岩 14.7 m

15. 条纹状白云岩 25.7 m

14. 燧石条带白云岩 36.5 m

13. 含砂砾白云岩与细砾岩互层 20.1 m

12. 含砾白云岩，上部为燧石角砾岩 10.5 m

11. 燧石条纹白云岩夹厚层白云岩及豆状白云岩 23.1 m

10. 燧石条带白云岩，底部有 1 m 厚燧石层 14.3 m

9. 燧石条带白云岩夹厚层白云岩，底部有厚约 1 m 的燧石层 19.7 m

8. 燧石条带白云岩与厚层白云岩互层 38.4 m

7. 厚层白云岩，含粗晶白云石网脉 18.0 m

6. 燧石条带（团块）白云岩夹厚层白云岩 41.6 m

5. 厚层条带白云岩。含波状叠层石 20.8 m

4. 厚层条带白云岩夹燧石团块（条纹）白云岩 39.4 m

3. 燧石条带白云岩，厚层白云岩。含波状及层柱状叠层石 6.1 m

2. 含燧石团块条纹石云岩 4.1 m

1. 含砂砾白云岩 2.6 m

——————— 整　合 ———————

下伏地层：高山河组　石英砂岩

【地质特征及区域变化】　该组主要分布于洛南、卢氏、栾川一带，向东在南召、方城等地有零星分布。岩性单调，主要为一套白云岩，含燧石条带，局部夹少量砂砾岩条带。底部有不稳定、厚度不等的砂砾岩与下伏高山河组平行不整合接触，或与熊耳群等不整合接触，下部有不稳定的红色白云岩。本组岩性较稳定，厚度一般变化不大，总趋势表现为西厚、东薄。如在洛南地区厚 1 100～1 200 m，卢氏地区厚 820 m，杜关厚 820 m，白玉沟厚 810 m，栾川县九丁沟厚 1 400 m。本组含丰富的叠层石，少量核形石。燧石条带、条纹、团块发育，有的成燧石层，具砾屑及假鲕、豆状构造。本组下部的红色白云岩可作建筑石料，乳白色白云岩质纯可作为白云岩矿。

巡检司组　Pt_2x　(05-41-0138)

【创名及原始定义】　阎廉泉（1959）于陕西省洛南县石门乡巡检司村创名巡检司岩组。原始定义：岩性为白云岩，夹大量燧石条带或硅质条纹。其下与龙家园组为整合关系；上与杜关岩组为平行不整合关系。时代为早震旦世。

【沿革】　阎廉泉（1959）创名巡检司岩组，时代为中震旦世。河南地质研究所（1962）改称巡检司组，归南天门群，时代为晚震旦世。秦岭区测队（1965c）沿用巡检司组，而将石门-潘河-马超营断裂以南的相当地层命名为上白玉沟群。时代均归中震旦世。陕西区测队（1976）及河南地质二队（1978）均将断裂南北两侧地层统一称巡检司组，时代归蓟县纪。尔后广为沿用。本次对比研究选用巡检司组，停止使用上白玉沟群。

【现在定义】　岩性为燧石条带白云岩，含叠层石。下以米黄色含砾及泥砂质白云质板岩为标志，与龙家园组平行不整合或整合接触；上以米黄色隐晶质白云岩为标志，与杜关组平行不整合接触。

【层型】 选层型位于陕西省洛南县黄龙铺-西水岔沟口（110°04′42″，34°18′43″），由陕西省区测队（1976）测制。河南的次层型位于卢氏县杜关前院-苏家沟（110°59′55″，34°16′30″），由河南地质四队（1977）测制。

上覆地层：杜关组　粉晶白云岩

——————— 平行不整合 ———————

巡检司组	总厚度 434.5 m
16. 条纹状白云岩，含燧石团块	8.9 m
15. 含燧石条带条纹状白云岩	27.9 m
14. 条纹状白云岩	11.8 m
13. 燧石条带条纹状白云岩，含波状叠层石	7.6 m
12. 条纹状白云岩，底部夹两层花斑状燧石层	31.5 m
11. 中厚层条纹白云岩，含少量燧石条带，含波状叠层石	17.4 m
10. 燧石条带白云岩，含波状叠层石	63.1 m
9. 厚层状白云岩	14.8 m
8. 燧石条带白云岩	18.7 m
7. 宽燧石条带白云岩	24.1 m
6. 燧石条带白云岩	42.7 m
5. 燧石条纹白云岩	5.0 m
4. 燧石条带白云岩，含波状叠层石及核形石	118.1 m
3. 燧石团块白云岩，具缝合线构造	28.8 m
2. 页岩夹细砾岩，上部夹薄层泥质白云岩	7.1 m
1. 角砾状燧石层，夹页岩碎屑	7.0 m

———————— 整　合 ————————

下伏地层：龙园家组　燧石条带白云岩

【地质特征及区域变化】 该组岩性单调，为一套燧石条带白云岩夹少量板岩。底部常见0.5～10 m 厚泥质白云岩、粉砂质板岩，或角砾状燧石层及页岩夹砾岩。本组以含燧石条带和团块为主要特征，产丰富的叠层石及少量核形石，具缝合线构造，岩性较稳定，厚度变化不大，如在洛南地区厚 600～700 m，卢氏县杜关厚 434 m，白玉沟厚 143 m，栾川县九顶沟厚 749 m。该组赋存白云岩矿，MgO 含量局部达 21%左右。

杜关组　Pt_2d　(05-41-0139)

【创名及原始定义】 阎廉泉（1959）于卢氏县杜关村创名杜关岩组。原始定义：岩性为杂色钙质板状页岩、泥质灰岩及微粒灰岩。该组与下伏巡检司岩组和上覆冯家湾岩组均为整合关系。归晚震旦世。

【沿革】 阎廉泉（1959）创名杜关岩组，时代归晚震旦世。河南地质研究所（1962）将其改称杜关组，归南天门群，时代为晚震旦世（二分）。秦岭区测队（1965c、d）沿用杜关组。并将石门-潘河-马超营断裂南侧的相当地层命名为香子坪（组）群（下部）。陕西区测队（1976）及河南地质三队（1978）均将断裂南、北两侧的相当地层统一称杜关组，时代均归蓟县纪。尔后广为沿用。本次对比研究选用杜关组，停止使用香子坪群（组）。

【现在定义】 岩性下部为含砂砾岩、含砂砾泥质白云岩、同生角砾白云岩；中上部为燧石团块白云岩及板状白云岩，含丰富的叠层石。下以紫红色含砾砂质页岩出现为标志，与巡检司组平行不整合接触；上以紫红色板状白云岩结束为标志，与冯家湾组整合接触。

【层型】 正层型位于卢氏县杜关乡步沟-石板上（110°59′53″，34°15′20″），由河南地质四队（1977）重测。

上覆地层：冯家湾组　厚层白云岩

——————— 整　合 ———————

杜关组	总厚度 196.69 m
18. 白云质板岩，夹薄层泥质白云岩及凸镜状叠层石白云岩	5.30 m
17. 含叠层石白云岩，有时呈藻礁出现	4.30 m
16. 白云质板岩	23.50 m
15. 含叠层石泥质白云岩	5.10 m
14. 泥质白云岩	3.40 m
13. 白云质板岩	62.90 m
12. 厚层状白云岩，具缝合线构造，含墙状叠层石	35.50 m
11. 燧石条带白云岩	18.00 m
10. 燧石团块白云岩	16.30 m
9. 碎屑白云岩与白云岩互层	6.70 m
8. 含泥质白云岩	1.00 m
7. 碎屑白云岩	1.19 m
6. 薄板状白云岩	3.10 m
5. 碎屑白云岩（同生砾岩），夹薄板状白云质页岩	2.60 m
4. 泥质白云岩	0.90 m
3. 含碎屑泥质白云岩（同生砾岩）	2.80 m
2. 泥质白云岩，含少量砂砾及页岩	1.90 m
1. 页岩夹砂砾岩及燧石岩	2.20 m

—————— 平行不整合 ——————

下伏地层：巡检司组　白云岩

【地质特征及区域变化】 该组主要分布于陕西省洛南、河南卢氏、栾川地区。岩性单调，以白云岩为主，夹少量泥质白云岩、砾屑白云岩，上部夹板状泥质白云岩，是本组与上覆冯家湾组分界的主要标志层。底部为砂质板岩（厚0.5～10 m），沿走向可变为含砾粉砂岩、泥质白云岩、砂砾岩，有时夹燧石层，砾石成分为白云岩、燧石，泥质胶结，因燧石砾石呈红、黑等色，有人称它为“彩色砾石”，有的可作宝石。可见砂砾岩充填于下伏巡检司组风化溶蚀面的洞穴之中。本组岩性较稳定，厚度变化不大，洛南地区厚175～265 m，卢氏县杜关厚197 m，白玉沟厚241 m，栾川县三川厚150 m。含丰富的叠层石，具同生角砾、缝合线构造。该组由下向上表现为碎屑岩-碳酸盐岩-泥质碳酸盐岩，属海进序列。

冯家湾组　Pt_2f　（05-41-0140）

【创名及原始定义】 阎廉泉（1959）于卢氏县杜关乡冯家湾村创名冯家湾岩组。原始定义：岩性为藻类灰岩及硅质灰岩。其与下伏杜关岩组整合接触；其上被寒武系三道撞组平行不整合覆盖。时代归晚震旦纪。

【沿革】 阎廉泉（1959）创名冯家湾岩组，时代归晚震旦世。河南地质研究所（1962）改为冯家湾组，归南天门群，时代为晚震旦世（二分）。秦岭区测队（1965c、d）沿用冯家湾组，并将石门-潘河-马超营断裂南侧的相当地层命名为香子坪群（组）（上部），时代均归晚震旦世。陕西区测队（1976）及河南地质三队（1978）均将断裂南侧的相当地层划归冯家湾组，时代归蓟县纪，尔后广为沿用。本次对比研究选用冯家湾组，停止使用香子坪组。

【现在定义】 岩性为厚层燧石条纹白云岩，含叠层石白云岩、砾屑白云岩，含丰富的叠层石。下以厚层白云岩出现为标志，与杜关组整合接触；上以厚层白云岩结束为标志，与白术沟组整合或平行不整合接触。

【层型】 正层型位于卢氏县杜关乡步沟-石板上（110°59′55″，34°11′20″），由河南地质四队（1977）重测。

上覆地层：**白术沟组** 页岩

——————— 平行不整合 ———————

冯家湾组	总厚度 121.54 m
30. 厚层状条纹白云岩，夹薄层碎屑白云岩	38.44 m
29. 燧石条纹白云岩	4.20 m
28. 灰黑色白云岩夹薄层同生砾岩	9.90 m
27. 燧石条带白云岩	16.30 m
26. 含鲕硅质岩	2.60 m
25. 厚层状白云岩	3.30 m
24. 燧石条带白云岩	7.20 m
23. 厚层状白云岩	2.50 m
22. 碎屑白云岩	3.90 m
21. 厚层状白云岩质纯	9.10 m
20. 含叠层石白云岩	21.40 m
19. 厚层状白云岩	2.70 m

———————— 整　合 ————————

下伏地层：**杜关组** 白云质板岩

【地质特征及区域变化】 该组主要分布于洛南、卢氏、栾川地区。岩性单调，以白云岩为主，具少量燧石条带、条纹，岩性稳定，厚度变化不大，在洛南地区厚 100～200 m，卢氏地区厚 120～160 m，栾川县北部厚 378 m。含丰富的叠层石，具鲕状结构，同生角砾构造。有些白云岩质纯，MgO 含量达 21.71%，是良好的白云岩矿。

栾川群 Pt_3L （05-41-0141）

【创名及原始定义】 河南地质研究所（1962）于栾川地区创名栾川群。原始定义：栾川群自下而上划分为竹园沟组及南泥湖组，归晚震旦世。竹园沟组为“硅质灰岩、白云质灰岩及硅质大理岩组成，其中夹黑色碳质片岩、灰色钙质片岩及灰白色石英岩。”南泥湖组为灰岩、钙质片岩，含铁石英岩。该群与下伏河口群月沟组整合接触；其上被下寒武统大石河群不整合覆盖。

【沿革】 阎廉泉（1959）首先将该套地层自下而上划分命名为五个岩组，时代归中元古代。河南地质研究所（1962）、秦岭区测队（1965d）作了划分，因未彻底查清地层序列及构造形态，也无剖面资料，所以各地层单位含义不清。河南地质三队（1978）重新厘定了地层序列，修定了栾川群的含义。河南区调队（1981a）认为大红口组是一碱性次火山岩体（正长斑岩-粗面岩），所以将大红口组及鱼库组从栾川群中划出。《河南省区域地质志》（1989）沿用此划分方案（表 3-4）。本次对比研究选用上栾川群的含义，称栾川群。停止使用上栾川群、河口群。

【现在定义】 该群自下而上划分为白术沟、三川、南泥湖、煤窑沟、大红口、鱼库六个组，为一套浅变质碎屑岩-碳酸盐岩组合。下与冯家湾组整合或平行不整合接触；其上多为断层破坏，局部见被三岔口组平行不整合覆盖。

【地质特征及区域变化】 该群主要分布于栾川地区，向东在南召、方城、确山等地，向西在卢氏、洛南地区断续分布（图 3-2），为一套碎屑岩-碳酸盐岩建造，以含碳质和石煤层为主要特征。该群旋回性强，其中前四个组构成四个较大的沉积旋回。区域上岩性变化不大，厚度变化较大，层位缺失现象明显。在栾川地区地层发育全，厚度较大，达 1 700～3 100 m；向西在卢氏、洛南县灵口一带地层缺失较多，仅见白术沟组，厚 200～500 m；向东在南召、方城县四里店一带，岩层多被岩体吞噬，层位不全，厚 680～3 100 m。砂岩中具少量波痕、斜层理、交错层理。大理岩中含叠层石。属浅海陆棚-局限台地潮下-潮间沉积环境。

白术沟组　Pt_3b　（05-41-0142）

【创名及原始定义】 河南地质三队（1978）于栾川县三川乡白术沟创名白术沟组。原始定义：大致相当秦岭区测队（1965d）创建的三道撞组的一部分。岩性："下段为碳质绢云千枚岩、绢云石英片岩与长石石英砂岩互层"；中段为变长石石英砂岩、含碳绢云石英千枚岩；上段为碳硅质板岩等。本组与下伏冯家湾组为整合关系；其上被三川组整合覆盖。归上栾川群，时代为蓟县纪。

【沿革】 见表 3-4。本次对比研究选用白术沟组，停止使用月沟组、三道撞组、大庄组及石北沟组。

【现在定义】 岩性复杂，主要为碳质千枚岩、碳质绢云千枚岩、变质石英砂岩、石英岩、石英变粒岩、含钾长石石英岩、绢云石英钾长变粒岩、石英大理岩、含泥砂质不纯大理岩、含碳质白云石大理岩、绿泥石英片岩等。下以碳质千枚岩出现为标志与冯家湾组整合或平行不整合接触；上以碳质千枚岩结束为标志与三川组整合接触。

【层型】 正层型位于栾川县三川乡白术沟（111°22′，33°59′），由河南地质三队（1978）测制。

上覆地层：三川组　含砾砂岩

——————— 整　合 ———————

白术沟组	总厚度 1 011.3 m
23. 黑色板状碳质千枚岩	101.5 m
22. 灰绿色薄层状含绢云白云石石英方解石大理岩，夹少量石英岩	10.8 m
21. 黑色薄层层状含绢云碳质千枚岩	16.8 m
20. 灰褐色厚层状变质长石石英，下部为厚层含钾长石英岩	76.4 m
19. 黄褐色厚层状含碳质细条纹绢云石英钾长变粒岩	51.1 m

表 3-4 栾川群划分沿革表

<table>
<tr><td colspan="2">阎廉泉
1959</td><td colspan="3">河南省地研所
1962</td><td colspan="2">秦岭区测队
1965d</td><td colspan="3">河南地质三队
1978</td><td colspan="3">河南区调队
1981a</td><td colspan="3">河南地矿局
1989</td><td colspan="2">陕西区调队
1989</td><td colspan="3">石铨曾等
1990</td><td colspan="3">本书</td></tr>
<tr><td colspan="2">豫西</td><td colspan="3">豫西</td><td colspan="2">豫西</td><td colspan="3">栾川</td><td colspan="3">豫西</td><td colspan="3">豫西</td><td colspan="2">洛南</td><td colspan="3">豫西</td><td colspan="3">豫西</td></tr>
<tr><td rowspan="9">Pt_1</td><td rowspan="3"></td><td colspan="2" rowspan="6">$\in_1$</td><td rowspan="3"></td><td rowspan="2">$\in_1$</td><td>三道撞组</td><td colspan="2">Q_b</td><td>三岔口组</td><td colspan="2" rowspan="2">Z</td><td>三岔口组</td><td colspan="2" rowspan="2">Z</td><td>三岔口组</td><td>Z</td><td>罗圈组</td><td rowspan="2"></td><td rowspan="2">陶湾群</td><td>三岔口组</td><td rowspan="3">Z</td><td colspan="2">三岔口组</td></tr>
<tr><td>三川组</td><td rowspan="8">栾川群 Jx</td><td rowspan="8">上亚群</td><td>鱼库组</td><td>鱼库组</td><td>鱼库组</td><td rowspan="8">Pt_3</td><td rowspan="7"></td><td>鱼库组</td><td rowspan="8">栾川群</td><td>鱼库组</td></tr>
<tr><td rowspan="5">$\in_{2-1}$</td><td rowspan="3">中寒武统</td><td>大红口组</td><td colspan="3">（次火山岩）</td><td colspan="3">（次火山岩）</td><td rowspan="6">Pt_3</td><td rowspan="6">栾川群</td><td>大红口组</td><td>大红口组</td></tr>
<tr><td>晒衣岭岩组</td><td>赤土店群</td><td rowspan="3">煤窑沟组</td><td rowspan="6">Pt_3</td><td rowspan="6">栾川群</td><td rowspan="3">煤窑沟组</td><td rowspan="6">Pt_3</td><td rowspan="6">栾川群</td><td rowspan="3">煤窑沟组</td><td rowspan="3">煤窑沟组</td><td rowspan="6">Pt_3</td><td rowspan="3">煤窑沟组</td></tr>
<tr><td rowspan="2">大麦沟岩组</td><td rowspan="2">大石河群</td></tr>
<tr><td rowspan="2">下中寒武统</td></tr>
<tr><td>南泥湖岩组</td><td rowspan="2">Z_2</td><td rowspan="2">栾川群</td><td>南泥湖组</td><td>南泥湖组</td><td>南泥湖组</td><td>南泥湖组</td><td>南泥湖组</td><td>南泥湖组</td></tr>
<tr><td>竹园沟岩组</td><td>竹园沟组</td><td rowspan="2">$\in_1$</td><td>三川组</td><td>三川组</td><td>三川组</td><td>三川组</td><td>三川组</td><td>三川组</td></tr>
<tr><td>月沟岩组</td><td rowspan="2">Z_1</td><td rowspan="2">河口群</td><td>月沟组</td><td>三道撞组</td><td>白术沟组</td><td>白术沟组</td><td>白术沟组</td><td>石北沟组</td><td rowspan="2">Pt_2</td><td rowspan="2">官道口群</td><td>白术沟组</td><td>白术沟组</td></tr>
<tr><td>Z_3</td><td>冯家湾岩组</td><td>付店组</td><td>Z_2</td><td>香子坪组</td><td>下亚群</td><td>冯家湾组</td><td>Pt_2</td><td>官道口群</td><td>冯家湾组</td><td>Pt_2</td><td>官道口群</td><td>冯家湾组</td><td>Pt_2</td><td>冯家湾组</td><td>冯家湾组</td><td>Pt_2</td><td>官道口群</td><td>冯家湾组</td></tr>
</table>

18. 暗灰色薄层状具碳质细条纹的绢云石英千枚岩	23.5 m
17. 暗灰色具碳质细条纹的变斑黑云绢云石英千枚岩	32.1 m
16. 深灰色含碳质细条纹绢云千枚岩，夹薄层石英岩	15.8 m
15. 钙质条带黑云绿泥绢云石英千枚岩	42.5 m
14. 含变斑黑云绢云石英千枚岩，夹不纯大理岩	43.8 m
13. 含变斑黑云碳质绢云千枚岩，夹串球状碳酸盐岩结核	4.6 m
12. 灰色细粒含变斑黑云绢云石英变粒岩	27.3 m
11. 含碳质千枚岩和碳质条纹千枚岩	10.0 m
10. 含碳质绢云千枚岩	6.8 m
9. 含变斑黑云绢云石英变粒岩夹碳质绢云千枚岩	35.1 m
8. 绢云片岩夹少量薄-中层石英岩，普遍含电气石	30.2 m
7. 碳质细条纹含电气石绢云片岩	25.3 m
6. 灰绿色片状变斑黑云绢云千枚岩	47.3 m
5. 含碳质绢云千枚岩	120.9 m
4. 细粒含铁变质石英砂岩含炭千枚岩和绢云片岩	46.9 m
3. 碳质绢云千枚岩夹薄层含碳质层纹石英岩	9.5 m
2. 灰色厚层状含碳质细条纹长石石英岩	94.8 m
1. 薄层状绿泥石英片岩，夹碳质千枚岩	38.3 m

——————整　合——————

下伏地层：冯家湾组　白云岩

【地质特征及区域变化】　该组主要分布于栾川地区，向西在卢氏杜关、洛南灵口等地也有少量出露。为一套碎屑岩夹少量碳酸盐岩组合。岩性较复杂，纵横向岩性变化较大，在黄背岭一带，仅出露上部地层，其中大理岩夹层已变质为钙硅酸盐角岩。至赤土店、望牛岭等地，上部变为厚层含碳白云质大理岩等。向西在卢氏杜关桥沟一带，主要为碳质板岩、含碳白云质灰岩及白云岩等。本组以夹大量黑色碳质板岩及富含P、V、U、Mo等为主要特征。中下部为碎屑岩组合，上部为碳酸盐岩组合，向西上部层位多缺失，栾川以东目前未见本组出露。厚度变化较大，在栾川层型厚1 011 m，卢氏杜关厚242 m，洛南地区厚30～510 m。其中赋存重晶石、宝石等矿产，宝石（碧玉）呈暗绿、暗红色，少量白色。在碳质板岩中Cu、Pb、Zn元素含量也较高。该组属陆架边缘盆地含碳泥砂坪沉积环境。

三川组　Pt_3s　(05-41-0143)

【创名及原始定义】　秦岭区测队（1965）于栾川县三川村创名三川组。原始定义：岩性为石英细砾岩、石英砂岩及灰岩。与下伏三道撞组和上覆下、中寒武统均为整合关系，时代为早寒武世。

【沿革】　见表3-4。本次对比研究选用三川组，停止使用竹园沟组。

【现在定义】　指河南地质三队（1978）重新厘定后的三川组的含义。岩性下段为石英砂岩夹少量千枚岩，底部为含细砾石英粗砂岩；上段为条带状黑云母大理岩、绢云母大理岩夹绢云钙质片岩等。下以含细砾石英砂岩出现为标志，与白术沟组整合接触；上以大理岩或钙质片岩结束为标志，与南泥湖组整合接触。

【层型】　选层型位于栾川县三川乡祖师庙（111°22′，33°58′），由河南地质三队（1978）首测。

上覆地层：**南泥湖组**　石英砂岩

——————整　合——————

三川组	总厚度 451.8 m
17. 浅绿色绢云钙质片岩	31.1 m
16. 浅灰色绢云大理岩，夹白色大理岩	32.5 m
15. 白色中粒石英大理岩	40.3 m
14. 白色绢云大理岩	45.6 m
13. 白色绢云大理岩，夹薄层绢云钙质片岩	26.2 m
12. 白色中厚层状黑云大理岩	66.2 m
11. 白色中厚层状黑云条带状大理岩	14.2 m
10. 含石英条带厚层状绢云大理岩	31.5 m
9. 灰白色薄层状细粒含黑云大理岩	6.1 m
8. 浅灰白色细粒薄—中厚层状大理岩	6.1 m
7. 黄绿色变斑黑云绢云钙质片岩	3.2 m
6. 灰白色中粒变质石英砂岩，含菱铁矿	5.9 m
5. 厚层、巨厚层状灰白色变质石英细砂岩	32.8 m
4. 灰白色中薄层变质石英细砂岩，夹黑色千枚岩	26.5 m
3. 灰黑色含碳千枚岩	15.4 m
2. 灰色中细粒变质砂岩，夹含绢云变质粗砂岩	47.2 m
1. 深灰色含石英细砾的变质粗砂岩	21.0 m

——————整　合——————

下伏地层：**白术沟组**　黑色碳质千枚岩

【地质特征及区域变化】　三川组主要分布于栾川县三川、冷水、大坪、张前沟、黄背岭等地，向东在方城县四里店一带也有少量分布。岩性二分性明显，下部为中粗粒石英砂岩，其中具交错层理，底部常有含细砾石英粗砂岩；上部为中厚层条带状黑云母大理岩、绢云母大理岩、绢云钙质片岩等。上部的不纯大理岩在岩体外接触带多变质为钙硅酸盐角岩，但仍保留原始条带构造。下部热变质低，岩石中变余不等粒砂状结构比较明显，常见斜层理、交错层理。底部含细砾石英砂岩层比较稳定，是本组与下伏白术沟组的良好分组标志层。在方城县四里店地区，该组直接平行不整合覆于龙家园组之上。本组岩性较稳定，厚度变化不大，在栾川地区厚 320～450 m，方城县四里店地区厚 146～340 m。属浅海陆架-局限台地潮下沉积环境。

南泥湖组　Pt_3n　(05-41-0144)

【创名及原始定义】　阎廉泉（1959d）于栾川县南泥湖村创名南泥湖岩组。原始定义：岩性为细条纹灰岩、结晶灰岩、藻类灰岩、钙质片岩、云母石英片岩及含铁石英岩。其与下伏竹园沟岩组和上覆大麦沟岩组均为整合关系，时代为中元古代。

【沿革】　见表 3-4。本次对比研究沿用河南地质三队（1978）修定后的南泥湖组的含义。

【现在定义】　该组内分三段：下段为石英岩；中段为二云片岩、碳质绢云片岩及钙质片岩夹石英岩及大理岩；上段为大理岩及云母大理岩。下以石英岩出现为标志，与三川组整合接触；上以大理岩结束为标志，与煤窑沟组整合接触。

【层型】 选层型位于栾川县陶湾乡陶湾北沟脑（111°28′，33°54′），由河南地质三队（1978）测制。

上覆地层：**煤窑沟组** 石英砂岩

断层接触

南泥湖组	总厚度 243.7 m
上段	厚 39.8 m
3. 条带状钙硅酸盐角岩	39.8 m
中段	厚 143.90 m
2. 变斑黑云二云片岩	143.9 m
下段	厚 60.0 m
1. 浅黄褐色薄层状石英岩	60.0 m

整 合

下伏地层：三川组 大理岩

【地质特征及区域变化】 本组主要分布于栾川县柳子树、玉皇太村、南泥湖、赤土店、百里沟及黄背岭向斜的南北两翼。向东在南召县云阳、方城县四里店也有零星分布，为一套浅变质碎屑岩-碳酸盐岩建造。因受区域变质作用影响，下部石英砂岩变质为石英岩，中部泥砂质岩变质为云母片岩或千枚岩，上部碳酸盐岩变质为钙质黑云片岩及大理岩等。厚度变化较大，在栾川地区厚310～510 m，南召县薄地川厚240 m，方城县四里店厚345～1 563 m。该组底部的石英岩层比较稳定，可作为与下伏三川组的分组标志。本组由下向上由粗-细构成一海进序列。属浅海陆架-潮下沉积环境。

煤窑沟组 Pt_3m （05-41-0145）

【创名及原始定义】 河南地质三队（1978）于栾川县城东煤窑沟创名煤窑沟组。原始定义指岩性“下段为变质细砂岩、片岩、大理岩互层”，可相变为石英岩；中段为白云石大理岩，含叠层石；上段为石英岩、磁铁云母片岩、白云石大理岩夹石煤层，含叠层石。本组与下伏南泥湖组和上覆大红口组均为整合接触。归上栾川群，时代为蓟县纪。

【沿革】 见表3-4。本次对比研究选用煤窑沟组。停止使用大麦沟岩组、晒衣岭岩组、大石河群及赤土店群。

【现在定义】 岩性下部为石英岩、二云片岩夹石英大理岩，中上部为白云石大理岩，含叠层石大理岩夹石英岩、磁铁云母片岩及石煤层等。下以石英岩出现为标志与南泥湖组整合接触；上部被大红口组整合覆盖。

【层型】 正层型位于栾川县城东煤窑沟（111°38′，33°48′），由河南地质三队（1978）测制。

上覆地层：**大红口组** 次火山岩

侵入接触

煤窑沟组	总厚度 1 154.00 m
33. 厚层含石英条带白云质大理岩	154 m
32. 厚层白云石大理岩	79 m

31. 灰绿色白云母大理岩	3 m
30. 厚层白色糖粒状大理岩	72 m
29. 白云石大理岩及石英条带白云石大理岩	87 m
28. 白云石大理岩及透闪石大理岩	7 m
27. 青灰色薄层大理岩	13 m
26. 含碳大理岩及绢云千枚岩夹石煤层	47 m
25. 白色糖粒状大理岩	19 m
24. 含硬绿石赤（磁）铁矿白云母片岩	30 m
23. 含叠层石大理岩夹钙质片岩	41 m
22. 白色块状石英岩	12 m
21. 白色厚层白云石大理岩	72 m
20. 青灰色薄层大理岩	72 m
19. 含叠层石厚层白色大理岩	10 m
18. 薄层白云石大理岩	51 m
17. 厚层白云石大理岩	47 m
16. 青灰色条带状、条纹状白云石大理岩	57 m
15. 含叠层石杂色厚层大理岩	20 m
14. 黄褐色石英大理岩	14 m
13. 灰色铁质含微斜长石变斑黑云绢云千枚岩，夹变斑黑云二云片岩	17 m
12. 含变斑黑云钙质绢云片岩	8 m
11. 含钾长变斑石英大理岩	25 m
10. 含黑云钾长变斑钙质云母片岩	36 m
9. 黄色铁质石英大理岩	33 m
8. 含黑云变斑二云片岩	15 m
7. 含微斜长石变斑二云片岩	15 m
6. 含黑云变斑白云母细粒石英岩	25 m
5. 黑云变斑白云母片岩	16 m
4. 白云母细粒石英岩，夹钾长变斑白云母片岩	34 m
3. 含铁变质白云母砂岩	5 m
2. 含钾长变斑黑云石英大理岩	9 m
1. 含铁变质白云母细砂岩	9 m

———————— 整　合 ————————

下伏地层：**南泥湖组**　黑云片岩

【地质特征及区域变化】　本组主要分布于栾川县城郊、黄背岭、宝石沟、包犊寨等地。向东在南召县薄地川及方城县四里店也有少量出露，为一套碎屑岩-碳酸盐岩建造。下部为石英岩夹二云片岩，可相变为绢云母石英岩，上部为白云石大理岩，含叠层石大理岩，夹少量石英云母片岩及石煤层。在方城县四里店地区，在白云石大理岩之上还有一套云母片岩。因受热力变质作用影响，局部地段钙质片岩矽卡岩化强烈。本组岩性基本稳定，厚度变化较大，在栾川地区厚855～1 194 m，南召县薄地川厚630 m，方城县四里店厚1 456 m。在栾川地区有些地段本组下部石英岩与云母片岩、白云石大理岩多次交替出现，形成多个沉积韵律。石英岩中具交错层理。本组赋存石煤、白云岩等有益矿产。属浅海陆架-局限台地潮上-潮下沉积环境。

大红口组　Pt_3d　(05-41-0154)

【创名及原始定义】　河南地质三队（1978）于栾川县三川乡大红口村创名大红口组。原始定义："大红口组岩性比较复杂，以变质粗面岩为主，夹部分变质火山碎屑岩、火山沉积岩及白云石大理岩，横向变化比较大"，下部与煤窑沟组整合接触；上部以次火山岩相的正长斑岩与上覆鱼库组白云石大理岩接触，归上栾川群。

【沿革】　见表3-4。关保德等（1988）、河南区调队（1990）、石铨曾等（1990）[①] 均沿用大红口组，归栾川群。本次对比研究选用大红口组，归栾川群。

【现在定义】　岩性为粗面岩、粗面安山岩、变质粗面集块岩、变斑绢云石英片岩、黑云钠长绿泥片岩、变斑钠长阳起片岩和白云石大理岩等。下以粗面岩出现为标志整合于煤窑沟组之上，其上与鱼库组整合接触，或被三岔口组平行不整合覆盖。

【层型】　正层型位于栾川县三川乡九间房-四棵树大红口村，由河南地质三队（1978）首测。

上覆地层：陶湾（岩）组　大理岩

═══════ 断层接触 ═══════

大红口组	总厚度 957.8 m
24. 灰绿色绿泥白云母片岩。(未见顶)	12.3 m
23. 黑色碳质千枚岩	23.0 m
22. 灰绿色含黑云变斑绢云片岩，夹黑云变斑钙质钠长片岩	27.4 m
21. 灰红色变质粗面岩	3.3 m
20. 白色白云石大理岩夹黑云变斑绢云片岩	21.4 m
19. 灰红色含黑云变斑粗面岩	32.3 m
18. 深灰色杏仁状变质霏细岩（石英粗面质）	85.7 m
17. 灰绿色杏仁状黑云钠长绿泥片岩	23.0 m
16. 灰绿色绿帘钠长二云片岩	8.3 m
15. 灰黑色钠长黑云片岩，夹含黑云绿泥绢云片岩	19.7 m
14. 灰色白云母钙质石英片岩	8.0 m
13. 灰白色白云石大理岩	3.6 m
12. 灰绿色变质熔岩集块岩（流纹质）	37.1 m
11. 灰色变质二长安山岩	13.0 m
10. 灰绿色含方解绢云石英片岩	10.0 m
9. 灰绿色含黑云变斑绢云石英片岩	85.6 m
8. 灰绿色杏仁状含黑云变斑钠长阳起片岩及钠长绿泥片岩	44.7 m
7. 灰白色含方解绢云石英片岩与灰色含黑云绢云石英片岩	28.4 m
6. 灰白色含黑云变斑粗面岩、底部为黑灰色黑云石英片岩	176.9 m
5. 黑绿色含黑云钠长角闪片岩	9.4 m
4. 青灰及灰红色变质含黑云粗面岩	86.3 m
3. 灰色二云石英片岩夹透闪大理岩，灰黑色黑云绿泥石英片岩	78.2 m
2. 青灰色变质粗面岩（局部含黑云变斑）	70.2 m

① 石铨曾、陶自强、庞继红、曲明绪，1990，河南栾川群研究。

1. 深灰色千枚岩　　50.0 m

═══════ 断层接触 ═══════

下伏地层：**煤窑沟组**　白云岩

【地质特征及区域变化】　大红口组主要分布于栾川、南召、方城县四里店等地，向西在卢氏、洛南等地也有断续分布，为一套粗面岩，夹云母片岩及白云石大理岩，呈带状断续展布于华北陆块南缘，东西延伸约 300 km。

【问题讨论】　①关于大红口组的时代归属，现根据本组的同位素年龄值（571 Ma，660±27 Ma 及 682±60 Ma）将其归晚元古代。②大红口组是属地层还是侵入岩体，有两种意见，本书根据 1∶5 万区调划作地层。

鱼库组　Pt_3y　（05-41-0207）

【创名及原始定义】　河南地质三队（1978）于栾川县中鱼库沟创名鱼库组。原始定义：主要岩性为"厚层细粒的石英白云石大理岩、方解白云石大理岩及纯白云石大理岩为主，夹少量石英岩及片岩"。与下伏栾川群大红口组整合接触，与上覆三岔口组不整合接触，归栾川群。时代为蓟县纪。

【沿革】　秦岭区测队（1965d）创名三川组，时代为早寒武世。河南地质三队（1978）发现黄背岭向斜南北两翼的三川组不是同一套地层，遂将向斜南翼的三川组重新命名为鱼库组，属蓟县系栾川群上亚群，尔后广为沿用。本次对比研究选用鱼库组。

【现在定义】　主要岩性为厚层细粒石英白云石大理岩、方解石白云石大理岩及纯白云石大理岩夹石英岩、黑云绢云片岩，局部底部有砾岩。下以浅灰色巨厚层状含方解石大理岩（或砾岩）底界为标志与大红口组整合接触；上部被断层破坏或被三岔口组平行不整合覆盖。

【层型】　正层型位于栾川县中鱼库沟（111°28′，33°37′），由河南地质三队（1978）测制。

上覆地层：**三岔口组**　绢云石英片岩

——————— 平行不整合 ———————

鱼库组	总厚度 596.0 m
11. 浅灰色巨厚层状含方解石的白云石大理岩，底部有约 3 m 砾岩	49.2 m
10. 深灰色含黑云白云片岩	3.0 m
9. 白色厚层细粒白云岩	15.5 m
8. 白色巨厚硅质条带含方解石白云石大理岩	111.3 m
7. 白色巨厚层石英白云石大理岩	36.5 m
6. 白色巨厚层含不规则石英条带和团块的白云石大理岩	220.1 m
5. 灰白色厚层含石英白云石大理岩	50.1 m
4. 深灰色二云片岩夹大理岩条带	1.6 m
3. 灰白色厚—巨厚白云石大理岩	65.3 m
2. 浅肉红色厚层石英白云石大理岩	33.2 m
1. 灰白色黑云绢云片岩夹含云母大理岩	10.2 m

═══════ 断　层 ═══════

下伏地层：**大红口组**　变粗面岩

【地质特征及区域变化】　本组岩性比较单调，厚度变化较大，一般在 433 m～118.8 m，常含不规则硅质条带及团块，局部地段见同生角砾状白云石大理岩及透闪白云石大理岩。在中鱼库沟，底部有一层厚约 3.5 m 的砾岩，砾石为白云岩，白云质及泥质胶结，砾径约 30 cm。因岩体破坏及断层切割，其上部地层出露不全。

三岔口组　*Zs*　(05-41-0206)

【创名及原始定义】　河南地质三队（1978）于栾川县陶湾乡北沟三岔口村附近创名三岔口组。原始定义：主要岩性为灰白色碳质片岩和砾岩，与上覆风脉庙组整合接触，与下伏鱼库组不整合接触，归陶湾群最下部，时代为青白口纪。

【沿革】　河南地质三队（1978）创名三岔口组，归青白口系陶湾群，相当于秦岭区测队（1965d）命名的寒武纪三道撞组南部。嗣后三岔口组广为沿用，仅时代归属不同。本次地层对比研究选用三岔口组，停止使用三道撞组。

【现在定义】　三岔口组上部为深灰色、灰色碳质绢云片岩，下部为钙质砾岩。下以钙质砾岩出现为标志与鱼库组或大红口组平行不整合接触；上以碳质片岩结束为标志与陶湾（岩）组整合接触。

【层型】　正层型位于栾川县陶湾乡北沟三岔口（111°27′，33°52′）。副层型位于栾川县陶湾乡中鱼库沟（111°28′，33°37′），均由河南省地质三队（1978）测制。

上覆地层：陶湾（岩）组　绢云石英片岩

═══════ 断层接触 ═══════

三岔口组	总厚度 163 m
1. 灰黑色变质含碳钙质砾岩	163 m

－－－－－－ 平行不整合 －－－－－－

下伏地层：鱼库组　透辉石大理岩

【地质特征及区域变化】　本组主要分布于卢氏县八宝山、栾川县上牛栾、庙底北沟、鱼库沟，石庙等地，向东在南召县北部及方城县老李山南榆木沟、龙泉沟等地亦有少量出露（图 3-5），卢氏县八宝山一带厚约 100 m，栾川县陶湾北沟朱家树一带厚约 420 m，方城县龙泉沟 、榆木沟一带厚 27.72 m。本组砾岩呈暗灰色、灰黄色，砾石以白云石大理岩为主（石庙一带白云石大理岩内含一些叠层石化石），另有少量的碳质绢云石英片岩、石英岩、脉石英、燧石、绢云片岩、花岗岩及正长斑岩等，西部砾石大小混杂，形态各异，排列无序，以椭圆状为主，个别呈棱角状，砾径一般 5～20 cm，个别达 60 cm 左右。胶结物以碳酸盐岩为主，次为泥碳质。

关于三岔口组砾岩的成因，历来有不同认识，有底砾岩，构造砾岩，冰碛砾岩和水下重力流动沉积等多种说法，需进一步研究。

陶湾（岩）组　*Zt*　(05-41-0205)

【创名及原始定义】　阎廉泉（1959）于栾川县陶湾地区创名陶湾岩组。原始定义：主要岩性为灰白色黑云大理岩、绿泥钙质片岩、透闪大理岩、白云质大理岩夹角闪片岩。底部为绢云片岩、砾岩（含铁矿层），其上与寒武系不整合接触，时代归早元古代。

【沿革】　阎廉泉（1959）创名陶湾岩组。同年全国地层会议沿用，改称陶湾组，时代划归元古代；河南地质研究所（1962）沿用陶湾组，归下元古界伏牛山群。秦岭区测队（1965d）沿用陶湾组，时代归早元古代。河南地质三队（1978）将栾川县叫河地区原陶湾组分解，南部称叫河组（大致相当现谢湾岩组），归宽坪群，北部称青白口系陶湾群，根据岩石组合由上而下划分为秋木沟组、风脉庙组、三岔口组。张秋生（1980）称陶湾群（原陶湾组含义），时代为震旦纪；河南区调队（1981a）及《河南省区域地质志》（1989）均沿用原陶湾组含义，归秦岭群，时代为早元古代。本次地层对比采用陶湾（岩）组，相当风脉庙组和秋木沟组。停用秋木沟组、风脉庙组。

【现在定义】 主要岩性为碳质千枚岩、杂色大理岩、绢云钙质片岩、白云石大理岩夹黑云绢云片岩。下与三岔口组整合接触，上未见顶。

【层型】 正层型位于栾川县陶湾乡青岗坪-磨坪（111°22′，33°51′），由河南省地矿局（1989）重测。

上覆地层：宽坪群　二云更长片麻岩

═══════ 断层接触 ═══════

陶湾（岩）组	总厚度 2 512.4 m
18. 灰绿色黑云透闪——阳起石岩、蓝晶二云更长片麻岩，夹薄层大理岩	31.0 m
17. 灰色厚层及条纹状大理岩	126.2 m
16. 灰、灰绿色二云石英片岩，夹大理岩凸镜体	33.6 m
15. 灰白色条带状白云质石英大理岩	49.1 m
14. 灰、灰绿色石英、黑云母大理岩	12.3 m
13. 灰白、白色条纹状白云质大理岩	65.6 m
12. 灰、灰白色二云石英白云石大理岩	350.8 m
11. 灰、灰白色厚层状大理岩	299.4 m
10. 灰绿黄褐色磁铁二云钠长片麻岩	33.2 m
9. 灰白色厚层状石英大理岩	14.1 m
8. 黄褐色二云片岩	69.7 m
7. 灰白肉红色条纹状白云石大理岩	144.6 m
6. 灰白蔷薇红色厚层状大理岩	139.3 m
5. 灰白色条（纹）带状绢云母白云石大理岩	179.0 m
4. 灰白色含黑云磁铁绢云片岩	276.5 m
3. 灰、灰白色黑云绢云（钾）长片岩	635.4 m
2. 灰白色条纹状绢云母白云石大理岩	16.4 m
1. 灰白色厚层状石英白云石大理岩	36.2 m

———— 整 合 ————

下伏地层：三岔口组　钙质砾岩

【地质特征及区域变化】 该（岩）组由西向东断续分布于卢氏县龙驹街、栾川县青岗坪、方城县维摩寺等地（图 3-2）。本（岩）组大体可分两个岩性段，下段为云母片岩，上段为大理岩。厚度西部 2 515 m，东部大于 329 m。角闪质岩石东多西少。原岩为浅海相泥质碳酸盐岩及钙泥质岩，局部夹中基性火山岩。在南召县关山、方城县老李山等地陶湾（岩）组下部青灰色、灰色大理岩内有滑塌和风暴沉积特征，属于斜坡沉积。赋存有沉积变质型铅锌矿，局部伴有银矿化。

【问题讨论】 陕西省洛南县页山河罗村钙质绢云片岩、钙质绿泥绢云片岩、绢云片岩的五个Rb-Sr同位素样品等时线年龄值为569±66 Ma，洛南县灵口现盒、页山河，嵩县青崖沟千枚岩的Rb-Sr全岩等时线年龄值分别为456.27 Ma、473.75 Ma、480.35 Ma和468.35 Ma，栾川地区二云钙质片岩与石榴二云片岩中的黑云母K-Ar年龄值分别为405 Ma和406 Ma，方城县维摩寺铅锌矿三个铅同位素样品方铅矿的模式年龄为506～509 Ma，是后期构造-热事件改造的结果，不代表陶湾（岩）组的原始年龄，推测时代为震旦纪。方城县老李山大理岩本书暂归入陶湾（岩）组，1∶5万丹霞寺幅区调在相当层位发现震旦纪—早古生代微古植物化石，其归属值得今后研究。

秦岭（岩）群 Pt_1Q (05-41-0208)

【创名及原始定义】 赵亚曾、黄汲清（1931）于陕西秦岭地区创名秦岭系。原始定义：秦岭系，其中一部分似泰山系，一部分似五台系。主要岩性为大理岩、片岩、片麻岩。时代归寒武前纪。

【沿革】 赵亚曾、黄汲清（1931）创名“秦岭系”，时代归寒武前纪；德日进等（1935）对于“秦岭系”是否应归入太古宙表示怀疑，认为此岩系“必因挤迫而与古生代岩系联合而成一变质岩系”。黄汲清（1955）也认为秦岭系中可能包括像寒武纪奥陶纪这样较新的地层。阎廉泉（1959）、河南地质研究所（1962）、秦岭区测队（1965d）、涂绍雄等[①]（1974）、河南区调队（1981a）及《河南省区域地质志》（1989）、河南第四地调队（1987）[②]、劳子强（1989）[③] 河南区调队（1993）[④] 均作划分（表3-5）。刘国惠等（1993）称秦岭岩群，并认为秦岭造山带是由一系列岩群拼合而成，秦岭岩群应是诸多岩群中时代最老、变质最深的岩群之一，时代归早元古代。河南区调队（1968）在桐柏地区把相当地层命名为毛集群，内分回龙寺组及银洞沟组二段和三段，均为整合接触，时代归早元古代。河南区测队（1975）[⑤] 在桐柏把此套地层由下而上又命名为大河组蔡家凹段、孤山头组，时代归早古生代（表3-5）。本次地层对比认为该套地层变质变形强烈，有层无序，依据岩石地层单位命名原则沿用秦岭（岩）群，内分郭庄（岩）组、雁岭沟（岩）组、石槽沟（岩）组。

【现在定义】 秦岭（岩）群指朱阳关-夏馆-大河断裂和过箭岈韧性剪性带之间的一套变质地层，主要岩性为混合岩化石榴黑云斜长片麻岩、斜长角闪片麻岩，厚层石墨大理岩，含石英条带或团块及碳质大理岩，其中夹薄层石英岩。本（岩）群包括郭庄、雁岭沟、石槽沟三个（岩）组，均为整合关系。

郭庄（岩）组 Pt_1g (05-41-0209)

【创名及原始定义】 河南区调队（1981a）于内乡县马山口乡郭庄村附近创名郭庄组。原始定义：“在内乡马山口地区，其主要岩性为混合岩化石榴黑云斜长片麻岩、斜长角闪片麻岩，夹透辉斜长角闪片麻岩及白云质大理岩。其中有中酸性岩脉贯入，并有变辉长岩体分布”。与上覆雁岭沟组呈不整合接触。归早元古代。

---

① 涂绍雄、梁约翰、杨家林，1974，秦岭地轴东段西坪至桑坪剖面观察。
② 河南第四地调队，1987，1∶5万小水、夏馆幅区调报告。
③ 劳子强，1989，关于秦岭群的划分。河南区测，（总21），4～11。
④ 河南区调队，1993，1∶5万寨根、米坪、西坪、丁河幅区调报告。
⑤ 河南区测队，1975，1∶5万桐柏县北部区测报告。

【沿革】 见表3-5。本次对比研究采用郭庄（岩）组。停止使用银洞沟组二段，在此不使用荡泽河组。

【现在定义】 郭庄（岩）组主要岩性为混合岩化石榴黑云斜长片麻岩、斜长角闪片麻岩，夹透辉斜长角闪片麻岩及白云质大理岩。在桐柏一带尚有紫苏辉石、透辉石斜长麻粒岩。上以混合质含石榴黑云斜长片麻岩结束与雁岭沟（岩）组整合接触，未见底。

【层型】 正层型位于内乡县马山口乡郭庄南（111° 57′，33° 15′），由河南省区调队（1981a）测制。

上覆地层：**雁岭沟（岩）组** 硅质条带大理岩

——————整 合——————

郭庄（岩）组	总厚度 807 m
6. 混合质含石榴黑云斜长片麻岩	107 m
5. 白云质大理岩	6 m
4. 透辉斜长角闪片麻岩，夹钙质片岩、白云质大理岩及混合质含石榴黑云斜长片麻岩	128 m
3. 混合质含石榴黑云斜长片麻岩	328 m
2. 斜长角闪片麻岩与混合质含石榴黑云片麻岩互层	87 m
1. 混合质含石榴黑斜长片麻岩。（未见底）	151 m

【地质特征及区域变化】 该（岩）组零星分布于内乡县马山口及桐柏县瓦房庄等地区。厚628-2 150 m，区域上岩石普遍混合岩化，并有区域退变质作用叠加。其中多有变质超基性岩体成群出现，顺层产出。原岩以中基性及中酸性火山岩为主，夹钙泥质岩、砂泥质岩和碳酸盐岩等沉积夹层。

雁岭沟（岩）组 Pt_1y （05-41-0210）

【创名及原始定义】 阎廉泉（1959）于内乡县雁岭沟一带创名雁岭沟群。原始定义：主要岩性为含鳞片状石墨大理岩、大理岩夹二云片（麻）岩、钙质云母片岩及角闪片岩。与下伏荡泽河群整合接触。时代归太古代。

【沿革】 见表3-5。此外，河南区测队（1968）在桐柏地区把相当地层命名为银洞沟组三段，归早元古代毛集群；河南区测队（1975）命名大河组蔡家凹段，时代为早元古代；河南区测队（1973）[①] 在西峡地区创名赶脚沟组，时代为晚震旦世。本次对比研究选用雁岭沟（岩）组，停止使用赶脚沟组、大河组、蔡家凹段。

【现在定义】 现雁岭沟（岩）组主要岩性为厚层石墨大理岩、大理岩、含石英条带或团块及碳质大理岩，其中夹薄层石英岩、石榴黑云斜长片麻岩。下以白云质含石墨大理岩出现为标志与郭庄（岩）组整合接触，上以薄层大理岩、石墨片岩结束为标志与石槽沟（岩）组整合接触。

【层型】 选层型位于西峡县骆驼沟-黄靳（111°44′，33° 23′），由河南第四地调队（1987）测制；次层型位于内乡县余关—麦子山（111° 55′，33° 15′），由北京地质学院（1960）测制，河南地矿局（1989）介绍。现描述现层型。

① 河南区测队，1973，1：5万西峡县北部区测报告。

表 3-5 秦岭(岩)群、峡河(岩)群划分沿革表

<table>
<tr><td colspan="16">秦岭地区</td><td colspan="2">桐柏地区</td><td colspan="2" rowspan="2">河南区调队</td><td colspan="2" rowspan="2">劳子强</td><td colspan="2" rowspan="3">本书</td></tr>
<tr><td colspan="2">赵亚曾、黄汲清</td><td colspan="2">阎廉泉</td><td colspan="2">北京地质学院</td><td colspan="2">河南地研所</td><td colspan="2">秦岭区测队</td><td colspan="2">涂绍雄等</td><td colspan="2">河南地调四队</td><td colspan="2">河南区调队</td><td colspan="2">河南区测队</td></tr>
<tr><td colspan="2">1931</td><td colspan="2">1959</td><td colspan="2">1961b</td><td colspan="2">1962</td><td colspan="2">1965d</td><td colspan="2">1974</td><td colspan="2">1987</td><td colspan="2">1993</td><td colspan="2">1975</td><td colspan="2">1981a</td><td colspan="2">1989</td></tr>
<tr><td rowspan="5">Ar</td><td rowspan="5">秦岭系</td><td rowspan="5">Ar</td><td>界牌群+雁岭沟群</td><td colspan="2" rowspan="3"></td><td>秦岭群 Ar_2</td><td>界牌组+雁岭沟组</td><td rowspan="5">Ar</td><td>雁岭沟群</td><td rowspan="5">Pt_2</td><td>大梨头组+界牌组</td><td colspan="2" rowspan="2"></td><td rowspan="2">峡河岩群 Pt_3</td><td>界牌岩组</td><td colspan="2" rowspan="2"></td><td rowspan="5">秦岭群 Pt_1</td><td>陶湾组</td><td rowspan="5">秦岭群 Pt_1</td><td>界牌组</td><td rowspan="2">峡河(岩)群 Pt_2</td><td>界牌(岩)组</td></tr>
<tr><td rowspan="2">太华群</td><td rowspan="2">华山群 Ar_1</td><td rowspan="2">荡泽河组</td><td rowspan="2">太华群</td><td rowspan="2">芦子沟组</td><td>寨根岩组</td><td rowspan="2">宽坪组</td><td rowspan="2">寨根组</td><td>寨根(岩)组</td></tr>
<tr><td rowspan="3">秦岭群 Pt_2</td><td>石槽沟组</td><td rowspan="3">秦岭岩群 Pt_1</td><td>石槽沟岩组</td><td rowspan="3">Pz_1</td><td>孤山头组</td><td rowspan="3">秦岭(岩)群 Pt_1</td><td>石槽沟(岩)组</td></tr>
<tr><td>雁岭沟群</td><td>Ar_2</td><td>雁岭沟组</td><td>秦岭群 Ar_2</td><td>雁岭沟组</td><td>雁岭沟群</td><td rowspan="2"></td><td>雁岭沟组</td><td>雁岭沟岩组</td><td rowspan="2">大河组</td><td>蔡家凹段</td><td>雁岭沟组</td><td>雁岭沟组</td><td>雁岭沟(岩)组</td></tr>
<tr><td>太华群</td><td>Ar_1</td><td>荡泽河组</td><td>华山群 Ar_1</td><td>荡泽河组</td><td>太华群</td><td>石槽沟组</td><td></td><td>马家祠堂段</td><td>郭庄组</td><td>郭庄组</td><td>郭庄(岩)组</td></tr>
</table>

上覆地层：石槽沟组　黑云斜长片麻岩

——————整　合——————

雁岭沟（岩）组	总厚度 911.22 m
19. 含石墨大理岩	72.28 m
18. 长石石墨石英片岩	30.18 m
17. 中厚层含石墨大理岩	29.86 m
16. 含角闪大理岩	13.09 m
15. 白云石大理岩	114.38 m
14. 长石石墨片岩	4.74 m
13. 厚层含石墨大理岩	89.72 m
12. 含辉石斜长角闪岩	12.92 m
11. 蛇纹石化含透辉橄榄大理岩夹含矽线黑云二长片麻岩	50.91 m
10. 碎裂大理岩	11.61 m
9. 条带状透辉石大理岩	7.74 m
8. 云母石英片岩	3.87 m
7. 厚层含石墨大理岩	48.71 m
6. 斜长角闪片岩	14.80 m
5. 蛇纹石化透辉橄榄大理岩	32.86 m
4. 斜长角闪片麻岩	28.17 m
3. 蛇纹石化透辉橄榄大理岩	62.67 m
2. 斜长角闪片岩	33.75 m
1. 白云石化方柱橄榄大理岩、斜长角闪片麻岩。（未见底）	248.96 m

【地质特征及区域变化】　该（岩）组由西至东分布于卢氏县双槐树-镇平县秋树凹，西峡县王营-内乡县马山口及桐柏县彭家寨及信阳市尖山地区。岩性总体较单调，但矿物成分较复杂。下部普遍含有石墨及石英，钙质含量相对较高，上部含量却有相反趋势，且白云石含量高，反映原岩为一套以不纯碳酸盐岩为主的沉积岩石组合。

石槽沟（岩）组　$Pt_1\hat{s}$　（05-41-0224）

【创名及原始定义】　河南地调四队（1987）于西峡县石槽沟创名石槽沟组。原始定义：主要岩性为含石榴黑云斜长片麻岩、混合岩化片麻岩，夹多层大理岩及斜长角闪片（麻）岩等。与下伏雁岭沟组整合接触，隶属秦岭群。时代为中元古代。

【沿革】　见表 3-5。本次对比研究沿用河南区调队（1993）划分和命名方案，选用石槽沟（岩）组，停止使用孤山头组下瓦房庄段、凤凰窝段及上瓦房庄段及回龙寺组。

【现在定义】　石槽沟（岩）组主要岩性为含石榴矽线黑云斜长（二云）片麻岩，其中夹斜长角闪岩及大理岩。下以钙硅酸盐岩-矽线片麻岩夹大理岩出现为标志与雁岭沟（岩）组整合接触，与上覆寨根（岩）组呈断层接触。

【层型】　正层型位于西峡县石槽沟东（111° 33′，33° 25′），由河南第四地调队（1987）测制。

石槽沟（岩）组	总厚度 1 214.11 m
13. 灰黑色含石榴斜长角闪岩。（未见顶）	13.50 m

12.	混合岩化含石榴黑云二长片麻岩，夹含石榴斜长角闪岩	243.67 m
11.	含石榴斜长角闪岩	25.68 m
10.	混合岩化含石榴黑云二长片麻岩，夹斜长角闪岩	51.35 m
9.	灰绿色含透辉石大理岩，夹斜长透辉	4.28 m
8.	混合岩化含石榴黑云斜长片麻岩，夹斜长角闪岩	93.03 m
7.	条带状碎裂蛇纹石化含透辉橄榄白云石大理岩	34.41 m
6.	混合岩化含石榴黑云斜长片麻岩，夹大理岩薄层及斜长角闪岩	421.35 m
5.	含石榴透辉斜长角闪岩，夹含石榴黑云斜长片麻岩	120.00 m
4.	混合岩化含石榴黑云斜长片麻岩	42.00 m
3.	厚层碎裂白云石（质）大理岩	93.14 m
2.	透辉斜长角闪岩	24.23 m
1.	含透辉黑云斜长片麻岩	47.47 m

——————— 整 合 ———————

下伏地层：**雁岭沟（岩）组** 石墨大理岩

【地质特征及区域变化】 石槽沟（岩）组由西至东主要分布于西峡县捷道沟-内乡县板厂及桐柏县孤山头等地。其原岩下部主要为变质碎屑岩夹基性火山岩建造，上部则渐变为不纯碳酸盐岩与碎屑岩互层出现，在横向上本岩组沉积环境无大差异。其变形及含矿等特征见秦岭（岩）群所述。

【问题讨论】 目前对秦岭（岩）群的地层序列有两种看法：①认为秦岭（岩）群自下而上可划分为郭庄、雁岭沟及石槽沟三个（岩）组；②认为该（岩）群自下而上分为石槽沟、雁岭沟两个（岩）组，郭庄（岩）组相当石槽沟（岩）组。本次采用第一种划分方案。

关于秦岭（岩）群的时代问题，目前还存在多种意见：①河南区测队（1973）在雁岭沟（岩）组大理岩中采到虫牙、几丁虫化石，将其归早古生代；②河南地矿局（1989）测得郭庄（岩）组 Rb-Sr 年龄值为 1 106 Ma，石槽沟（岩）组（原称宽坪组）U-Pb 年龄值为 1 022 Ma，Rb-Sr 年龄值为 1 222±174 Ma，认为这些年龄值为变质年龄值，将该（岩）群归早元古代；③张宗清等（1991，1992）测得秦岭（岩）群 U-Pb 和 Sm-Nd 年龄值分别 2 267 Ma 及 2 080 Ma，1 987±49 Ma，认为秦岭（岩）群的下限为 2 267 Ma；将其归早元代；④张宗恒等（1994）、冯庆来等（1994）在桐柏地区雁岭沟（岩）组（蔡家凹大理岩）中发现腕足类、海白合茎、放射虫等化石，认为该（岩）群属晚古生代—三叠纪。本次对比研究暂将秦岭（岩）群的时代归早元古代。桐柏地区蔡家凹大理岩中的重要发现是一项突破，今后应从秦岭群中划出。

峡河（岩）群 $Pt_{2-3}X$ （05-41-0211）

【创名及原始定义】 河南区调队（1993）于西峡县寨根乡峡河创名峡河岩群，包括寨根岩组和界牌岩组。主要岩性为石榴二云石英片岩、黑云石英片岩、白色条带状大理岩、角闪片岩及瘤状堇青石片岩，与下伏秦岭岩群石槽沟岩组断层接触。时代归中—晚元古代。

【沿革】 峡河（岩）群是河南区调队（1993）创建，将其自下而上（由北 向南）划分为寨根 岩组和界牌岩组，两者呈渐变整合关系，时代归中元古代晚期到晚元古代早期，相当于黄汲清、赵亚曾（1931）创名秦岭系的一部分及河南区调队（1981a）秦岭群上部。本次对比研究采用河南区调队（1993）的命名及划分方案（表 3-5）。

【现在定义】 峡河（岩）群由北至南包括寨根、界牌两个（岩）组，主要岩性为石榴二云石英片岩、黑云石英片岩、斜长角闪片岩、条带状大理岩、黑云钙质石英片岩及瘤状堇青石片岩。北部与秦岭（岩）群断层接触，南侧被断层切割或被白垩纪地层不整合覆盖。

【地质特征及区域变化】 峡河（岩）群分布于西峡县龙泉坪、界牌、过剪牙一带，主要由碎屑岩-碳酸盐岩-火山岩低级变质的结晶片岩及大理岩系所组成，其范围以西峡县寨根北—过剪牙剪切带为北界；以商南-镇平断裂带为南界，原岩恢复主要为一套砂岩-泥灰岩为主，夹少量火山碎屑岩的类复理石沉积建造。

在构造变形特征上看，本（岩）群至少经历了三期不同性质的褶皱变形，形成形态各异、规模不等的褶皱群落。早期固态流变褶皱呈透镜状，无根状展布，发育顺“层”剪切掩卧褶皱，在翼部拉长乃至拉断。主期递进褶皱变形表现为强烈的南北向挤压，使本（岩）群与下伏秦岭（岩）群界面发生大规模顺层滑脱，并一起发生褶皱。晚期褶皱的叠加和改造主要表现为开阔的正弦波状的背-向形褶皱，局部叠加在主要褶皱变形之上。

峡河（岩）群中矿产主要为大理岩，另外本套地层中多有小型基性-超基性岩体侵入，是寻找铬铁矿的有利地段。

寨根（岩）组 $Pt_{2\text{-}3}\hat{z}$ （05-41-0212）

【创名及原始定义】 劳子强（1989）于西峡县寨根村一带创名寨根组。原始定义：寨根组广布于内乡县板厂-西峡县捷道沟地区，另在桐柏县彭家寨也有少量出露。下部主要为石榴矽线黑云斜长片麻岩，以此为标志与雁岭沟组分开；中部主要为斜长角闪片岩与白云（黑云）斜长片麻岩呈不等厚互层；上部主要为石榴二云石英片岩、黑云石英片岩，顶部以厚层黑云石英片岩夹大理岩为主要标志与界牌组分开。厚大于 2 100 m，归秦岭群，属下元古代。

【沿革】 创名前河南地质科研所（1962）称荡泽河组一部分，归秦岭群，时代为太古代；涂绍雄等（1974）又将该套地层划分为卢子沟组，时代归中元古代；河南区调队（1981a）称其为宽坪组，归秦岭群，时代为早元古代；河南地调四队（1987）将其划归石槽沟组，时代为中元古代。劳子强（1989）创名寨根组，相当于河南区调队（1981a）所划的宽坪组，归秦岭群，时代为早元古代。河南区调队（1993）将劳氏所创名的寨根组一分为二：下部称石槽沟（岩）组，归秦岭（岩）群；上部称寨根（岩）组，归峡河（岩）群，时代归中元古代晚期至晚元古代早期。本次对比研究选用寨根岩组。停止使用芦子沟组，在此不用宽坪组。

【现在定义】 现寨根（岩）组主要岩性为石榴二云石英片岩、黑云石英片岩、斜长角闪片岩及薄层大理岩。南以黑云透闪透辉片岩、斜长角闪岩结束为标志，与界牌（岩）组整合接触，北与秦岭（岩）群断层接触。

【层型】 正层型位于西峡县寨根村潘家巷（111° 09′，33° 32′），由河南区调队（1981）测制。现采用河南区调队（1993）重测剖面。

上覆地层：界牌（岩）组　变斑状黑云斜长钙质片岩

———————— 整　合 ————————

寨根（岩）组	总厚度 576.4 m
5. 黑云透闪透辉片岩，透闪-阳起斜长片岩、斜长角闪片岩	33.0 m
4. 黑云斜长片岩，夹少量薄层大理岩、斜长角闪岩	140.0 m
3. 石榴二云石英片岩、黑云白云石英片岩、黑云石英片岩，夹少量透辉斜长角闪片岩	276.0 m

2. 薄层石英岩，夹少量薄层角闪二长片岩 30.0 m

1. 石榴二云石英片岩、黑云石英片岩，夹薄层石英岩 97.4 m

~~~~~~~~~~ 不 整 合 ~~~~~~~~~~

下伏地层：**石槽沟（岩）组** 黑云斜长片麻岩

【地质特征及区域变化】 寨根（岩）组分布于西峡县瓦窑沟、寨根、过剪牙一带，与下伏秦岭（岩）群以韧性剪切带相分割，厚度西部为576 m，东部为463 m。不存在混合岩化和矽卡岩化现象，表明为区域低温动力变质作用和区域动力热流变质作用类型，属单相绿片岩相。

界牌（岩）组 $Pt_{2\text{-}3}j$ (05-41-0213)

【创名及原始定义】 阎廉泉（1959）于西峡县界牌创名界牌群。原始定义：主要岩性为浅绿色瘤状堇青片岩、黑云钙质石英片岩及云母石英片岩，夹大理岩、大理岩化灰岩及角闪片岩，时代划归晚太古代。

【沿革】 阎廉泉（1959）创名界牌群，时代归太古代；河南地质研究所（1962）称界牌组，并划归上太古界秦岭群上部一组；秦岭区测队（1965d）改称上雁岭沟群；河南省地质局（1972）编制1：200万河南省地质图，中南地区地层表编写小组（1974）均以太华群代之，时代归太古代；涂绍雄（1974）把相当地层称为界牌组和大梁头组，归中元古代；河南区调队（1981a）称陶湾组，归秦岭群，时代为下元古代；河南区调队（1993）将河南区调队（1981a）所划陶湾组一部分（南部）称界牌（岩）组，时代归中—晚元古代，归峡河（岩）群上部一个组。本次对比研究沿用河南区调队（1993）划分方案，采用界牌（岩）组，时代为中晚元古代，归峡河（岩）群。停止使用大梁头组。

【现在定义】 主要岩性为白色条带状大理岩、黑云钙质石英片岩、角闪片岩及瘤状堇青石片岩、云母钙质石英片岩。下以薄层硅化大理岩、石英砂岩出现为标志与寨根（岩）组整合接触。

【层型】 选层型位于西峡县西坪乡界牌庙岭（111° 07′，33° 28′），由河南区调队（1993）重测剖面。

上覆地层：**白垩系** 中砂岩

~~~~~~~~~~ 不 整 合 ~~~~~~~~~~

界牌（岩）组 总厚度 3 590 m

15. 灰白色、白色大理岩 100 m

14. 堇青石、黑云母钙质石英片岩，上部夹角闪片岩及薄层灰岩 350 m

13. 瘤状、黑云母钙质石英片岩、黑云母堇青石片岩 350 m

12. 薄层黑云母钙质石英片岩，夹灰岩及黑云母堇青石片岩 425 m

11. 瘤状黑云母堇青石片岩，夹黑云母钙质石英片岩 150 m

10. 灰色大理岩，夹云母钙质石英片岩，上部为瘤状黑云母钙质石英堇青石片岩，夹含云母石英岩 200 m

9. 薄层状黑云母石英片岩、钙质片岩，夹薄层大理岩化灰岩及钙质堇青石片岩，偶见有角闪岩脉 765 m

8. 瘤状堇青石石英片岩夹石英砂岩，条带状灰岩、云母钙质石英片岩 300 m

7. 白色条带状大理岩，夹黑云母钙质石英片岩，绿色片岩及角闪片岩 300 m

6. 白色条带状大理岩与黑云母石英片岩互层，局部夹角闪片岩、绿泥石片岩 250 m

5. 薄层板状二云石英片岩，底部夹硅化大理岩、石英砂岩 400 m

——————整　合——————

下伏地层：寨根（岩）组　斜长角闪片岩

【地质特征及区域变化】　本（岩）组自西向东分布于西峡县界牌、黄龙庙一带。尖灭于商南一镇平断裂带，横向上呈钙质片岩-大理岩-斜长角闪（阳起）岩的相变关系，显然与其原始沉积构造环境有密切关系。厚度西部 648 m，东部 746 m。

【问题讨论】　该地层中广泛发育线状排列的晋宁期同构造碰撞的花岗质岩体，并获取若干同位素年龄数据。如德河岩体为 793 Ma（Rb-Sr 等时线法，游振东等 1978）；寨根岩体为 812 Ma（锆石 U-Pb 法，宜昌所涂绍雄，1976）；秦口岩体为 618 Ma（磷灰石 U-Pb 等时线法，河南地调四队，1987）以及戴家沟石英二长闪长岩为 761 Ma（Rb-Sr 等时线法，南京大学，1986）。以上年龄值表明该地层在晋宁运动之前业已形成。据寨根南界牌（岩）组中 6 个钙质片岩的 Rb-Sr 等时线年龄值为 973.0±34.0 Ma（游振东等 1987），经研究表明它具有较低的 Sr 同位素初始比值，暗示了该地层在沉积之后不久即迅速发生区域变质作用，进而证明它的变质年龄基本上接近它的形成年龄。综上所述，峡河（岩）群的形成时代归中-晚元古代为宜。

宽坪（岩）群　Pt*K*　（05-41-0201）

【创名及原始定义】　阎廉泉（1959）于陕西省商县北宽坪创名宽坪岩组。原始定义：为一套结晶片岩、硅化大理岩，局部有含磁铁矿石英岩，与上覆陶湾组整合接触，与下伏界牌群不整合接触，归早元古代。

【沿革】　秦岭区测队（1965a、d）改称宽坪组，内分上宽坪组和下宽坪组两个亚组，两者为整合接触，归早元古代；河南区测队（1968）在桐柏山地区把该套地层创名为毛集群，并作了详细划分，时代划归早元古代；河南区调队（1986）①、河南区调队（1988）②、河南区调队（1989）、河南区调队（1990）、河南地矿局（1989）均作了划分（表 3-6）。张秋生等（1980）、张维吉等（1988）、许志琴等（1988）作过专题研究。张寿广、万渝生等（1991）仍然称宽坪群，但认为宽坪群是一个岩石-构造地层单位。本次对比研究采用宽坪（岩）群，内分广东坪（岩）组、四岔口（岩）组、谢湾（岩）组。

【现在定义】　宽坪（岩）群包括为广东坪（岩）组、四岔口（岩）组、谢湾（岩）组，主要由钠长阳起片岩（变绿片岩）类、云母石英片岩类、大理岩类组成。各（岩）组之间均为整合接触，底部和顶部均未出露，北侧与陶湾（岩）组或栾川群、南侧与柿树园组或二郎坪群均为断层关系。

【地质特征及区域变化】　宽坪（岩）群分布于卢氏县西安岭，向东经南召县云阳止于桐柏县回龙一带。具较明显的三分特点，北部谢湾（岩）组为泥质碳酸盐岩夹基性火山岩；中部四岔口（岩）组主要为复理石杂砂岩建造；南部广东坪（岩）组为基性火山岩、复理石杂砂岩及碳酸盐岩建造。横向上，谢湾（岩）组西部以泥质碳酸盐岩为主，向东碎屑物质及火山物质增多，逐渐相变为碳酸盐岩、复理石杂砂岩及基性火山岩建造，厚度西部1 146 m，中部 3 966 m，东部 2 555 m，四岔口（岩）组在区域上较稳定，岩石组合变化不大，为复理石

① 河南区调队，1986，1：5 万乔端、板山坪幅区调报告。

② 河南区调队，1988，河南省宽坪群时代及层序综合研究报告。

表 3-6　宽坪岩群划分沿革表

作者/单位	年代	地区	群 1	群 2	群 3	群 4	组 1	组 2	组 3	组 4
阎廉泉	1959	栾川、洛南	Pt₁				陶湾岩组		宽坪岩组	
秦岭区测队	1965d	栾川、洛南	Pt₁				陶湾组		上宽坪组	
河南区测队	1968	桐柏		毛集群 Pt₁				银洞沟组上段	回龙寺组	左老庄组
河南地质三队	1978	栾川	陶湾群 Qb	宽坪群 Pt₁			秋木沟组	叫河组	红崖沟组	
陕西区测队	1979	蟒岭		陶湾群 Ch	宽坪群 Pt₃			南陶湾组	四岔口组	广东坪组
河南区测队	1981a	卢氏、栾川、桐柏	秦岭群 Pt₁				陶湾组		宽坪组	
陕西区调队	1982	洛南		宽坪群 Pt₂				谢湾组	四岔口组	广东坪组
河南区调队	1986	南召		宽坪群 Pt₂					青岗坪组	下庄组
河南区调队	1988	南召			宽坪群 Pt₂				铁匠炉组	甘罗沟组
河南省地矿局	1989	卢氏、栾川、桐柏	秦岭群 Pt₁				陶湾组		宽坪组	
河南区调队	1989	南召、方城	陶湾群 Pt₁	宽坪群 Pt₂			秋木沟组	一至三岩组	四岩组	五岩组
林德超等	1990	卢氏、栾川、桐柏	陶湾群	宽坪群 Pt₂				谢湾组	四岔口组	广东坪组
本书			Pt₃	宽坪岩群 Pt₂			陶湾(岩)组	谢湾(岩)组	四岔口(岩)组	广东坪(岩)组

杂砂岩夹基性火山岩为主的建造组合，只有南阳盆地以东地区出现多层厚数米至百余米的石英岩，说明其沉积处于相对稳定期，厚度西部为1 736 m，中部1 436 m，东部3 540 m；广东坪（岩）组横向变化较大，西部以碳酸盐岩及基性火山岩为主，向东则渐变为基性火山岩与复理石杂砂岩为主的沉积建造，其厚度为552～2 352 m。

宽坪（岩）群中赋存有丰富的矿产资源，卢氏县官坡地区、栾川县汤河地区、南召县乔端、云阳地区以 金属矿产为主，而南阳盆地以东主要以非金属矿产为主。黑沟-栾川-维摩寺断裂带和瓦穴子—乔端—明港断裂带为找矿的有利地带。

【问题讨论】 ①从表3-7可以看出宽坪(岩)群的形成年龄范围在837 Ma～1 974 Ma之间，时代应归中—晚元古代；②关于宽坪（岩）群的划分及地层序列问题，目前尚有不同认识，需今后进一步工作。

表3-7 宽坪群同位素年龄资料表

顺序号	取样地点及层位	岩石名称	测定方法	年龄（Ma）	资料来源
1	卢氏县石翁沟四岔口（岩）组	斜长角闪岩、角闪岩	K-Ar	1 250.4	河南地质四队 1974
2	栾川县叫河黑严丈沟谢湾（岩）组	斜长角闪岩、角闪岩	K-Ar	1 393	河南地质三队 1976
3	嵩县白河四岔口（岩）组	斜长角闪片岩	Rb-Sr	1 180±50	河南区调队 1983
4	洛南县马河四岔口（岩）组	云母石英片岩	U-Pb	1 681、1 741 1 974	陕西省区调队 1980—1984
5	商县广东坪（岩）组	绿泥钠长片岩	Sm-Nd	975、920 837、978	张宗清 1994
6	南召县铁匠炉四岔口岩组	二云石英片岩	U-Pb	1 872、1 309	河南区调队 1988
7	泌阳县牡鹿山	混合花岗岩	U-Pb	1 188、2 005	河南地矿局 1989
8	洛南县马河广东坪（岩）组	绿片岩	Rb-Sr	1 704	陕西区调队

广东坪（岩）组 Pt_2g （05-41-0202）

【创名及原始定义】 陕西区调队（1979）[①]于陕西省商县北宽坪广东坪创名广东坪组，张秋生（1980）介绍。原始定义：基本上为一套绿片岩夹硅质岩、硅质大理岩。绿片岩的原岩相当于拉斑玄武岩成分。岩性以钠长石阳起绿片岩、钠长阳起片岩、绢云钠长绿泥片岩、绿泥绿帘阳起片岩为主，夹大理岩、斜长石英片岩、钠长石英片岩、绢云石英片岩。未见底，上与四岔口组为整合关系。

① 陕西区调队，1979，1：5万蟒岭幅区调报告。

【沿革】 见表3-6。本次对比研究采用广东坪（岩）组，归宽坪（岩）群。下庄组、左老庄组、甘罗沟组均属同物异名，停止使用。

【现在定义】 主要为一套变质绿片岩—斜长角闪岩类。绿片岩恢复原岩为拉斑玄武岩。岩性以钠长阳起绿泥片岩、钠长阳起片岩、绢云钠长绿泥片岩、绿泥绿帘阳起片岩为主，夹大理岩、斜长石英片岩、钠长石英片岩、绢云石英片岩。在官坡一带以夹条带状石英白云岩为主要特征。南与二郎坪群或柿树园组为断层接触，北与四岔口（岩）组整合接触。

【层型】 选层型位于陕西省商县北宽坪广东坪（110°06′，33°58′），由陕西区调队（1979）测制。本省次层型位于卢氏县官坡乡竹园村—贾家（110°46′，33°52′），由河南省区调队（1989）测制，见《河南省区域地质志》。

【地质特征及区域变化】 见宽坪（岩）群地质特征栏目。

四岔口（岩）组 Pt_2s （05-41-0203）

【创名及原始定义】 陕西区调队（1979）于陕西省商县四岔口一带创名四岔口组，张秋生（1980）介绍。原始定义：为一套长英质碎屑岩夹基性火山岩，岩石在北宽坪地区可分三部分；下部为含碳质绢云母破片状石英岩，中部为阳起片岩夹大理岩；上部为云母破片状石英岩类变粒岩，未见底。与上覆广东坪组为整合接触。归中—晚元古代。

【沿革】 见表3-6。本次对比研究选用四岔口（岩）组，红崖沟组、回龙寺组、青岗坪组、铁匠炉组均为同物异名，停止使用。

【现在定义】 为变质沉积碎屑岩。岩性以云母石英片岩、云母斜长石英片岩为主、间夹黑云变粒岩、透闪大理岩、斜长角闪片岩。与下伏广东坪（岩）组、上覆谢湾（岩）组均为整合接触。

【层型】 正层型位于陕西省洛南县杏树涧、史家坪（110°06′，34°02′），由陕西省区调队（1979）测制。本省次层型位于卢氏县官坡乡育林—六里坪（110°47′，33°52′）。由河南省区调队（1989）测制，见《河南省区域地质志》。

【地质特征及区域变化】 见宽坪（岩）群地质特征栏目。

谢湾（岩）组 Pt_2x （05-41-0204）

【创名及原始定义】 陕西区调队（1981）于陕西省洛南县谢湾地区命名谢湾组。原始定义：下部为石英透闪石大理岩夹黑云母大理岩，中部为斜长角闪片岩、阳起钠长片岩，夹大理岩，云母石英片岩，上部为大理岩，夹二云石英片岩、斜长角闪片岩。属中上元古代。

【沿革】 见表3-6。本次对比研究采用谢湾（岩）组，归宽坪（岩）群，银洞沟组上段、叫河组为同物异名，建议停止使用。

【现在定义】 为一套变质碳酸盐岩。岩性以绿泥大理岩、黑云大理岩、含石英大理岩为主，夹斜长角闪片岩，钙质片岩，云母石英片岩，云母长石石英片岩。与下伏四岔口（岩）组为整合接触，与北部陶湾（岩）组或栾川群为断层接触。

【层型】 选层型位于陕西省洛南县八里桥银洞沟（110°10′45″，34°2′15″），由陕西省区调队（1986）重测。本省次层型位于卢氏县小河—磨沟口（110°52′，33°51′）。由河南省地矿局（1988）测制。

【地质特征及区域变化】 见宽坪（岩）群地质特征栏目。

第二节　年代地层

一、早元古代

（一）嵩山群

嵩山群不整合于太古宇登封（岩）群之上，其上被中元古界五佛山群不整合覆盖。该群罗汉洞组砾岩全岩Rb-Sr等时线年龄值为1 952 Ma，五指岭组绢云石英片岩全岩Rb-Sr等时线年龄值为1 799 Ma，侵入于罗汉洞组的石秤花岗岩黑云母K-Ar年龄值为1 542 Ma。以上年龄值多为变质年龄，说明嵩山群在1 800～1 900 Ma时处在变质阶段，其形成时间的上限应早于2 000 Ma，其时代应归早元古代。

（二）银鱼沟群及双房（岩）组

银鱼沟群及双房（岩）组不整合太古宇登封（岩）群之上，其上被中元古界熊耳群不整合覆盖。银鱼沟群赤山沟组二云石英片岩白云母K-Ar同位素年龄值分别为1 858 Ma、1 983 Ma，侵入于双房（岩）组的花岗伟晶岩白云母K-Ar同位素年龄值为1 983 Ma，双房（岩）组角闪石K-Ar同位素年龄值为1 833 Ma。以上年龄值均属变质的表面年龄，说明银鱼沟群及双房（岩）组在1800～1 900 Ma处在变质阶段，其形成时间的上限应早于2 000 Ma，时代应为早元古代。

二、中元古代

（一）中元古代早期——长城纪

属于长城纪的地层为熊耳群。熊耳群同位素年龄值为1 675～1 840 Ma之间（表3-8），时代归中元古代早期。

（二）中元古代晚期——蓟县纪

属于蓟县纪地层有兵马沟组、汝阳群下部三个组、五佛山群马鞍山组、高山河组、官道口群。上述地层所含微古植物分子基本相似。主要有 *Trachysphaeridium incrassatum*，*Dictyosphaera dolicata*，*Leiopsophosphaera solida*，*Leiominuscula minuta*，*Asperatopsophosphaera umishanensis*，多见于蓟县纪。高山河组、白草坪组及北大尖组、官道口群中含叠层石。高山河组中主要有：*Kussiella* cf. *kussiensis*，*K.* cf. *tuanshanziensis*，*Litia dongqinlingensis*，*Colonnella shipoensis*，*Jacutophyton gaoshanheensis*（翦万筹等，1987）。鲁山县下汤地区白草坪组中有 *Gryptozoon*，*Kussiella*。方城县小顶山地区北大尖组中有 *Baicalia baicalica*，*Inzeria xiaodingshanensis*，*Pseudogymnosolen mopanyuensis*，*Chihsienella chihsienensis*，*Tielingella tielingensis*，*Katavia pygmaeus*（关保德等，1988）。官道口群的叠层石划分为上、下两个组合。下组合（产于龙家园组、巡检司组）主要有：*Colonnella heishanensis*，*Luoyukouella luoyukouensis*，*Pseudogymnosolen* cf. *mopanyuensn*，*Longicolumella formcsa*，*Xiaoqinlingella xiaoqinlingensis*，*Lochmecolumella irregularis*，*Scyphus parvus*，*Microstylus*，*Conophyton shanpolingense* 等；上组合（产于杜关组、冯家湾组）主要有：*Paracolonnella laohudingensis*，*Chihsienella chihsienensis*，*Baicalia baicalica*，*Calonnella cormosa*，*Tielingella tielingensis*，*Jacutophyton luonanense* 等（邱树玉等，1982）。上述叠层石多见于蓟县纪。大量的同位素年龄值（表3-8）表明，上述地层单位的年龄值多集中在1 400～1 000 Ma之间，故归蓟县纪。

表 3-8 豫陕地层分区中—上元古界同位素年龄表

地层单位	年 龄 (Ma)	地 点	测物	方法	资料来源	时间
马家河组	1710±756	舞钢塘山	安山岩、全岩	Rb-Sr	孙枢等	1977
	1780±250	舞钢塘山	火山碎屑岩、全岩	Rb-Sr	关保德，北京三所营俊龙测	1988
许山组	1675	舞阳银洞	安山岩、全岩	Rb-Sr	中科院地质所	1977
	1826±32 1990±14	垣曲铜矿峪	英安岩及流纹岩锆石	U-Pb 离子探针	孙大中，地质科学 65 (3)	1991
大古石组	1778	济源邵源	绢云母	K-Ar	河南地质三队	1978
云梦山组	1283	舞阳	安山岩、全岩	Rb-Sr	孙枢	1977
北大尖组	1224，1256 1176	汝阳崔庄北	海绿石	K-Ar	宜昌地矿所马国干等	1980
	1140	临汝马头崖	海绿石	K-Ar	宜昌地矿所马国干等	1980
	1145	宜阳祖师山	海绿石	K-Ar	宜昌地矿所马国干等	1980
	1161	汝阳下河西	海绿石	K-Ar	马国干、刘鸿允	1982
	1492	汝阳	海绿石	K-^{40}Ar	西北大学地质系	1982
	1387±35.1 (700℃) 1997±61.4 (800℃)	汝阳下河西	海绿石	^{40}Ar－^{39}Ar	席文详、陈晋镳采样，中科院裘冀测试	1994
崔庄组	1013	鲁山下汤	海绿石	K-Ar	关保德等	1988
	1171、1150	汝阳龙保	海绿石	K-Ar	关保德等	1988
三教堂组	1101、1124	汝阳韭菜凹	海绿石	K-Ar	关保德等	1988
	1087、1090	鲁山下汤九女洞	海绿石	K-Ar	关保德等	1988
	1070、1025	汝州马头崖	海绿石	K-Ar	宜昌地矿所马国干等	1980
马鞍山组	708	登封嵩山	海绿石	K-Ar	宜昌地矿所马国干等	1980
	1180	禹州铁炉禹王庙	海绿石	K-Ar	关保德等	1988
高山河组	1394±0.42	洛南高山河组下部	绢云母板岩	Rb-Sr	李钦仲等	1985
冯家湾组	999	灵宝朱阳董家埝	侵入花岗岩、锆石	U-Pb	严阵	1965
董家组	667 (727)、668	鲁山下汤石板地、董家村	海绿石	K-Ar (Rb-Sr)	关保德等	1988
	617 674	舞阳寺坡马庄北 100 m，西 800 m	海绿石	K-Ar	关保德等	1988
东坡组	503	叶县孤古岭	海绿石	Rb-Sr	关保德等	1988
	527±23	确山胡庙	碳质页岩、全岩	Rb-Sr	关保德等	1989
	722.3±5	洛南	海绿石	Rb-Sr	陕西省区域地质志	1985
白术沟组	902±0.48	洛南	含碳砂板岩、全岩	Rb-Sr	李钦仲等	1985
	567±31	洛南高疙瘩	碳质板岩、全岩	Rb-Sr	王作勋	1984
煤窑沟组	743	栾川	侵入橄榄辉长岩、全岩	K-Ar	河南地质三队	1978
大红口组	571	栾川	正长斑岩、全岩	K-Ar	河南地质三队	1978
	660±27 682±60	栾川	粗面岩、全岩	^{87}Rb-^{86}Sr	张宗清	1991

三、晚元古代

（一）晚元古代早期——青白口纪

属于该时期的地层有栾川群下部四个组、汝阳群上部三个组、五佛山群上部三个组。汝阳群、五佛山群中含微古植物化石：*Lignum striatum*，*Pseudozonosphaera verrucosa*，*Protosphaeridium densum*，*Polyporata obsoleta*，*Paleamorpha asperella*，*Orygmatosphaeridium*，*Laminarites antiguissimus*，栾川群中含 *Leiopsophosphaera pelucidus*，*Taeniatum crassum*，*Trachysphaeridium rude*，*Leiopsophosphaera bullata*，*Laminarites antiquissimus*，*Macroptycha uniplicata*，*Microconcerntrica induplicata*，*Orygmatosphaeridium exile*，多见于青白口纪。栾川群白术沟组中产叠层石 *Colonnella*，*Coppeniella*. 煤窑沟组中产 *Baicalia meiyaogouensis*，*Gymnosolen ramsayi*，*Taeniella sanchuanensis*，? *Boxonia yuxiensis*，*Minjaria luanchuanensis*，*Conophyton* 等。洛峪口组中发现叠层石 *Luoyukouella luoyukouensis*，*L. regularis*，*L. jiunudongensis*，*Parachihsienella xiaodingshanensis*，*Jurusania lushanensis*，*Conophyton* cf. *concelosum*，*Colornela heishanensis* 等。何家寨组中的叠层石主要有 *Anabaria inconspicus*，*A. hejiazhaiensis*，*Inzeria heyaoensis*，*I. fuguangyuensis*，*Gymnosolen ramsayi*，*Linella hejiazhaiensis* 等（关保德等，1988），这些分子多见于青白口纪。结合同位素年龄值在 902～1 171 Ma 之间（表 3-8），上述地层单位年龄为青白口纪。

（二）晚元古代晚期——震旦纪

属于该时期的地层有黄莲垛组、董家组、罗圈组、东坡组、红岭组，栾川群的大红口组、鱼库组也沿入震旦纪。罗圈组、东坡组中含丰富的微古植物，主要有：*Trachysphaeridium cultum*，*Leiopsophosphaera pelucidus*，*Leiofusa* cf. *bicornuta*，*Taeniatum simplex*，*Polyporata obsoleta*，*Orygmatosphaeridium exile*，*Laminarites antiquissimus* 等，这些分子多见于震旦纪。黄连垛组中叠层石主要有 *Conophyton*，*Straticonophyton*，*Sinoconophyton*，*Pseudogymnosolen*，*Microstylus* 等，红岭组中主要产 *Inzeria fuguangyuensis*，*Jurusania honglingensis*，*Jacutphyton mayaoeasis* 等。结合同位素年龄值在 503～674 Ma 之间（表 3-8），以及在第一节中对地质时代的讨论，将上述地层单位的时代划归震旦纪。

第四章
寒武纪—奥陶纪

河南省华北地层大区晋冀鲁豫地层区寒武系—奥陶系主要分布在灵宝—叶县—确山—固始一线以北的鲁山、登封、禹州、巩义、新安、渑池、卢氏、济源、卫辉、林州等地，在固始、永城等地零星出露（图 4-1）。其下平行不整合于震旦系东坡组或汝阳群、五佛山群不同层位之上，在沁阳八一水库不整合于太古界登封（岩）群之上，在登封关口角度不整合于嵩山群五指岭组之上，其上被石炭系平行不整合覆盖。

解放前，孙健初（1934）①，曹世禄等（1937）作过调查。解放后，冯景兰等（1952）、王曰伦（1958）、杨志坚（1958）、河南地质研究所（1962）②作过划分。河南区调队（1964a，1977，1981a）、裴放等（1987）、河南地矿局（1989）、刘印环等（1991）作过系统划分。本次对比研究根据华北大区决议作了调整（表 4-1）。

华北地层大区秦祁昆地层区下古生界为变质地层，包括分布在西峡-南召、桐柏-商城的二郎坪群、小寨组和抱树坪组，以及分布在商城的石门冲（岩）组。

第一节　岩石地层单位

一、晋冀鲁豫地层区

辛集组　$\in_1 x$　（05-41-0301）

【创名及原始定义】　河南省地质研究所（1962）② 在鲁山县辛集创立“辛集含磷组”。原始定义指罗圈组之上、朱砂洞组之下的一套含磷碎屑岩系，“岩性下部为含磷质砾状砂岩、含磷砾岩及结核状磷块岩，中部为层状砂质磷块岩及含磷砂岩，其上部为灰色磷块岩、含磷块岩碎屑的泥砂质灰岩及砂岩”，与下伏罗圈组有明显的沉积间断（或为连续过渡）”，其上与朱砂洞组整合接触，厚 10～30 m，时代为早寒武世。

① 孙健初，1934，河南禹县、密县煤田地质。
② 河南地质研究所，1962，河南地层。

表 4-1 河南省华北地层大区晋冀鲁豫地层区寒武系划分沿革表

资料来源	年代单位（自上而下）	地层单位（自上而下）
年代地层	古生界 寒武系：上统；中统；下统 上元古界 震旦系：上统	上统：凤山阶、长山阶、崮山阶 中统：张夏阶、徐庄阶、毛庄阶 下统：龙王庙阶、沧浪铺阶
孙健初 1933	寒武纪	角子山石灰岩层 栗子沟层：上部；中部；下部（相当馒头页岩）
曹世禄 1936	上寒武统	炒米店石灰岩；崮山页岩
	中寒武统	张夏石灰岩
	下寒武统	馒头页岩
冯景兰、张伯声 1950	奥陶系	
	上寒武统	厚层鲕状灰岩
	中寒武统	鲕状灰岩夹页岩
	$\in_1$	馒头页岩
	震旦系	朱砂洞石灰岩系
张尔道 1954	下奥陶统	
	中上寒武统	
	下寒武统	馒头页岩；朱砂洞灰岩
	新元古界	大石门石英岩
中南煤田局 1955	奥陶系	冶里统
	中寒武统	张夏统；馒头统
	下寒武统	馒头统；芦铁庄统
	震旦系	朱砂洞统；九里山统
王曰伦 1958	下奥陶统	
	中上寒武统	
	下寒武统	馒头页岩；搬倒井灰岩；关口砂岩及砾岩
杨志坚 1958	下奥陶统	
	中上寒武统	
	馒头统	馒头组；景儿峪组；下马岭组
北京地院豫西队 1960	下奥陶统	
	上寒武统	
	中寒武统	张夏阶；徐庄阶
	下寒武统	毛庄阶；馒头阶；景儿峪组；猴家山组
河南地研所 1962	下奥陶统	冶里组
	上寒武统（?）	
	中寒武统	张夏阶；徐庄组
	下寒武统	毛庄组；馒头组；朱砂洞组；辛集含磷组（关口砂砾岩组）；罗圈组（冰碛层）
河南区测队 1964a	上寒武统	凤山组；长山组；崮山组
	中寒武统	张夏组；徐庄组
	下寒武统	毛庄组；馒头组；辛集组；罗圈组
河南地矿局 1989	上寒武统	凤山组；长山组；崮山组
	中寒武统	张夏组；徐庄组；毛庄组
	下寒武统	馒头组；辛集组
	震旦系	东坡组；罗圈组
刘印环等 1991	上寒武统	凤山组；长山组；崮山组
	中寒武统	张夏组；徐庄组；毛庄组
	下寒武统	馒头组；辛集组
本书	上寒武统	三山子组；炒米店组；崮山组
	中寒武统	张夏组；馒头组三段；馒头组二段
	下寒武统	馒头组一段；朱砂洞组；辛集组
	震旦系	东坡组；罗圈组

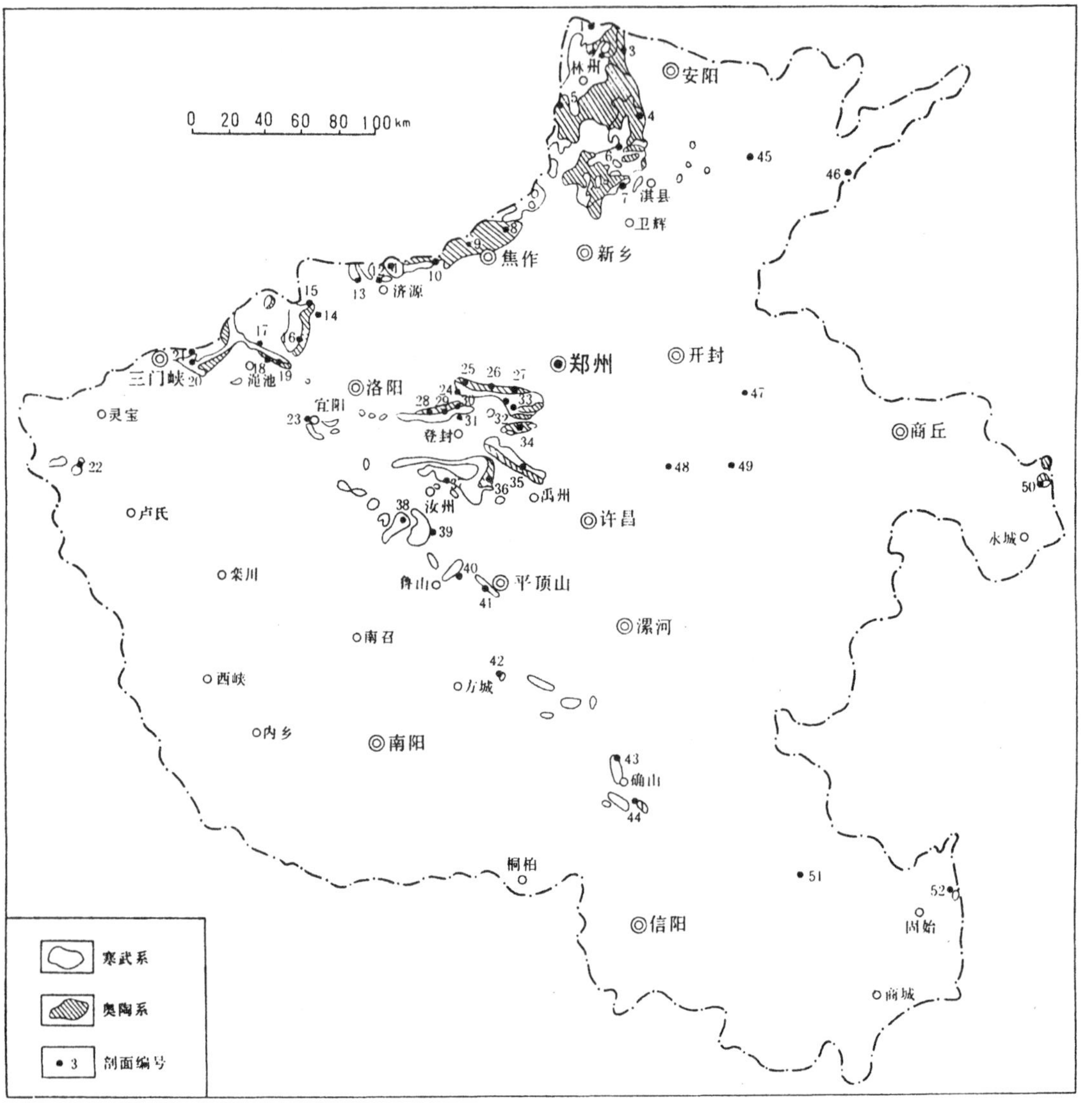

图 4-1　河南省华北地层大区寒武系—奥陶系分布及剖面位置图

1. 林州市峪门口；2. 林州市白龙庙；3. 安阳市铜冶；4. 鹤壁市大峪；5. 林州市黄崖底；6. 林州市丰峪；7. 卫辉市沙滩；8. 修武县葡萄峪；9. 博爱县后寨；10. 沁阳市云台山；11. 济源县白涧河；12. 济源县莲东；13. 济源县麻姑庙；14. 新安县西沃；15. 新安县庙上；16. 新安县曹村；17. 渑池县坡头；18. 渑池县雷雁坡；19. 渑池县仁村；20. 陕县干泥沟；21. 陕县后赵沟；22. 灵宝县王家村；23. 宜阳县祖师庙；24. 巩义市大峪沟；25. 巩义市北洼；26. 巩义市大凹岩；27. 荥阳县田阙；28. 偃师县参驾店；29. 巩义市岸河；30. 巩义市涉村；31. 登封县关口；32. 登封县高家沟；33. 新密市米村；34. 新密市石板岗；35. 禹州市浅井；36. 禹州市方山；37. 汝州市杨坡；38. 汝州市魏家村；39. 汝州市朝川；40. 鲁山县辛集；41. 平顶山市白龟山；42. 叶县杨寺庄；43. 确山县吴楼；44. 确山县独山；45. 汤 4 井；46. 龙古 3 井；47. 新大参 1 井；48. 华 5 井；49. 大参 2 井；50. 永城芒山；51. 息县 ZK8 孔；52. 固始县陈集

【沿革】　该组自创名以后被广泛应用。河南区测队（1964a）将其上的朱砂洞组并入合称辛集组。这一含义的辛集组被河南地矿局（1989）、刘印环等（1991）采用。使用原定义辛集组的主要有中南地层表编写小组（1974）、河南区调队（1981a）、裴放（1991）、王德有等（1992）。本次对比研究选用辛集组，停止使用关口组、下马岭组、三间房系，不用猴家山组。

【现在定义】 辛集组是寒武系底部的一套碎屑岩系，在正层型剖面上主要岩性为含磷砂砾岩、磷质含海绿石长石石英砂岩、紫红色砂岩，其下与震旦系东坡组平行不整合接触，其上以石英砂岩消失、厚层角砾状白云质灰岩出现与朱砂洞组分界。

【层型】 正层型为鲁山县辛集剖面（112°59′02″，33°48′23″），河南区调队1982年测制。

上覆地层：朱砂洞组　红、淡黄色膏溶灰岩角砾岩，溶洞发育

——————整　合——————

辛集组	总厚度 14.85 m
3. 紫红色砂岩，波痕发育	12.60 m
2. 深灰色磷质长石石英细砂岩，具丘状交错层理，底部虫迹发育	2.00 m
1. 灰绿色中厚层含海绿石石英砂岩，夹薄层灰绿石质石英细砂岩，底部为10 cm厚的磷砾岩	0.25 m

———————平行不整合———————

下伏地层：东坡组　紫红色及黄绿色片理化泥质粉砂岩，夹薄层石英岩

【地质特征及区域变化】 山西分区南部分布有辛集组，为砂岩，含磷，厚0.5～25.7 m。豫陕分区嵩山小区该组下部为中—粗粒至中—细粒陆源碎屑岩，上部碳酸盐岩夹砂岩，含石膏假晶，厚2.92～8.5 m。渑池-确山小区为砂岩、砂砾岩，局部夹泥灰岩，厚20.80～78.66 m。华熊小区该组下部为含磷中—细砂岩，磷的含量向北逐渐减少，并发育风暴岩，不夹灰岩，上部以中—细粒陆源碎屑岩为主，不含磷，夹少量泥晶灰岩，厚20.72～66.85 m。叶县—确山一带该组下部以细粒陆源碎屑岩为主，夹含磷细砂岩和少量泥晶灰岩，上部细—粗粒陆源碎屑岩及碳质页岩夹泥晶灰岩，厚49.94～61.78 m。豫东平原分区固始县郭山该组下部为粉红色含砾泥质灰岩、碳质页岩，夹黄绿色页岩，上部为黄绿色砂岩夹页岩，2～3层褐色砾岩状磷矿，厚153 m。

辛集组古生物化石不甚丰富，目前仅发现于卢氏-方城小区，主要有三叶虫化石 *Hsnaspis* 及多门类小壳动物化石。小壳化石主要有软舌螺 *Parakorilithes mammilatus*，单板类 *Anabarella drepanoida*，*Mellopegma rostratum*，*M. brevicosta*，*Bemella costa*，*Yochelcionella chinensis*，腹足类 *Pelagiella adunca*，*Xinjispira simplex*，双壳类 *Pojetaia runnegari* 以及齿形类、骨针类等，时代为早寒武世。

在灵宝、鲁山、叶县、确山地区，辛集组含有胶磷矿层，下层位分布于确山、固始一带，含磷岩系为黑色碳质粉砂岩，磷矿为碎屑岩型，为还原环境强的浅海陆棚区形成。上层位在鲁山、卢氏等地，多为砂质磷块岩，含磷砂岩，P_2O_5 含量为8%～15%，在鲁山辛集等地形成矿床。

朱砂洞组　$\in_1\hat{z}$　（05-41-0302）

【创名及原始定义】 冯景兰、张伯声（1952）在平顶山市西南的朱砂洞村创建“朱砂洞石灰岩系”。原始定义指大石门石英砂岩与馒头页岩之间一套“各色灰岩间夹薄层状页岩”，厚121 m；在嵩山地区自下而上包括（a）底砾岩，（b）不规则薄灰岩，（c）厚层状灰岩，（d）灰岩夹页岩，厚170 m。时代归震旦纪。

【沿革】 “朱砂洞石灰岩系”自创名以后被广泛应用（表4-1）。张尔道（1954）、中南

地质局401队（1956）[①]、马杏垣（1957）、杨志坚（1958）、王曰伦（1960）、北京地质学院豫西地层队（1961）[②]、河南地质研究所（1962）均作了划分，河南区测队（1964a）废用该组，将其并入"辛集组"，时代为早寒武世。沿用该组的还有中南地层表编写小组（1974）、河南区调队（1981）、裴放（1991）、王德有等（1992），废弃该组并入"辛集组"的有河南区调队（1977）、孟宪松（1987）、河南地矿局（1989）、刘印环等（1991）。本次对比研究选用朱砂洞组，停止使用搬倒井灰岩、景儿峪灰岩、大石扒系。

【现在定义】 指整合在辛集组之上、馒头组之下的一套灰岩、白云质灰岩。在层型剖面上，下部为浅红色含燧石薄层泥灰岩，中部为泥质灰岩，上部为深红灰色（含云斑）灰岩，顶部为灰色浅红色中厚层灰岩，下以辛集组砂质泥灰岩夹页岩消失，泥灰岩出现为该组底界，上以灰色灰岩结束，褐黄色、暗紫色薄层泥灰岩出现为该组顶界。

【层型】 选层型为平顶山市姚孟剖面（113°15′，33°44′），邓小得（1989）测制。

上覆地层：馒头组　灰黄色薄层状泥灰岩

——————整　合——————

朱砂洞组	总厚度 63.5 m
23. 豹皮状灰岩	8 m
22. 亮晶砂屑含云质灰岩	4 m
21. 纹层状云质夹砂屑云质灰岩	3 m
20. 细晶云质灰岩与砂屑含云质灰岩	2.4 m
19. 亮晶砂屑云质灰岩与纹层状云质灰岩	3.8 m
18. 细晶白云岩、纹层状粉晶云质灰岩与砂屑云质灰岩互层	5.4 m
17. 纹层状灰质白云岩，夹藻砂屑灰岩	4.8 m
16. 纹层状粉晶白云岩	5.0 m
15. 泥质灰岩夹砂质灰岩	5.5 m
14. 砂质灰岩与泥质灰岩互层	5.0 m
13. 含砂质灰岩	1.6 m
12. 厚层砂质灰岩与泥质灰岩互层	6 m
11. 盐溶角砾岩	2 m

——————整　合——————

下伏地层：辛集组　中层砂岩与粉砂岩、泥岩互层

【地质特征及区域变化】 山西分区南部朱砂洞组厚20 m左右，豫陕分区岩性基本稳定，可分上、下两部分。下部由泥晶灰岩、条纹状泥灰岩、纹层状微晶-细晶灰岩、藻叠层灰岩、含燧石微晶灰岩、白云质灰岩和膏熔角砾灰岩等组成。膏灰岩主要分布在鲁山县辛集、宝丰和叶县杨寺庄等地。藻叠层灰岩层位和形态均有变化，辛集和汝州市南马窑多达六层。上部以灰色、黑色厚层"云斑灰岩"为主，少量亮晶砂屑-鲕粒灰岩、亮晶藻凝块包壳灰岩。该组厚度自南而北逐渐变薄，渑池-确山小区厚32.52～248 m，华熊小区厚38.39～94.39 m，嵩山小区厚50.84 m。

朱砂洞组古生物化石稀少，在登封县关口该组顶部产三叶虫化石 *Redlichia chinensis*，在

① 中南地质局401队，1956，河南省宝叶襄颊平顶山煤田郝堂矿区地质勘探报告书。
② 北京地质学院豫西地质队，1961，豫西卢氏—灵宝、新安—渑池、宜阳—汝阳一带综合地质报告。

登封县唐瑶、康家沟及大贾沟产 *Redlichia noetlingi*。时代为早寒武世。

朱砂洞组含石膏矿及铅、锌矿化。石膏矿位于鲁山县辛集，已构成大型工业矿床 。含膏岩系位于该组下部，矿石类型为石膏、硬石膏、石膏＋硬石膏，以硬石膏为主。上部云斑灰岩，含藻灰岩，具 Cu、Pb、Zn 矿化。Pb、Zn 矿化主要分布在汝州市崔家沟、拉台一带，Cu、Pb 矿化分布在禹州市袖山、下官寺等地，属潮下浅水缓坡相内相对隆起的斜坡上的产物，其中藻对 Pb、Zn 富集起一定作用。

馒头组　$\in_{1-2}m$　（05－41－0303）

【创名及原始定义】　Willis 和 Blackwelder （1907） 创名馒头层（又称馒头页岩），即 “Manto Formation (shale)”，创名地点在山东省长清县张夏镇馒头山。原始定义：“馒头层主要是一套红和棕色页岩，夹有灰色或浅灰色石灰岩，石灰岩经常含泥质成分。这套地层见于张夏村陡壁下四周的坡上，总厚 135～225 m，位于张夏村之正南叫做馒头山的一个孤山处，有一个下与花岗岩不整合接触，上面整合盖着石灰岩的馒头层的完整而出露好的剖面。这就是馒头层的典型剖面。单位就根据这个孤山而命名。”

【沿革】　馒头页岩自创名之后被广泛应用。孙健初（1933）在禹县、密县将角子山石灰岩之下、震旦纪尚庙岭石英岩之上的寒武纪地层创名栗子沟层，指出下部相当山东（Willis）的馒头页岩。曹世禄等（1937）在豫北划分出馒头页岩。冯景兰等（1952）、张尔道（1954）、中南地质局 401 队（1956）都在河南划分过馒头页岩。卢衍豪等（1953）重新观察山东张夏寒武纪剖面，按三叶虫化石将馒头页岩划分为“馒头统”、“毛庄统”、“徐庄统”，后改统为组，在华北广泛应用。本次对比研究恢复馒头页岩原始定义，称馒头组，停止使用年代地层含义的毛庄组、徐庄组，以及芦铁庄统、栗子沟层。

【现在定义】　馒头组为朱砂洞组之上、张夏组之下的一套地层，在河南以登封关口剖面为代表，岩石组合以紫红色页岩为特征，夹有灰岩、白云岩、云泥岩及砂岩。下以朱砂洞组灰色厚层微晶白云岩结束，黄色薄层泥灰岩出现为馒头组底界，上以黄绿色页岩夹灰岩结束，灰色薄板状灰岩出现为馒头组顶界。与朱砂洞组、张夏组均为整合关系，厚 276.86 m，可分三段。

【层型】　该组正层型在山东省长清县张夏镇馒头山。河南的次层型为登封县关口剖面（113°05′，34°33′），河南区调队 1983 年测制。

上覆地层：**张夏组**　深灰色薄板状含泥质条带微晶灰岩

——————　**整　合**　——————

馒头组	总厚度 276.86 m
三段	厚 66.30 m
28. 黄绿色页岩夹中层泥质条带泥晶鲕粒灰岩，产三叶虫：*Proasaphiscus honanensis*, *Bailiella lantenoisi*, *Proasaphiscus* sp., *Inouyia capax*, *Tengfengia latilimbata*, *Wuania* sp., *Tonkiella flabelliformis*, *Houmaia* cf. *taitzuensis*	25.60 m
27. 灰色厚层含泥质条带泥晶鲕粒灰岩，产三叶虫：*Poriagraulos nanum*, *Proasaphiscus* sp., *Wuhushania cylindrica*, *Proasaphiscus yabei*, *Proasaphiscus honanensis*, *Wuania* sp., *Lorenzella wutaiensis*	8.14 m
26. 黄绿色页岩，夹薄层泥晶灰岩	8.88 m
25. 灰色厚层含泥质条带亮晶细砂屑灰岩，产三叶虫：*Sunaspis* sp., *Proasaphiscus* sp.,	

Leiaspis sp. , *Wuania venuta*, *Sunaspidella limbata*, *Sunaspis* sp. 15.54 m

24. 灰色薄层含泥质条带亮晶细砂屑灰岩，产三叶虫：Proasaphiscid 8.14 m

二段 厚 115.40 m

23. 灰色薄层泥晶灰岩夹黄绿色页岩，产三叶虫：*Shuiyuella* cf. *triangularis*, *Hsuchuangia* sp. 6.44 m

22. 黄绿色页岩，夹黄色石英及砾屑灰岩凸镜体，砂岩中含少量海绿石，顶部产三叶虫：*Hsuchuangia luliangshanensis* 12.88 m

21. 暗紫色页岩，夹薄层海绿石石英砂岩及灰岩透镜体，顶部产三叶虫：Ptychoparid 9.66 m

20. 暗紫色页岩及石英粉砂岩，夹紫红色及黄色页岩，产三叶虫化石：Ptychoparid, *Shantungaspis aclis*, *Yaojiayuella granosa* 71.84 m

19. 暗紫色页岩及石英粉砂岩，顶部夹二层泥质变晶鲕粒灰岩，产三叶虫化石：*Yaojiayuella granosa*, *Y. carinta*, *Benxiaspis benxiensis* 12.18 m

18、紫红色页岩 2.40 m

一段 厚 95.16 m

17. 底部 80 cm 灰色叠层石泥晶灰岩，向上为 1 m 紫色页岩，再向上为灰色条纹状泥晶灰岩 2.40 m

16. 紫红色页岩与泥质微晶白云岩互层，夹少量黄色页岩 24.60 m

15. 灰黄色条纹状泥晶灰岩 10.26 m

14. 黄色泥质微晶白云岩与紫色页岩互层 25.98 m

13. 灰黄色条纹状含粉砂质泥晶灰岩，底部产三叶虫化石：*Redlichia chinensis* 2.16 m

12. 黄及暗灰色泥质微晶白云岩，夹少量紫色页岩 9.60 m

11. 黄色薄层含铁质泥晶白云岩，夹紫红色含铁泥质微晶灰岩，顶部产三叶虫化石：*Redlichia chinensis*, *Leptoredlichia elongata* 11.85 m

10. 紫红色页岩 4.11 m

9. 黄色含铁泥质微晶白云岩，底部夹薄层灰岩 4.20 m

——————— 整　合 ———————

下伏地层：朱砂洞组　灰色厚层微晶白云岩

【地质特征及区域变化】 馒头组在晋冀鲁豫地层区广泛分布，根据纵向变化、横向延伸，将馒头组划分为三段：一段为褐黄色、紫红色薄层泥灰岩、泥晶灰岩、泥晶白云岩夹紫色页岩；二段以暗紫色含云母页岩、粉砂岩为主，夹灰岩及薄层砂岩；三段以灰色鲕状灰岩、粉砂岩、砂岩为主，夹灰黄色、黄绿色、紫色页岩。

一段在山西分区超覆在汝阳群之上，底部见 0.2～2 m 含砾石英砂岩，向上岩石组合为灰黄色中层砾屑泥晶灰岩、微晶灰岩、钙质粉砂岩、藻叠层灰岩、泥灰岩、紫红色泥质条纹灰岩、含石膏泥灰岩等，厚 66～80 m。豫陕分区嵩山小区为泥晶灰岩夹页岩，登封县关口厚 95.16 m。渑池-确山小区主要由灰黄色、黄绿色、灰红色、暗紫色薄—中层含砂含泥细晶灰岩、含粉砂钙质泥岩组成，在渑池一带尚有较厚的鲕状灰岩，厚 34.64～97.19 m。华熊小区主要有灰色、黄灰色、灰紫色砂屑灰岩、白云石化砂屑砾屑灰岩、泥晶灰岩、白云质微晶灰岩等，中上部岩层层面见较多的石盐假晶，在鲁山县辛集最厚，达 124 m。叶县—确山一带主要由含砂质白云质细晶灰岩，含泥质白云质微晶—细晶灰岩、含石膏粉屑微晶—细晶灰岩组成，厚 37～127 m。华北平原分区固始县陈集一带为褐黄色泥灰岩、灰岩夹页岩。总之，该段以泥晶灰岩为主。

二段在山西分区为鲕状灰岩、紫色页岩夹砂岩、粉砂岩，卫辉市沙滩鲕状灰岩较多，厚53.3～92.45 m。在渑池-确山小区为暗紫色页岩、粉砂质页岩、中层灰岩，厚105～127 m，嵩山小区为紫红色页岩夹灰岩、鲕状灰岩、砂岩、海绿石砂岩，厚115～138 m。华熊小区为紫红色粉砂岩夹灰岩、页岩夹砂岩，厚106～237 m。叶县—确山一带为暗紫色粉砂岩、粉砂质页岩夹灰岩，厚67～108 m。

三段在山西分区为紫色页岩与鲕状灰岩，林县北部砂岩偏多，灰岩偏少，厚60.49～82.7 m 。渑池-确山小区为灰岩、鲕状灰岩，夹页岩、粉砂岩，厚62.2～120 m，嵩山小区为鲕状灰岩，夹黄色、黄绿色、紫色页岩、粉砂岩、海绿石砂岩 ，厚66.3～77.36 m。华熊小区为暗紫色页岩夹鲕状灰岩、砂岩，厚86.7～98.64 m。叶县一确山一带为粉砂质页岩、页岩夹砂岩，顶部少量鲕状灰岩，厚86～120 m。

馒头组一段古生物化石稀少，三叶虫以 *Redlichid* 类为主，如 *Redlichia chinensis*，*R. nobilis*，时代为下寒武统。在渑池县仁村，一段上部还产 *Yaojiayuella granosa*，时代为中寒武统。二、三段三叶虫化石丰富，底部有 *Yaojiayuella*，向上有 *Shantungaspis*，*Hsuchuangia*，*Ruichengella*，*Pagetia*，*Ruichengaspis*，*Sunaspis*，*Metagraulos*，*Inouyops*，*Paroigraulos*，时代为中寒武世。

张夏组　$\in_2 z$　(05－41－0304)

【创名及原始定义】　Willis 和 Blackwelder (1907) 创名于山东省长清县张夏镇，原称张夏石灰岩，原始定义："属九龙群的第一个建造，为盖在馒头组页岩软地层之上的150 m厚的块状石灰岩，形成几百英尺高的陡壁。最底部由18 m厚的薄层橄榄灰色的石灰岩组成，部分呈鲕状，然后是形成陡壁的块状黑色鲕状灰岩，平均厚70 m。陡壁之上是缓坡，为30 m厚的结晶灰岩。近顶部有浅灰色含砾石灰岩"。时代归中寒武世。

【沿革】　张夏石灰岩自创名以来，被广泛应用于华北。曹世禄等 (1937) 在河南省首先划分出张夏石灰岩。卢衍豪等 (1953) 在山东省张夏将张夏石灰岩改称张夏统，包含三个化石带，卢衍豪 (1962) 改称张夏组，是年代地层单位阶的含义。此后河南所划的张夏组皆依化石而定，也是年代地层单位。本次对比研究恢复原始定义。

【现在定义】　在河南省张夏组以卫辉市沙滩剖面为代表，指馒头组之上、崮山组之下的一套灰色厚层鲕状灰岩、中厚层灰岩、核形石灰岩。下部以馒头组页岩夹灰岩结束，厚层鲕状灰岩出现为该组之底，上部以灰色厚层鲕状灰岩结束，灰黄色薄层灰岩出现为该组顶界。

【层型】　该组正层型在山东省长清县张夏镇虎头崖-黄草顶。河南的次层型为卫辉市沙滩剖面 (114°01′40″，35°35′55″)，河南区调队1982年测制。

上覆地层：崮山组　灰黄色中薄层亮晶鲕粒灰岩

——————— 整　合 ———————

张夏组	总厚度 178.21 m
46. 灰色厚层细晶豆粒鲕粒白云岩	9.25 m
45. 灰色中层细晶鲕粒白云岩	6.08 m
44. 深灰色中层含藻细晶白云岩	1.28 m
43. 灰中薄层细晶鲕粒白云岩	11.52 m
42. 灰色薄层亮晶鲕粒灰岩，产三叶虫：*Taitzuia* sp.	10.30 m
41. 灰色中层球粒泥晶灰岩	3.12 m

40. 灰色中薄层亮晶鲕粒灰岩，产三叶虫化石：*Poshania* sp.，*Crepicephalina pergranosa* 37.38 m

39. 灰色中薄层白云岩化亮晶鲕粒灰岩 14.96 m

38. 深灰色中厚层含藻亮晶鲕粒灰岩 5.92 m

37. 深灰色中厚层含砾屑亮晶鲕粒灰岩 7.40 m

36. 深灰色巨厚层微晶鲕粒灰岩，产三叶虫化石：*Megagraulos coreanicus*，*Megagraulos obscura*，*Proasaphiscus* sp.，*Jixiania jixianensis* 33.20 m

35. 深灰色中厚层亮晶砾屑灰岩，含泥质条带 29.70 m

34. 灰黑色薄板状亮晶含鲕粒砂屑灰岩，具泥质条带，产三叶虫：*Bailiella lantenoisi* 8.10 m

——————— 整　合 ———————

下伏地层：馒头组　灰绿色页岩，上部夹浅灰色薄层泥灰岩

【地质特征及区域变化】 张夏组主体岩性为厚层及巨厚层鲕状灰岩、中层泥质条带灰岩、灰岩，颜色为深灰色。在山西分区，鲕状灰岩占90%，顶部有灰岩夹层，底部有泥质条带灰岩，厚150～247 m。在豫陕分区嵩山小区，鲕状灰岩分布在底部和中部，下部为灰岩及泥质条带灰岩，上部为鲕状白云岩，厚200～265.35 m，在渑池-确山小区上部见有核形石灰岩，厚125～188 m。在华熊小区鲕状灰岩所占比例减少，为近50%，下、中、上部均夹有灰岩或泥质条带灰岩，厚135～246m。在叶县-确山一带，张夏组厚度变薄，厚54～112.7 m，岩性为鲕状灰岩、灰岩和泥质条带灰岩。在华北平原分区固始陈集，以灰岩为主，顶部鲕状灰岩，厚近400 m。

张夏组古生物化不太丰富，主要三叶虫化石有：*Poriagraulos*，*Bailiella*，*Crepicephalina*，*Megagraulos*，*Taitzuia* 等，时代为中寒武世。

崮山组　$\in_3 g$　(05－41－0305)

【创名及原始定义】 Willis 和 Blackwelder (1907) 创名崮山页岩 (Kushan Shale)，又称崮山层 (Kushan Formation)。创名地点在长清县崮山镇崮山村东北侧附近。原始定义：“九龙群的第二个层是崮山页岩，因崮山村附近出露得完好而得名。它整合盖在石灰岩之上。这个台阶通常约50英尺厚，但其厚度和岩性有轻微的变化。普遍以呈浅绿色的钙质页岩为主，夹有棕、紫、黄色的页岩小层和灰岩透镜体。至今我们未发现化石。页岩中石灰岩薄层通常呈砾状，很少是鲕状岩。”

【沿革】 崮山页岩自创名以来，被广泛应用于华北。孙云铸 (1924) 称崮山层。曹世禄等 (1937) 在豫北划分出崮山页岩。孙云铸 (1937) 在山东省泰安县大汶口详细研究崮山页岩，将其分为上、下两部分，上部称崮山层，包含 *Blackwelderia sinensis* 和 *Dreparura premesnili* 两个三叶虫化石带，属上寒武统，下部称汶水层，包含 *Amphoton typica* 和 *Damesella blackwelderi* 两个三叶虫带，属中寒武统。卢衍豪等 (1953) 重新研究山东省张夏附近几条寒武纪剖面，将孙云铸 (1923) 在河北省唐山地区创立的长山层和凤山层引用到山东张夏，将崮山页岩分为两部分，下部称崮山统，所含化石带与孙云铸 (1937) 所建崮山层相同，上部归长山统。卢衍豪 (1962) 将崮山统改称崮山组，被广泛应用于华北，大都以所含上述两个三叶虫化石带为标志，事实上是年代地层单位。本次对比研究恢复原始定义。

【现在定义】 在河南省崮山组以卫辉市沙滩剖面为代表，指张夏组厚层鲕状灰岩与炒米店组中厚层灰岩之间的薄层泥质条带灰岩、鲕状灰岩，其下以张夏组厚层鲕状灰岩结束，灰

黄色薄层灰岩出现为底界，其上以薄层灰岩结束，中厚层白云岩出现为顶界。与张夏组及炒米店组均为整合关系。

【层型】 该组正层型在山东省长清县崮山镇唐王寨-范庄东坡。河南省的次层型为卫辉市沙滩剖面（114°01′40″，35°35′55″），河南区调队1982年测制。

上覆地层：炒米店组　灰色中厚层细晶白云岩

——————— 整　合 ———————

崮山组　　　　　　　　　　　　　　　　　　　　　　　　　　　　　　　　　　总厚度 41.68 m

52. 灰黄色薄层泥质条带灰岩　　　　　　　　　　　　　　　　　　　　　　　　　　5.60 m

51. 灰色中厚层微晶灰岩，夹薄层泥质条带灰岩，产三叶虫：*Blackwelderia* sp.，Damesellid　　　　　　　　8.40 m

50. 灰色薄层泥质条带灰岩夹砾屑灰岩，产三叶虫：Damesellid　　　　　　　　　　　8.72 m

49. 灰色薄层泥质条带灰岩，底部产三叶虫：*Stephanocare richthofeni*　　　　　　　7.92 m

48. 灰色中薄层泥质条带亮晶鲕粒灰岩，顶部产三叶虫化石：*Blackwelderia paronai*，*Liostracina krausei*，*Cyclolorenzella yentaiensis*，*Stephanocare richthofeni*　　　　6.21 m

47. 灰黄色中薄层亮晶鲕粒灰岩，顶部产三叶虫：*Blackwelderia* sp.，*Cyclolorenzella* sp.，*Drepanura premesnili*　　　　　　　　4.83 m

——————— 整　合 ———————

下伏地层：张夏组　灰色厚层细晶豆粒鲕粒白云岩

【地质特征及区域变化】 崮山组分布在山西分区、豫陕分区及华北平原分区。在卫辉市沙滩，下部为灰黄色薄层亮晶鲕粒灰岩，中、上部为灰色薄层泥质条带灰岩，夹砾屑灰岩、微晶灰岩，厚41.68 m。在林州市黄崖底为薄层黄绿色泥质条带灰岩，厚15 m。在林州市峪门口为灰色、灰黄色泥质条带灰岩、砾屑灰岩、泥晶灰岩、藻灰岩，厚55.34 m。在豫陕分区登封县关口为泥晶白云岩、粉晶白云岩，厚41.92 m。在陕县干泥沟为泥质白云岩夹白云岩，厚73.83 m。在渑池县仁村为微晶白云岩，厚70.87 m。在华北平原分区的永城县芒山为灰黄色中薄层泥质条带灰岩，夹鲕粒灰岩及结晶灰岩，未见底，出露25.25 m。在固始县陈集裂头山为浅灰色中厚层灰岩，向上夹黄色中厚层砂质白云岩及中鲕状白云质灰岩，厚9.24 m。

在卫辉市沙滩崮山组产三叶虫化石 *Blackwelderia*，*Drepanura*，在永城县芒山，该组产三叶虫 *Chuangia*，*Changshania*，属晚寒武世。

炒米店组　$\in_3\hat{c}$　（**05－41－0306**）

【创名及原始定义】 Willis 和 Blackwelder（1907）在山东省炒米店创名炒米店灰岩。原始定义："属九龙群第三个建造，由硬质灰岩组成，呈蓝色，新鲜面为暗灰色和细晶。崮山页岩和炒米店灰岩之间的过渡带为12 m的板状灰岩，具砾状特征。薄层灰岩之上是灰色炒米店灰岩，单层厚度时常不大于5ft或6ft。沉积特征的变化为其顶界，之上为浅黄色，且白云岩化显著，是奥陶系开始（?）。厚120～185m"，时代为晚寒武世。

【沿革】 炒米店灰岩自创名以来，中华人民共和国成立之前曾被引用于华北。孙云铸（1923）将炒米店灰岩分为上下两部分，下部称炒米店层，上部在泰安称蒿里山层，在张夏称直角石层。曹世禄等（1937）在豫北划分出炒米店灰岩。卢衍豪等（1953）将孙云铸（1923）在河北省唐山市所划分的长山层和凤山层引入山东省，炒米店灰岩被人遗忘。本次对比研究恢复原始定义。

【现在定义】 在河南省炒米店组以卫辉市沙滩剖面为代表，指崮山组之上、三山子组白云岩之下的一套中层白云岩夹薄层灰岩、厚层灰岩夹泥质白云岩、砾屑灰岩。其下以崮山组薄层泥质条带灰岩结束，中厚层白云岩出现为底界，其上以中薄层灰岩结束，大量白云岩出现与三山子组分界，与上覆、下伏地层均为整合关系。

【层型】 该组正层型在山东省长清县崮山镇唐王寨-范庄东坡。河南省的次层型为卫辉市沙滩剖面（114°01′40″，35°35′55″），河南区调队1982年测制。

上覆地层：三山子组　灰色中层细晶白云岩

——————— 整　合 ———————

炒米店组	总厚度 47.84 m
62. 灰色厚层虫迹灰岩，产三叶虫：*Homagnostus hoi*	1.76 m
61. 灰色厚层泥晶砾屑白云质灰岩夹生物屑灰岩，底部为黄灰色泥质白云岩，产三叶虫：*Quadrahomagnostus tienshihfuensis*，*Changshania conica*，*Irvingella taitzuhoensis*	8.12 m
60. 灰色厚层疙瘩状微晶含白云质灰岩	8.96 m
59. 灰色中厚层中晶白云岩	4.76 m
58. 灰色中厚层含砾屑微晶灰岩，产三叶虫：*Changshania conica*，*Pagodia* sp.	5.04 m
57. 灰黄色泥质白云岩	0.80 m
56. 灰色厚层疙瘩状细晶白云岩，产三叶虫：*Chuangia* sp.	6.80 m
55. 灰黄色中层泥质白云岩	5.60 m
54. 灰色厚层疙瘩状细晶白云岩	2.80 m
53. 灰色中厚层细晶白云岩	3.20 m

——————— 整　合 ———————

下伏地层：崮山组　灰黄色薄层泥质条带灰岩

【地质特征及区域变化】 炒米店组分布在山西分区、豫陕分区和华北平原分区永城一带。在卫辉市沙滩，下部为灰色中厚层细晶白云岩、厚层疙瘩状细晶白云岩，厚19.2 m；上部为灰色含砾屑微晶灰岩、白云质灰岩夹生物屑灰岩、泥晶白云岩，厚28.64 m，总厚47.84 m。在林州市黄崖底，为灰色中薄层白云质灰岩，底部为一层厚30 cm的竹叶状灰岩，顶部为灰黄色薄层白云质灰岩，厚40 m。在林州市峪门口，为灰色薄层状泥晶灰岩、厚层泥质条带灰岩夹砂屑灰岩，厚120.68 m。在豫陕分区登封县关口为微晶白云岩，厚47.08 m。在渑池县仁村为细晶白云岩，厚53.1 m。在陕县干泥沟为竹叶状灰岩夹灰岩，厚131.4 m。在永城县芒山，为灰黄色中薄层泥质条带灰岩、中厚层鲕粒灰岩、厚层结晶灰岩、瘤状泥灰岩，未见顶，厚88.24 m。

炒米店组化石比较丰富，在卫辉市沙滩产三叶虫*Chuangia*，*Changshania*，在永城县芒山产*Ptychaspis*，*Tsinania*，*Quadraticephalus*，时代为晚寒武世。

三山子组　∈O*s*　(05-41-0307)

【创名及原始定义】 谢家荣（1932）创名于江苏省铜山市贾汪大泉村南三山子山，初称三山子石灰岩，原始定义：“本层界于中上奥陶纪之纯石灰岩及寒武纪鲕状及竹叶状石灰岩之间，全层厚三百至五百公尺，系一种灰或灰白色之结晶质石灰岩，颇似一种砂岩层，因矽化甚深，故硬度甚高，呈整齐之薄层，富于裂隙，侵蚀面现暗灰色，现不规则之浅纹。其时代或属寒武纪、或属下奥陶纪，尚未能定，但似以属于下奥陶纪为近似”。

【沿革】 相当江苏省北部的三山子石灰岩，在河南省亦比较发育。孙健初（1933）在禹州市神后角子山称角子山石灰岩。曹世禄等（1937）在豫北划分出三山子石灰岩。由于受谢家荣（1932）把三山子灰岩划为下奥陶统的影响，在河南省的一些研究者，如冯景兰等（1952）、张尔道（1954）、中南地质局401队（1956）、王曰伦（1956）、杨志坚（1958）等，都将河南省的三山子灰岩划归奥陶纪或下奥陶统及冶里统。第一届全国地层会议之后，年代地层单位含义的华北寒武纪和奥陶纪各组被广泛应用，因而三山子灰岩随着各地所含化石不同而被不同研究者，如河南区调队（1981）、河南地矿局（1989）、裴放等（1987）、刘印环等（1991）划分为崮山组、长山组、凤山组、冶里组、亮甲山组。本次对比研究恢复三山子灰岩原始定义，停止使用角子山石灰岩及年代地层含义的长山组、凤山组、冶里组、亮甲山组。

【现在定义】 在河南省三山子组以卫辉市沙滩剖面为代表，指炒米店组之上一套白云岩，顶界以区域性平行不整合面亦即怀远运动造成的间断面与马家沟组分界，底部以大量白云岩开始出现与炒米店组中厚层灰岩整合接触。

【层型】 该组正层型在江苏省铜山市大泉乡大寨山。河南省的次层型为卫辉市沙滩剖面（114°01′40″，35°35′55″），河南区调队1982年测制。

【地质特征及区域变化】 三山子组主体岩性为灰色、灰黄色粗晶白云岩、细晶白云岩、薄层泥质白云岩、含燧石团块细晶白云岩。在山西分区下伏地层为炒米店组，在林州市姚村、任村一带，下部为粗晶白云岩，中部为细晶白云岩，上部为含燧石条带细晶白云岩，顶部为含燧石团块泥晶白云岩，厚60～120 m，在顶部泥晶白云岩底部有一层厚20 cm的砾岩，代表一次沉积间断，向南可分布到辉县。在卫辉市沙滩一带，下部为砾屑白云岩，中部含燧石白云岩，上部为细晶白云岩，厚135 m。在嵩箕小区为细晶白云岩，上部为含燧石白云岩，厚54.88 m，在渑池-确山小区为细晶白云岩、含燧石白云岩夹有薄层泥质白云岩，厚87.47～308 m。在华北平原分区固始县郭山，厚65 m。

三山子组中古生物化石比较少而零星。在陕县干泥沟，该组顶部泥质白云岩中产 *Quadraticephalus*，在渑池县七峰峪，顶部泥质白云岩中产 *Mictosaukia* cf. *bella*。在济源县克井交地，上部砂质白云岩中产牙形石 *Proconodontus notchpeakensis*，*Teridontus* cf. *nakamurai*，*Hirsutodontus simplex*。在林州市白龙庙，下部泥质白云岩中产三叶虫 *Mictosaukia luanheensis*，牙形石 *Proconodontus notchpeakensis*，中部细晶白云岩中产牙形石“*Acodus*”*oneotensis*，*Scolopodus restrictus*，上部泥晶白云岩中产牙形石 *Paraserratognathus paltodiformis*。在距河南边界2.5 km的河北省磁县虎皮脑，三山子组底界之上13.13 m，产三叶虫 *Ptychaspis subglobosa*（裴放等，1987），三山子组顶部产牙形石 *Paraserratognathus paltodiformis*。说明三山子组时代从晚寒武世到早奥陶世。

马家沟组　$O_{1-2}m$　（05-41-0308）

【创名及原始定义】 Grabau1922年创名于河北省唐山市开平镇马家沟村。原始定义：“马家沟村附近之石灰岩，名为马家沟石灰岩（Machiakou Limestone），因产 *Actinoceras*（珠角石）甚富，曾名之为珠角石石灰岩。”

【沿革】 马家沟石灰岩自创名以来，在华北各省被广泛应用。王鸿祯（1954）首次将马家沟石灰岩划分为上、下马家沟组。山西区测队（1975）又划分为上、中、下马家沟组。河北区测一队（1974）在河北省峰峰地区石炭系底部不整合面之下发现高于唐山市马家沟石灰岩的奥陶纪地层，先归上马家沟组，又建同义村组，根据华北奥陶系专题会议改为峰峰组（表 4－2）。本次对比研究选用马家沟组，停止使用上、中、下马家沟组、峰峰组、肖县组、贾汪组。

【现在定义】　在河南省，马家沟组以博爱县后寨剖面为代表，指三山子组之上、石炭系本溪组之下的灰色厚层—巨厚层灰岩夹白云岩、角砾状灰岩、角砾状白云岩的岩石组合，底部含砂砾，与下伏三山子组为平行不整合接触，其间为怀远运动形成的平行不整合面，顶部被石炭系本溪组平行不整合覆盖。

【层型】　马家沟组正层型剖面在河北省唐山市赵各庄。河南省的次层型有博爱县后寨剖面（113°00′，35°17′），河南区调队 1982 年测制。安阳市铜冶剖面（114°03′，26°24′），裴放等（1987）测制。

【地质特征及区域变化】　马家沟组可分为八段，并可进一步分为 15 层，在地貌上具有良好的标志（图 4－2），填图时容易辨别。

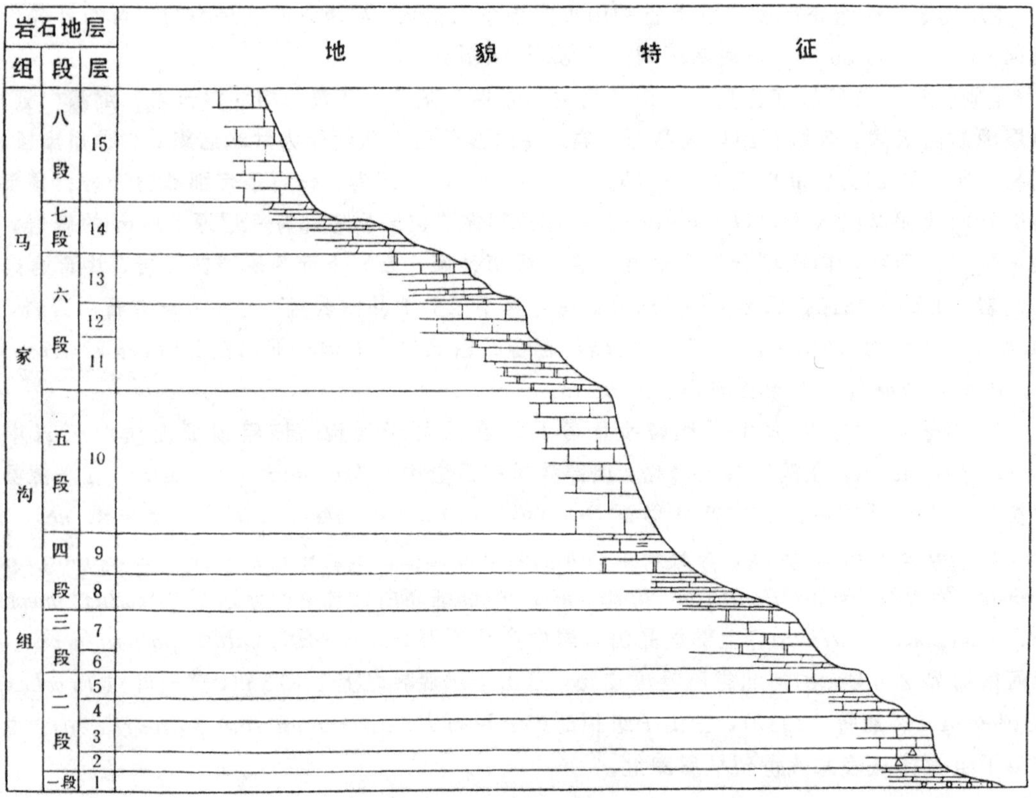

图 4－2　马家沟组地貌特征图

一段：即习称的“贾汪页岩”，为第 1 层，岩性为灰黄色砾岩、含砾泥质白云岩、页状泥质白云岩、页岩、姜黄色疙瘩状泥灰岩或泥质白云岩，夹中晶灰岩，其下为怀远运动造成的平行不整合面，其上以姜黄色疙瘩状薄层泥质白云岩与二段深灰色厚层角砾状灰岩分界，厚 11.73～33.1 m。

表 4-2 河南省华北地层大区晋冀鲁豫地层区奥陶系划分沿革表

<table>
<tr><th colspan="3">年代地层</th><th colspan="2" rowspan="2">曹世禄等
1937</th><th colspan="2" rowspan="2">河南
地质研究所
1962</th><th colspan="2" rowspan="2">中南地层表
编写小组
1974</th><th colspan="3" rowspan="2">山西区测队
1972、1977</th><th colspan="2" rowspan="2">河北区测队
1974</th><th colspan="2" rowspan="2">河南区测队
1981a</th><th colspan="4" rowspan="2">裴放等
1984</th><th colspan="3" rowspan="2">裴放等
1987</th><th colspan="3" rowspan="2">河南地矿局
1989</th><th colspan="3" rowspan="2">刘印环等
1991</th><th colspan="3" rowspan="2">本书</th></tr>
<tr><th>系</th><th>统</th><th>阶</th></tr>
<tr><td rowspan="17">奥陶系</td><td rowspan="2">中统</td><td rowspan="2">庙坡阶</td><td rowspan="15">中奥陶纪</td><td rowspan="14">马家沟石灰岩</td><td rowspan="14">中奥陶统</td><td rowspan="14">上马家沟组</td><td rowspan="14">中奥陶统</td><td rowspan="14">马家沟组</td><td rowspan="15">中奥陶统</td><td rowspan="8">上马家沟组</td><td rowspan="2">二段</td><td rowspan="2">中奥陶统</td><td rowspan="2">上马家沟组</td><td rowspan="15">中奥陶统</td><td rowspan="2">峰峰组</td><td rowspan="15">中奥陶统</td><td rowspan="2">峰峰组</td><td>二段</td><td>15层</td><td rowspan="15">中奥陶统</td><td rowspan="2">峰峰组</td><td>二段</td><td rowspan="15">中奥陶统</td><td rowspan="2">峰峰组</td><td>二段</td><td rowspan="15">中奥陶统</td><td rowspan="2">峰峰组</td><td>二段</td><td rowspan="2">中奥陶统</td><td rowspan="2"></td><td>八段</td></tr>
<tr><td>一段</td><td>14层</td><td>一段</td><td>一段</td><td>一段</td><td>七段</td></tr>
<tr><td rowspan="15">下统</td><td rowspan="6">牯牛潭阶</td><td rowspan="6">一段</td><td rowspan="15">下奥陶统</td><td rowspan="6">中马家沟组</td><td rowspan="6">上马家沟组</td><td rowspan="6">上马家沟组</td><td rowspan="3">三段</td><td>13层</td><td rowspan="6">上马家沟组</td><td rowspan="3">三段</td><td rowspan="6">上马家沟组</td><td rowspan="3">三段</td><td rowspan="6">上马家沟组</td><td rowspan="3">三段</td><td rowspan="15">下奥陶统</td><td rowspan="13">马家沟组</td><td rowspan="3">六段</td></tr>
<tr><td>12层</td></tr>
<tr><td>11层</td></tr>
<tr><td>二段</td><td>10层</td><td>二段</td><td>二段</td><td>二段</td><td>五段</td></tr>
<tr><td rowspan="2">一段</td><td>9层</td><td rowspan="2">一段</td><td rowspan="2">一段</td><td rowspan="2">一段</td><td rowspan="2">四段</td></tr>
<tr><td>8层</td></tr>
<tr><td rowspan="7">大湾阶</td><td colspan="2" rowspan="7">下马家沟组</td><td rowspan="7">下马家沟组</td><td rowspan="7">下马家沟组</td><td rowspan="7">下马家沟组</td><td rowspan="2">三段</td><td>7层</td><td rowspan="7">下马家沟组</td><td rowspan="2">三段</td><td rowspan="7">下马家沟组</td><td rowspan="2">三段</td><td rowspan="7">下马家沟组</td><td rowspan="2">三段</td><td rowspan="2">三段</td></tr>
<tr><td>6层</td></tr>
<tr><td rowspan="4">二段</td><td>5层</td><td rowspan="4">二段</td><td rowspan="4">二段</td><td rowspan="4">二段</td><td rowspan="4">二段</td></tr>
<tr><td>4层</td></tr>
<tr><td>3层</td></tr>
<tr><td>2层</td></tr>
<tr><td>贾汪页岩</td><td rowspan="3">下奥陶统</td><td>下马家沟组</td><td rowspan="3">下奥陶统</td><td>贾汪组</td><td>一段</td><td>1层</td><td>一段</td><td>一段</td><td>一段</td><td>一段</td></tr>
<tr><td>红花园阶</td><td rowspan="2">下奥陶纪</td><td rowspan="2">三山子石灰岩层</td><td>亮甲山组</td><td rowspan="2">冶里组</td><td rowspan="2">下奥陶统</td><td colspan="2" rowspan="2">（未分）</td><td rowspan="2">（未分）</td><td rowspan="2">下奥陶统</td><td rowspan="2">（未分）</td><td colspan="4" rowspan="2"></td><td rowspan="2">下奥陶统</td><td>分水岭
亮甲山组</td><td rowspan="2"></td><td rowspan="2">下奥陶统</td><td>亮甲山组</td><td rowspan="2"></td><td rowspan="2">下奥陶统</td><td>亮甲山组</td><td rowspan="2"></td><td rowspan="2">三山子组（上部）</td><td rowspan="2"></td></tr>
<tr><td>两河口阶</td><td>冶里组</td><td>冶里组</td><td>冶里组</td><td>冶里组</td></tr>
</table>

二段：该段在禹州市方山、浅井开始发育，向北到新密市石板岗、巩义市涉村以北发育完整。该段包括第2～5层：第2层为深灰色角砾状灰岩，其下界不整齐，厚5～10 m；第3层为深灰色厚层灰岩、花斑状灰岩、白云质灰岩，厚15～30 m；第4层为浅灰色中薄层白云质灰岩，纹层发育，中部夹0.5～1 m厚的灰岩，厚5～8 m；第5层为深灰色厚层灰岩、花斑状灰岩、厚15～25 m。该段厚41.3～101 m。

三段：该段在新安县庙上—巩义市涉村—新密市石板岗一线以北发育，新安县庙上—巩义市大凹岩发育完整，包含第6、7层。第6层为浅灰、灰红、黄褐色角砾状白云质灰岩，以此为标志与二段分界，厚1.8～8 m。第7层为深灰色中厚层白云质灰岩、白云岩、花斑状白云岩，风化面黑灰色，层厚向上逐渐变薄，白云质逐渐增加，厚10.8～35 m。该段总厚12.6～43.57 m。

四段：自新安县庙上—巩义市大凹岩—新密市崔庙一线以北发育，包含第8、9层。第8层为灰黄色薄层泥灰岩、泥质白云岩、角砾状泥灰岩，上部夹少量中层灰岩，与三段分界标志明显，角砾状泥质白云岩在黄河以北发育，厚15～47 m。第9层为灰色中厚层白云质灰岩夹灰黄色薄层灰岩、泥质白云岩，向上白云质灰岩逐渐增多，厚28～57 m。该段厚43～104 m。

五段：在新安县庙上—巩义市大凹岩一线以北发育，济源县以北发育完整。该段为第10层，岩性为深灰色、灰黑色厚层—巨厚层灰岩、花斑状白云质灰岩，含燧石团块细晶灰岩，富产头足类化石，厚68.36～165 m。

六段：济源—焦作一线以北发育，博爱、修武一带发育完整。该段包括第11、12、13层。第11层下部为灰色中层灰质白云岩，中部为深灰色花斑状白云质灰岩，上部为灰色中薄层灰质白云岩，厚25～60 m。第12层为深灰色巨厚层灰岩、含少量花斑，底部0.5 m厚的薄层泥灰岩，富产角石，厚10～20 m。第13层为深灰色中层白云岩夹中厚层灰岩，灰岩夹层共3层，厚0.5～1 m，豫北地区为中厚层白云质灰岩夹角砾状灰岩、花斑状白云质灰岩，厚54～60 m。该段厚36～160 m。

七段：自修武县洞湾—博爱县后寨一线向北出露，确山县独山局部出露。该段为第14层，下部灰黄色角砾状泥灰岩夹中层灰岩，中部为灰色厚层灰岩、白云质灰岩，上部为灰黄色角砾状灰岩、泥灰岩，厚35～84 m。

八段：仅在鹤壁、安阳市铜冶一带发育，其上被石炭系本溪组平行不整合覆盖，为第15层，岩性为深灰色厚层灰岩、纹斑灰岩、花斑状灰岩、白云质灰岩，上部夹薄层灰岩，厚89～167.36 m。

马家沟组总体变化趋势是由南西向北东逐渐增厚，层位逐渐齐全，白云质成分逐渐增高，角砾状构造发育（图4-3）。

马家沟组中的化石以牙形石为主，其次是头足类。牙形石比较丰富（裴放等，1987），一段产 *Polycaulodus yuxianensis*，*Scolopodus sunanensis* 等，二段以 *Scolpodus flexilis* 为主，三段产 *Tangshanodus tangshanensis* 等，四段化石偏少，产 *Plectodina fragilis* 等，五段下部产 *Acontiodus streblus*，*Aurilobodus? gongxianensis* 等，五段上部到六段下部产 *Plectodina onychodonta* 等，六段上部产 *Aurilobodus serratus* 等，七段化石偏少，以 *Tasmanognathus careyi* 为主，八段化石丰富，以 *Microcoelodus symmetricus*，*Belodina compressa* 为主。头足类目前仅在第五、六段发现，五段产 *Stereoplasmoceras pseudoseptatum*，*Armenoceras*，*Actinoceras* 等，六段产 *Tofangoceras* 等。一至六段为下奥陶统，七、八段为中奥陶统。

马家沟组二段、五段、八段都是灰岩、白云质灰岩，是比较好的灰岩矿产，许多地方都

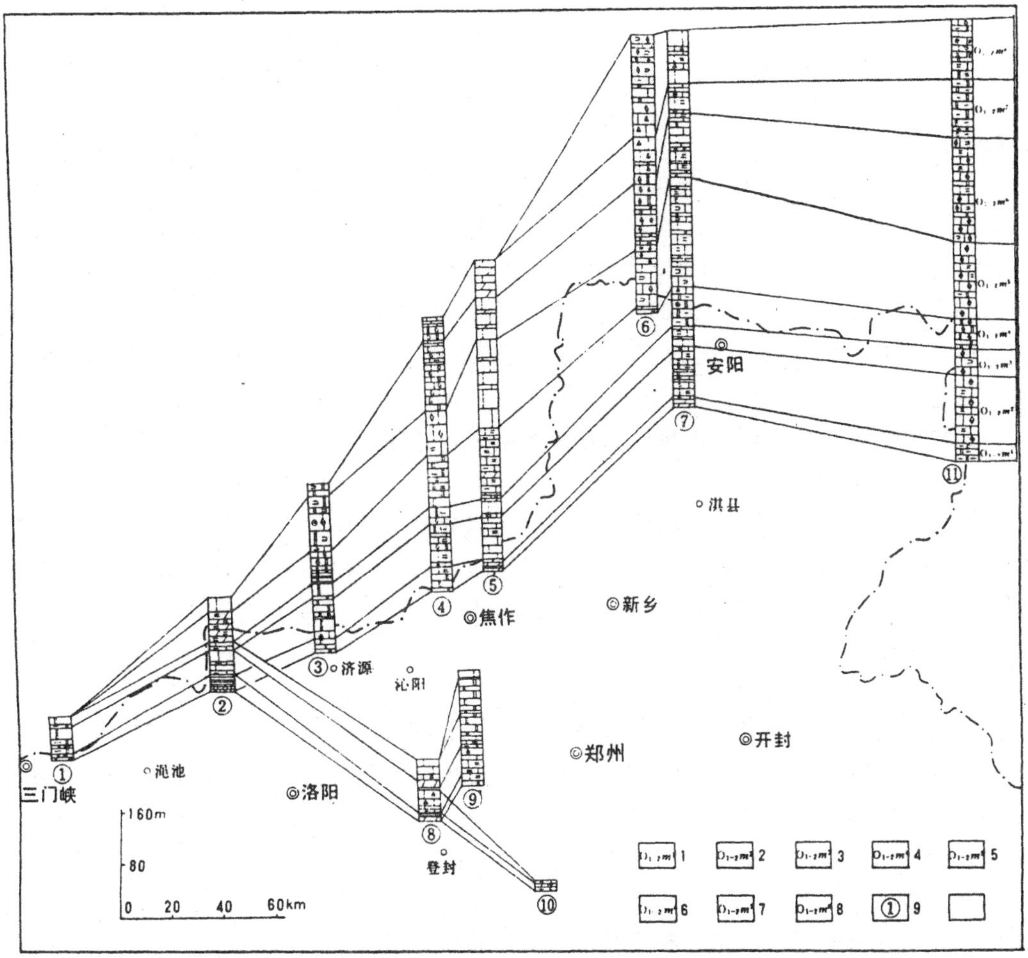

图 4-3 马家沟组柱状对比图

1. 马家沟组一段；2. 马家沟组二段；3. 马家沟组三段；4. 马家沟组四段；5. 马家沟组五段；6. 马家沟组六段；7. 马家沟组七段；8. 马家沟组八段；9. 剖面位置

①陕县后赵沟；②新安县庙上；③济源县莲东；④博爱县后寨；⑤修武县葡萄峪；⑥安阳市铜冶；⑦鹤壁市大峪；⑧巩义市涉村；⑨巩义市大凹岩；⑩禹州市方山；⑪龙古3井

在开采用于冶金辅助材料或生产水泥等。黄河以北一、四、七段角砾状泥质白云岩中可形成含膏沉积，具有潜在的价值。安阳、林州一带，马家沟组灰岩被闪长岩侵入，形成矽卡岩型铁矿，属邯邢式铁矿，是安阳钢铁公司的主要矿石来源。马家沟组中 Cu、Pb、Zn 含量丰度较高，有可能形成多金属矿。此外，马家沟组角砾状灰岩中有机质含量丰富，有机碳含量高，盐溶角砾岩形成于潮上蒸发环境，有藻类繁殖，为生油提供了有机物质，在第四系掩盖时，形成油气藏。

二、秦祁昆地层区

二郎坪群　Pz_1E　(05-41-0235)

【创名及原始定义】　金守文（1976）[①] 于西峡县二郎坪一带创名二郎坪群。原始定义相当于秦岭区测队（1965）1∶20万栾川幅所划的下宽坪组，由下而上分为二进沟组、大庙组和火神庙组，与上覆宽坪群小寨组整合接触，时代归震旦亚界。

【沿革】　在西峡—南召地区，秦岭区测队（1965a、d）划分出下元古界下宽坪组。金守文等（1973）[②]、河南区测队（1973）[③] 将其划归震旦亚界下统，分为二进沟组、大庙组、火神庙组。金守文（1976）将其命名为二郎坪群。河南地调一队（1980）[④] 在卢氏地区由下而上又划分为云架山群和丹矾窑群，时代归古生代。河南区调队（1981a）将二进沟组并入大庙组，并将火神庙组之上的小寨组和抱树坪组合称小寨组并入二郎坪群，河南地矿局（1989）沿用这一方案，时代归晚元古代。

在桐柏—商城地区，河南区测队（1968）将该套地层主体划分为上元古界，而另一部分则划归下元古界毛集群堡子组。河南区测队（1975）[⑤] 将该套地层自下而上划分为大栗树组、张家大庄组、刘山岩组，时代归早古生代。河南地质八队（1977）[⑥] 由下而上划分为金牛山组、杨家河组和吴楼组。河南省地科所（1982）[⑦] 创名早古生界朱庄群。河南地调三队（1990）[⑧] 沿用朱庄群。

【现在定义】　二郎坪群为一套浅变质中基性火山岩夹碎屑岩及碳酸盐岩系，由下而上分为大庙组和火神庙组，在西峡地区上与小寨组整合接触，在卢氏为不整合接触，在南召地区上与柿树园组断层接触。

【地质特征】　二郎坪群沿瓦穴子-鸭河口—明港断裂南侧分布，由西向东主要出露于卢氏县丹矾窑、西峡县二郎坪、内乡县万沟、南召县板山坪、泌阳县条山、桐柏县刘山岩、信阳市游河、光山县马畈等地。在卢氏县五里川以西的断裂带内零星分布，向东在光山县塔耳岗一带渐没于中、新生代地层之下。岩性特征及区域变化见所属二组。

与本群有关的矿产主要表现为Au、Ag、Cu、Pb、Zn、Fe等元素背景值较高，在部分地段已形成Au多金属矿体或矿化段（高庄金矿），因此在本群内寻找与火山活动有关的金属矿产有很好的前景。

【问题讨论】　1.关于二郎坪群的时代，以往主要有四种不同认识：①早元古代（秦岭区测队，1965a、d）；②广义震旦纪（河南区测队，1973）；③早古生代（河南区测队，1975、1988[⑨]、1989[⑩]）；④寒武纪（河南区调队，1990）。本次对比研究将其归属早古生代。理由如下：①河

① 金守文，1976，宽坪群和陶湾群的地层划分及时代问题。中南地质科技情报（1）。

② 金守文等，1973，试谈“秦岭地轴”。河南地质情报（1）。以下的大庙组、火神庙组、小寨组及抱树坪组的创名均来源于此。

③ 河南区测队，1973，1∶5万西峡北部区测报告。

④ 河南地调一队，1980，1∶5万卢氏县五里川—官坡地区地质报告。

⑤ 河南区测队，1975，1∶5万桐柏北部区测报告。

⑥ 河南地质八队，1977，1∶5万河南省信阳县黄城山至湖北省随县淮河店间区测报告。

⑦ 河南省地研所，1982，桐柏—泌阳地区火山岩型铁矿含矿系原岩恢复和矿床成因探讨。

⑧ 河南地调三队，1990，1∶5万毛集、固县、平昌关幅区调报告。

⑨ 河南区调队，1988，1∶5万南召幅、下罗坪幅区调报告。

⑩ 河南区调队，1989，1∶5万云阳、四里店幅区调报告。

南区调队（1988）、林德超等（1990）在南召县青山一带二郎坪群大庙组灰色碳质大理岩（结晶灰岩）中采获古生物化石，有头足类 *Actinoceras*、腹足类 *Liospira* sp.，*Lophospira* sp. 和珊瑚 *Rhabdotetradium* sp.，属华北奥陶纪大湾阶和宝塔阶代表性分子；②唐尚文、张思纯等（1980）在西峡县湾潭火神庙组采得放射虫、海绵骨针，亦产于寒武纪后期。③内乡县湍源大庙组顶部硅质岩中产放射虫和浮游植物化石，其中放射虫有 *Distospicula* cf. *vigorum*，*Pylocorpus erlongpingensis*，*P. damiaoensis*，*P. palistomatus*，*P. diplostomatus*，*P. compressus*，*P. ruptus*，*Yinia niutitangensis*，*Reticulatopora oblonga*。王乃文（1989）认为与贵州省三都下寒武统牛蹄塘组一致。

2. 关于层序问题：河南区测队（1973、1988、1986①、1990）、金守文（1976）、河南地矿局（1989）将火神庙组置于大庙组之上，河南地调四队（1987）②、河南区调队（1988、1989）、河南地调一队（1990）③ 将火神庙组置于大庙组之下，认识不统一。本文选用二郎坪群，停止使用丹矾窑群、朱庄群，不用云架山群。

大庙组　Pz_1d　（05－41－0237）

【创名及原始定义】　金守文等（1973）于西峡县二郎坪乡大庙一带创名大庙组。原始定义相当于秦岭区测队（1965a、d）所划下宽坪组的一部分，岩性为黑云石英片岩、黑云斜长片岩、绢云钠长片岩及大理岩，上部有中性火山喷发物，与上覆火神庙组和下伏二进沟组均为整合接触。时代归早震旦世。

【沿革】　在西峡—南召地区，河南地质研究所（1962）划归下元古界陶湾组一部分。秦岭区测队（1965a. d）划为下宽坪组的一部分，时代为早元古代。金守文等（1973）将该套地层由下而上命名为二进沟组和大庙组，时代划归震旦纪早期；河南区测队（1973）沿用。金守文（1976）将二进沟组、大庙组隶属二郎坪群下部，时代为早震旦世。河南区调队（1981a）沿用大庙组，其中包括二进沟组，划归中元古代。河南地调一队（1980）在卢氏地区把相当地层由下而上称为干江河组和月牙沟组，划归二郎坪群上部层位，归早古生代。

在桐柏—商城地区，河南地质研究所（1962）划归下元古界上宽坪组下段。河南区测队（1968）划归毛集群堡子组，时代为下元古代。河南区测队（1975）把相当地层命名为大栗树组和张家大庄组。河南地质八队（1977）命名为金牛山组，时代均划归早古生代。河南地调三队（1990）沿用歪头山组一名，时代划归晚元古代。停止使用歪头山组、大栗树沟组、张家大庄组、堡子组、金牛山组、二进沟组。

【现在定义】　现采用河南区调队（1981a）厘定后大庙组的含义。主要岩性为硅质板岩、长石板岩夹细碧岩、石英角斑岩及凝灰质砂岩、砂砾岩、大理岩等。上以硅质板岩或大理岩结束为标志与火神庙组整合接触，未见底。

【层型】　正层型位于西峡县二郎坪乡大庙村（111°40′，33°33′），由河南区测队（1973）测制。

上覆地层：火神庙组　角闪片岩

———— 整　合 ————

① 河南区调队，1986，1：5 万乔端幅、板山坪幅区调报告。
② 河南地调四队，1987，1：5 万小水、夏馆幅区调报告。
③ 河南地调一队，1990，1：5 万官坡、龙驹街幅区调报告。

大庙组	总厚度 1085.03 m
7. 黑云石英片岩、碳质片岩	162.06 m
6. 绢云绿泥石英片岩-变质细（粉）砂岩	98.13 m
5. 变中酸性凝灰质砂岩	95.50 m
4. 绢云石英片岩	60.14 m
3. 黑云硅质板岩-黑云石英片岩（或变质粉砂岩）	262.02 m
2. 变石英角斑岩、变角斑岩互层	155.73 m
1. 厚层白色糖粒状大理岩及中厚层含白云母绿泥团块或条带大理岩	251.45 m

.........?......... 接触关系不明.........?........

岩体侵入，未见底

【地质特征】 大庙组为一套浅变质岩系，岩性和厚度变化较大。在西峡—南召地区，以大量发育硅质板岩、大理岩为主要标志，厚 1 134～1 989 m。在桐柏—信阳地区，则以变粒岩、浅粒岩大量出现为特征，厚度大于 1 102 m。在纵向上表现为由碎屑岩向碳酸盐岩变化。在西峡县黑烟镇—内乡县湍源一线以北，多受花岗岩体吞噬及穿插，在湍源以北其下部细碧岩及石英角斑岩夹层增多，厚度大。由西向东地层出露加宽，视厚度逐渐增大，火山岩夹层增多。总体本组为一套变质碎屑岩-碳酸盐岩为主的沉积建造，局部夹少量基性-中酸性火山岩，顶部白色大理岩在区域上稳定。

火神庙组　Pz_1h　(05－41－0236)

【创名及原始定义】 金守文等（1973）于西峡县二郎坪乡火神庙村创名火神庙组。原始定义相当于秦岭区测队（1965d）所划下宽坪组的一部分，岩性上部主要为巨厚的变中基性熔岩夹火山碎屑岩及硅质夹层，下部为变中基性熔岩夹较多变中酸性熔岩、变火山碎屑岩及硅质夹层，与下伏大庙组、上覆小寨组均为整合接触。

【沿革】金守文等（1973）创名火神庙组，时代归早震旦世。河南区测队（1973）沿用。金守文（1976）创名二郎坪群，将火神庙组划归二郎坪群的上部一个组，时代归早震旦世。河南第一地调队（1980）在卢氏地区将相应地层归属早古生代丹砜窑群上组，嗣后均沿用火神庙组一名，时代为古生代。

在桐柏—信阳地区，河南区测队（1975）把相当地层称为大栗树组和刘山岩组，时代归早古生代；河南地质八队（1977）又命名为杨家河组（Pz_1）、吴楼组（S—D）。河南地调三队（1990）沿用刘山岩组，并归属于朱庄群中下部层位，时代归早古生代。停止使用刘山岩组。

【现在定义】现火神庙组岩性主要为巨厚层的细碧岩、细碧玢岩，下部夹角斑岩、石英角斑岩及火山碎屑岩、硅质层等。下以石英角斑岩、细碧玢岩出现为标志与大庙组整合接触，上以细碧岩结束为标志与小寨组整合接触，归二郎坪群。

【层型】正层型位于西峡县二郎坪乡火神庙两河口、梅子沟（111°40′，33°32′），由河南区测队（1973）测制。

上覆地层：小寨组　黑云石英片岩

———————— 整　合 ————————

火神庙组	总厚度 3000.64 m
27. 变细碧岩夹硅质层	896.6 m

26. 变细碧岩夹变细玢碧岩　326.50 m
25. 变细碧玢岩夹变细碧岩及变中酸性凝灰岩　236.30 m
24. 变细碧岩（部分具辉绿结构）夹变细碧玢岩　432.40 m
23. 具绿帘石团块的变细碧岩夹变中酸性凝灰岩、中基性凝灰岩、变石英角斑岩、变细碧玢岩及硅质夹层　433.02 m
22. 变细碧玢岩（偶见星点状磁铁矿）夹变石英角斑岩、变角斑岩及硅质薄层　80.40 m
21. 变细碧岩及具枕状构造的变细碧岩　49.50 m
20. 变中酸性凝灰岩夹火山角砾岩、变石英角斑岩、硅质薄层及变细碧玢岩　42.40 m
19. 变细碧岩　40.90 m
18. 碳硅质岩　36.70 m
17. 变细碧岩，顶部为变中酸性火山角砾岩　40.20 m
16. 变中酸性火山砾岩、变中酸性凝灰岩及碳硅质片岩　49.40 m
15. 碳硅质片岩及变中酸性凝灰岩　44.30 m
14. 含铬铁矿、磁铁矿、黄铁矿、绿泥石片岩（变细碧岩），夹变中基性凝灰岩及变石英角斑岩　45.30 m
13. 变细碧岩　67.12 m
12. 碳硅质层　17.00 m
11. 变细碧岩夹变石英角斑岩　67.10 m
10. 变中酸性火山角砾岩、变中基性火山角砾岩夹变中基性凝灰岩、变中酸性凝灰岩及变细碧玢岩、绢云石英片岩　43.20 m
9. 变细碧玢岩　55.60 m
8. 变石英角斑岩、变中酸性凝灰岩、变中基性凝灰岩及变细碧玢岩　20.60 m

——————　整　合　——————

下伏地层：**大庙组**　黑云石英片岩

【地质特征】　火神庙组为一套巨厚层的细碧岩、细碧玢岩，下部夹有较多的角斑岩、石英角斑岩及火山碎屑岩、硅质层等，西部厚 268 m，中部厚 3 025 m，东部厚 3 321 m。在南召地区，岩石多具枕状、角砾状及气孔（杏仁）状构造，依据构造特征，可指示地层北倾为正常层序。

小寨组　Pz_1x　（05－41－0234）

【创名及原始定义】　金守文等（1973）于西峡县石界河小寨一带创名小寨组。原始定义主要岩性为黑云石英片岩、黑云片岩、绢云片岩、二云片岩。下部夹含碳硅质岩、变粒岩、变质砂岩、变质砾岩透镜体，与上覆抱树坪组整合接触，与下伏火神庙组为整合或不整合关系。时代归中震旦世。

【沿革】　金守文等（1973）创名小寨组，时代归中震旦世，相当于秦岭区测队（1965a）所称下元古界上宽坪群的一部分。河南区测队（1973）沿用。河南区测队（1975）在桐柏命名为大河组板桥冲段和马家祠堂段。金守文（1976）沿用小寨组，并将其归中震旦世宽坪群。河南地调四队（1987）沿用小寨组，但将小寨组归下古生界二郎坪群，其层序置于火神庙组之下。河南区测队（1981a）、河南地矿局（1989）沿用小寨组，并把抱树坪组也包括其中，归二郎坪群，时代为晚元古代。河南区调队（1988，1989）在南召将柿树园组称小寨组，置于火神庙组之下。归早古生代。

【现在定义】 主要岩性为黑云石英片岩、黑云片岩、绢云片岩、二云片岩，下部夹含碳硅质岩、变粒岩、变质砂岩、变质砾岩凸镜体。岩石中常见有石榴石、十字石、红柱石、堇青石、矽线石等矿物，下以黑云斜长石英片岩出现，上以斜长角闪片麻岩结束为标志，分别与火神庙组、抱树坪组整合接触。

【层型】 正层型位于西峡县石界河小寨村北头（111°20′，33°38′），由河南区测队(1973）测制。

上覆地层：**抱树坪组** 绢云石英片岩

——整 合——

小寨组	总厚度 1133.27 m
28. 斜长角闪片麻岩夹少量浅粒岩	148.03 m
27. 含石榴黑云石英片岩夹浅粒岩	19.24 m
26. 斜长角闪片岩	8.93 m
25. 黑云石英片岩夹变质粉砂岩	13.84 m
24. 二云斜长片岩夹斜长角闪片岩	19.31 m
23. 含石榴十字石二云片岩	81.77 m
22. 二云斜长片岩夹斜长角闪片岩	33.05 m
21. 石榴十字石二云片岩	45.33 m
20. 石英岩、变质粉砂岩	7.55 m
19. 石榴十字二云片岩	64.29 m
18. 石榴黑云片岩	13.91 m
17. 石榴十字堇青黑云片岩	15.63m
16. 含矽线石榴红柱十字堇青石黑云片岩	32.91 m
15. 红柱二云片岩	29.25 m
14. 变砂质砾岩．黑云石英片岩	13.55 m
13. 含红柱石榴堇青黑云石英片岩	113.52 m
12. 含红柱石榴黑云堇青片岩	114.03 m
11. 石榴红柱黑云斜长片岩	13.68 m
10. 石榴红柱堇青绢云斜长片岩	38.22 m
9. 碳质黑云片岩	2.26 m
8. 透闪石榴黑云石英片岩	66.29 m
7. 石榴红柱堇青碳质片岩	9.27 m
6. 石榴堇青绢云斜长片岩	25.02 m
5. 绢云片岩	32.83 m
4. 绢云斜长片岩	3.75 m
3. 透闪黑云石英片岩	82.45 m
2. 绢云斜长片岩	61.60 m
1. 蚀变绿泥石英片岩、黑云斜长石英片岩	23.76 m

——整 合——

下伏地层：**火神庙组** 斜长角闪片岩

【地质特征】 小寨组由西向东主要分布于西峡县石界河小寨、内乡县夏馆大栗坪及桐柏县大河一带。在西峡县石界河杆杖沟、中坪和内乡县大栗坪一带出露较好，层位全，其厚度西部为 1 133 m，中部 559.54 m。在桐柏县板桥冲厚 270～1 617 m。本组为我省最大的一个红柱石成矿带。

本组生成时代无确切古生物化石依据。西峡县小寨南小寨组红柱石黑云片岩全岩 Rb - Sr 等时线年龄 344Ma（王铭生，1992）。推测生成时代为早古生代。

抱树坪组　Pz_1b　（05 - 41 - 0226）

【创名及原始定义】　金守文等（1973）于西峡石界河抱树坪一带创名抱树坪组。原始定义指主要岩性为黑云石英片岩、黑云角闪石英片岩、白云绿泥石英片岩、黑云斜长片岩，间夹少量碳质片岩，与上覆上震旦统、下伏小寨组均为整合接触关系。时代归中震旦世。

【沿革】　金守文等（1973）创名抱树坪组，时代归中震旦世，相当于秦岭区测队（1965d）下元古界宽坪群的一部分。河南区测队（1973）沿用。金守文（1976）沿用抱树坪组，并将其归中震旦世宽坪群。河南区调队（1981a）将小寨组与抱树坪组合并，称小寨组，归二郎坪群，时代为中元古代。河南地调四队（1987）沿用小寨组，其中包括抱树坪组，将其置于火神庙组之下。河南地矿局（1989）的小寨组亦包括抱树坪组，时代归晚元古代。

【现在定义】　主要岩性为石榴黑云石英片岩、黑云石英片岩夹斜长角闪质条带及黑云斜长片岩，上部夹基性火山岩、火山碎屑岩，下以绢云石英片岩出现为标志，与小寨组整合接触，上未见顶。

【层型】　正层型位于西峡县石界河抱树坪村（111° 20′，33° 38′），由河南区测队（1973）测制。

未见顶

抱树坪组	总厚度 1134.92 m
18. 灰绿色绿泥白云石英片岩	75.52 m
17. 具斜长角闪质条带的黑云角闪石英片岩	92.57 m
16. 黑云石英片岩	89.55 m
15. 黑云石英片岩夹斜长角闪质条带	220.73 m
14. 黑云石英片岩	27.18 m
13. 含石榴黑云石英片岩夹斜长角闪质条带	19.37 m
12. 透闪黑云石英片岩夹斜长角闪质条带	50.36 m
11. 黑云石英片岩夹斜长角闪质条带	54.62 m
10. 黑云石英片岩与斜长角闪质条带	92.10 m
9. 黑云石英片岩夹斜长角闪质条带	91.61 m
8. 含石榴黑云石英片岩夹斜长角闪质条带	117.18 m
7. 黑云斜长片岩	45.60 m
6. 黑云石英片岩夹较多斜长角闪质条带	50.75 m
5. 含石榴黑云石英片岩，含少量硅质条带	22.13 m
4. 灰绿色绿泥白云石英片岩	16.98 m
3. 含石榴绢云黑云石英片岩	32.42 m
2. 斜长角闪片岩与黑云斜长角闪片岩互层	26.87 m
1. 绢云石英片岩、石英岩	9.38 m

——————— 整　合 ———————

下伏地层：**小寨组**　斜长角闪片麻岩夹少量浅粒岩

【地质特征】 抱树坪组由西向东分布于西峡县抱树坪、黄龙庙、内乡县夏馆北刘家庄等地，主要为一套碎屑岩组合，间夹少量基性火山岩、火山碎屑岩，下部因区域变质作用，普遍见石榴石。岩层厚度由西向东逐渐增厚，在军马河乡黑虎庙厚达 1 961.02 m。

石门冲（岩）组 $Pz_1\hat{s}$ （05－41－0214）

【创名及原始定义】 河南地质十队（1976）① 于商城县石门冲一带创名石门冲组。原始定义指主要岩性为白云（绢云）石英片岩、碳质绢云石英片岩、复成分角砾岩夹白云质大理岩透镜体，其中复成分角砾岩是主要含磷层位。北侧与石炭系中统角度不整合接触，南侧与元古代未分地层断层接触。时代归震旦纪。

【沿革】 河南地质十队（1976）创名石门冲组，时代为震旦纪。河南区调队（1980c）沿用石门冲组，并将其范围扩大，把原元古代未分地层包括其中，划归上元古界商城群下部。河南区调队（1981a）将相应地层划归陶湾组，隶属下元古界秦岭群。河南区调队（1994）② 沿用石门冲组，时代归早古生代，本书改称石门冲（岩）组。

【现在定义】 主要岩性为白云石英片岩、石榴石英片岩夹大理岩、斜长角闪片岩、碳质绢云片岩，含胶磷矿。南北两侧分别与变形变质的片麻状钾长花岗岩和石炭系中统胡油坊组、侏罗系朱集组断层接触。

【层型】 正层型位于商城县三里坪乡石门冲（115° 18′，31° 53′），由河南区调队（1980）测制。

上覆地层：胡油坊组　灰色中细粒变钙质粉砂岩

═══════ 断层接触 ═══════

石门冲（岩）组	总厚度 1475.04 m
9. 浅灰白色白云石英片岩	247.15 m
8. 浅色石榴石英白云片岩夹白云石大理岩	85.86 m
7. 灰色含碳质黑云（绢云）石英片岩	14.28 m
6. 浅色斜长白云片岩夹斜长角闪岩	54.04 m
5. 浅灰色石英白云石大理岩、白云石大理岩	184.30 m
4. 浅色薄层石英岩	114.40 m
3. 浅灰白色绢云（白云）片岩	79.14 m
2. 灰黑色绢云（白云）片岩、白云石英片岩	465.44 m
1. 灰黑色含碳质白云石英片岩与含白云石大理岩互层，含胶磷矿	230.43 m

·········?········ 接触关系不明·········?········

未见底

【地质特征】 本岩组分布于河南省商城县石门冲地区红山寨—三洞盖一带，孤立出露。原岩为一套泥砂质、泥钙质沉积。岩石经受了中—浅区域变质作用，属滨—浅海相沉积。该岩组与周围岩层呈断层接触，很可能是一个外来块体。矿产主要为大理岩，另外还有胶磷矿、钒矿，可供地方开采。商城县石门冲（岩）组北冲岩片中的微晶白云岩中产珊瑚 *Hemiagetolitella* cf. *sigangensis*，牙形石 *Panderodus gracilis*。其中 *Hemiagetalitella* 属 *Agetolites* 珊瑚动

① 河南地质十队，1976，商城石门冲磷矿普查报告。

② 河南区调队，1994，1：5 万上石桥、段集幅区调报告。

物群，多见于陕西省背锅山、河南省淅川县以及江西省三巨山等地，时代为晚奥陶世。据此将石门冲（岩）组时代划归早古生代。

第二节 生物地层单位

华北地层大区生物地层单位仅在晋冀鲁豫地层区进行研究，主要包括寒武纪三叶虫及奥陶纪牙形石。华北寒武纪三叶虫生物地层的研究始于孙云铸（1923），其后，孙云铸（1937）、卢衍豪（1953）、孙云铸（1961）、卢衍豪（1962）、张文堂等（1980）、项礼文（1981）都作了生物地层划分。河南省华北地层区寒武系研究虽然较早，但古生物报道在解放前比较零星，生物地层的划分是1960年以后才开始的。前人对河南寒武系的生物地层单位的划分不尽相同（孟宪松，1987；河南地矿局，1989；裴放，1991；刘印环等，1991）。根据河南省鲁山县辛集、登封县关口、渑池县仁村、卫辉市池山河和沙滩四条主干剖面（刘印环等，1991），并参考其他十几条剖面上古生物化石的纵向和横向分布特征，河南寒武纪生物地层单位可划分为19个三叶虫化石带。奥陶纪牙形石生物地层根据裴放等（1987）的研究可分为11个带。

一、寒武纪三叶虫生物地层单位

1. *Hsuaspis* 带

该带主要分布在确山县胡庙、方城县三间房、叶县杨寺庄、宝丰县观音堂、灵宝县王家村等地，相应岩石地层单位为辛集组。本带含三叶虫化石 *Hsuaspis huochiuensis*，*H. anhuiensis*，*H. zhoujiaquensis*，*H. ruyangensis*，*H. guoshanensis*。共生的小壳动物化石十分丰富，计有软舌螺 *Parakorilithes mammilatus*，*P. delicatus*，*Actinotheca mirus*，*A. domioformis* *A. costelata*，*Circotheca subcurvata*，*Dorsclinenitus sedecostatus*，*Conotheca* sp.；单板类 *Anhuiconus microtuberus*，*Mellopegma rostratum*，*M. brevicosta*，*Anabarella drepanoida*，*Bemella costa*，*Scenella jijiapoensis*，*Yochelcionella chinensis*；腹足类 *Pelagiella adunca*，*P. madianensis* *Xinjispira simplex*；双壳类 *Pojetaia runnegari*，*P. elliptica*，*Oryzochonca prisca* 等。

2. *Redlichia noetlingi* 带

该带相应岩石地层单位为朱砂洞组大部分（在登封县关口该组顶部除外），主要分布在登封县康家沟、唐瑶、大金店、大贾沟等地，除含 *Redlichia noetlingi* 外，还有 *Redlichia meitanensis* 等。

3. *Redlichia chinensis* 延限带

该带在河南省分布较广，见于鲁山县大石扒、灵宝县王家村、渑池县仁村、登封县关口、林州市黄崖底、固始县郭山等地，相当岩石地层单位为馒头组一段，在登封县关口底界在朱砂洞组顶部，以登封县关口剖面8～17层为次层型。该带三叶虫除 *R. chinensis* 之外，还有 *R. murakamii*，*R. huixianensis*，*R. nobilis*，*Leptoredlichia elongata*.

4. *Yaojiayuella* 延限带

该带分布在鲁山县辛集、登封县关口、渑池县仁村、卫辉市池山河等地，相当岩石地层单位在渑池县为馒头组一段上部，在其它地区为馒头组二段底部，以登封县关口剖面18～19层为次层型（刘印环等，1991，下同）。该带产三叶虫化石：*Yaojiayuella granosa*，*Y. carinta* *Kaotaia magna*，*Plesiograulos tienshifuensis*，*Benxiaspis benxiensis*，*Probowmaniella jixianensis* 等。

5. *Shantungaspis* 延限带

该带在河南省分布在平顶山市白龟山、鲁山县辛集、宝丰县马道、汝州市蟒川、汝阳市武湾、登封县关口、渑池县段村、卫辉市池山河等地，相当岩石地层单位在渑池为馒头组一段顶部，在其它地区为馒头组二段中部，以登封县关口剖面20层为次层型。该带产三叶虫化石：*Shantungaspis aclis*，*S. tangyaoensis*，*Plesiagraulus tienshifuensis*，*Psilastracus banpoyangensis*，*P. mantouensis* 等。

6. *Hsuchuangia* - *Ruichengella* 共存延限带

该带分布在平顶山市白龟山、鲁山县辛集、汝州市杨坡、登封县关口、宜阳县胡庙、渑池县仁村、卫辉市池山河等地，相当岩石地层单位在馒头组二段上部，以登封县关口剖面21～22层为次层型。该带三叶虫化石丰富，主要有：*Hsuchuangia hsuchuangensis*，*H. luliangshanensis*，*H. elongata*，*H. angustilimbata*，*H. houshanensis*，*Ruichengella triangularis*，*Eotaitzuia shuiyuensis*，*Zhongtiaoshanaspis ruichengensis*，*Z. rara*，*Kootenia* sp.，*Solenoparia talingensis* 等。

7. *Pagetia* - *Ruichengaspis* 共存延限带

该带分布于鲁山县辛集、登封县关口、渑池县仁村、卫辉市池山河等地，相当岩石地层单位为馒头组二段顶部到三段下部。以登封县关口剖面23～25层下部为次层型。本带主要含三叶虫化石：*Ruichengaspis mirabilis*，*Shuiyuella triangularis*，*Monanocephalus zhongtiaoshanensis*，*M. latus*，*Parachittidilla obscura*，*P. xiaolinghouensis*，*Catinouyia typica*，*Wuhaina henanensis*，*W. lubrica*，*Solenoparia talingensis*，*S. lata*，*Pagetia jinnanensis*，*P.* sp.，*Parainouyia fakelingensis*，*Yujinia* cf. *angulimbata*，*Tengfengia* sp.，*Kootenia shansiensis* 等。

8. *Sunaspis* 延限带

该带在遂平县老袋沟、舞钢市尹集、叶县杨寺庄、平顶山市白龟山、鲁山县辛集、宝丰县马道、汝州市庙下、汝阳县武湾、登封县关口、渑池县仁村、卫辉市池山河广泛分布，很容易采到，相应岩石地层单位各地不一，在登封、卫辉、渑池地区为馒头组三段，在叶县、鲁山、汝州地区为馒头组与张夏组交界附近，在遂平、舞钢地区为张夏组下部，以登封县关口剖面25层中部～26层为次层型。该带主要三叶虫有：*Sunaspis laevis*，*S. lui*，*Sunaspidella rara*，*S. limbata*，*Leiaspis shuiyuensis*，*Pseudoinouyia panetata*，*Rencunia trinodosa*，*Wuania venusta*，*W. elongata*，*Shanxiella venusta*，*Wuanoides situla*，*Latilorenzella* sp.，*Proasaphiscus* sp.，*Proasaphiscina* sp. 等。

9. *Metagraulos* - *Inouyops* - *Poriagraulos* 共存延限带

该带分布在舞钢市尹集、平顶山市白龟山、鲁山县辛集、汝州市杨坡、登封县关口、渑池县仁村、济源县白涧河、卫辉市沙滩等地，相应岩石地层单位为张夏组下部或底部，仅卫辉市沙滩为馒头组顶部，以关口剖面27～28层为次层型。该带含三叶虫化石：*Metagraulos dolon*，*Inouyia capax*，*Lorenzella wutaiensis*，*Jixianaspis lubricus*，*Proasaphiscus honanensis*，*P. yabei*，*P. granulus*，*Inouyops titiana*，*Peronopsis* sp.，*Wuhushania cylindrica*，*Honanaspis* sp.，*Poriagraulos nanum*，*Tengfengia tatilimbata*，*Houmaia* cf. *taitzuensis*，*Tonkienella flabelliformis*，*Austrosinia intermedia*，*Guankouia longa*，*Solenoparia* sp.，*Chishanheella longispina* 等。

10. *Bailiella - Lioparia* 共存延限带

该带广泛分布于鲁山县辛集、汝州市杨坡、登封县关口、渑池县仁村、济源县白涧河、卫辉市沙滩，相应岩石地层单位在鲁山、登封、济源一带为张夏组中、上部，在卫辉市沙滩为张夏组下部，以登封关口剖面 29～32 层为次层型。该带含三叶虫化石：*Bailiella lantenoisi*，*Lioparia theano*，*Inouyella* sp.，*Yujinia angustilimbata*，*Y. latilimbata*，*Honania pansa*，*Manchuriella* sp.，*Austrosinia* sp.，*Proasaphiscus butes*，*P. honanensis* 等。

11. *Crepicephalina - Megagraulos* 共存延限带

该带分布于鲁山县辛集、宜阳县祖师庙、汝州市庙下、登封县关口、渑池县仁村、卫辉市沙滩等地，相应岩石地层单位因地而异，在鲁山、登封一带为张夏组上部，在渑池地区为张夏组顶部，在卫辉地区为张夏组中部，以登封关口剖面 33～36 层为次层型。本带包含三叶虫化石：*Crepicephalina pergranosa*，*C. convexa*，*C. domia*，*Megagraulos coreanicus*，*M. liaotungensis*，*M. dengfengensis*，*M. obscura*，*Austrasina chalcon*，*Protohedina* sp.，*Yujinia ludianensis*，*Lophodesella henanensis*，*Plebiellus obsoletus*，*Memmatella tubercula*，*Lianglangshanaspis hueirensis*，*Lisania* sp.，*Inouyella yiyangensis*，*Honania lata*，*Solenoparia similis*，*Jixiania jixianensis*，*Proasaphiscus butes* 等。

12. *Taitzuia - Poshania* 共存延限带

该带分布在舞钢市尹集、平顶山市井营、宝丰县马道、禹州市打狼沟、汝州市蟒川、登封县唐瑶、卫辉市沙滩等地，相应岩石地层单位在舞钢、汝州一带为张夏组上部，在登封、卫辉市沙滩为张夏组上部，以卫辉市沙滩剖面 40 层中部～46 层为次层型。本带化石偏少，主要有：*Taitzuia magna*，*T. wuyangensis*，*Poshania dajindianensis*，*P.* sp.，*Liobeishania lubrica*，*Peishania* sp. 等。本带之上华北还有 *Damesella - Yebeia* 带，裴放（1987）也曾建 *Damesella* 带，因白云岩化普遍较强，化石稀少，仅在林州市发现 *Damesella blackwelderi*，*D. paronai*，不足建带，这部分地层归 *Taitzuia - Poshania* 共存延限带。

13. *Blackwelderia* 延限带

该带分布于汝州市杨坡、登封县送表、登封县关口、宜阳县祖师庙、卫辉市沙滩等地，相应岩石地层单位在登封县送表、登封县关口等地为崮山组下部，在卫辉市沙滩为崮山组下部，以卫辉市沙滩剖面 47～49 层为次层型。本带含化石不太丰富，主要有 *Blackwelderia sinensis*，*B. paronai*，*Monkaspis serratus*，*Pseudognostus* sp.，*Formasagnostus convexus*，*Liostracina krausei*，*Cyclolorenzella yentaiensis*，*Stephanocara richthofeni* 等。

14. *Drepanura* 延限带

该带目前仅发现于卫辉市沙滩，存在于汝州市杨坡、登封县唐瑶、渑池县等地，相应岩石地层单位在卫辉一带为崮山组上部到炒米店组底部，在其它地区为崮山组，以卫辉市沙滩剖面 50～52 层为次层型。该带化石不甚丰富，主要有：*Drepanura premesnili*，*Blackwelderia* sp.，*Bergeronites*? sp. 等。

15. *Chuangia* 延限带

该带见于卫辉市沙滩及永城县芒山，相应岩石地层单位在卫辉地区为炒米店组下部，在永城县一带相当崮山组，以卫辉市沙滩剖面 53～57 层为次层型。本带含三叶虫化石主要为 *Chuangia batia* 等。

16. *Changshania* 延限带

该带主要分布于登封县关口、卫辉市沙滩、永城县芒山等地，相应岩石地层单位在登封地区为炒米店组，在卫辉地区为炒米店组上部，在永城地区为崮山组，以卫辉市沙滩剖面 55～64 层为次层型。本带主要含三叶虫：*Changshania conica*，*Irvingella taitzuensis*，*Dikelocephalites gongxianensis*，*D. flabelliformis*，*Homagnostus hoi*，*Quadrahomagnostus tienshifuensis*，*Pagodia* sp.，*Chalfontia* sp.，*Peijiashania* sp.，*Haniwa mangshanensais*，*Kaolishania pustulosa* 等。

17. *Ptychaspis*－*Tsinania* 共存延限带

该带目前仅在永城县保山、芒山发现，相应岩石地层单位为炒米店组下部，以永城县芒山剖面（穆时富等，1991）8～18 层为次层型。本带主要含三叶虫化石：*Ptychaspis subglobosa*，*P. brevicus*，*Tsinania canens*，*T. trigonalis*，*Mansuyia* sp.，*Acrocepholina* sp. 等。

18. *Quadraticephalus* 带

该带主要分布于陕县干泥沟、渑池县柿峪沟、林州市、永城县芒山等地，相应岩石地层单位在永城县芒山为炒米店组上部，在其它地区为三山子组，以永城县芒山剖面（穆时富等，1991）19～29 层为次层型。本带三叶虫化石主要有：*Quadraticephalus linyuensis*，*Q. walcatti*，*Changia rugosa*，*C. yongchengensis*，*Haniwa pingquanensis minutia*，*H. yudongia*，*H. equalimbata*，*Tsinania humilis*，*T. necopina*，*Lophosaukia* sp.，*Sinosaukia* sp.，*Atratebia nexosa* 等。

19. *Mictosaukia* 带

该带见于渑池县七峰峪、林州市白龙庙等地，相应岩石地层单位为三山子组中部。本带化石稀少，主要有三叶虫化石：*Mictosaukia luanheensis*，*M.* cf. *bella*，*Haniwa* sp.，*Changia* sp.，*Prosaukia* sp. 等。

二、奥陶纪牙形石生物地层单位

1. "*Acodus*" *oneotensis*－*Scolopodus restrictus* 共存延限带

该带目前仅发现于林州市白龙庙等地，相当岩石地层单位为三山子组中、上部，与下伏三叶虫生物地层单位 *Mictosaukia* 带化石产地之间有 50.7 m，未见化石，未发现河北省冶里组底部的 *Utahconus beimadaoensis* 带。以林州市白龙庙剖面 6～7 层为次层型。本带牙形石十分丰富，有"*Acodus*" *oneotensis*，*Teridontus gracilis*，*Scolopodus restrictus*，*S. primitivu*，*Drepanodus henanensis*，*Acontiodus iowensis* 等。

2. *Paraserratognathus paltodiformis* 带

该带仅分布在林州市白龙庙、鹤壁市大峪，相当岩石地层单位为三山子组上部及顶部，与下伏生物地层单位"*Acodus*" *oneotensis*－*Scolopodus restrictus* 带之间有沉积间断（裴放等，1987），以林州市白龙庙剖面 8～9 层为次层型，该带牙形石十分丰富，主要有：*Paraserratognathus poltodiformis*，*P. problematicus*，*P. erectus*，*P.* ? *costatus*，*P.* cf. *obesus*，*Acodus cortinus*，*Scolopodus rex huolianzhaiensis*，*S. mancordatus*，*S. linxianensis*，*S. bailongmiaoensis*，*Aurilobodus priscus*，*Henanognathus spidus*，*Baltoniodus approximatus*。此外还有：*Scolopodus eburnus*，*S. asperus*，*Acontiodus magicus*，*Triangulodus* cf. *brevibasis*，*Bergstroemognathus* cf. *extensus*，*B. penctiniformis* 等。

3. *Polycaulodus yuxianensis*－*Scolopodus sunanensis* 带

分布于禹州市方山马家沟组一段中部灰岩、博爱县后寨马家沟组一段底部，层型剖面在禹州市方山。除带化石多分子种 *Polycoulodus yuxianensis* 及 *Scolopodus sunanensis* 外，还有

Scolopodus sp. , *Oneotodus* sp. 等。

4. *Scolopodus flexilis* 顶峰带

该带在巩义市涉村、大凹岩、博爱县后寨、济源县莲东、鹤壁市南荒等地分布，相当岩石地层单位为马家沟组二段，代表剖面在博爱县后寨，相当该剖面 8～11 层，该带以 *S. flexilis* 粗大的个体初次出现为下界，以其消失或锐减为上界，除了 *Scolopodus flexilis* 富集外，还有 *Belodella rigida*，*Acontiodus viriosus*，*Scolopodus eburnus* 等。

5. *Tangshanodus tangshanensis* 延限带

该带广泛分布，在巩义市涉村、北洼、大凹岩，济源莲东，新安县庙上、西沃，博爱县后寨，鹤壁市南荒等地均有分布，以 *Tangshanodus tangshanensis* 的出现与消失为该带底、顶界线，相当岩石地层单位为马家沟组三段，代表剖面在博爱县后寨 12～16 层。该带牙形石丰富，除 *Tangshanodus tangshanensis* 之外，还有 *Belodella rigida*，*Acontiodus viriosus*，*Rhipidognathus maggoloensis*，*R.* cf. *laiwuensis* 等。

6. *Plectodina fragilis* 带

该带仅在巩义市大凹岩马家沟组四段下、中部，博爱县后寨该组四段上部发现，相应岩石地层单位马家沟组四段，大致以该种的出现与消失为界线，层型剖面在巩义市大凹岩，相当该剖面 15、16 层，以博爱后寨剖面为副层型，相当剖面 17～20 层。该带除了多分子种 *Plectodina fragilis* 之外，还产有 *Scolopodus nogami*，*Triangulodus changshanensis*，*Acontiodus viriosus*，*Belodella rigida* 等。

7. *Acontiodus streblus* - *Aurilobodus* ? *gongxianensis* 共存延限带

该带在巩义市大凹岩、博爱县后寨、安阳市铜冶均有发现，以 *Acontiodus streblus* 和 *Aurilobodus? gongxianensis* 的出现和消失为界线，相当岩石地层单位为马家沟组五段下部，层型剖面选在安阳市铜冶，相当该剖面 2 层到 3 层中部，副层型剖面为博爱县后寨剖面，相当该剖面第 21 层到 22 层底部。主要牙形石有：*Acontiodus streblus*，*Aurilobodus gongxianensis*，*Belodella rigida*，*Scolopodus nogami*，*Triangulodus changshanensis*，*Acontiodus viriosus*，其次还有 *Aurilobodus simplex*，*A. gratus*，*Drepanodus* sp. , *Scandodus* sp. 等。

8. *Plectodina onychodonta* 顶峰带

该带在博爱县后寨，济源县莲东，安阳市铜冶，新安县庙上、西沃，鹤壁市大峪等地发育，以该种开始出现为下界，以其突然锐减为上界，相应岩石地层单位为马家沟组五段上部和六段底部，以博爱县后寨剖面为参考剖面，相当该剖面第 22 层下部至 27 层。该带以大量繁盛 *Plectodina onychodonta* 为特征，其次还有 *Acontiodus viriosus*，*Triangulodus changshanensis*，*Scolopodus nogami*，*Belodella rigida*，*Erraticodon tangshanensis*，*Aurilobodus simplex*，*A. aurilobus*，*A.* sp. *Drepanodus* sp. 等。

9. *Aurilobodus serratus* 带

该带仅在博爱县后寨、安阳市铜冶发现，相当岩石地层单位马家沟组六段中上部，以 *Aurilobodus serratus* 出现为下界，上界不确切，参考剖面在博爱县后寨，相当该剖面 28～36 层。该带除了 *Aurilobodus serratus* 之外，还产有：*Acontiodus viriosus*，*Belodella rigida*，*Drepanodus* sp. *Plectodina onychodanta*，*Scandodus* sp. , *Drepanodus* sp. 等。

10. *Tasmanognathus careyi* 延限带

相当岩石地层单位为马家沟组七段，以博爱县后寨剖面为层型，相当该剖面 37～40 层。该带主要牙形石有：*Tasmanognathus careyi*，*Cyrtoniodus complicatus*，*Panderodus gracilis*，

Tasmanognathus badouensis，*Acontiodus viriosus*，*Microcoelodus symmetricus*，*Drepanodus* sp. *Belodina* sp.，*Scandodus* sp.。

11. *Microcoelodus symmetricus* - *Belodina compressa* 共存延限带

该带在安阳市铜冶、鹤壁市大峪发育，相当岩石地层单位为马家沟组八段。该带以安阳市铜冶剖面为代表剖面，相当该剖面第 33～45 层。该带牙形石十分丰富，有 *Microcoelodus symmetricus*，*M. asymmetricus*，*Erismodus typus*，*Oulodus* sp.，*Eoligonodina prima*，*Belodina compressa*，*B. confluens*，*Panderodus gracilis*，*Tasmanognathus badouensis*，*T. sishuiensis*，*Trichonodella ani*，*T.* sp.，*Pseudobelodina dispansa* 等。

三、奥陶纪头足类生物地层单位

1. *Stereoplasmoceras pseudoseptatum* 延限带

该带在新安县西沃、庙上，济源县交地，巩义市大凹岩，博爱县后寨等地分布，相当马家沟组五段，参考剖面为博爱县后寨剖面第 21、22 层。该带除 *Stereoplasmoceras pseudoseptatum* 之外，还有 *Armenoceras richthofeni*，*A. submarginale*，*A.* cf. *tani*，*A. shimizui*，*A. tateiwai*，*A.* cf. *coulingi*，*A.* cf. *resseri*，*Actinoceras* cf. *concavum*，*Sactoceras* sp. 等。

2. *Tofangceras* 延限带

在河南博爱县后寨发现，产在六段中部灰岩之中，参考剖面为该剖面第 28～31 层，上下生物地层单位不详，下距 *Stereoplasmoceras pseudoseptatum* 带顶界 55.76 m。该带除 *Tofongoceras* sp. 之外，还有：*Armenoceras tateiwai*，*A. manchurense*，*Actinoceras* cf. *xishanensis*，*Nybyoceras cixianensis*，*Cyclobuttsoceras wenshuiensis* 等。

第三节　年代地层单位

我国寒武系、奥陶系的建阶尝试比较早。孙云铸（1924、1935）在华北中、上寒武统建立了相当于阶的层。卢衍豪等（1953）在山东张夏建立了相当于阶的统。卢衍豪（1962）改统为组。项礼文等（1981）正式称阶。王鸿祯等（1990）提出了中国各系建阶方案。本文将华北地区寒武系—奥陶系分为 5 个统 13 个阶，其中寒武系 8 个阶，奥陶系 5 个阶。各个阶包含的化石带及所在的岩石地层单位见图 4-4、4-5。

第四节　岩石、生物、年代地层单位的对比

河南省华北地层区寒武纪岩石地层单位与生物、年代地层单位的关系可以从垂直海岸线的北东向和平行海岸线的北西向两条剖面分析对比（图 4-4）。可以看出，各岩石地层单位为向北东、北西逐渐变新的穿时体，两个方向穿时相比，北东向穿时较高，反映向北东向的海侵没有向北西的海侵迅速。到三山子组沉积之后，又是西南方开始抬升，海水向北东、北西退却，沉积向北西、北东方向推移，南方暴露较早，遭受剥蚀多。两个方向相比，北西向抬升快，结束沉积早，北东向抬升慢，结束沉积晚。

根据禹州、巩义、新安、济源、博爱、鹤壁、安阳等地近 20 条剖面奥陶系马家沟组发育状况及其牙形石、头足类纵向、横向分布，可以看出马家沟组岩石、生物、年代地层单位有比较好的对应关系（图 4-5）。

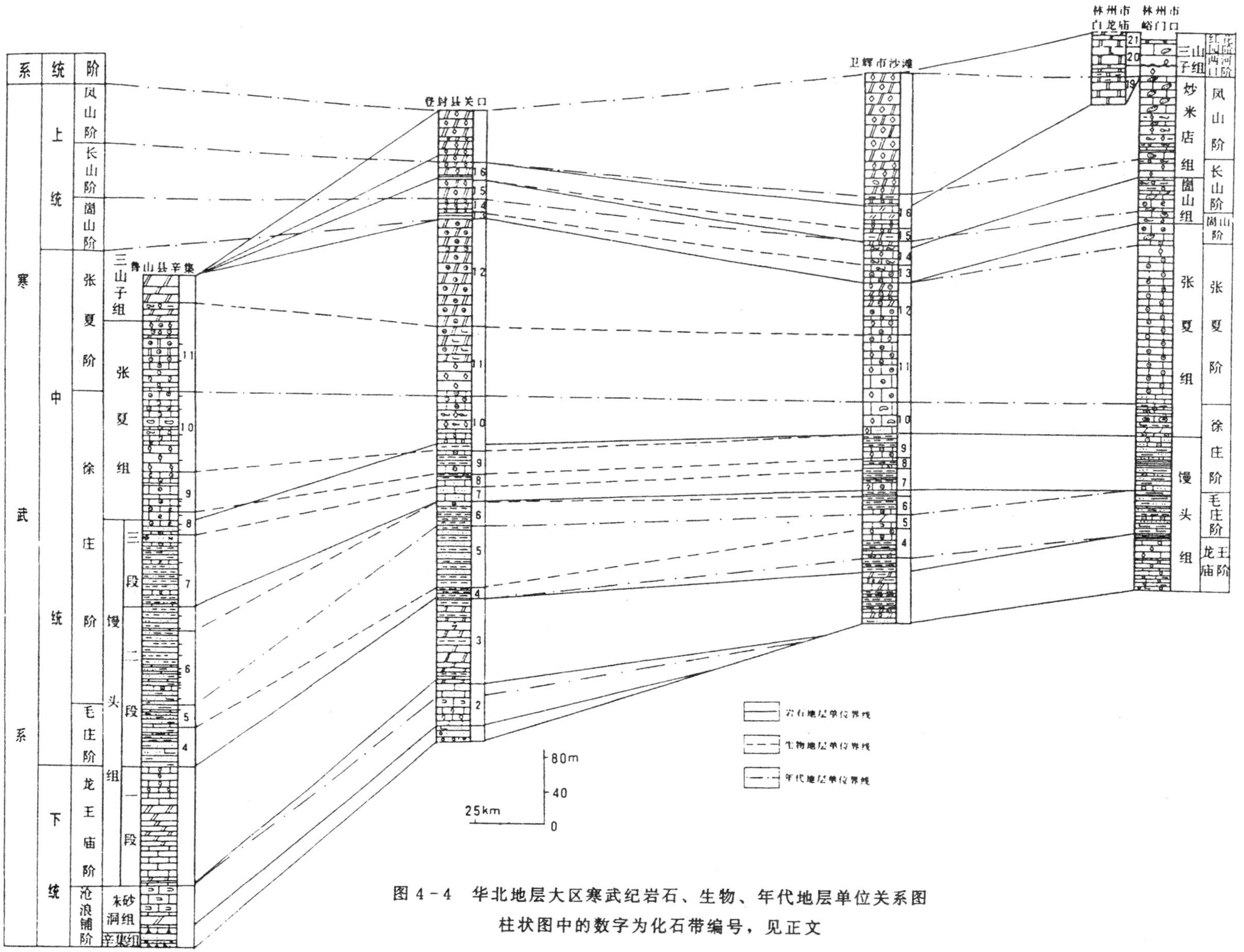

图 4-4　华北地层大区寒武纪岩石、生物、年代地层单位关系图

柱状图中的数字为化石带编号，见正文

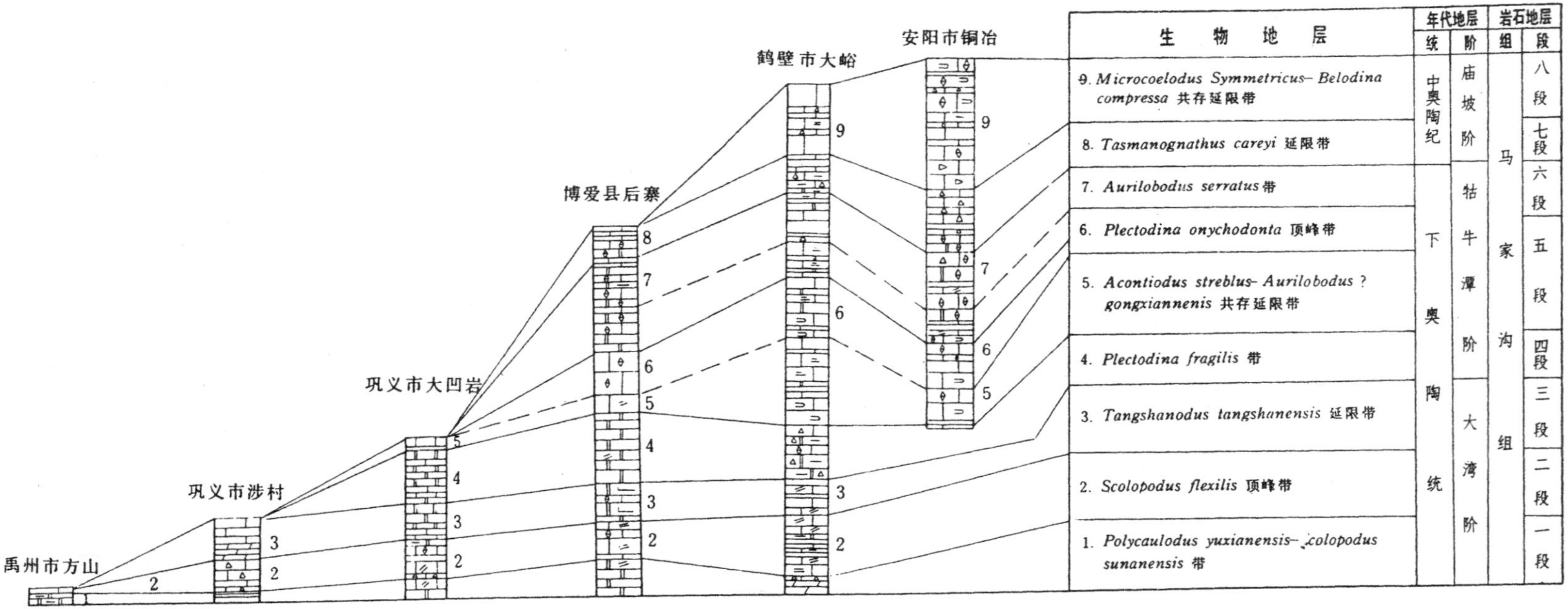

图 4-5　马家沟组岩石、生物、年代地层单位关系图

第五节　问题讨论

（一）寒武系与奥陶系界线

河南寒武、奥陶系界线附近的地层全为细晶白云岩，属三山子组，没有取得精确划分的古生物资料。在林州市白龙庙，寒武、奥陶系界线划在原凤山组与原冶里组之间（裴放等，1987）。在济源县克井交地（河南地质二队，1980）①，三山子组顶部产牙形石：*Proconodontus notchpeakensis*，*Hirsutodontus simplex*，*H. rarus*，*Teridontus* cf. *nokamurai*. 依 *H. simplex* 分析，其层位为下奥陶统。若依 *Proconodontus notchpeakensis* 分析，时代为寒武纪，与 *H. simplex* 亚带相隔 4 个亚带。这两个化石在济源地区共生，出现矛盾，这种现象在山东省也可见到。在华北 *H. rarus*，*Proconodontus notchpeakensis* 产于凤山阶 *Proconodontus* 带到 *Cordylodus proavus* 带，因而济源县克井三山子组顶部的牙形石属寒武系。济源地区这一化石层位之上还有 3.6 m 含燧石白云岩，有无属奥陶系可能性，值得今后研究。

（二）关于林州漳河组（分水岭组）问题

裴放等（1987）在研究河南省奥陶系牙形石期间，在河南省林州市姚村、任村等地发现“贾汪页岩”底部含砾泥质白云岩之下、亮甲山组（现为三山子组）泥晶白云岩之上有一层陆相石英岩状砂岩夹砾岩，厚 0.5～6.56 m，与上覆、下伏地层之间均为平行不整合关系，认为是一个独立的地层单位，命名为分水岭组。刘印环等（1991）认为该层石英砂岩与“贾汪页岩”为平行不整合关系，将其划归亮甲山组。阎国顺等（1993）通过多处观察，认为分水岭组既不属于“贾汪页岩”，也不属于亮甲山组，而是一套河流相碎屑沉积，为独立的岩石地层单位，但因分水岭组这一地层单位名称外省已先使用，将其改为漳河组（陶自强等，1994）。

漳河组为粗碎屑岩，岩性主要为浅肉红色、黄褐色、灰黄色石英岩状砂岩，含砾石英砂岩、中粒石英砂岩、砾岩。岩石矿物成分以石英为主，砾石主要是下伏地层中的燧石、硅质岩（燧石）和白云岩，成熟度较高，$d=0.2\sim0.5$ cm，占 3%～10%，当砾石含量达 25%～50%时为砾岩。岩石为硅质胶结，局部白云质、钙质胶结。漳河组中发育平行层理、槽状交错层理、斜层理、块状层理、板状交错层理，对部分岩层有冲刷，是典型的河流相沉积。

漳河组含砾石英砂岩明显不属于三山子组，其间存在平行不整合。漳河组与上覆马家沟组一段（习称“贾汪页岩”）底砾岩也有显著差异。漳河组为陆相沉积，而马家沟组底部砾岩为灰黄色含砾泥质白云岩，钙质、泥质、白云质胶结，属海相沉积。在缺失漳河组的地方，马家沟组一段底砾岩依然存在。漳河组与马家沟组之间为平行不整合关系。

根据上述，漳河组既不属三山子组，也不属于马家沟组，而是华北地台上客观存在的一个岩石地层单位，对研究早奥陶世沉积环境变迁具有重要意义。但鉴于漳河组目前仅在林州发现，其分布范围有待查清，在 1∶5 万区调填图中作为填图单位的应用有待检验，所以本书暂没把漳河组列入地层序列。

① 河南地质二队，1980，河南济源县、沁阳县北部地区 1∶5 万区调报告。

第五章
泥盆纪—二叠纪

华北地层大区晋冀鲁豫地层区石炭系—二叠系在河南省境内主要分布在陕县—汝州—平顶山—确山一线以北的平顶山、禹州、汝州、登封、新密、巩义、陕县、新安、济源、焦作、鹤壁、安阳等地（图 5-1）。据钻探揭露，在豫东永城等地新生代盖层之下也有石炭系—二叠系存在。石炭系与下伏奥陶系马家沟组或寒武系三山子组为平行不整合接触，二叠系与三叠系为整合关系，总厚 426～1 221 m。

华北石炭纪—二叠纪地层最早德国人 Richthofen (1882) 即开始在山西等地进行研究，最初分为大阳系、产煤建造和煤系以上砂岩系。Blackwelder (1907) 将上述地层总称石炭系—二叠系山西系，并分为上、下两部分。Norin (1922) 在太原西山创立月门沟煤系和石盒子系、石千峰系，Norin (1924) 又将月门沟煤系分为上月门沟系和下月门沟系，将石盒子系分为下石盒子系和上石盒子系。翁文灏 Grabau (1926) 将 Norin (1924) 的上、下月门沟煤系分别称为山西系和太原系。李四光、赵亚曾 (1926) 又在太原系下部创立本溪系。

晋冀鲁豫地层区石炭系—二叠系地质调查工作开始较早。孙健初 (1934)、曹世禄等 (1937)、中南地质局 401 队 (1955)、河南地质研究所 (1962)、杨关秀 (1985)、杨起等 (1987)、王德有等 (1987)、河南地矿局 (1989)、河南煤田地质公司 (1991) 先后作过详细划分，本次地层对比研究根据华北大区决议作了调整（表 5-1）。

华北地层大区秦祁昆地层区晚古生代地层包括分布在南召一带的柿树园组，以及分布在大别山地区的歪庙组和石炭系。

第一节　岩石地层单位

一、晋冀鲁豫地层区

月门沟群　CPY　(05-41-0331)

【创名及原始定义】 Norin (1922) 创名于山西省太原市西铭村月门沟，原称月门沟煤系，指太原西山、东山平行不整合于奥陶系风化面以上、伏于骆驼脖砂岩之下的一套含煤地层，并

表 5-1　华北地层大区晋冀鲁豫地层区石炭系—二叠系划分沿革表

界	系	统	阶	孙健初 1933	曹世禄 1937	河南地研所 1962	河南区测队 1964a	杨关秀 1985	杨起等 1987	河南地矿局 1989	河南煤田公司 1991	本书
中生界	三叠系	下统		三叠—二叠系：三峰山砂岩层	三叠系	下三叠统：石千峰组	上二叠统：石千峰组 上段、中段	上二叠统：三峰山组 三段、二段	上二叠统 上部：石千峰组 三段、二段	下三叠统：和尚沟组、刘家沟组	上二叠统：石千峰组 同生砾岩段、泥灰岩段	下三叠统：石千峰群 和尚沟组、刘家沟组
上古生界	二叠系	上统	Cha	三叠—二叠系：三峰山砂岩层	石千峰统—石盒子统	下三叠统：石千峰组；上二叠统：平顶山砂岩组	石千峰组 下段；上石盒子组 上段	二段、一段	二段、一段	上二叠统：石千峰组；上石盒子组 上段	石千峰组 砂泥岩段、平顶山砂岩段	石千峰群 孙家沟组；上二叠统：石盒子组 平顶山段
			Lon	二叠系：大风口层	上二叠统	上二叠统：上石盒子组	上石盒子组 下段	下二叠统：大风口群 云盖山组 八煤段、七煤段、六煤段	下部：「上石盒子组」八煤段、七煤段、六煤段	上石盒子组 下段	上石盒子组：九煤段、八煤段、七煤段	石盒子组 云盖山段
		下统	Kaz—Ufi	二叠系：大风口层	上二叠统	上石盒子组；下二叠统：下石盒子组	上石盒子组 下段；下二叠统：下石盒子组	大风口群 小风口组 五煤段、四煤段、三煤段	下二叠统 上部：「下石盒子组」五煤段、四煤段、三煤段	下二叠统：下石盒子组	下二叠统：下石盒子组 六煤段、五煤段、四煤段、三煤段	下二叠统：石盒子组 小风口段
			Kun—Art	石炭二叠系：神垕层	中二叠统：山西统	下石盒子组；山西组	下石盒子组；山西组	神垕组	下部：「山西组」(二煤段)	下石盒子组；山西组	山西组：二煤段	月门沟群：山西组
			Sak	上石炭统：朱屯层	下二叠统：太原统	上石炭统：太原组	上石炭统：太原组	下二叠统：朱屯组	上石炭统 中上部：太原组 (一煤段)	上石炭统：山西组；太原组	上石炭统：太原组 一煤段	月门沟群：太原组 上段
			Ass	上石炭统：朱屯层	下二叠统：太原统	上石炭统：太原组	上石炭统：太原组	上石炭统：朱屯组	上石炭统 中上部：太原组 (一煤段)	上石炭统：太原组	上石炭统：太原组 一煤段	月门沟群：太原组 中段、下段
	石炭系	上统	Gzh-Kas	上石炭统：朱屯层	下二叠统：太原统	中石炭统：本溪组	中石炭统：本溪组	(缺失)	(缺失)	中石炭统：本溪组	中石炭统：本溪组	C_3 月门沟群：本溪组
		中统	Mos			中石炭统：本溪组	中石炭统：本溪组	(缺失)	(缺失)	中石炭统：本溪组	中石炭统：本溪组	C_2：本溪组
			Bas			中石炭统：本溪组	中石炭统：本溪组	(缺失)	(缺失)	中石炭统：本溪组	中石炭统：本溪组	C_2：本溪组

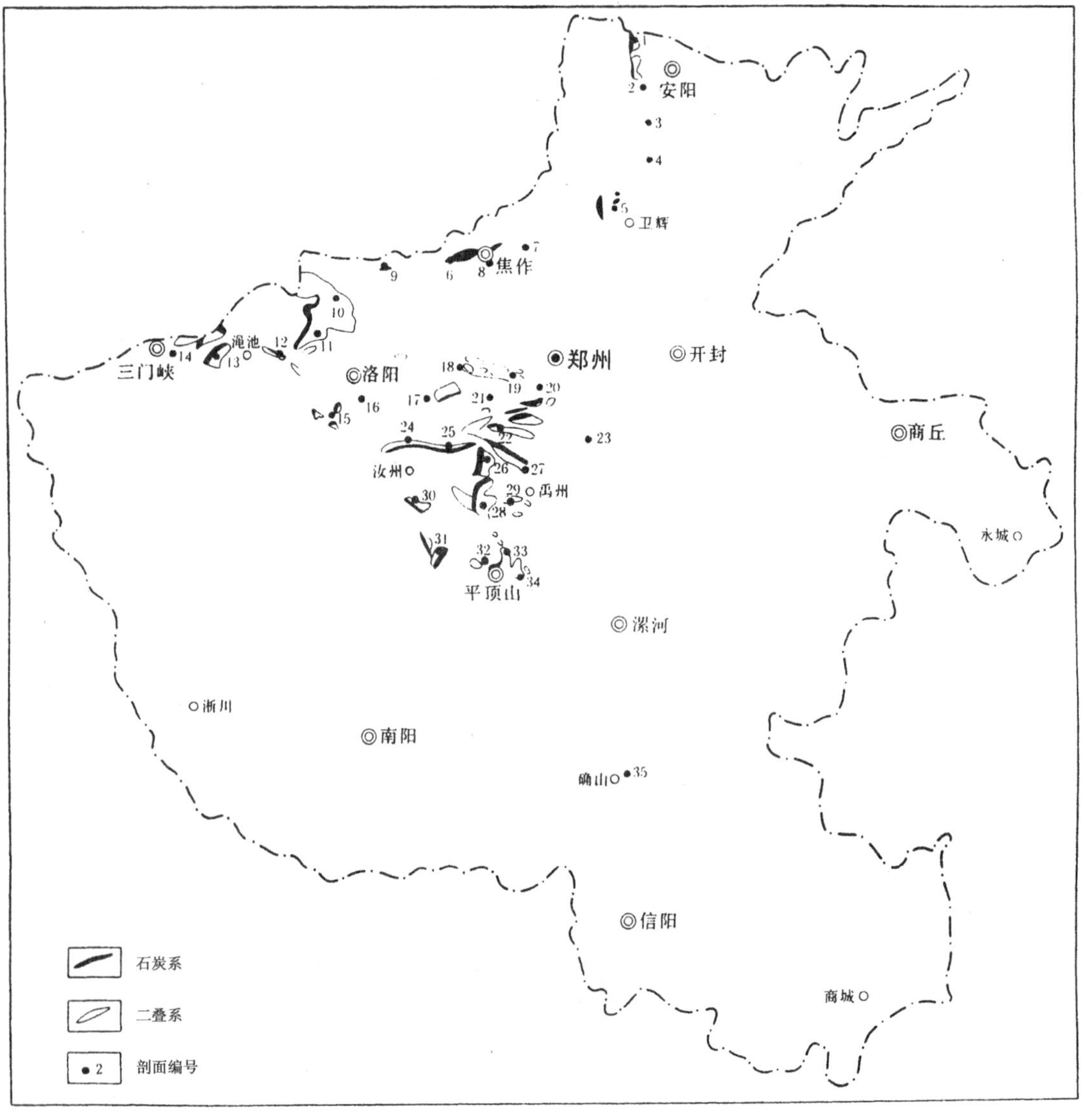

图 5-1 华北地层大区晋冀鲁豫地层区石炭系—二叠系分布及剖面位置图

1. 安阳市红岭；2. 鹤壁市豆马庄；3. 鹤壁市盆场；4. 淇县庙口；5. 卫辉市东陈召；6. 博爱县乔沟；7. 修武县艾曲；8. 焦作市恩村；9. 济源县克井；10. 济源县下白；11. 新安县北冶；12. 渑池县仁村；13. 渑池县观音堂；14. 三门峡市候村；15. 宜阳县庙沟；16. 洛阳市龙门；17. 偃师县府店；18. 巩义市大峪沟；19. 荥阳市矿区；20. 郑州市三李；21. 新密市米村；22. 新密市平陌；23. 新郑县李粮店；24. 登封县新建煤矿；25. 登封县大金店；26. 禹州市滴水潭；27. 禹州市浅井；28. 禹州市大风口；29. 禹州市三峰山；30. 汝州市严和店；31. 鲁山县梁洼；32. 平顶山市香山寺；33. 平顶山市九宫山；34. 平顶山市八矿；35. 确山县吴桂桥

以北岔沟砂岩将月门沟煤系划分为上部和下部。Norin（1924）将月门沟煤系上部和下部分别称上月门沟系和下月门沟系。

【沿革】 翁文灏、Grabau（1925）将下月门沟系称太原系，将上月门沟系称山西系。李四光、赵亚曾（1926）将庙沟灰岩以下的地层称本溪系，将庙沟灰岩之上、斜道灰岩之下的地层称太原系，斜道灰岩至骆驼畔砂岩之下的地层称山西系。在河南省，顾知微、楚旭春

(1951) 在宜洛煤田将石炭系划为月门沟煤系，分为太原统和山西统。此后月门沟煤系被细分为本溪组、太原组和山西组。

【现在定义】 月门沟群指平行不整合于奥陶系或寒武系风化面之上的上古生界下部海陆交互相-陆相含煤岩系，在河南省以禹州市神后大风口剖面为代表，底部以寒武系三山子组古风化面为界，顶部以砂锅窑砂岩底面为界，自下而上分为本溪组、太原组、山西组。

【层型】 该群正层型在山西省太原市西山七里沟（112°23′，37°53′），河南省的次层型为禹州市大风口剖面（113°12′，34°10′），杨起等（1987）测制。

【地质特征及区域变化】见所含三组。

本溪组　$C_{2-3}b$　(05-41-0332)

【创名及原始定义】 取名于李四光、赵亚曾（1926）命名的本溪系。创名地点在辽宁省本溪市西约 6 km 的新洞沟与蚂蚁村之间的牛毛岭，原含义是太原系下部时代属中石炭世的一套"页岩和砂岩，不常含煤层，常含几层海相灰岩，到处产小的 *Staffella*，*Neofusulinella*，和 *Girtynia* 个体"。

【沿革】 李四光、赵亚曾（1926）命名本溪系时，在河南省安阳市、修武县、巩县、密县未划出本溪系。李四光（1927）在河南省新安县、陕县、安阳市也未划出本溪系。曹世禄等（1937）在豫北未正式划出本溪系。顾知微、楚旭春（1951）在宜洛煤田提到奥陶系之上、月门沟煤系底部，即"灰岩之下的铝土岩系及含铁岩层与华北含铝土岩之本溪统为同一时期的沉积"。河南地质研究所（1962）根据 1959 年全国第一届地层会议意见，在河南省划出本溪群，仅指济源、焦作以北及永城地区的铁矿、铝土页岩、灰色砂岩系，上部有薄层灰岩，产 *Fusulina*，*Fusulinella*。河南区测队（1964，1977，1981）将本溪组的分布范围扩大到黄河以南，即将铁铝岩系均归本溪组。这种意见被长期沿用。王德有等（1987）、阎国顺等（1987）的本溪组仅指时代为中石炭世的地层，黄河以南的铁铝层为上石炭统，归太原组博爱段。

【现在定义】 本溪组为月门沟群下部海陆交互相沉积，在河南以禹州市神后大风口剖面为代表，岩性为铝土质泥岩或泥岩，其下与寒武系崮山组为平行不整合接触，其上以出现稳定灰岩（及其下的煤层）与太原组分界。在豫北夹灰岩透镜体及薄煤层（线）。

【层型】 正层型在辽宁省本溪市新洞沟与蚂蚁村沟之间。河南省的次层型为禹州市大风口剖面（113°12′，34°10′），杨起等（1987）测制。

【地质特征及区域变化】 本溪组为河南省华北区石炭系底部沉积，岩性及厚度变化较大，主要岩性为铝土泥岩、铝土矿、铁矿、泥岩、砂岩，在豫北及永城夹灰岩及煤层。

本溪组平行不整合于奥陶系马家沟组或寒武系崮山组之上，由滨海、泻湖相铁铝岩、泥岩，滨岸相碎屑岩组成，其厚度受基底风化壳地形控制，多为 5～45 m，一般 10～30 m，呈西南薄、东北厚的趋势。在鹤壁市娄家沟下段为粉砂岩、铁质高岭石云母泥岩，中段为灰岩夹水云母泥岩，上段为砂岩、煤层及泥岩，厚 51.74 m。在永城县下段为铁质泥岩，中段为铝土页岩及灰岩，上段为页岩及泥岩，厚 33 m。在博爱县乔沟下部为铁质粘土岩，上部为砂岩、泥岩夹高岭石粘土岩，厚 16.43 m。在黄河以南多发育铝土矿（湖田段），厚 4～15 m，巩义市张沟厚达 87 m。

本溪组总体是西南薄，北东厚，西薄、东厚，黄河以北多在 10～40 m 之间，黄河以南 2～15 m。

本溪组化石不甚丰富。在鹤壁市娄家沟中部灰岩透镜体中产䗴类：*Fusulina*，*Fusulinella*，在博爱县黄岭下部泥岩中产双壳类化石 *Edomondia amaeca*，*Sanguinolites discors*，中部产植物化石 *Paripteris gigantea*，*Linopteris brongniartii*，在渑池县仁村产植物化石 *Conchophyllum richthofeni*，时代为中石炭世。在登封县大冶董家沟产植物化石 *Lepidodendron posthumi*，时代为晚石炭世。因此，本溪组的时代由北向南逐渐变新。

本溪组主要矿产为铝土矿、耐火粘土，其次为黄铁矿和铁矿。铝土矿多分布在黄河以南，已发现矿床（点）百余处，储量 3.7 亿吨，居全国第三，属沉积型-水硬铝石型铝土矿，与山西式铁矿、黄铁矿、耐火粘土共生，横向和垂向可递变成粘土岩或铝土质泥岩。耐火粘土多分布在焦作-沁阳、巩义-登封、三门峡-洛阳、平顶山-禹州等地，总储量近 2.5 亿万吨。黄铁矿和铁矿产于 G 层铝土矿底部或下部。

【问题讨论】 本溪组在河南孙健初（1934）归于朱屯层，曹世禄等（1937）归入太原系。后来豫北的本溪组多被广泛应用，对豫西太原组灰岩之下的铁铝层认识不同，划归太原组的主要有河南地质研究所（1962）、王德有等（1987），划为本溪组的主要有河南地矿局（1989）。按岩石地层单位划分原则，豫西的本溪组不应归入太原组。

太原组 P_1t （05-41-0333）

【创名及原始定义】 太原组最早称太原系。翁文灏、Grabau 1922 年创名（手稿，论文于 1925 年发表），Norin. E. 1922 年介绍。创名地点为太原西山。原始定义："华北晚古生代含煤地层的下部"。翁文灏等把华北晚古生代含煤地层分成两部分。下部称太原系，上部称山西系。在太原西山，太原系是指奥陶系风化面以上的一段海陆交互相含煤地层。

【沿革】 太原系自创名之后在华北广泛应用，但其顶底界线常因人而异。李四光、赵亚曾（1926）创立本溪系，将庙沟灰岩之下的石炭纪地层称本溪系，将太原系限在庙沟灰岩至斜道灰岩之间。赵一阳（1958）的太原统为晋祠砂岩之底到南峪沟砂岩之底，底界降低，顶界升高。在河南省，李四光、赵亚曾（1926）、李四光（1927）将河南省安阳地区的大青、小青、复青、山青、野青灰岩统统划归太原统。孙健初（1934）在禹州、密县将与太原系大致相当地层命名朱屯层。曹世禄等（1937）在豫北划的太原统包含了本溪系。此后，所称太原统或组包含本溪组的主要有刘国昌（1947）、中南地质局 401 队（1956）、黄声球（1959）、王德有等（1987）（在黄河以南）、杨起等（1987），不包含本溪组的居多，主要有河南区测队（1977，1981），河南地矿局（1989）、河南煤田地质公司（1991）等。本文选用太原组，停止使用朱屯层、博爱段，未用大涧段、磨街段、禹县组或猪头沟组。

【现在定义】 太原组为月门沟群中部地层。在河南省太原组以禹州市神后大风口剖面为代表，为本溪组之上、山西组之下的一套灰白色砂岩、灰黑色页岩、煤及灰岩组成的海陆交互相含煤岩系，其下以出现稳定灰岩（及其下的煤层）为底界与本溪组整合接触，其上以最上一层灰岩顶面与山西组整合接触。

【层型】 该组正层型在山西省太原市西山七里沟（112°23′，37°53′）。河南省的次层型为禹州市大风口剖面（113°12′，34°10′），杨起等（1987）测制。

【地质特征及区域变化】 太原组主要岩性为泥岩、灰岩、砂岩、粉砂岩及煤层，为碳酸盐台地及潮坪、泥炭坪沉积，可分为下段、中段、上段，现分述之。

(1) 下段：又称大涧段，由 4 层灰岩（L_1—L_4）及其下的 4 层煤（$一_1$—$一_4$）相间组成，夹泥岩、砂质泥岩、灰岩，局部含燧石层，厚 5～23 m，富含生物碎屑。其中 L_1、L_2 灰岩发育较好。灰岩层数自西向东增多，西部新安、渑池、济源一带 1～2 层，L_1、L_3 缺失（不稳定)，东部永城可达5层。

(2) 中段：又称胡石砂岩段，磨街段，由灰白、灰色中细粒石英砂岩（胡石砂岩，因宜洛煤田的胡石煤而得名)、砂质泥岩夹薄煤及1～3层灰岩（L_5—L_6）透镜体组成，厚5～11 m，最大不超过56 m。

(3) 上段：又称猪头沟段，由深灰色中厚层燧石灰岩、砂质泥岩、泥岩和煤组成。含灰岩一般2～3层（L_7—L_9)，其中L_7或L_8发育较好，局部达4～5层，含煤4—5层。陕县、渑池、济源一带往往缺失灰岩，为泥岩或泥质灰岩代替。厚20 m左右。

太原组总体特征是西南薄、东北厚，西薄、东厚，在陕县、济源等地碎屑岩多，灰岩夹层少。太原组下段、上段厚度比较稳定，而中段厚度变化大，导致太原组厚度变化。下段4层灰岩稳定，其下的煤层北部好于南部，郑州市三李L_3之下有较厚的粗砂岩。中段灰岩夹层有变化，其上的泥岩较稳定，其下的砂岩、泥岩在豫北较厚，其间的砂岩（胡石砂岩）稳定，在郑州市三李发育厚的粉砂岩。上段灰岩稳定，但南部L_7厚，其下煤层南部好于北部，灰岩之间的泥岩一般比较稳定。

太原组古生物化石十分丰富，主要有䗴、有孔虫、牙形石、介形类、腕足类、珊瑚、双壳类、古植物等。太原组的时代以䗴为例，下段发育 *Rugosofusulina*，*Quasifusulina*，中段产 *Triticites*，*Schwagerina*，上段产 *Oketaella* ，*Eoparafusulina*，时代为早二叠世。以牙形石为例，下中段产 *Streptognathodus elongatus*，*S. wabaunsensis*，上段产 *Diplognathodus expansus*，*Sweetognathus whitei*，时代为早二叠世。

太原组的矿产主要为煤，其次为灰岩。煤称一煤段，煤层多在灰岩之下，主要煤层有$一_1$、$一_5$、$一_8$煤，局部可采，或大面积可采，安阳、鹤壁$一_1$、$一_2$煤层1～2 m，$一_1$、$一_3$煤在荥巩、登封等地局部可采。$一_1$煤发育最好，到汝州、禹州、平顶山变为不可采煤层。$一_5$煤在焦作一登封地区局部可采。$一_8$煤在宜洛、汝州煤田发育，局部可采。此外，L_2灰岩、L_8灰岩可作熔剂灰岩。

山西组　$P_1\hat{s}$　(05－41－0334)

【创名及原始定义】 取名于Blackwelder(1907)创名的山西系。原始定义:“从Richthofen和其他观察者的考察中，可知石炭纪和二叠—石炭纪陆相沉积在山西省广泛出露。因此，我们提出山西系的名称。在太原府附近向南到汾河向西弯曲处。我们时常发现它们。在太原府和水文县之间露头是几乎连续的。那儿有两套主要地层：(1) 杂页软页岩，Richthofen 称为大阳系，它包含煤层，并直接覆盖在震旦纪灰岩之上；(2) 一大套浅红色砂岩夹少量砂质页岩。”

【沿革】 山西系自创名以后被广泛应用。Norin (1922) 将山西系划分为月门沟煤系（顶界为骆驼脖砂岩)、石盒子系、石千峰系，Norin (1924) 又将月门沟煤系分为上、下月门沟系，其分界为北岔沟砂岩。翁文灏、Grabau (1925) 将下月门沟系称太原系，将上月门沟系称山西系，从而将原山西系限窄了。这一含义的山西系被李四光、赵亚曾 (1926) 等沿用，多指北岔沟砂岩至骆驼脖砂岩底面之下的一段地层，仅有赵一阳 (1958) 将山西组的底界划在南峪沟砂岩之底，顶界划在习惯上的下石盒子组顶界。在河南省，孙健初 (1934) 在禹州市划分神后层，认为与山西系相当。曹世禄等 (1937) 在豫北将山西统划归中二叠统。此后，山西组顶底界线的划分不太一致，底界多在太原组灰岩之上，顶界划在大占砂岩之下的有顾知微等 (1951)、中南地质局401队 (1956)、黄声球 (1959)、河南地质研究所 (1962)、河南区测队 (1964、1977、1981)，将山西组顶界划在砂锅窑砂岩底面之下的主要有河南煤田局

(1980)、河南地科所（1988)、杨起等（1987)、河南煤田地质公司（1991）等。河南地矿局(1989)的山西组下界为太原组上段之底，上界止于大占砂岩底面。本次对比研究选用山西组，停止使用神后层。

【现在定义】 山西组为月门沟群上部地层，在河南省以禹州市神后大风口剖面为代表，指太原组之上的一套灰色、黑色页岩、砂质页岩夹煤层、灰白色砂岩、砂质泥岩、泥岩，含紫斑泥岩。其底界划在太原组最上一层灰岩的顶面，其顶界在砂锅窑砂岩的底面。

【层型】 该组正层型在山西省太原市西山七里沟（112°23′，37°53′)。河南省的次层型为禹州市大风口剖面（113°12′，34°10′)，杨起等（1987）测制。

【地质特征及区域变化】 山西组为一套潮坪、泻湖、泥炭沼泽及三角洲沉积。自下而上划分为$二_1$煤段，大占砂岩段、香炭砂岩段和小紫斑泥岩段。现分述之。

（1）$二_1$煤段：下部为深灰色、黑色含菱铁矿结核泥岩、砂质泥岩及条带状砂岩组成，在济源、新安、渑池、荥巩、鹤壁、永城一带普遍相变为中粒石英砂岩，厚10～40 m。向上过渡为黑色泥岩和煤层（$二_1$—$二_2$煤)，其中$二_1$煤全省普遍可采，厚0～37.78 m，一般5.35 m。

（2）大占砂岩段：为灰白色细中粒含云母碎片及岩屑砂岩（K_1)，以宜洛煤田的大占煤而得名，为$二_1$煤顶板，局部相变为泥岩或砂质泥岩。三门峡、渑池、宜洛、新密、禹州一带厚14～40 m，有时分叉为两层，在安阳、鹤壁、焦作、汝州、平顶山一带厚仅4～7 m。

（3）香炭砂岩段：下部为黑色砂质泥岩、泥岩，夹数层薄煤（香炭煤$二_4$—$二_5$煤)，上部为浅灰一深灰色中细粒砂岩（香炭砂岩)、砂质泥岩、泥岩，厚15～40 m。

（4）小紫斑泥岩段：由1—3层紫斑泥岩组成，局部紫斑不明显，具鲕粒，济源、焦作一带厚3～5 m，登封地区厚15～30 m。

山西组总体南部较薄，为50～60 m，豫北、永城较厚，达100～120 m。$二_1$煤段中砂岩在郑州市三李一带较厚，泥岩向北增厚，大占砂岩段禹州市以南为单层砂岩，向北分叉为二层。该段煤层北部靠下，南部靠上。香炭砂岩段南部砂岩发育，北部泥岩发育。小紫泥岩段中砂岩夹层多发育在郑州市以北，顶部在豫北有铝质泥岩。

山西组除新郑—登封一带含非正常海相腕足类、禹州地区含双壳类：*Phestia*，*Schizodus* 外，一般以古植物化石为主，主要有 *Emplectopteris triangularis*，*Empectopteridium alatum*，*Cathaysiopteris whitei*，时代为早二叠世。

山西组为二煤段，以煤为主，兼有耐火粘土、高岭石粘土。共有煤层3～5层，其中$二_1$煤为河南省主要可采煤层，厚0～37.78 m，平均5.35 m，$二_2$煤在偃（师）龙（门）煤田、新密、登封等地局部可采，$二_3$、$二_4$煤在济源县下冶局部可采，小紫泥岩段发育耐火粘土，禹州、焦作等地$二_1$煤赋存高岭石夹矸。

石盒子组 $P_{1-2}\hat{s}$ （05-41-0335)

【创名及原始定义】 起初称石盒子系，1922年Norin创名于太原东山陈家峪石盒子沟。原始定义是指月门沟煤系之上，石千峰系之下的一套黄绿色、紫红色砂页岩系，并分为下石盒子系和上石盒子系。“下石盒子系几乎全由灰、绿、黄等色的泥质沉积物和淡色的砂岩所组成；上石盒子系则以巧克力色的沉积物为主要成份。”石盒子系以骆驼脖子杂砂岩底为下界，以大羽羊齿带为上界。

【沿革】 石盒子系及其划分的上、下石盒子系自创名以来，被广泛应用于华北。孙健初(1934）在禹州市创名大风口层，认为“与山西石盒子系相类似，唯山西石盒子系不含煤”。曹世禄等（1937）在豫北划出石盒子统，刘国昌（1947）在英豪煤田划出石盒子系，并将在马头山所见白砂岩归入。顾知微等（1951）在宜洛煤田划出石盒子系，其底界为大占砂岩之底，顶界在“三叠纪底部灰黄或灰绿色石英岩”（相当现今平顶山砂岩）之底面。中南地质局401队（1956）的石盒子统底界为相当大占砂岩之底面，顶界在平顶山砂岩之上杂色页岩夹黄色砂岩之顶。自从上、下石盒子组应用后，下石盒子组底界划在大占砂岩底界的有黄声球（1959）、河南地质研究所（1962）、河南区测队（1964，1977，1981）等，将下石盒子组底界划在砂锅砂岩之底的有河南煤田地质公司（1990）、杨起等（1987）、河南煤田地质公司（1991）。上石盒子组底界划在四煤底板砂岩的有河南地质研究所（1962）、河南区测队（1964，1981，1989）等，划在田家沟砂岩之底的有杨起等（1987）、河南地质公司（1991）。上石盒子组顶界划在平顶山砂岩之顶的有河南区测队（1964、1977、1981、1989），划在平顶山砂岩之底的有河南地质研究所（1962）、河南煤田公司（1980）、杨起等（1987）、河南煤田公司（1991）。本次对比研究选用石盒子组，停止使用上、下石盒子组、大风口层。

【现在定义】 在河南省石盒子组以禹州市神后大风口剖面为代表，指砂锅窑砂岩之上、平顶山砂岩顶面之下的一套黄绿色、灰色、紫红土色页岩、泥岩、煤层（线）、砂岩、粉砂岩、硅质海绵岩组成的河湖相沉积岩系。总厚653.22 m，时代为二叠纪。自下而上划分为小风口段、云盖山段、平顶山段。

【层型】 该组新层型在山西省太原市西山骆驼脖子沟—石千峰山（112°22′，37°52′）。河南省的次层型为禹州市大风口剖面（113°12′，34°10′），杨起等（1987）测制。

【地质特征及区域变化】 见所含三段。

小风口段 $P_{1-2}\hat{s}^{x}$ （05－41－0336）

【创名及原始定义】 取名于杨关秀（1985）创名的小风口组，创名地点在禹州市神后大涧村南的小风口，原指大风口群下部的长石石英砂岩、砂质页岩、页岩、紫斑泥岩、粉砂岩、泥岩夹煤层（线），底界为砂锅窑砂岩底面，顶界为田家沟砂岩底面，包括三、四、五煤段，厚300 m，时代为早二叠世。

【沿革】 见石盒子组及表5－1。

【现在定义】 同原始定义，为石盒子组下部灰白色砂岩、灰紫色铝土泥岩、灰绿色 、灰黄色砂质泥岩 、泥岩及煤层，包括三、四、五煤段，底界为砂锅窑砂岩底面，与山西组整合接触，顶界为田家沟砂岩底面，与云盖山段整合接触。

【层型】 正层型为禹州市大风口剖面（113°12′，34°10′），杨起等（1987）测制。

上覆地层：**石盒子组** 云盖山段：灰白色中粒长石石英砂岩

——————— 整 合 ———————

小风口段	总厚度 306.25 m
58. 黄灰色含紫斑泥岩、粉砂质泥岩、粉砂岩	18.80 m
57. 黄灰色粉砂质泥岩与粉砂岩互层	4.56 m
56. 灰色细粒砂岩（柳叶碳砂岩）	6.06 m
55. 灰、灰黄色泥岩、粉砂质泥岩夹细粒砂岩，含植物化石：*Taeniopteris taiyuanensis*	12.90 m
54. 绿灰色中粒砂岩	4.19 m
53. 浅灰色泥岩夹煤线，含腕足类化石：*Lingula*	2.79 m
52. 浅灰色粉砂质泥岩，顶部五$_2$煤层	2.58 m

51. 灰色细粒砂岩夹煤线 5.13 m

50. 黄灰、灰色泥岩 12.54 m

49. 黄绿、灰色泥岩，局部含紫斑，顶底部为粉砂岩、细粒砂岩互层，含植物化石：*Lepidodendron oculus-felis*，*Lobatannularia heianensis*，*Cladophlebis* sp.，*Gigantonoclea* sp.，*Taeniopteris taiyuanensis* 9.95 m

48. 绿灰色细粒砂岩（四、五煤段分界砂岩），顶底部为中粒砂岩 4.96 m

47. 灰色含少量紫斑泥岩，顶部粉砂岩 8.43 m

46. 黄色具紫斑泥岩，水平层理 5.42 m

45. 黄色具紫斑泥岩，浅灰色中粒砂岩 9.49 m

44. 灰黄色粉砂岩、泥岩，产植物化石：*Lobatannularia ensifolia*，*L. papilioformis*，*P. lativenosa*，*Gigantonoclea cathaysiana*，*Compsopteris contracta* 8.65 m

43. 灰黄色、灰黑色泥岩夹煤线，含植物化石：*Lobatannularia ensifolia*，*Pecopteris orientalis*，*P. nervosa* 10.78 m

42. 灰黄色泥岩夹粉砂岩，含菱铁矿结核，产腕足类化石：*Lingula*，植物化石：*Annularia papilioformis*，*Loabtannularia multifolia*，*L. cathaysiana*，*L. gracilenta*，*L. ensifolia*，*Pecopteris andersonii*，*P. norinii*，*Neuropteridium potymorphum*，*Gigantonoclea cathaysiana*，*G. mira*，*G. yabei*，*Taeniopteris densissima*，*Compsopteris contracta* 9.95 m

41. 灰色细粒砂岩（红砂炭砂岩），槽状交错层理 3.52 m

40. 灰色泥岩，含植物化石：*Sphenophyllum* cf. *speciosum*，*Lobatannularia ensifolia*，*Pecopteris orientalis*，*P. tenuicostata*，*P. nervosa*，*Neuropteridium coreanicum*，*Gigantonoclea cathaysiana*，*Chioropteris* sp.，*Cordaites* sp. 2.73 m

39. 灰色细粒砂岩、粉砂质泥岩，顶部四$_4$煤层 3.22 m

38. 蓝灰色中粒砂岩、灰色粉砂岩夹煤线，含植物化石：*Annularia gracilescens*，*Gigantonoclea* sp.，*Plagiozamites oblongifolius*，*Pecopteris nervosum* 14.43 m

37. 灰黄色粉砂质泥岩，顶底部为细、中粒砂岩、含植物化石：*Sphenophyllum kobonense*，*S.* cf. *thonii*，*S. gongxianense*，*Annularia gracilescens*，*Lobatannularia ensifolia*，*L. heianensis*，*Pecopteris orientalis*，*Fascipteris* spp.，*Neuropteridium* sp.，*Cladophlebis* sp.，*Gigantonoclea* spp.，*G. cathaysiana*，*Gigantopteris* sp.，*Chiropteris* sp.，*Cordaites* sp. 4.56 m

36. 灰色、灰黑色泥岩夹粉砂岩 5.49 m

35. 灰色泥岩夹细粒砂岩，顶部有煤线，含植物化石：*Sphenophyllum* cf. *speciosum*，*Lobatannularia ensifolia*，*L. gracilenta*，*L. heianensis*，*Sphnopteris gongxianense*，*Pecopteris anderssonii*，*P. lativenosa*，*P. nervosu*，*P. tenuicostata*，*Cladophlebis* spp.，*Fascipteris* spp.，*Neuropteridium coreanicum*，*Gigantonclea cathayiana* *Taeniopteris* sp.，*Cordaites principalis*，*C. sckenkii*，*Nilssonia* sp. 4.75 m

34. 灰色、灰黄色泥岩、粉砂质泥岩 5.59 m

33. 灰黄色中粒砂岩（三、四煤段分界砂岩），上部为细粒砂岩、粉砂岩，具泥裂、雨痕，含植物化石：*Gigantonoclea* sp.，*Taeniopleris latecostata*，*Nilssonia* sp. 8.49 m

32. 黄灰色粉砂质泥岩，含植物化石：*Sphenophyllum sino-coreanum*，*Lobatannularia ensifolia*，*L.* cf. *heianensis*，*Plagiozamites oblongifolius*，*Chansitheca kidstonii*，*Sphenopteris gongxianensis*，*Pecopteris lativenosa*，*P. anderssonii*，*P. orientalis*，*Fascipteris densata*，*F. sinensis*，*Cladophlebis* sp.，*Neuropteridium coreanicum*，*Gigantonoclea cathayiana*，*Taeniopteris* sp. 6.23 m

31. 灰色细粒砂岩 3.01 m

30. 灰色泥岩夹细粒砂岩及煤线，含植物化石：*Lobatannularia ensifolia*，*Chiropteris* sp.，*Pecopteris anderssonii*，*P. taiyuanensis*，*Neuropleridium* sp.，*Gigantonoclea cathaysiana* 5.92 m

29. 灰黄色泥岩夹煤线，底部细粒砂岩，含植物化石：*Lobatannularia sinensis*，*L. gracilenta*，*L. ensifolia*，*L. lingulata*，*Sphenopyllum* cf. *speciosum*，*Pecopteria arcuata* *Neuropteridium coreanicum*，*Chiropteris* sp.，*Gigantonoclea cathaysiana*，*G. mira*，*Taeniopteris shansiensis* 9.04 m

28. 煤层（三 9 煤），有夹矸多层，顶部碳质泥岩 4.5 m

27. 灰黄色局部具紫斑泥岩，含菱铁矿结核，含腕足类化石：*Lingula* sp. 14.4 m

26. 灰黄色细粒砂岩，含菱掏矿结核，产腕足类化石：*Lingula* sp. 4.62 m

25. 灰绿、灰黄色粉砂岩夹菱铁矿结核的泥岩，含植物化石：*Sphenophyllum* cf. *thonii*，*Lobatannularia ensifolia*，*L. lingulata*，*L. sinensis*，*Calamites gigsa*，*Pecopteris anderssonii*，*P. orientalis*，*Cladophlebis* spp.，*Fascipteris* cf. *densata*，*F. tockchonensis*，*Neuropteridium coreanicum*，*Gigantonoclea cathaysiana*，*Cordaites principalis* 8.04 m

24. 灰黄色泥岩夹紫斑泥岩，底部薄层细粒砂岩 13.77 m

23. 灰黄绿色泥岩与紫斑泥岩互层 16.92 m

22. 灰黄绿色细粒砂岩（老君庙砂岩） 2.23 m

21. 灰色、紫色斑状泥岩，致密块状 9.58 m

20. 暗紫红色泥岩（大紫泥岩），夹碳质泥岩透镜体 1.24 m

19. 上部紫色、灰色斑状泥岩，含菱铁矿结核，中部紫色黄绿色泥岩互层，下部灰色泥岩及粉砂岩，含植物化石：*Pecopteris orientalis*，*Gigantonoclea cathaysiana*，*Dicranophyllum yuxianense*，*Taeniopteris* spp.，*Primocycas chinensis*，*Plagiozamites oblongifolius* 11.69 m

18. 灰色中粒至粗粒砂岩（砂锅窑砂岩），具反粒序结核，板状交错层理 5.10 m

——————— 整　合 ———————

下伏地层：山西组　黄灰色薄层泥岩

【地质特征及区域变化】　小风口段为一套三角洲相含煤沉积，主要岩性为砂岩、粉砂岩、泥岩和煤层。自下而上分为三、四、五煤段。

（1）三煤段：底部为砂锅窑砂岩（K_2）（因登封县砂锅窑村而得名），岩性为浅灰、灰白色含砾中粗粒长石石英砂岩，向上为灰紫色铝土质泥岩或灰白色高岭石粘土岩，具豆、鲕粒结构，俗称“大紫斑泥岩”或“米村泥岩”（因新密市米村而得名）。向上过渡为灰绿、灰白色砂岩、灰黄色砂质泥岩、泥岩，其顶界为三、四煤分界砂岩（K_3）。该段厚约 134 m。

（2）四煤段：其底部为三、四煤分界砂岩（K_3），岩性为灰黄色中粒砂岩、细粒砂岩、粉砂岩，厚 8 m，向上变为灰黄色、灰色泥岩、粉砂质泥岩夹煤线（层），上部为黄色具紫斑泥岩。该段厚 43～94 m，一般 53 m。

（3）五煤段：其底面在四、五煤分界砂岩，岩性为绿黄色细粒砂岩，向上过渡为含菱铁矿结核泥岩、细砂岩、泥岩夹煤线，顶界为田家沟砂岩（K_4）之底。该段厚 58～124 m，一般 79 m。

小风口段总体南厚北薄，砂岩厚度变化不大，泥岩和煤层（线）多在黄河以南分布，黄河以北基本不含煤。

小风口段含有半咸水双壳类化石及无铰纲腕足类化石 *Lingulla*，植物化石主要有 *Gi-*

gantonoclea catahysiana, *Lobatannularia ensifolia*, *Fascipteris* 等，时代为早二叠世晚期。

小风口段矿产以煤为主，其次有耐火粘土。煤矿在各煤段发育不同。三煤段含煤 3～5 层，禹州、平顶山、确山、永城一带发育最好，三$_2$煤可采。向上三$_3$、三$_4$煤在平顶山、确山地区都较发育，累厚达 5～20 m。四煤段含煤 4～5 层，煤层自北向南变好，煤层增多，稳定。四$_1$、四$_3$煤登封以南可采。五煤段含煤层 0～5 层，一般 1～2 层，在荥巩、禹州、平顶山、永夏一带含可采煤层。此外，三煤段的大紫泥岩中发育耐火粘土。

【问题讨论】 关于小风口段内煤组（段）的划分，前人编号繁杂，但总体有分为三个或四个煤组两种意见，河南煤田公司（1980、1991）的三、四煤段相当杨关秀（1985）、杨起等（1987）的三煤段。河南煤田地质公司（1980、1991）的五、六段分别相当杨起等（1987）的四、五煤段。

云盖山段 $P_{1-2}\hat{s}^{y}$ （05－41－0337）

【创名及原始定义】 取名于杨关秀（1985）创名的云盖山组，创名地点在禹州市神后北 5 km 的云盖山。原指大风口群上部地层，“包含六、七、八含煤段，由灰黄、灰绿色泥岩、紫斑泥岩、粉砂质泥岩、细砂岩夹煤层等组成。除了本组底部田家沟砂岩外，在七煤段中含有 3—4 层硅质海绵岩（硅质岩层）及多层硅质泥岩。”厚 247.77 m，时代为晚二叠世。

【沿革】 云盖山组自创名以后，杨起等（1987）改称上石盒子组，含义与云盖山组相同。本次沿用称云盖山段。

【现在定义】 同原始定义，为石盒子组中部地层，指田家沟砂岩底面之上到平顶山砂岩底面之下的一套灰绿色泥岩、粉砂岩夹白色砂岩、紫斑泥岩、灰黄色硅质海绵岩及煤层，包含六、七、八煤段。

【层型】 正层型为禹州市大风口剖面（113°12′，34°10′），杨起等（1987）测制。

上覆地层：石盒子组　平顶山段：灰白色中厚层状中细粒长石石英砂岩（平顶山砂岩）

——————— 整　合 ———————

云盖山段　　总厚度 247.77 m

92. 紫红色泥岩、灰色粉砂岩、细粒砂岩　　6.55 m

91. 绿灰色、黄绿色具紫斑泥岩　　29.04 m

90. 灰、灰绿色泥岩及紫斑状泥岩，上部含植物化石：*Lobatannularia cathaysiana*, *Cladophlebis henanensis*, *Fascipteris stena*, *Chiropteris renifomis*, *Taeniopteris spatulata*, *Rhipidopsis panii*, *Pseudorhipidopsis brevicaulis*, *Sphenobaiera tenuistriata*, *Fascipteridium ellipticum*, *Psygmophyllum multipartitum*，腕足类化石：*Lingula* sp.　　18.88 m

89. 绿灰色中粒长石石英砂岩　　3.34 m

88. 灰黄、深黄色粉砂岩、泥岩，含植物化石：*Gigantonoclea* sp., *Sphenobaiera tenuistrata*, *Yuania gigantea*　　9.02 m

87. 绿黄色含砾岩屑长石石英砂岩　　1.16 m

86. 黄灰、绿灰色具紫斑泥岩，含植物化石：*Annularia pingloensis*, *Cladoplebis henanensis*, *Lobatannularia cathaysiana*, *Schizoneura manchurica*, *Sphenophyllum* cf. *speciosum*, *S. sino-coreanum*, *Gigantonoclea rosulata*, *Gigantopteris nicotianaefolia*, *G. densireticulatus*, *Chiropteris reniformis*, *Psygmophyllum multipartitum*　　26.26 m

85. 红褐、黄灰色细粒至中粒砂岩（大风口砂岩）　　3.9 m

84. 灰绿、灰黄色泥岩夹细粒砂岩，含植物化石：*Yuania gigantea*，*Chiropteris reniformis*，*Cladophlebis henanensis*，*Fascipteris densata*，*Neuropteridium coreanicum*，*Gigantopteris nicotianaefolia*，*Giganonoclea rosulata*，*Taeniopteris densissima*，*Sphenopbaiera tenuistriata*，*Psygmophyllum multipartitum* 10.33 m

83. 灰、黄褐色泥岩，粉砂岩夹煤线 9.29 m

82. 灰色泥岩、粉砂岩，顶部夹煤线，含植物根叶化石：*Annularia mucronata*，*Cladoplebis henanensis*，*Tingia taeniata*，*Fascipteris stena*，*Neuropteridium coreanicum*，*Gigantonoclea rosulata*，*Chiropteris reniformis*，*Pseudorhipdopsis brevicaulis*，*Psygmophyllum multipartitum* 6.42 m

81. 黄绿色中粒砂岩，局部含砾，上部泥岩夹煤线，含腕足类化石：? *Lingula* sp. 2.02 m

80. 黄绿、灰黑色泥岩、粉砂岩，下部泥岩中含植物化石：*Lepidodendron cervicisum*，*Lepidophylloides* sp.，*Sphenophyllum sino－coreanum*，*S.* cf. *speciosum*，*Lobatannularia cathaysiana*，*Annularia mucronata*，*Pecopteris tenuicostata*，*Cladophlebis henanensis* 7.09 m

79. 黄灰色细粒砂岩、泥岩、上部为七$_5$煤，顶板为硅质岩 2.86 m

78. 灰黄色泥岩、粉砂岩，含植物化石：*Annularia mucronata*，*Lobatannularia multifolia*，*L. heianensis*，*Pecopteris crassinervis*，*Cladophlebis henanensis*，*Taeniopteris hunanensis*，*Psygmophyllum multipartitum* 1.17 m

77. 灰黑色硅质岩 0.66 m

76. 灰色粉砂质泥岩，顶部有煤线，含植物化石：*Lepidostrobus* sp.，*Annularia mucronata*，*Sphenophyllum* sp.，*Pecopteris tenuicostata*，*P. anderssonii*，*Cladophlebis henanensis*，*Neuropteridium coreanicum*，*Gigantonoclea rosulata*，*Gigantopteris nicotianaefolia*，*Taeniopteris* sp.，*Psygmophyllum multipartitum* 2.61 m

75. 灰黑色硅质岩 0.56 m

74. 灰黑、灰色泥岩、粉砂岩 5.47 m

73. 黄绿色细粒砂岩 4.14 m

72. 黄灰、灰黑色泥岩夹粉砂岩、细粒砂岩 16.20 m

71. 灰绿色中粒砂岩（六、七煤段分界砂岩） 1.23 m

70. 灰绿色、黄绿色紫斑泥岩 11.87 m

69. 黄灰色细粒砂岩，夹粉砂质泥岩 1.31 m

68. 黄绿、灰色泥岩、粉砂岩，顶部产腕足类化石：*Lingula*，植物化石：*Lobatannularia multifolia*，*Sphenobaiera tenuicostata*，*Psygmophyllum multipartitum* 13.29 m

67. 绿黄、灰色泥岩、粉砂岩，顶部为六$_4$煤层，含植物化石：*Annularia mucronata*，*Lobatannularia multifolia*，*Sphenophyllum sino－coreanum*，*Pecopteris crassinervis*，*Psygmophyllum multipartitum*，*Fascipteris stena*，*Cladophlebis henanensis*，*Gigantonoclea cathaysiana*，*Gigantopteris nicotianaefolia*，*Chiropteris reniformis* 2.58 m

66. 灰黑色泥岩、粉砂岩，顶部夹六$_3$煤层，含腕足类化石：*Lingula* 4.62 m

65. 灰绿色细粒砂岩，顶部为六$_2$煤层 1.30 m

64. 黄灰色细粒砂岩，泥岩夹煤线，含腕足类化石：*Lingula*. 4.72 m

63. 黄褐色细粒砂岩，灰色泥岩夹煤线 4.90 m

62. 灰黑、黄绿色泥岩夹煤线 11.31 m

61. 黄灰色、紫红色斑块状泥岩，上部灰色、黄绿色泥岩，含腕足类化石：*Lingula*. 11.04 m

60. 黄、灰黑色泥岩互层，向上为粉砂岩、细砂岩 3.63 m

59. 灰白色中粒长石石英砂岩（田家沟砂岩），局部含灰绿色泥砾，向上为含砾粗粒石英砂岩 9.0 m

———————— 整　合 ————————

下伏地层：小风口段　黄灰色含紫斑泥岩、粉砂质泥岩和粉砂岩

【地质特征及区域变化】　该段为一套三角洲相含煤沉积，主要岩性为砂岩、细砂岩、粉砂岩、泥岩、硅质海绵岩，自下而上分为六、七、八煤段（河南煤田地质公司称七、八、九煤段），现分述之。

（1）六煤段：底部为浅灰、灰白色中粗粒砂岩，常含砾石及海绿石，厚 0.53～31.43 m，平均 8.31 m，俗称田家沟砂岩（K_4）。下部为灰色泥岩及青灰色砂岩互层，中部以灰色砂质泥岩及细砂岩为主，夹深灰色泥岩，含煤 2～7 层，俗称柳叶煤。上部灰绿色泥岩、粉砂岩，夹紫斑泥岩。中、上部夹 3～5 层单层厚 0.1～0.3 m 的灰褐色、灰黄色硅质海绵岩（K_5）。该段厚 53～167 m，一般 95 m。

（2）七煤段：底部为粗粒岩屑石英砂岩，为六、七煤分界砂岩，中部以深灰色泥岩及青灰色细砂岩为主，夹煤 2 层，煤层顶板具含菱铁矿岩夹层，中下部夹硅质海绵岩 3～7 层，单层厚 0.1～0.5 m，上部为灰色、灰绿色及青灰色砂质泥岩，与细砂岩互层，顶部常含铝质，具紫斑。该段厚 35～144 m，平均 77 m。

（3）八煤段：底部为中粗粒长石砂岩，为七、八煤分界砂岩，俗称大风口砂岩（以禹州神后大风口而得名）。下部以泥岩为主，夹粉、细砂岩，上部为灰色泥岩、砂质泥岩及粉、细砂岩互层。该段厚 0～137 m，东厚西薄。

云盖山段总体南薄北厚，大风口一带最薄。砂岩夹层向北多变厚，煤层向北减少以至消失。硅质海绵岩夹层向北减少。紫色粉砂质泥岩向北逐渐增多，到豫北占优势。在区域上，陕渑观音堂等地缺失七、八煤段。

云盖山段含大量的腕足 *Lingulla*，双壳类及海绵骨针，而且植物化石十分丰富，主要有 *Gigangtopteris nicotianefolia*，*Lobatannularia multifolia*，*Psygmophyllum multipartitum*，*Fascipteris ellipticum*，*Taeniopteris spatulata* 等，时代为晚二叠世。

该段含煤较差，六煤段含煤，七煤段仅平顶山、永城含煤，八煤段基本不含煤。六煤段发育于豫西及豫东南，六$_2$煤稳定，新安和济源 2～4 层，宜阳 3～5 层，局部可采，禹州、平顶山煤达 6 层，其中六$_2$煤厚 0.23～1.59 m，大面积可采，豫东太康、周口、拓城一带含煤较好。七、八煤段不含有工业价值的煤。

平顶山段　$P_{1-2}\hat{s}^{p}$　（05－41－0338）

【创名及原始定义】　取名于中南地质局 401 队（1956）命名的平顶山砂岩，创名地点在河南省平顶山市北的平顶山，指二叠纪石盒子统上部的长石石英砂岩，厚 100 m。其上有一层黄色松砂岩及杂色页岩，为石盒子统与石千峰统的过渡沉积。

【沿革】　平顶山砂岩自正式命名以来被广泛应用。黄声球（1959）称平顶山砂岩，归石盒子统。河南地质研究所（1962）称平顶山砂岩组，归三叠纪石千峰群。其后河南区测队（1964，1971，1981）均将其划为上石盒子组上段，河南煤田地质公司（1980，1991）将其称平顶山砂岩段，归石千峰组。杨关秀（1985）还根据孙健初（1934）在禹州市创建的三峰山砂岩称三峰山组。本次对比研究称平顶山段，归石盒子组。

【现在定义】　平顶山段为石盒子组上部地层，指云盖山段之上，石千峰群孙家沟组之下的浅黄色厚层至巨厚层中—粗粒长石石英砂岩，夹浅黄色砂质泥岩，底部含小砾，其下与云

盖山段含煤岩系的泥岩为整合接触，其上以灰黄色砂岩与孙家沟组暗紫色泥岩、页岩为整合过渡关系。

【层型】 选层型为平顶山市八矿剖面（113°26′，33°46′），中南煤炭管理局126队1965年测制。

上覆地层：孙家沟组 灰绿色细砂岩

——————— 整 合 ———————

石盒子组：平顶山段 厚100 m

73. 灰白、肉红色中一粗粒长石石英砂岩，下部局部巨粒，底部含小砾石，砂岩中夹浅黄色砂质泥岩 100 m

——————— 整 合 ———————

下伏地层：云盖山段 灰白色砂岩、粉砂质泥岩

【地质特征及区域变化】 本段为灰白—灰色巨厚层粗—细粒长石石英砂岩夹灰绿、灰黄色粘土岩或薄层粉砂岩，在区域上十分稳定。底部含砾，局部为细砾岩，陕渑一带与下伏地层之间有沉积间断，豫西地表露头常形成陡坎或单面山。

平顶山段在全省稳定，自西向东、自南向北明显变薄，层厚减薄（图5－3），细砂岩及粉砂岩夹层自南向北增多，到豫北砂岩减薄，以至标志不十分明显。平顶山一带厚100 m，登封一带60～70 m，焦作厚67 m，鹤壁厚20 m。

平顶山段化石稀少，仅有植物 *Calamites* sp.，孢粉 *Calamospora* sp. 等。时代为晚二叠世。

【问题讨论】 关于平顶山砂岩的研究历史已经久远。谭锡畴（1926）在宜阳首次指出煤系之上为白色石英砂岩。孙健初（1934）在禹县命名为三峰山砂岩。刘国昌（1947）在英豪煤田指出鹿头台和马头山煤系之上为黄色粗砂岩，但未正式命名。冯景兰、张伯声（1952）将平顶山地区煤系之上的砂岩称落凫山白砂岩（马头山白砂岩）。中南地质局401队创名平顶山砂岩。分析三峰山砂岩、马头山砂岩，落凫山砂岩和平顶山砂岩几个名称，以平顶山砂岩用得最广，且形象逼真，加之因山而名的平顶山市知名度高，因而选用平顶山段一名，其它几个名称虽然较早，均停止不用。

石千峰群 PTŜ (05－41－0401)

【创名及原始定义】 原称石千峰系，1922年Norin创名于太原西山石千峰山一带。原始定义是指："石盒子系以上的巧克力、暗红色砂岩、泥灰岩层。包括（1）银杏植物带，（2）石膏泥灰岩带，（3）砂岩带三部分。"1924年，Norin将银杏带下移归入上石盒子系。

【沿革】 Norin（1924）将他1922年命名的石千峰系下部的银杏带和大羽羊齿砂岩下划到石盒子系。中国科学院山西地层队（1959）沿用，称石千峰统，自下而上划分为孙家沟组、刘家沟组及和尚沟组。在河南，孙健初（1934）在禹州、新密地区将大风口层之上的白色砂岩及以上的红色砂岩称三峰砂岩层。曹世禄等（1937）在豫北划出石千峰统。冯景兰等（1952）在石盒子系白色砂岩之上划有石千峰系。中南地质局401队（1956）在平顶山煤田将平顶山砂岩之上的红色砂岩划为石千峰系。之后，河南区测队（1964，1981）的石千峰群（组）不包括平顶山砂岩，河南地质研究所（1962）、河南煤田地质公司（1980，1991）的石千峰群包括平顶山砂岩。河南地矿局（1989）的石千峰组仅相当孙家沟组。

【现在定义】 石千峰群指石盒子组之上、二马营组之下的一套红色粘土岩和长石石英砂

岩夹灰绿色泥灰岩、页岩，与上覆、下伏地层均为整合接触，自下而上分为孙家沟组、刘家沟组及和尚沟组。

【层型】 该群正层型位于山西省宁武县东寨乡孙家沟—和尚沟，中国科学院山西地层队（1959）测制。

【地质特征及区域变化】 见所含三个组。其中刘家沟组、和尚沟组见第六章。

孙家沟组 P_2s （05-41-0402）

【创名及原始定义】 1959年刘鸿允等创名于宁武县化北屯乡孙家沟。其原始定义："孙家沟组为一套紫红、黄白色粗粒长石石英砂岩与紫红色的砂质泥岩及粉砂岩互层。粉砂岩或泥岩中具层状分布的钙质结核及瘤状泥灰岩的凸镜体或条带。它和下伏地层以一层稳定的灰绿色或灰紫色含砾粗长石石英砂岩分界"，为石千峰统第一个组。

【沿革】 该组在河南省未见正式使用。河南石油队（1960）[①] 在济源县将该套地层称石千峰群大峪镇组。河南区调队（1981）称石千峰组下段，河南地矿局（1989）称石千峰组。本次对比研究选用孙家沟组，停止使用大峪镇组。

【现在定义】 孙家沟组为石千峰群下部地层，在河南省以宜阳县南天门剖面为代表，指石盒子组平顶山段之上、刘家沟组之下的一套砖红、紫红色粘土岩夹紫红、灰绿色长石砂岩、长石石英砂岩及灰绿、灰白色页岩和泥灰岩凸镜体，其上与刘家沟组，其下与石盒子组均为整合接触。

【层型】 该组正层型在山西省宁武县东寨乡孙家沟。河南省的次层型为宜阳县南天门剖面（112°12′，34°29′），河南区调队1983年测制。

【地质特征及区域变化】 本组分布广泛，特征明显，下部以灰绿、灰黄色细砂岩、粉砂岩、紫红色砂质粘土岩为主，夹紫红色粘土岩、灰黄色薄层砂屑灰岩，在永城地区泥灰岩或泥质条带灰岩夹层增多，且含双壳类化石碎片，厚20～149.83 m。上部为正粒序，以暗紫色为主，自下而上为灰白色石英砂岩、暗紫色粉砂岩、砂质粘土岩、紫色粘土岩、钙质粘土岩、含钙结核粘土岩，在永城地区多夹薄层石膏及钙结核，厚62～256 m。

该组总厚82～406 m，永城一带较厚，豫西渑池较薄，豫北常被剥蚀。总的趋势是东厚西薄，南厚北薄（登封158 m，济源58 m）。

本组产植物化石 *Ullmannia bronnii*，*Pseudovolitia* cf. *libeana* 等，时代为二叠纪末期。

二、秦祁昆地层区

（一）南召地区

柿树园组 $Pz_2\hat{s}$ （05-41-0238）

【创名及原始定义】 河南区调队（1986）[②] 于南召县乔端乡柿树园一带创名柿树园组。原始定义指主要岩性为绢云母石英片岩、二云石英片岩、变石英砂岩和变斑状黑云石英片岩，与上覆下庄组整合接触，与下伏火神庙组断层接触，归宽坪群下部层位，属中元古代。

【沿革】 河南区调队（1986）创名柿树园组，划归中元古界宽坪群最下部的一个组，相

① 河南石油队，1960，豫东豫北地区地质总结报告。

② 河南区调队，1986，1：5万乔端、板山坪幅区调报告。

当秦岭区测队（1965a）所称宽坪组的一部分。河南区调队（1988[①]，1989[②]）划归小寨组，归下古生界二郎坪群最下一个组。河南地调一队（1990）[③] 在卢氏县官坡、龙驹地区采用粉笔沟组，时代归早古生代，嗣后沿用柿树园组，时代归古生代。金守文（1991）推测为泥盆纪。河南区调队（1991）根据所发现的孢粉化石将其划归泥盆纪。

【现在定义】 岩性主要为绢云石英片岩、变石英砂岩和变斑状黑云石英片岩、碳质绢云石英片岩。大片黑云母变斑晶是本组的特征矿物，与南侧火神庙组、北侧宽坪（岩）群均为断层接触。

【层型】 正层型位于南召县学院—二道河（112°14′，33°32′），由河南区调队（1986）测制。

宽坪（岩）群：广东坪（岩）组 黑云斜长角闪片岩

══════ 断层接触 ══════

柿树园组	总厚度 1167.15 m
24. 浅灰色中层夹薄层黑云石英片岩，上部为浅绿色绿泥绿帘斜长片岩	254.62 m
23. 灰色压碎中厚层状黑云白云石英片岩	19.26 m
22. 灰色薄层状十字二云石英片岩夹薄层变斑状石榴黑云白云片岩	102.98 m
21. 褐色—褐黄色二云石英片岩夹薄层状绢云石英岩和二云片岩	55.09 m
20. 灰黑—褐黄色变斑状（含石榴）黑云白云片岩，下部夹少量变斑状二云石英片岩，底部有含碳质石榴黑云白云片岩薄层	233.76 m
19. 褐灰—深灰色绢云片岩夹绢云石英片岩	120.81 m
18. 浅灰色绢云石英片岩含石榴黑云绢云片岩夹变石英砂岩，具韵律层理	125.73 m
17. 灰白色薄—中层状变石英砂岩夹黑云石英片岩	22.15 m
16. 深灰色薄层状绢云石英片岩（变粉砂岩）夹变石英砂岩，韵律层理清楚，流劈理发育	195.42 m
15. 深灰—灰白色碎裂绢云石英片岩夹绢云石英岩	37.33 m

══════ 断层接触 ══════

下伏地层：火神庙组 变酸性晶屑凝灰岩夹大理岩凸镜体

【地质特征】 柿树园组沿瓦穴子-明港断裂南侧断续分布于南召县柿树园、小罗沟等地（图 4-5）。主要岩性为绢云石英片岩、（十字石）二云石英片岩、黑云石英片岩、变石英砂岩，其次有石榴云母片岩、变斑状二云石英片岩，局部夹大理岩凸镜体。南召县柿树园 1 167 m，任岗 1 591 m。

【问题讨论】 南召县马市坪乡二道河、三惊垭柿树园所夹结晶灰岩凸镜体中产孢子化石：*Calamospora* cf. *microrugosa*，*C. atava*，*Dictyotriletes minor*，*Punctatisporites minutum* 等（裴放等，1995），以泥盆纪—石炭纪孢子占优势，故将该组划归晚古生代。在卢氏县官坡地区，出露有大致相当地层，称粉笔沟组，因范围太小，未发现化石，时代不如柿树园组确切，故本次对比研究暂不称粉笔沟组，归入柿树园组。

---

① 河南区调队，1988，1∶5 万南召、下罗坪幅区调报告。

② 河南区调队，1989，1∶5 万云阳、四里店幅区调报告。

③ 河南第一地调队，1992，1∶5 万官坡、龙驹街区调报告。

（二）大别山地区

大别山地区的晚古生代地层包括分布在商城县的石炭系和歪庙（岩）组。石炭系断续出露于信阳县凉亭、光山县塔耳岗、百步岗和商城县马鞍山—固始县杨山一带，另在商城县河风桥等地也有零星出露，在商城县王坳—固始县二道河—柳林一带地层发育较全。

该区石炭系的调查开始较早。1937年李琳等在固始县杨山煤矿首先在寒坡岭煤洞附近的页岩中采获植物化石，将含煤地层划归石炭纪—二叠纪。聂宗笙等（1959）① 首次作了详细划分。苏育民（1960）、北京地院豫南区测队（1961a）、河南地质研究所（1962）②、河南区调队（1980c）又作了局部修订。本次对比研究采用河南区调队方案。

花园墙组　C_1h　（05-41-0351）

【创名及原始定义】　聂宗笙等（1959）③创名于固始县段集乡花园墙村聂宗笙（1964）公开发表。原始定义指寒坡岭组之下的一套碎屑岩系“岩性为钙质石英砂岩及硅化板岩”；“下部为中厚层灰绿色钙质长石石英细砂岩。未见底。中部为灰绿色条带状硅化板岩，底部有厚约0.5米灰绿色瘤状板岩。上部为厚层状钙质石英砂岩”。下未见底，上与杨山砾岩整合接触。厚度大于300m，时代归早石炭世早期。

【沿革】　自聂宗笙等（1959）创名之后，被后人沿用，含义基本没变。

【现在定义】　花园墙组中、下部为中细粒钙质长石石英砂岩及粉砂质钙质页岩，下未见底。上部为厚层细粒石英砂岩、细粒泥质石英砂岩，上以细粒石英砂岩结束为标志与杨山组整合接触。

【层型】　该组正层型为固始县花园墙—刘林剖面（115°39′，31°48′）。河南区调队（1980c）重测。

上覆地层：杨山组　巨厚层石英砾岩，夹细粒泥质含铁石英砂岩

——————— 整　合 ———————

花园墙组　　总厚度 559.83 m

2. 中细粒石英砂岩、细粒泥质石英砂岩，偶夹石英砾岩凸镜体，含少量植物化石碎片　56.58 m

1. 中细粒含钙质长石石英砂岩，夹鸭蛋青色薄层板状蚀变钙质粉砂岩，含粉砂钙质页岩及蚀变含砾砂岩　503.25 m

未见底

【地质特征及区域变化】　本组主要分布于固始县段集乡南花园墙、刘林及武庙坡冲一带，在信阳市东南的胡家湾、罗山县凉亭也有零星出露。该组中、下部为中细粒钙质长石石英砂岩，夹钙质粉砂岩及粉砂质钙质页岩，鸭蛋青色薄层板状蚀变钙质粉砂岩，上部为厚层中细粒石英岩、细粒泥质石英砂岩，偶夹石英砾岩凸镜体。因受岩体或岩脉侵入影响，岩石有不同程度的变质或蚀变。在罗山县凉亭与下伏下古生界二郎坪群为不整合接触。属潮控三角洲前缘环境沉积。

在罗山凉亭该组产植物化石 *Adiantites* sp. 和 *Cardiopteridium* sp.，时代为早石炭世早

①、③ 聂宗笙、赵不忆、宋大柯，1959，大别山北麓石炭系划分对比问题（未刊手稿）。

② 河南地质研究所，1962，河南地质。

期。

【问题讨论】 最近，王仁农等（1994）在固始县杨山煤矿附近花园墙组上部采到杜内期的孢粉化石，建立固始组，时代归下石炭统早期；将其下部地层仍归花园墙组，时代暂定为晚泥盆世。目前证据不足，有待进一步研究。

杨山组 C_1y （05－41－0352）

【创名及原始定义】 聂宗笙等（1959）在固始县方集乡杨大山西坡寒坡岭创名“杨山砾岩”和“杨山煤系”，归寒坡岭组。原始定义指岩性下部为厚层石英砾岩夹少量细粒铁泥质石英砂岩，偶夹煤层或煤线；中部为灰白色石英砾岩、石英砂岩和粉砂质粘土岩；上部为含铁泥质石英砂岩、粉砂质粘土岩、石英砾岩夹煤线。下与花园墙组、上与西冲头组整合接触，厚度大于 800 m。时代归早石炭世晚期。

【沿革】 聂宗笙创名“杨山砾岩”和“杨山煤系”，归下石炭统寒坡岭组。北京地质学院豫南区测队（1961a）及聂宗笙（1964）将“杨山砾岩”改称寒坡岭组，“杨山煤系”改称杨山组。河南区调队（1980c）将“寒坡岭组”和“杨山组”合并为杨山组，时代归早石炭世晚期。本文选用杨山组，停止使用寒坡岭组。

【现在定义】 杨山组包括了原来的杨山砾岩和杨山煤系，其岩性下部为灰白色巨厚层状石英砾岩夹少量含铁泥质石英砂岩；中部为灰白色石英砾岩、石英砂岩及粉砂质粘土岩夹灰色铝土页岩及煤（层）线；上部为含铁泥质石英砂岩、粉砂质粘土岩及石英砾岩夹煤线。下以石英砾岩底界为标志与花园墙组整合接触，上以泥岩结束为标志与道人冲组整合接触。

【层型】 该组正层型为固始县杨山煤矿—小杨山剖面（115°38′，31°51′）。河南区调队（1980）重测。

上覆地层：**道人冲组** 石英岩质砾岩、细粒含铁质泥质石英砂岩

——————— 整 合 ———————

杨山组	总厚度 1177.35 m
6. 含铁质粉砂质泥岩、中细粒含铁质泥质石英砂岩、石英砾岩夹煤层，产植物化石：*Archaeocalamites scrobiculatus*	294.25 m
5. 泥（页）岩、粉砂质泥岩夹细粒含铁泥质石英砂岩及煤层，含植物化石碎片	195.8 m
4. 石英砾岩、石英砂岩、中细粒石英岩及数层煤线，煤线中产植物化石：*Cardiopteridium* ? sp.	453.30 m
3. 巨厚层石英砾岩，夹细粒含铁泥质石英砂岩，偶夹薄煤线	234 m

——————— 整 合 ———————

下伏地层：**花园墙组** 石英砂岩

【地质特征及区域变化】 该组主要分布于固始县杨山煤矿、大杨山、小杨山、五尖山、老营子及皮冲煤矿一带，呈半圆形围绕花园墙组分布。岩性主要为白色石英砾岩、石英砂岩、粉砂质粘土岩夹灰色铝土页岩。在横向上变化不大，在大杨山、五尖山一带灰色铝土页岩中夹有耐火粘土、砂质结核、劣质煤层和赤铁矿透镜体。上部为含铁泥质石英砂岩与粉砂质粘土岩、石英砾岩呈不等厚互层夹煤线。属冲积扇-泥炭沼泽环境沉积。

本组产丰富的植物化石，在杨山煤矿附近有：*Rhodea hsianghsiangensis*，*Bothrodendron* sp.，*Triphyllopteris* sp.，*Lepidostrobophyllum* cf. *lanceolatatum*，*Sublepidodendron mirabile*，

时代归早石炭世晚期。

本组为含煤地层，在有些地带已形成矿床，如商（城）、固（始）煤田，主要煤层有5层，局部可达7层，煤层一般厚0.4～2 m，最厚达5.66 m。

道人冲组 C_2d （05-41-0353）

【创名及原始定义】 河南区调队（1980c）于河南省固始县道人冲创名道人冲组。原始定义："底部以一层石英砾岩与下伏杨山组顶部的煤线分界整合接触；中、下部为含铁泥质石英砂岩、泥质粉砂岩、粉砂质泥岩、泥（页）岩夹薄层砂砾岩、石英岩。含大量动物化石及植物化石碎片；中、上部为厚层复成分砾岩夹中细粒含铁泥质石英砂岩，含植物化石碎片；顶部为白云质细砂岩（夹灰岩）、白云质石英砂岩、含砾石英砂岩、石英砾岩等韵律清晰"。时代归中石炭世。

【沿革】 聂宗笙等（1959）创名西冲头组，苏育民（1960）改称付大山砾岩，归杨山群，孙尝君（1963）称百步岗群西冲头组，河南区调队（1980c）将其更名为道人冲组。王德有（1982）称庙冲组。本次对比研究选用道人冲组，停止使用西冲头组、庙冲组。

【现在定义】 道人冲组下部为含铁泥质石英砂岩、泥质粉砂岩、粉砂质粘土岩、泥页岩夹薄层砂砾岩、石英砂岩，含大量动物化石及植物化石碎片，底部以一层石英砾岩结束为标志与下伏杨山组整合接触；上部为厚层复成分砾岩夹中细粒含铁泥质石英砂岩；顶部为白云质细砂岩夹灰岩、白云质石英砂岩及石英砾岩；上以石英砾岩为标志与胡油坊组整合接触。

【层型】 该组正层型为固始县管家店—杨山煤矿剖面（115°35′，31°51′）。河南区调队（1980）测制。

上覆地层：胡油坊组　变质粉砂岩

——————整　合——————

道人冲组　　　　总厚度1162.65 m

13. 白云质细砂岩、白云质石英砂岩，夹含砾石英砂岩、石英砾岩及灰岩　　243.3 m

12. 石英砾岩、砂岩与细砂岩互层，偶夹石英岩。砂岩中产植物化石碎片　　43.38 m

11. 白色复成分砾岩夹中细粒含铁泥质石英砂岩，砂岩中含少量植物化石碎片。　　290.96 m

10. 黄色泥（页）岩、粉砂质泥岩夹薄层黄色砂岩、砾岩，泥（页）岩中产大量动物化石。双壳类：*Astartella* sp.，*A.* cf. *lutugini*，*A. adenticulata*，*A.* cf. *orientalis*，*A. longa*，*Palaeoneilo* sp.，*P. anthraconeiloides*，*P. miaochongensis*，*P. gushiensis*，*Edmondia nystroemi*，*Volsellina miaochongensis*，*Wilkingia* sp.，*Sanbarella* sp.，*Dunbarella* sp. *D.* cf. *bosquetianus*，*D.* cf *subpapyraceus*，*D.* aff. *subpapyaceus*，*D. miaochongensis*，*Posidoniella rugata*，*P. minor*，*Leptodesma acadicd*，*L.* cf. *longispinum*，*L. maclurii*，*L. borealis*，*Parallelodon* sp.。腹足类：*Naticopsis* cf. *Khurensis*，*Bucania* cf. *compressus*，*Anomphalus minutus*，*Ectomaria amaena*，*Bellerophon* ? sp.，*Euompholus* cf. *nora*。海百合茎：*Cyclocylicus* sp.。腕足类化石：*Rugosochonetes* spp.，*Schuchertelld* sp.。介形类化石：*Hollinella gushiensis*，*Kirkbya eongata*，*K. cf. wymani*，*K. spongvasa*，*Binodella miaochongensis*，*Bollia guadrata*，*Roundyella monosulata*，*Paraparchites macronefandus*，*P. quadrata*，*Chamishaella dabieshanensis*，*Bairdia convexa*，*Healdia gushiensis*，*H. pusilla*，*Cavellina henanensis*，*C. gushiensis*，*C. latiovata*，*C.* cf. *oblonga*，*C. ovatiformis*，*C. tumida*，*C. subelliptica*　　110.06 m

9. 中细粒含铁泥质石英砂岩夹泥质粉砂岩，含砾粗粒岩屑石英砂岩。泥质粉砂岩中产动物化石。双壳类化石：*Palaeoneilo* sp.，*Parallelodon gushinsiis*，*P. chemungensis*，*P. yangshanensis*，*Volsellina* sp.，*Selenimyalina quadrata*，*S. eptimyalina perattenuata*，*S. scitula*，*Myalina* sp.，*Aviculopecten* sp.，*Myalinella* sp.，*M. cuneiformis*，介形类：*Hollinella* sp. 50.49 m

8. 泥质粉砂岩、细砂岩夹粉砂质泥岩、粗中粒含铁泥质石英砂岩、砂砾岩。粉砂质泥岩中产动物化石及植物化石碎片。双壳类：*Palaeoneilo gushiensis*，*Sanguinolites* sp.，*Edmondia laminata*，*E.* cf. *josepha*，*E.* ? *excentrica*，*Parallelodon yangshanensis*，*P. gushiensis*，*Septimyalina scitula*，*Volsellina* sp.，*Schizodus cuneatus*，*S. semistriatus*，腹足类：*Naticopsis* sp.，介形类：*Bairdia* cf. *altifrons*，*Hollinella yangshanensis*. 530.10 m

7. 石英岩质砾岩、细粒含铁质泥质石英砂岩 94.36 m

——————— 整　合 ———————

下伏地层：**杨山组**　粘土岩

【地质特征及区域变化】　该组主要见于固始县杨山煤矿以西的道人冲一带。北部被侏罗系中统朱集组不整合覆盖，南部为二道河-老营子断裂所截。在区域上岩性变化不大，厚度稳定，底部为石英砾岩，中下部为铁泥质石英砂岩、泥质粉砂岩、粉砂质泥岩、泥（页）岩夹薄层砂砾岩，含大量动物化石及植物化石碎片；中上部为厚层复成分砾岩夹中细粒含铁泥质石英砂岩，含植物化石碎片；顶部为白云质细砂岩、白云质石英砂岩，含砾石英砂岩夹石英砾岩及灰岩。属滨海-浅海陆棚环境沉积。

本组化石丰富，双壳类下部以 *Parallelodon*，*Edmondia*，*Mylinella*，*Selennimyalina*，*Septimyalina*，*Schizodua* 为主；上部以 *Dunbarella*，*Astartella*，*Palaeoneilo*，*Posidoniella* 为主；上部产䗴类 *Pseudostaffella* sp.，本组介形虫以 *Hollinella*，*Bairdia* 最为繁盛，时代为晚石炭世早期。

胡油坊组　C_2h　（05－41－0354）

【创名及原始定义】　河南煤田地质局 106 队（1959）① 创名于固始县胡油坊，称胡油坊板岩。原始定义：岩性为黑色砂质板岩与砂岩互层，夹钙质板岩，底部有一层砾岩。与下伏西冲头组，上覆杨小庄组为整合接触，厚度大于 1 200 m，时代归中石炭世。

【沿革】　创名后，聂宗笙等（1959）② 改称胡油坊组，被广泛沿用，含义未变。

【现在定义】　胡油坊组为一套碎屑岩系，岩性下部为杂色砂岩、灰色板岩夹钙质长石砂岩；中部以粉砂岩、细砂岩为主夹复成分砾岩、含砾长石砂岩；上部为灰黑色含云母砂岩与板岩互层，夹钙泥质板岩和薄层灰岩凸镜体。下以长石砂岩为标志与道人冲组整合接触，上以泥质板岩、含粉砂泥岩为标志与杨小庄组整合接触。

【层型】　该组正层型为商城县伏岭湾—固始县李家牌坊剖面（115°34′，31°48′），河南区调队（1980）重测。

上覆地层：**杨小庄组**　含粉砂粘土岩

——————— 整　合 ———————

① 河南煤田地质局 106 队，1959，商固煤田杨山、皮冲-灌河地质普查报告。

② 聂宗笙、赵不忆、宋大柯，1959，大别山北麓石炭系划分对比问题（未刊手稿）。

胡油坊组 总厚度 425.36 m

17. 泥板岩、含粉砂泥板岩 43.99 m

16. 变（钙质）粉砂岩与变长石砂岩、长石石英砂岩互层，局部粉砂质白云岩，砂岩中产植物化石碎片 195.94 m

15. 含粉泥板岩夹细砂岩 30.53 m

14. 变质粉砂岩、钙质粉砂岩、长石石英砂岩互层，局部夹粉砂质白云岩。距该组底部 25 m 处的长石砂岩中产植物化石：*Calamites* sp.，*Mesocalamites* sp. 154.90 m

——————— 整　合 ———————

下伏地层：**道人冲组**　白云质细砂岩

【地质特征及区域变化】　该组出露于固始县胡油坊—商城县晏家冲一带，在商城以西观庙、油桥及商城县的西北仙桥等地也有出露，另在光山县百步岗陈湾北、从湾亦有零星分布。与下伏道人冲组为整合接触，局部可见推覆于上元古界龟山（岩）组之上。岩性主要为复成分砾岩，含中粒岩屑长石砂岩、黄褐色中细粒云母长石砂岩、变长石石英砂岩、粉砂岩、粉砂质泥岩互层，时夹灰岩凸镜体。在光山县百步岗陈湾北—从湾一带，岩性主要为变石英砂岩、细砂岩、粉砂质板岩夹铁质结核凸镜体。属河流—湖泊相环境沉积。

本组化石丰富，所产植物化石 10 属 22 种，主要有 *Neuropteris gigangtea*，*N. kaipingiana*，动物化石主要有 *Mrasiella* cf. *magniforma*，*Palaeonodonta shangchengensis*，时代归中石炭世晚期。

杨小庄组　C_3y　（05－41－0355）

【创名及原始定义】　北京地质学院豫南区测队（1961a）于商城县杨小庄创名杨小庄组。岩性下部为白色、黄色页岩夹石英砂岩、碳质板岩及薄煤层，含植物化石碎片，与下伏胡油坊组整合接触；上部为黑色板岩夹石英砾岩，上以蚀变石英砂岩与上覆双石头组整合接触，厚度约 900 m。时代归中晚石炭世。

【沿革】　聂宗笙等（1959）在商城县东杨大庄村创名杨大庄组，北京地质学院豫南区测队（1961a）废弃杨大庄组，改称杨小庄组，以后沿用。

【现在定义】　杨小庄组以含碳质较多为特征，主要岩性为碳质细—粉砂岩、含粉砂质粘土岩、粉砂质泥岩夹煤线或凸镜状煤层，下以角砾岩化含粉砂质粘土岩为标志与胡油坊组板岩整合接触，上以矽线、红柱绢云石英片岩结束与双石头组整合接触。

【层型】　该组选层型为商城县卷棚桥—伏岭湾剖面（115°33′，31°49′），河南区调队（1980c）测制。

上覆地层：**双石头组**　含砾绢云石英片岩

——————— 整　合 ———————

杨小庄组 总厚度 1538.73 m

25. 含矽线石、红柱石绢云石英片岩夹角闪透辉变粒岩，黄铁矿化普遍 150.43 m

24. 黑云片岩、红柱黑云片岩夹钙质硅酸盐角岩，黄铁矿化普遍 201.23 m

23. 含碳质变粉砂岩、浅粒岩，夹碳质页岩薄层 76.84 m

22. 变长石砂岩，上部为钠长角闪片岩、角闪钠长片岩 151.13 m

21. 含碳红柱石板岩，偶夹石英岩，见褐铁矿化及孔雀石 233.89 m

20. 变长石砂岩、黑云母角岩 188.93 m

19. 黑云角闪岩、斜长角闪岩（角岩）夹角岩化粉砂质泥岩、变细砂岩　　222.43 m

18. 角岩化含粉砂粘土岩，夹变细—粉砂岩。含植物化石碎片　　313.85 m

——————— 整　合 ———————

下伏地层：**胡油坊组**　泥板岩

【地质特征及区域变化】　本组主要见于商城县王坳—青山煤矿一带，另外在商城县西北马鞍山煤矿附近亦有零星出露。岩性主要为碳质细、粉砂岩、含粉砂粘土岩、粉砂质粘土岩、粉砂质粘土岩夹煤线。岩性在横向上变化较大，在商城县王坳北乌龙洞底部有一层砾岩与下伏胡油坊组分开，在商城县苏仙石以北含碳质较低，但往西北至青山一带马鞍山等地变为可采的薄煤层。在商城县伏岭湾、钟铺等地，本组下部则以角岩化粉砂粘土岩、碳质千枚岩与胡油坊组分界，马鞍山煤矿南碳质粉砂岩中夹灰岩凸镜体。岩石具有不同程度的区域变质和接触变质。本组厚 800～1 540 m。在商城县马鞍山一带与上元古界石门冲组为断层接触。属河流-湖泊相沉积，局部为泥沼泽相环境沉积。

在杨小庄附近该组产植物化石 *Neuropteris* sp.，时代为晚石炭世早期。

双石头组　$C_3\hat{s}$　(05-41-0356)

【创名及原始定义】　聂宗笙等（1959）在商城县双石头村创名双石头组，聂宗笙等（1964）公开发表。原始定义："岩性主要为砂岩、石英砾岩互层。中夹碳质板岩及大理岩透镜体，"下与杨小庄组整合接触，上未见顶，时代划归石炭系—二叠系上部。

【沿革】　聂宗笙等（1959）创名双石头组，北京地质学院豫南区测队（1961a），河南区调队（1980c）沿用。

【现在定义】　双石头组岩性为含砾绢云石英片岩、含红柱石绢云石英片岩夹碳质薄层及含砾砂岩，上部为角闪透辉斜长变粒岩。上未见顶，下以含砾绢云石英片岩为标志与杨小庄组整合接触。

【层型】　该组选层型为商城县王坳剖面（115°32′，31°48′），河南区调队（1980）测制。

未见顶。

双石头组　　总厚度 310.3 m

26. 含砾绢云石英片岩，含红柱绢云石英片岩夹碳质薄层及变质含砾砂岩　　310.3 m

——————— 整　合 ———————

下伏地层：**杨小庄组**　石英片岩

【地质特征及区域变化】　该组主要分布于商城县东南的王坳、彭冲、双石头等地，另外在马鞍山一带也有出露。主要岩性为含砾绢云石英片岩、含红柱绢云石英片岩夹变质含砾砂岩及碳质薄层。上部被岩体侵入，外接触带为角闪透辉斜长变粒岩。在商城县马鞍山一带所夹石英砾岩减少，有较大的大理岩透镜体产出，并夹有可采煤层。在商城县双石头—余家冲一带，主要为透辉、透闪石化砂砾岩夹细砂岩，外接触带为透辉、角闪长石角岩。出露厚度 310～820 m。属河流-湖泊相环境沉积。

在商城县马鞍山一带该组碳质板岩中产较多的植物化石，主要有 *Calamites* sp.，*Sphenopteris* sp.，时代归晚石炭世晚期。

歪庙（岩）组 Pz_2w (05-41-0215)

【创名及原始定义】 河南区调队（1980c）于商城县歪庙附近创名歪庙组。原始定义指主要岩性为斜长角闪岩、含石榴斜长黑云片岩，灰色条带状含砾大理岩及斑点状绢云片岩、黑云斜长片麻岩。与南北两侧胡油坊组、龟山组和侏罗系朱集组均为断层接触，归商城群，属晚元古代。

【沿革】 河南区调队（1980c）创名歪庙组，划归上元古界商城群上部一组，相当于北京地质学院豫南区测队（1961a）所划的元古界之一部分。孙尝君等（1963）将该套地层称百步岗群，时代归中上石炭世，河南区调队（1981a）称为陶湾组，划归秦岭群，时代为早元古代。河南区调队（1994）① 对本套地层重新定义，将原划歪庙组北部的变砾岩、含砾砂岩划归石炭系，南部的糜棱岩、大理岩、斜长角闪片岩为主的一套地层称歪庙岩组，时代划归晚古生代。

【现在定义】 岩性为斜长角闪岩，及斑点状绢云片岩、白云斜长片麻岩、含石榴斜长黑云片岩、矽线二云片岩、黑云透闪片岩、变砾岩、砂砾岩，局部夹含砾大理岩透镜体。与南北两侧石炭系胡油坊组及侏罗系朱集组均为断层接触。时代归晚古生代。

【层型】 正层型位于商城县歪庙—龙王堂（115°19′，31°54′），由河南区调队（1980c）测制。

上覆地层：**胡油坊组** 灰绿色变质砂岩、变质细砂岩、变质粉砂岩

═══════ 断层接触 ═══════

歪庙（岩）组	总厚度 979.67 m
9. 青灰色厚层大理岩，夹蚀变碎裂灰绿色斜长角闪岩	136.58 m
8. 灰绿色斜长角闪岩，岩石多破碎	94.47 m
7. 上部灰绿色斑点状绢云片岩；中部灰绿色角闪片岩；下部浅灰色含斑点黑云斜长片麻岩	68.64 m
6. 灰绿色斜长角闪岩局部破碎	165.97 m
5. 土黄色蚀变破碎白云斜长片麻岩	35.00 m
4. 灰绿色斜长角闪岩，夹灰色含石榴黑云片岩及透镜状白云石大理岩	66.50 m
3. 青灰—白灰色带状含砾大理岩	84.50 m
2. 灰色含石榴斜长黑云片岩、含石榴黑云片岩、含矽线二云片岩，顶部见一层斜长角闪岩	148.04 m
1. 灰绿色斜长角闪岩、黑云透闪片岩，夹白色白云石大理岩，局部见眼球状混合岩	179.97 m

以下未出露

【地质特征】 歪庙（岩）组分布于商城县三里坪乡歪庙乌凤桥一带，近东西向延伸，为一大型外来推覆体。含砾大理岩是本（岩）组的主要特征。砾石的特点是：①层位稳定，凡有本（岩）组分布的地方，均见有含砾大理岩及含砾结晶灰岩，为良好的标志层。②砾石成分较复杂，野外宏观见有石英岩、大理岩、糜棱岩、斜长角闪岩、碳质绢云石英片岩、泥岩、石英岩及花岗岩等。③砾石大小悬殊，一般 2～10 cm，局部亦有达 2 m 以上者。④砾石形态各异、磨圆度不等。⑤排列无规律，大小混杂。对此砾岩的成因，争论颇多，有属“同生砾

---

① 河南区调队，1994，1∶5 万上石桥、段集幅区调报告。

岩”、“海岸崩塌”或“火山喷射”、“混杂堆积”等说。

商城县双桥铺乡周老坟北变安山岩 U—Pb 年龄 387±46 Ma，故暂将其归晚古生代。

第二节　生物地层单位

河南省华北地层大区晋冀鲁豫地层区石炭系—二叠系古生物化石比较丰富，尤其是太原组，化石门类繁多。现依照地层指南，以前人研究成果为基础，对䗴、牙形石、介形虫、双壳类、古植物建立生物地层单位（表 5-2），对有孔虫、腕足类、珊瑚、孢粉等简要介绍前人建立的生物地层单位，对三叶虫、喙壳类、环节类、腹足类、锥石类、海百合、叶肢介、头足类、昆虫等，由于资料偏少，不再介绍。

一、䗴类生物地层单位

河南省的䗴类研究始于 1924 年，李四光（1927）详细研究了安阳、新安、陕县等地的䗴类化石，将安阳市的大青、小青、复青、山青、野青灰岩划归太原系，并自下而上建立了 Ps、Pg、Pv、Pj 四个化石带。其后，不少学者和单位虽也采集到一些䗴类化石，如刘国昌（1947）、顾知微等（1951）、河南区测队（1964），但都没系统研究。王德有等（1987）、夏国英（1987）对豫西、豫北的䗴作了系统研究，但所建生物地层单位不同。现据前人划分意见，在本溪组和太原组建 3 个延限带、1 个间隔带、1 个未建带（表 5-2）。

1. *Fusulina*—*Fusulinella* 带

该带在河南省仅见于安阳市、鹤壁市娄家沟及永城等地，相当岩石地层单位为本溪组中段，在鹤壁市娄家沟剖面为 10～18 层。化石产在 L_0^1、L_0^2 灰岩之中。L_0^1 灰岩以 *Fusulinella* 为主，主要有 *Fusulinella provecta*，*F. pseudobocki*，*F. helenae*，*F. cumpani*，*F. obesa*，*F. simplicata*，*Fusiella typica*，*F. subtilis*，*F. pulchella*，*Eostaffella* sp.，可称 *Fusulinella provecta* 亚带。L_0^2 灰岩以产 *Fusulina* 为主，主要有 *Fusulina schellwieni*，*F. pseudokonnoi*，*F. quasicylindrica*，*F. konnoi*，*F. konnoi ordinata*，*F. pulchella*，*F. lanceolata*，*F. mayiensis*，*F. chenoi*，*Fusulinella hebiensis*，此外还有少量的 *Profusulinella*，*Ozawainella*，*Schubertella* 等，可称 *Fusulina quasicylindrica* 亚带。

2. *F/R* 间隔带

该带以陆源碎屑沉积为主，在豫北沉积盆地中心部位有海相泥岩，未见䗴类化石，产双壳类、腕足类，相应岩石地层单位为本溪组上段，在鹤壁市娄家沟为 19～22 层。

3. *Rugosofusulina*-*Quasifusulina* 带

该带在河南省广泛分布于鹤壁市娄家沟、博爱县乔沟、禹州市大风口、永城等地，相当岩石地层单位为太原组下段，化石赋存于 L_1、L_2、L_3、L_4 灰岩之中，以 L_2、L_4 灰岩中较发育。该带主要特征是 *Rugosofusulina* 和 *Quasifusulina* 极为繁盛，占统治地位，前者有 31 种，后者有 16 种，*Rugosofusulina*，*Quasifusulina*，*Sphaerofusulina*，*Pseudoschwagerina* 多占据 L_1～L_4 灰岩，在 L_3、L_4 中个体数量开始减少，而 *Eoparafusulina*，*Schwagerina*，*Triticites*，*Pseudofusulina* 的种类开始增加。该带特征分子有 *Rugosofusulina valida*，*R. stabilis*，*R. alpina*，*R. henanensis*，*Quasifusulina longissima*，*Q. compecta*，*Q. cayeuxi*，*Q. pseudocayeuxi*，*Q. elongata*，*Q. gracilis*，*Schwagerina cervicalis*，*Triticites subnathorsti* 等。该带大致可分为两个亚带：①*Quasifusulina longissima* - *Rugosofusulina valida* 亚带，见于 L_1、L_2 灰岩；②*Trit-*

表 5-2 河南省华北地层大区石炭系—二叠系生物地层单位划分一览表

年代地层 系	年代地层 统	年代地层 阶	岩石地层 组	岩石地层 段	标志层	䗴类	牙形石	介形虫	双壳类	植物	有孔虫	珊瑚	腕足	孢粉
二叠系	上统	Cha	石盒子组	平顶山段										Striatobietites-Cellipites
		Lon		云盖山段						Pseudorhipidopsis brevicaulis Rhipidopsis-Fascipteridium eltlipticum Gigantopteris nicotianaefolia Psygmophyllum mullipartitum Labatannularia multifolia				Macro-torispora-Cardaitina
	下统	Kaz—Ufi		小风口段						Lobatannularia ensifolia-Gigantonoclea cathaysiana-Fascipteris				Crassispora-Triguitrites
		Kun—Art	山西组							Emplectopteris triangularis-Emplectopteridium alatum-Cathaysiopteris whitei				Cyclo-granisporites-Florinites
		Sar	太原组	上段	L9—L7	Oketaella sinensis-Tritecites henanensis	Sweetognathus Whitei-Diplognathodus expensus	Orthobairdia cf. ponderosa-Hollinella emaciata	Pseudomonotis yuxianensis-Phestia meekana	Lepidodendron szeianum-L. posthumii-Neuropteris ovata	Geinitzina postcarbonica			
		Ass		中段	L6—L5	未建带	Streptognathodus elongatus-S. gracilis-S. wabaunsensis	未建带	A/P 间隔带		Endothyra divexa-Palaeotextularidae			
				下段	L4—L3	Rugosofusulina-Quasifusulina: Triticites subnathorsti; Q. longissima-R. valida		Lobabairdia yuxianensis Cryptobairdia xiaodonggouensis-Basslerella	Aviculopecten alternatoplicatus-Acanthopecten carboniferus-Parallelodon chihliensis		Bradyina-Palaeolextularia angusta elongata	Protoivanovia-Eokepingophyllum-Tschussovskenia	Enteletina-Choristites	
石炭系	上统	Gzh Kas	本溪组	上段		F/R 间隔带			Neocypricardina cf. sinensis-Modiodus qiaogouensis					
	中统	Mos		中段	L02 L01	Fusulina-Fusulinella: Fusulina quasicylindrica; Fusulinella provecta	Streptognathodus cancellosus	Hollinella nowataensis-Kirbkya cf. biforons-Waylandella ardmorensis	Parallelodon yangshanensis-Astartella adenticulata longa	Paripteris gigantea-Linopteris brongniartii-Conchophyllum				
		Bas		下段					Edmondia emaeca-Sanguinolites discors					

icites subnathorsti 亚带，见于 L_3～L_4 灰岩。

4. 未建带

该带在河南省普遍发育，相当岩石地层单位为太原组中段，该带主要由陆源碎屑沉积岩和生物碎屑灰岩透镜体组成，灰岩一般 1～3 层（L_5～L_6），不甚稳定，䗴类化石零星。在禹州大风口，汪曾荫等（1989）在 L_5 中发现大量䗴化石，主要有 *Triticites*，*Quasifusulina*，*Eoparafusulina*，*Schwagerina*，*Pseudoschwagerina*，*Sphaeroschwagerina* 等，夏国英等（1987）在焦作艾曲该段灰岩中发现 *Schwagerina nobilis*，*Paraschwagerina borealis*，*Sphaeroschwagerina suprema* 等多种䗴化石。但两地缺乏共同的种，难以找出带化石，暂称未建带。

5. *Oketaella sinensis-Triticites henanensis* 带

该带分布广泛，在豫北、豫西洛阳、平顶山、禹州市大风口及永城等地均有分布，相当岩石地层单位为太原组上段。该带一般含灰岩 2～3 层（L_7～L_9），主要化石有 *Schwagerina acuta*，*S. grandensis*，*Triticites parachinensis*，*T. fengxuesiensis*，*T. ozawai*，*T. henanensis*，*Schubertella colemani*，*Boultonia fuchengensis*，*Oketaella sinensis*，*O. quasilensis*，*Ozawainella angulacta*，*O. machalensis* 等。根据化石分布特点，可分为两个亚带：①*Triticites henanensis* 亚带，多分布于 L_7 灰岩；②*Oketaella sinensis* 亚带，多分布于 L_8、L_9 灰岩。

二、牙形石生物地层单位

河南省石炭系—二叠系牙形石研究较晚，目前仅有阎国顺（1987）、夏国英等（1987）、王志浩（1985）、张文生等（1988）作过研究，并建立了牙形石带，河南区调队（1989）、河南煤田地质公司（1991）作过牙形石带的划分。现依据前人研究成果，将石炭纪—二叠纪牙形石划分为 3 个带（表 5－2）。

1. *Streptognathodus cancellosus* 带

该带仅发育在鹤壁市娄家沟，相当岩石地层单位为本溪组中段，与䗴类 *Fusulina*－*Fusulinella* 带相当。化石产在 L_0^1、L_0^2 灰岩之中，主要牙形石有 *Streptognathodus cancellosus*，*S. oppletus*，*Idiognathodus* sp.，等，为平台型牙形石，此外还有复合型分子 *Diplognathodus oertlii*，*Ellisonia* sp.，*Hindeodella delicatula*，*Ligonodina* sp.，*Synproniodina* sp. 等。

2. *Streptognathodus elongatus*－*S. gracilis*－*S. wabaunsensis* 共存延限带

该带在我省广泛分布，在鹤壁、焦作、博爱、禹州市大风口等地均有发现，相应岩石地层单位为太原组下、中段，与䗴类 *Rugosofusulina*－*Quasifusulina* 带和未建带相当。该带牙形石主要产在下段 L_1～L_4 灰岩中，在中段 L_5、L_6 灰岩中零星产出。该带牙形石十分丰富，以台型牙形石为主，伴以复合牙形石，共计 6 属 12 种，在下段富集，除了特征分子 *Streptognathodus elongatus*，*S. gracilis*，*S. wabaunsensis* 之外，还有主要分子 *Anchignathodus minutus*，*Idiognathodus antiguns*，*Ligonodina* sp.，*Ozarkodina equilonga*，*Streptognathodus fuchengensis*，*S. parvus* 等。此外在禹州市大风口还产有 *Diplognathodus coloradoensis*，*Hindeodella delicatula Idiognathodus ellisoni*，*I. hebiensis*，*I. tersus* ，*Lochodina panderosa*，*Streptognathodus oppletus* 等。

3. *Sweetognathus whitei* 带

该带目前仅在禹州市发现，相当岩石地层单位为太原组上段。牙形石产在 L_7～L_9灰岩中，除了 *Sweetognathus whitei* 之外，还有 *Hindeodella delicatula*，*Anchiognathodus minutus*，*Diplognathodus expansus*，*Synprioniodina microdenta* ，*Lonchodina festiva Streptognathodus fuchengensis* 等，与䗴 *Oketaella sinensis*—*Triticites henanensis* 带相当。

三、介形类生物地层单位

河南省华北地层区石炭系—二叠系介形类研究者不多，仅有张小筠等（1987）在荥巩，姜嫒（1987）在禹州、洛阳、博爱、鹤壁等地的研究。他们的命名有不少差别，相同种甚少，所划生物带也不相同。现主要依据姜嫒的研究成果，将介形类划分为三个化石带和一个未建带（表 5-2）。

1. *Hollinella nowataensis* - *Kirkbya* cf. *biforons*—*Waylandella ardmorensis* 共存延限带

标准地点在鹤壁市娄家沟，相当岩石地层单位为本溪组中段，与䗴类 *Fusulina*—*Fusulinella* 带相当。介形类产在 L_0^1、L_0^2灰岩之中，共有 13 属 16 种，其特征分子有 *Hollinella nowataensis*，*Kirkbya* cf. *biforons*，*Waylandella ardmorensis*，主要分子有：*Shleesha pinguis*，*Cryptobairdia coryelli*，*Bairdiacypris deloi*，*Acratia rostrata*，*Waylandella symmetrica*，*Cavellina angusta* 等。

2. *Lobabairdia yuxianensis* - *Cryptobairdia xiaodonggouensis* - *Basslerella* 顶峰带

该带在洛阳市龙门、博爱县乔沟、禹州市大风口、荥阳等地分布，相应岩石地层单位为太原组下段，相当䗴类 *Rugosofusulina*—*Quasifusulina* 带。该带以 *Lobabairdia yuxianensis*，*Cryptobairdia xiaodonggouensis* 特别富集为特征，虽然还可延入上覆地层，但在该带达到了顶峰。该带介形类化石产于 L_1～L_4灰岩之中，在洛阳龙门还产于 L_1 与 L_2灰岩之间的泥岩中。该带介形类共 29 属 90 种，无论个体和属种都达到了高潮。主要分子有速足亚目土菱介科的 *Bairdia citriformis*，*B. hassi*，*B. subdicora*，*B. subgeisi* ，*Rectobairdia dajianensis*，*R. gongxianensis*，*Orthobairdia brevicarinata*，*O. texana*，*Cryptobairdia coryelli*，*C. xiaodonggouensis*，*Lobabairdia yuxianensis*，*Bairdiacypris deloi*，*Acratia recurvata*，浪花介科的 *Basslerella* aff. *obesa*，*B. crassa*；圆足亚目巴尔德金星介科的 *Healdia cuneata*，卡味尔介科的 *Cavellina nebrascensis*，*C. rotunda*，小劳克斯介科的 *Baschkirina alata*；克尔克介亚目的 *Kirkbya bendensis* 等。

3. 未建带

相当岩石地层单位为太原组中段，下伏生物地层单位为 *Lobabairdia yuxianensis* - *Cryptobairdia xiaodonggouensis* - *Basslerella* 共存延限带。

该带内有灰岩 1～3 层（L_5～L_6），目前仅在博爱县乔沟 L_6 灰岩中发现有 *Bairdia subgeisi*，*Cryptobairdia xiaodonggouensis*，在荥巩地区 L_6 灰岩中（张小筠等，1987）产有 *Bicornella pulchra*，*Amphissites centronotus*，*A. robertsi*，*Chamishaella carbonaria*，*Bairdia bicornis*，*Cryptobairdia xiaodonggouensis*，*C. subseminalis*，*Rectobairdia jinchengensis*，*Acratia bicornis*，*Basslerella gongxianensis*，*Discoidella xingyangensis*，*Microcheilinella subreniformis*，*M. venusta*，*M. monospinosa*，*Silenites testatus* 等。

4. *Orthobairdia* cf. *ponderosa* - *Hollinella emaciata* 共存延限带

该带分布在焦作、博爱县乔沟、巩义、洛阳、禹州市大风口等地，相应岩石地层单位为太原组上段，与䗴类 *Oketaella sinensis* - *Triticites henanensis* 带相当。该带介形类化石产在 L_7～L_9 灰岩中，共有 14 属 26 种，主要分子有 *Orthobairdia* cf. *ponderosa*，*Hollinella emaciata*，*Bairdia monstralis*，*B. subgeisi*，*Lobabairdia yuxianensis*，*Cryptobairdia xiaodonggouensis*，*C. coryelli*，*C. lungtanensis*，*Bairdiacypris deloi*，*Healdia yubeiensis* 等。

四、双壳类生物地层单位

河南省华北型石炭系—二叠系双壳类研究者甚少，目前仅有王德有（1987）作过系统研究，他在鹤壁、博爱、禹州等地发现许多双壳类化石，并建立5个组合带，本书以此依据分为6个带（表5-3）。

1. *Edmondia amaeca* - *Sanguinolites discors* 组合带

相当岩石地层单位为本溪组下段，分布于博爱县黄岭、乔沟，代表黄河以北䗴类 *Fusulunella provecta* 亚带之下的一套粉砂岩及泥岩地层。主要化石有 *Edmondia amaeca*，*Sanguinolites discors*，*S. huanglingensis*，*S. subcarinatus*，*S. walciodorensis*，*Parallelodon obtusus*，*Naiadites huanglingensis*，*Anthraconaia huanglingensis* 等。

2. *Parallelodon yangshanensais*—*Astartella adenticulata longa* 组合带

相应岩石地层单位为本溪组中段，与䗴类 *Fusulina* - *Fusulinella* 带相当，该带分布于鹤壁市娄家沟、焦作、博爱县黄岭，主要化石有 *Parallelodon yangshanensis*，*Astartella adenticulata*，*A. adenticulata longa*，*Schizodus impressus*，*S. hebiensis*，*Aviculopecten bifilosus*，*A. dupontesi* 等。

3. *Neocypricardinia* cf. *sinensis* - *Modiodus qiaogouensis* 组合带

相应岩石地层单位为本溪组上段（王德有的太原组博爱段），与䗴类 *F/R* 间隔带一致。该带分布在焦作、博爱县乔沟，主要化石有 *Modiodus qiaogouensis*，*Neocypricardinia* cf. *sinensis*，*Selenimyalina dotti*，*Stutchburia qiaogouensis*，*Schizodus sinensis*，*S. shanxiensis*，*S.* cf. *rossicus* 等。

4. *Aviculopecten alternatoplicatus* - *Acanthopecten carboniferus* - *Parallelodon chihliensis* 组合带

相当岩石地层单位为太原组下段，与䗴类 *Rugosofusulina* - *Quasifusulina* 带一致。该带分布在博爱县乔沟、鹤壁、禹州市大风口等地，主要化石有 *Aviculopecten alternatoplicatus*，*A. occidentalis*，*A. dajianensis*，*Acanthopecten carboniferus*，*Annuliconcha magnini*，*Pernopecten aviculatus*，*P. yuxianensis*，*P. carboniferus*，*Euchondria* cf. *neglecta*，*Parallelodon chihliensis* 等，此外尚有 *Astartella*，*Palaeoneilo*，*Parallelodon*，*Palaeolima*，*Schizodus* 等。

5. *A/P* 间隔带

相当岩石地层单位为太原组中段，与䗴类未建带相一致，该带尚未发现双壳类化石，依地层指南称间隔带。

6. *Pseudomonotis jiyuanensis* - *Phestia meekana* 组合带

该带分布在博爱县乔沟、禹州市大风口等地，相应岩石地层单位为太原组上段至山西组底部，与䗴类 *Oketaella sinensis*—*Triticites henanensis* 带相一致，顶界略高。该带可分为两个亚带：①*Pseudomonotis jiyuanensis* 亚带，发育在 L_7、L_8 灰岩中，主要化石有 *Pseudomonotis jiyuanensis*，*Edmondia consobrina*，*E. rudis*，*Pernopecten boaiensis*，*P. aviculatus*，*P. carboniferus*，*Euchondria* cf. *neglecta*，*Schizodus* cf. *subcircularis*，*S. subquadratus* 等；②*Phestia meekana* 亚带，分布于 L_9 灰岩及其上的海相岩中，分布于禹州，主要化石有 *Phestia meekana*，*Schizodus pinguis*，*S.* cf. *dubliformis*，*Stutchburia* cf. *variabilis*，*Astartella fengxuesiensis* 等。

五、古植物生物地层单位

河南省华北型石炭系—二叠系古植物化石报道较早，如孙健初（1934）在禹州市大风口层曾采到 *Gigantopteris nicotianaefolia* 等，刘国昌（1947）在英豪煤田石盒子系采到 *Taeniopteris multinervis* 等，顾知微等（1951）在宜洛煤田大占煤之下采到 *Lepidodendron oculus-felis* 等，但资料都不够系统。河南区测队（1964）在区测过程中曾采到丰富的植物化石，如在沁阳县云台山铁铝岩系中采到 *Neuropteris gigantea*、*Linopteris brongniartii* 等，但都没有进行组合划分。对石炭纪—二叠纪植物化石进行研究的主要有李星学（1964）、杨关秀（1985）、吴秀元等（1987）、席运宏（1987）、杨景尧（1991）等，不少学者都建立了组合带。河南省石炭系—二叠系古植物化石比较丰富，共有 73 属 309 种，分属 10 个类群。根据前人研究成果，本文划分为 6 个组合带（表 5－2）

1. *Paripteris gigantea-Linopteris brongniartii-Conchophyllum* 组合带

主要分布在豫北焦作、博爱县黄岭、渑池等地，相当岩石地层单位为本溪组中下段，植物化石 15 属 29 种，主要有真蕨和种子蕨纲的 *Paripteris gigantea*、*P. pseudogigantea*、*P. otozamioides P.* cf. *kaipingiana*、*Linopteris neuropteroides*、*L. brongniartii*、*Pecopteris aspera*、*Samaropsis gutobien*；石松纲 *Lepidodendron huixianensis*、*L. aolungpylukense*、*L. ophiurus*、*L.* cf. *canobianum*、*Lepidostrobophyllum avatifolium*、*L. hastatum*、*L.* aff. *triangulare*、*Archaeosigillaria* sp.；楔叶 *Mesocalamites* sp.，*Palaeostachya* sp.，*Sphenophyllum tenerrimum*、*Conchophyllum richthofeni*、*C. parvifolia* 等。

2. *Lepidodendron szeianum-L. posthumi-Neuropteris ovata* 组合带

该带分布在济源、陕县、宜阳、登封、禹州、平顶山等地，相当岩石地层单位为本溪组上段和太原组。化石多产于太原组中、上部，计有 18 属 31 种，主要有石松纲的 *Lepidodendron szeianum*、*L. posthumi*、*L. polygonale*，*Stigmaria fecoides*；楔叶纲的 *Sphenophyllum oblongifolium*、*Annularia pseudostella*、*A. stellata*；瓢叶目的 *Tingia carbonica*、*T. hamaguchii*；真蕨、种子蕨的 *Sphenopteris tenuis*、*Pecopteris candolleana*、*Neuropteris ovata*、*Allethopteris heianensis*、*A. norinii*、*Taeniopteris jiyuanensis*，科达纲的 *Cordaites principalis* 等。

3. *Emplectopteris triangularis-Emplectopteridium alatum-Cathaysiopteris whitei* 组合带

该带相应岩石地层单位为山西组。该带分布在济源、新安、宜阳、巩义、登封、禹州等地，计有 109 种，其组合面貌以真蕨和种子蕨为主体，次为楔叶纲，两者占 52%，石松纲仍发育，少量苏铁分子开始出现。最突出的是大羽羊齿类和瓣轮叶开始出现分化，主要化石有石松纲的 *Lepidodendron polygonale*、*L. oculus-felis*、*Stigmaria fecoides*，楔叶纲的 *Sphenophyllum* cf. *emarginatum*、*S. oblongifolium*、*S. verticallatum*，*S. rotundatus*、*S. minor*、*S. thonii*、*Annularia stellata*、*A. mucronata*、*Lobatannularia lingulata*、*L.* cf. *ensifolia*；瓢叶目的 *Plagiozamites oblongifolius*、*Tingia carbonica*、*T. hamaguchii*；真蕨和种子蕨的 *Sphenopteris tenuis*、*Pecopteris cardolleana*、*P. wongi*、*P. arcuata*、*P. orientalis*、*P. taiyuanensis*、*Fascipferis stena*、*Cladophlebis* cf. *manchurica*、*Alethopteris norinii*、*A. ascedens*、*Protoblochnum wongi*、*Emplectopteris triangularis*、*Emplectopteridium alatum*、*Callipteridium koraiense*、*Cathaysiopteris whitei*、*Taeniopteris multinervis*、*T. mucronata*、*T. tingi*；科达纲的 *Cardaites principalis* 等。

4. *Lobatannularia ensifolia-Gigantonoclea cathaysiana-Fascipteris* 组合带

相当岩石地层单位为石盒子组小风口段，该带主要分布在济源、新安、陕县、宜阳、登封、禹州、永城等地，植物化石十分丰富，特征是大羽羊齿和瓣轮叶处于第一次繁盛阶段，楔叶达到一个新高潮，蕨型叶类除带羊齿很繁盛外，其余大为衰退。本组合大多植物分子在 3 组合带未曾出现过，首要代表为楔叶纲的 *Lobatannularia ensifolia*，*L. spatulata*，*Annularia popilioformis*，蕨类 *Gigantonoclea cathaysiana*，*Fascipteris hallei*；重要分子为楔叶 *Sphenophyllum gongxianensis*，*S. sino-coreanum*，蕨类 *Gigantonoclea mira*，*Fascipteris sinensis*，*Pecopteris lativennosa*，*Cladophlebis ozakii*，*P. nervoza*，*P. taiyuanensis*，*Taeniopteris densissima* 等。下伏生物带的 *E. triangularis*，*E. alatum*，*C. whitei* 不复存在，而 *L. ensifolia*，*G. cathaysiana*，*F. hallei* 在本组合各层段均可见到。

5. *Gigantopteris nicotianaefolia-Lobatannularia multifolia-Psygmophyllum multipartitum* 组合带

该带相当岩石地层单位为石盒子组云盖山段下部，底界为田家沟砂岩，顶界为七煤段下部硅质海绵岩（K_5）之顶面。该带分布于新安、陕县、宜阳、巩义、禹州、永城等地，共有植物化石 37 属 76 种，化石丰度不及下组合，区别是 *Gigantopteris* 开始发展和分化，*Gigatonoclea* 不仅数量繁盛，地理分布也由禹州向北扩大到登封乃至黄河北岸，*P. multipartitum* 开始出现，个体甚多。主要化石有石松纲的 *Lepidodendron cervicisum*，楔叶纲的 *Sphenophyllum sino-coreanum*，*Annularia mucronata*，*Lobatannularia multifolia*，*L. heianensis*；蕨类 *Sphenopteris tenuis*，*Pecopteris anderssoni*，*P. nervosa*，*Gigantopteris nicotianaefolia*，*G. dictyophylloides*，*Gtgantonoclea rosulata*，*G. hallei*，*Psygmophyllum multipartitum* 等。

6. *Pseudorhipidopsis brevicaulis-Rhipidopsis-Fascipteridium ellipticum* 组合带

相应岩石地层单位为石盒子组云盖山段中上部，底界为七煤段下部硅质海绵岩（K_5）顶面，顶界为平顶山段底面，包括七煤段中、上部和八煤段。该组合带分布在新安、登封、巩义、禹州市大风口、永城等地，有植物化石 23 属 40 种，重要特点是中生代型蕨类和裸子植物迅速增加，苏铁纲、银杏纲占优势，出现了一些新兴分子如 *Fascipteridium ellipticum* 和带羊齿型的 *Lesteya*，体现了欧美分子的渗人，除了 *F. ellipticum*，*Pseudorhipidopsis brevicaulis*，*Rhipidopsis* sp. 外，还有 *Triphyllum sphenoformis*，*Cladophlebis henanensis*，*Gigantonoclea rosulata*，*Neuropteridium coreanicum*，*Fascipteris densata*，*Taeniopteris spatulata*，*Rhiopidopsis panii*，*Sphenobaiera tenuistriata* 等。

六、其它古生物门类生物地层单位

1. 珊瑚

席运宏（1987）在太原组建 *Protoivanovia* - *Eokepingophyllum* - *Tschussovskenia* 组合带，原指太原组大涧段下部 2 层灰岩，与䗴类 *Q. longissima* - *R. valida* 亚带相当。除 *Protoivanovia* cf. *humboldti*，*Eokepingophyllum parasimplex*，*E. yuxianensis*，*Tschussoskenia zhongzhouensis* 之外，还有 *Neokoninckophyllum desquamatum*，*Amplexocarinia romanowskyi*，*Caninia popovi*，*Pseudozaphrentoides jiaozuensis*，*Opiphyllum henanensis* 等，特征是复体珊瑚与单体珊瑚共生。

2. 腕足类

阎国顺（1987）在太原组大涧段建 *Enteletina*—*Choristites* 组合带，与䗴类 *Rugosofusulina*

-*Quasifusulina* 带相当，重要分子是 *Enteletina callistia*，*E. globosa*，*Antiquatonia taiyuanfuensis*，*A. hermosanus*，*Choristites norini*，*Dielasma mapingensis*，*Wellerella taiyuanensis*；常见分子有 *Neochonetes carbonifera*，*N. latisinuata*，*Eomarginifera orientalis*，*Marginifea pussilla* 等。

3. 有孔虫

河南的非䗴有孔虫仅有郑洪（1987）、王德有（1987）作过研究。郑洪（1987）在禹州太原组灰岩中发现 10 属 15 种，自下而上分为三个组合带：①*Bradyina* - *Palaeotextularia angusta elongata* 组合（$L_1 \sim L_2$），②*Endothyra devexa* - *Palaeotextularidae* 组合（$L_3 \sim L_6$）；③*Geinizina postcarbonica* 组合（$L_7 \sim L_8$）。郑洪（1988）又将其称为群落。王德有（1987）研究范围较广，计有 13 属 57 种、亚种，在本溪组、太原组均有分布，但未建带。

4. 孢粉

河南二叠纪孢粉研究者不多，宋之琛（1965）、欧阳舒等（1983）分别研究了平顶山钻孔中的孢粉，刘淑芬对平顶山石炭纪—二叠纪的孢粉作了系统的研究，自下而上分为 4 个组合，Ⅰ.*Cyclogranisporites* - *Florinites* 组合，相当山西组 *E. triangularis* - *E. alatum* - *C. whitei* 组合带；Ⅱ.*Crassispora* - *Triquitrites* 组合，相当小风口段 *G. cathaysiana* - *L. ensifolia* - *Fascipteris* 组合带；Ⅲ.*Macrotorispora* - *Cardaitina* 组合，相当云盖山段 *G. nicotianaefolia* - *P. multipartitum* - *L. multifolia* 组合带及 *P. brevicaulis* - *Rhipidopsis* - *F. ellipticum* 组合带；Ⅳ.*Striatobietites* - *Cellipites* 组合，相当石千峰群。此外，吴建庄、钱少华还研究了周口凹陷晚古生代孢粉，在二叠系划分 4 个组合，名称虽有差异，但相当地层与前述平顶山地区的 4 个组合大致相当。

第三节　年代地层单位

河南省华北型石炭纪—二叠纪年代地层以前很少有人划分，一方面是华北石炭－二叠纪地层以前建阶者不多，张志存（1983，1987，1990）建立的本溪阶、太原阶、山西阶在华北尚未推广；另一方面河南省石炭纪—二叠纪古生物化石研究程度不高，化石带的界线确定比较困难。本文根据多年来我国石炭系—二叠系古生物化石多与俄罗斯地台对比，并参考 Harland（1989）推荐的地质时代表，在河南省石炭系—二叠系划分 4 个统、9 个阶，其中前 7 个阶即：中石炭统巴什基尔阶（Bashkirian），莫斯科阶（Moscovian），上石炭统卡西莫夫-格泽里阶（Kasimovian - Gzhelian），下二叠统阿谢尔阶（Asselian），萨克马尔阶（Sakmarian），阿丁斯克-空谷阶（Artinskian - Kungurian），乌菲姆-卡赞阶（Ufimian - Kazanian）标准地点在俄罗斯地台，后两个阶即上二叠统龙潭阶（Longtanian）、长兴阶（Changxingian）在中国。各阶所包含的化石带见表 5 - 3。

第四节　岩石、生物、年代地层单位的对比

河南省华北型石炭纪—二叠纪岩石、生物地层研究者较多，王德有等（1987）和阎国顺（1987）、张文生等（1988）、丁惠等（1990）分别从䗴及牙形石的分带谈到太原组生物带的分布及南北变化，潘泽成（1987）谈到石炭纪—二叠纪海侵方向改变引起本溪组、太原组、山西组时代的南北迁移。河南煤田地质公司（1991）较详细论述了河南省石炭纪—二叠纪海水

进退过程。武法东等（1994）论述华北古生代含煤盆地层序地层时涉及到河南的海侵与海退。上述学者的认识不尽一致，且对岩石地层与生物地层的关系论述不多。由于河南省石炭纪—二叠纪生物地层研究程度偏低，尤其是豫北太原组的䗴、牙形石以及山西组以上地层中植物化石研究程度很低，因而详细分析、对比、论述岩石、生物、年代地层单位的关系很困难。现仅依据前人已有资料，以北东方向为主对豫西、豫北，略向北涉及河北省南部及山西省中南部本溪组和太原组岩石、生物、年代地层的关系作概略对比，由于山西组、石盒子组植物化石不太普遍，对比困难，不再作对比。

1. 本溪组

本溪组在河南省华北地层区皆有分布，时代各地却不相同。豫北本溪组下、中段相当中石炭统巴什基尔阶和莫斯科阶，分别有双壳类 *Edmondia emaeca - Sanguinolites discors* 带及䗴类 *Fusulina - Fusulinella* 带、牙形石 *Streptognathodus cancellosus* 带、植物 *Paripteris gigantea - Linopteris brongniartii - Conchophyllum* 带发育，该二阶到黄河以南缺失，反映本溪组向南超覆，超覆的地层由北向南逐渐变老，由鹤壁地区的马家沟组八段，到焦作、修武一带为马家沟组七段，到黄河以南巩义一带为马家沟组五段，登封附近为马家沟组三段，禹州附近为马家沟组二段，到平顶山、确山地区为中寒武统张夏组。本溪组上段大致相当晚石炭世早期卡西莫夫阶和格泽里阶，分布范围遍及豫西、豫北地区，在焦作一带有双壳类 *Neocypricardina sinensis - Modiolus qiaogouensis* 带及植物 *Lepidodendron posthumii* 分布（王德有，1987），*L. posthumii* 上距太原组底界不足 0.39 m。在登封县大冶距太原组底界之下 7.7 m 有植物化石 *Lepidodendron szeianum - L. posthumii* 带出现（耿国胜等，1984）。本溪组向南、向西减薄，时代变晚，反映海水由北向南、由东向西侵进，因而本溪组是一个由北向南的穿时地层单位。

2. 太原组

太原组底界一般认为在河南省时代大体一致，均为 *Rugosofusulina - Quasifusulina* 带底界及牙形石 *Streptognathodus elongatus - S. gracilis - S. wabaunsensis* 带底界，但豫北太原组底界时代略偏早，有向南向西变新趋势。另外从山西省向河南省方向分析，太原市附近的畔沟灰岩因含莫斯科阶 *Fusulina - Fusulinella* 带，李四光（1926，1927）划为本溪系，此后被长期沿用。但从岩石地层角度分析，畔沟灰岩由四层灰岩夹煤或碳质泥岩组成，与河南省太原组下段十分相似，可以对比。河南省太原组下段产阿谢尔阶䗴 *Rugosofusulina - Quasifusulina* 带及牙形石 *S. elongatus - S. gracilis - S. wabaunsensis* 带，而在太原地区这两个带是从毛儿沟灰岩才开始出现的，反映太原组底界由西北向东南时代变新比较显著，说明由西北向东南海侵。

关于阿谢尔阶顶界，亦即萨克马尔阶底界，在河南省的变化是不大的。在禹州地区太原组上段底部 L_7灰岩产䗴 *Triticites henanensis*、牙形石 *Diplognathodus expansus*（张文生等，1988，Ding ，1990），L_9灰岩产䗴 *Oketaella sinensis*、牙形石 *Sweetognathus whitei*（王德有等，1987）。王志浩等（1985）、张文生等（1988）、丁惠等（Ding et al.，1990）将 *S. whitei* 带划在 L_9灰岩之底，阎国顺等（1987）、王德有等（1987）将 *Oketaella sinensis* 带或 *S. whitei* 带划在 L_7灰岩之底。从 *Sweetognathus* 的祖先 *Diplognathodus expansus* 及䗴 *T. henansis* 在 L_7 灰岩开始出现，将萨克马尔阶底界划在 L_7 灰岩之底，即太原组上段之底，䗴 *O. sinensis - T. henansis* 带、牙形石 *Sweetognathus whitei - Diplognathodus expansus* 带之底是比较合适的。另外从山西省到河南省方向分析，禹州地区太原组上段产牙形石 *S. whitei*，是国际上标准的下

二叠统萨克马尔阶的化石，但在太原附近，太原组上部灰岩中却没有发现该化石，庙沟灰岩、毛儿沟灰岩、斜道灰岩、东大窑灰岩均产牙形石 *S. elongatus*，*S. gracilis*，*S. wabaunsensis*（王志浩等，1987），及䗴 *Quasifusulina longissima*，*Rugosofusulina cylindrica*，相当河南省太原组下段牙形石带及䗴类，说明太原组顶界从山西省向河南时代变新比较明显。因此，太原组是一个顶底界线由西北向东南逐渐变新的穿时地层单位。

第五节　问题讨论

（一）中、上石炭统界线划分问题

按照全国地层委员会（1982）《中国地层指南及中国地层指南说明书》，石炭系采用三分，河南省华北地层区缺失下统，中统部分发育，上统发育完整。关于中、上石炭统的分界，国内外尚未统一，目前国内多将这一界线划在 *Fusulina* - *Fusulinella* 带之顶，本文沿用。河南省这一界线在豫北鹤壁划在䗴类 *Fusulina* - *Fusulinella* 带、牙形石 *Streptognathodus cancellosus* 带之顶，在博爱划在植物化石 *Paripteris gigantea* - *Linopteris brongniartii* - *Conchophyllum* 带之顶、双壳类 *Parallelodon yangshanensis* - *Astartella adenticulata* 带之顶、*Neocypricardina sinensis* - *Modiolus qiaogouensis* 带之底。在黄河以南缺失中统。

（二）石炭系、二叠系界线划分问题

国际上石炭系、二叠系界线划分尚未统一。在河南，石炭系、二叠系界线划分归纳为六种方案：①划在太原组下灰岩段与砂页岩段分界（夏国英等，1987）；②以 L_6 灰岩之底为界（张小筠等，1987）；③以太原组上部灰岩段之底（L_7 灰岩之底）为界（王德有等，1987）；④以 L_7 灰岩之顶为界（汪曾荫等，1989）；⑤以 L_9 灰岩之底为界（王志浩等，1985、张文生等，1988，Ding，1990）；⑥以太原组最上一层灰岩或黑色海相泥岩之顶为界（河南煤田地质公司，1991）。根据华北大区决议，石炭系与二叠系界线划在 *Triticites* 带与 *Pseudoschwagerina* 带之间。就河南省而言，本文将这一界线划在太原组底界。

（三）二叠系上、下统界线划分问题

我国二叠系三分、二分的都有，本文依据全国地层委员会（1982）方案采用二分。上、下二叠统的界线在华北习惯上划在原下石盒子组与上石盒子组之间。但由于对下石盒子组的认识和划分的差别，在河南省共有三种意见：①以砂窝窑砂岩底面为界（河南地质研究所，1962、河南区调队，1977）；②以四煤（煤田部门称五煤）底板砂岩之底为界（河南地矿局，1989）；③以田家沟砂岩即六煤（煤田部门称七煤）底板砂岩底面为界（杨关秀，1985；杨起等，1987；河南煤田地质公司，1991）。本文采用第三种方案。

（四）二叠系、三叠系界线划分问题

河南省华北地层区二叠系与三叠系界线划分有三种意见：一是划在平顶山砂岩之底（河南地研所，1962；河南煤田地质公司，1991）；二是划在石千峰群孙家沟组与刘家沟组之间（河南地矿局，1989）；三是划在石千峰群之顶（河南区调队，1977）。根据孙家沟组产植物化石 *Ullmannia*，属二叠纪末期，刘家沟组产孢粉 *Aratrisporites coryliseminis*、脊椎动物化石 *Dicynodon* sp.，属早三叠世，本文将二叠系、三叠系界线划在孙家沟组与刘家沟组之间。

第六章 三叠纪—白垩纪

华北地层大区三叠纪—白垩纪地层区在晋冀鲁豫地层和秦祁昆地层区均有分布（图6-1）。在晋冀鲁豫地层区以济源盆地、洛阳-汝州盆地、义马盆地分布较广，且有共同的三叠纪地层，三门峡盆地、潭头盆地次之，仅有侏罗纪或白垩纪地层；在秦祁昆地层区分布在南召县留山、马市坪盆地、卢氏县五里川盆地以及大别山北麓盆地。

河南石油队（1960①，1961②）、河南地质研究所（1962）③、河南区测队（1964c，1980c，1981a）、焦作矿院（1982）④、河南地矿局（1989）、河南区调队（1990）对研究区三叠纪—白垩纪地层均作了详细划分，本书又作了统一调整（表1-1），现以盆地为序分述之。

一、晋冀鲁豫地层区

（一）济源盆地

刘家沟组　T_1l　（05-41-0403）

【创名及原始定义】　1959年刘鸿允等创名于宁武县化北屯乡刘家沟，其原始定义："刘家沟组以一套较为单一的灰白色和浅紫红色的细粒砂岩为主，夹有薄层泥岩及层间砾岩。砂岩具有非常发育的交错层，砂岩层面上有暗紫色砂质团块，并有微层理。"是石千峰群的第二个组。

【沿革】　河南石油队（1960）将济源地区该套地层命名为石千峰统方山组，与山西省宁武县刘家沟组进行对比，时代归二叠—三叠纪。河南区测队（1964c）将此套地层划归石千峰组二段，时代归晚二叠世。河南地矿局（1989）沿用刘家沟组，时代归早三叠世。本次对比研究选用刘家沟组，停止使用方山组。

【现在定义】　刘家沟组岩性以灰紫、紫红色细砂岩为主，次为长石砂岩、中粒石英砂岩及钙质粉砂岩，夹薄层砂质粘土岩。下以紫红色石英砂岩为标志与孙家沟组整合接触；上以

---

① 河南石油队，1960，豫东豫北地区地质总结报告。
② 河南石油队，1961，济源盆地1960年总结报告。
③ 河南地质研究所，1962，河南地层。
④ 焦作矿院，1982，河南省中生代含煤地层划分与对比。

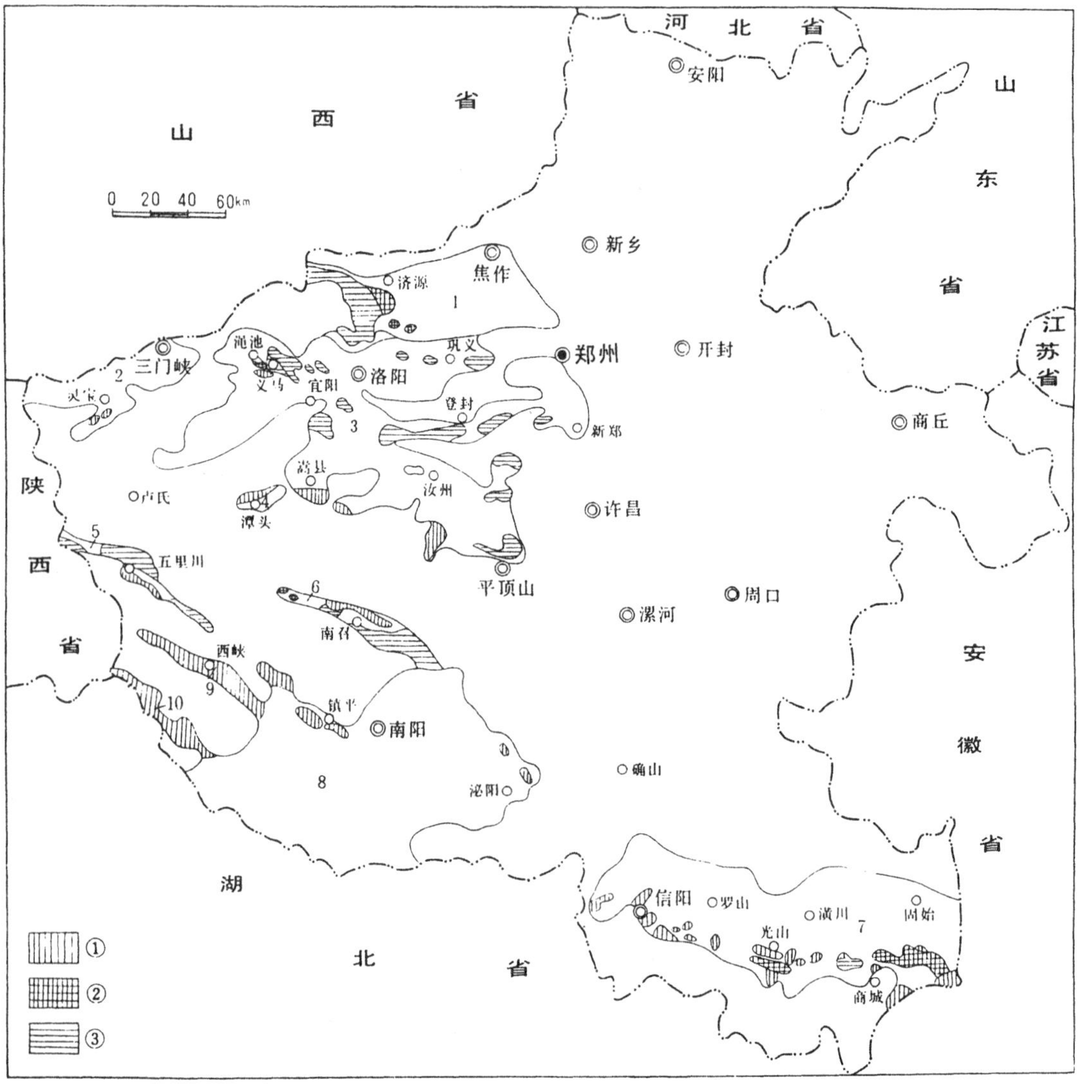

图 6-1 中生代盆地及地层分布图

①白垩系；②侏罗系；③三叠系

1. 济源盆地；2. 三门峡盆地；3. 洛阳-汝州盆地；4. 潭头盆地；5. 五里川盆地；6. 南召盆地；7. 大别山北麓盆地；8. 南阳盆地；9. 西峡盆地；10. 淅川盆地

紫红色厚层长石砂岩为标志与和尚沟组整合接触，归石千峰群。

【层型】 正层型为山西省宁武县东寨乡刘家沟剖面。河南省的次层型为登封县大金店乡王堂水库剖面（113°05′，34°21′），由河南地矿局（1989）测制。

【地质特征及区域变化】 刘家沟组主要分布于济源、义马、宜阳、登封及巩义、禹州、平顶山等地，地层发育较好，岩性以灰紫、紫红色细砂岩、长石砂岩、石英砂岩为主，夹紫红色薄层粘土岩。以岩性单调、颜色紫红为主要特征，岩相稳定，厚度变化在 378～100 m 之间。地貌上多形成单面山，为干旱炎热条件下的河流沉积。

该组产脊椎动物化石 *Dycinodon* sp.，孢粉 *Pteruchipollenites reticorpus*，*Taeniaesporites* sp.，*Pinusporites latilus*，*Triadispora fissilis* 等，时代属早三叠世。

和尚沟组　T_1h　（05－41－0404）

【创名及原始定义】　1959 年刘鸿允等创名于宁武县东寨乡和尚沟。其原始含义：“和尚沟组为一套鲜红色砂质泥岩、泥质粉砂岩夹钙质泥质细砂岩系。该组与上覆二马营“统”以其底部一层灰黄色、红绿色中细粒石英砂岩底面为界”。是刘鸿允等将石千峰统三分后的第三个组。和尚沟组和裴宗诚 1959 年于晋东南所称的石千峰统白斗沟层和山西区调队 1975 年以前所填 1：20 万地质图中的石千峰组第三段相当。

【沿革】　河南石油队（1960）将相当地层命名为林仙组，与山西省宁武县和尚沟组对比，归石千峰统，时代为二叠—三叠纪。河南区测队（1964c）将该套地层划归石千峰组第三段，时代为晚二叠世。河南地矿局（1989）沿用和尚沟组，时代归早三叠世。本次对比研究选用和尚沟组，停止使用林仙组。

【现在定义】　和尚沟组以鲜红、暗紫红色钙质、砂质粘土岩和粉砂岩为主，夹暗紫、灰白色中—细粒长石石英砂岩，局部夹灰绿色长石砂岩和页岩。其下和上均以紫红色粘土岩为标志，分别与刘家沟组和二马营组整合接触，归石千峰群。

【层型】　该组正层型位于山西省宁武县东寨乡孙家沟。河南省的次层型为宜阳县南天门煤矿剖面（112°12′，34°29′），由河南地矿局（1989）测制。

【地质特征及区域变化】　和尚沟组岩性为紫红、鲜红色钙质粘土岩、粉砂岩夹灰白色细晶灰岩。含钙质结核，厚度变化不大，济源地区厚 438 m，宜阳厚 353 m，义马厚 275 m，登封厚 365 m。属干热气候条件下的滨湖-浅湖环境沉积。

该组产植物化石：*Pleuromeia* cf. *jiaochengensis*，*Yuccites* sp.，*Crematopteris* sp.，*Neocalamites shanxiensis*，*Peltaspermum* cf. *usense* 等，时代为早三叠世。

二马营组　T_2e　（05－41－0405）

【创名及原始定义】　中科院山西地层队（1959）创名，创名地点在山西省宁武县二马营村。当时称为二马营统，其原始定义：“上为延长群所覆，下以灰黄色杂有红、绿色中细粒石英砂岩与和尚沟组分界；其下部为灰黄色杂有红、绿色中细粒砂岩夹紫红色钙质砂质泥岩薄层或凸镜体，上部由肉红微绿色中粗粒长石砂岩夹暗紫淡绿色钙质粉砂质泥岩，泥岩中含有钙质结核及石膏质结核”。

【沿革】　河南石油队（1960）将济源县西承留一带以紫红、紫灰色泥岩，黄绿、灰绿色砂岩、长石砂岩组成的旋回沉积层称二马营统（自下而上分为效庄组、大沟河组），与山西省宁武县二马营统对比，时代归中三叠世。河南地研所（1962）将二马营统划归中三叠世。河南区测队（1964c）沿用二马营统，与下伏石千峰组、上覆油房庄组均为整合接触。焦作矿院（1982）将二马营群改名二马营组，时代归中三叠世。河南地质矿产局（1989）沿用二马营组，时代归中三叠世。本次对比研究选用二马营组，效庄组、大沟河组本文未选用，将来可作为段级单位。

【现在定义】　二马营组岩性为暗紫、灰紫色粘土岩、钙质粘土岩、粉砂岩与灰紫色长石石英砂岩不等厚互层，夹黄绿色长石砂岩及鲜蓝色泥灰岩为特征。下以灰绿色长石砂岩与和尚沟组整合接触，上以紫红色粘土岩与延长群油房庄组为整合接触。

【层型】　该组正层型位于山西省宁武县东寨乡孙家沟二马营。河南省的次层型为登封县东金店乡库庄河西卷门水库剖面，河南地矿局（1989）测制。

【地质特征及区域变化】 该组分布于济源县西承留、义马市仁村发科岭、宜阳县庙沟、登封县大金店卷门水库一带，为一套中细粒陆相沉积建造，岩性为暗紫、灰紫色粘土岩、粉砂质粘土岩与灰、灰紫色长石石英砂岩互层，夹灰绿色长石砂岩和鲜蓝色泥灰岩，属河流三角州-滨湖环境沉积，济源地区厚552 m，义马厚609 m，宜阳厚598 m，登封厚320 m。

该组产轮藻计有6属20种。主要有：*Stellatochara hoollvicensis*，*S. hanchengensis* 等星孔轮藻多种；*Maslovichara dengfengensis*，*M. anmiaoensis* 等马氏轮藻多种；*Stenochara ovata*，*S. Schaihini* 等直轮藻多种；登封大金店南及茶亭产介形类化石：*Darwinula accuminata*，*D. dengfengensis*，*D. contracta*，*Shensinella praecipua*，*Sh. gauyadiensis*，*Sh. dongjindianensis*，*Lutkevichinella minuta* 等。登封李沟产脊椎动物化石 *Parahannemeyeria* sp.，济源县王屋乡东高楼产脊椎动物化石 *Traversodontoides wangwuensis* 等。可与山西省宁武、沁水、陕甘宁盆地含中国肯齿兽动物群的中三叠统下部二马营组对比，时代为中三叠世。

延长群 TY (05-41-0406)

【创名及原始定义】 潘钟祥（1934）将陕西省延长县三叠系最上部的一套由灰绿、黄绿、浅灰红、灰色长石砂岩、泥岩、页岩组成的内陆河湖相沉积岩系命名为延长层。与下伏石千峰系、上覆瓦窑堡煤系均为整合接触，时代划归晚三叠世。

【沿革】 河南石油队（1960）将二马营统以上、侏罗系鞍腰统下鞍腰层以下地层称延长统，自下而上划分为油房庄层、椿树腰层、谭庄层，时代划归晚三叠世。河南石油队（1961）沿用延长群，将油房庄层分为上、下油房庄组，将鞍腰统改称鞍腰群。河南区测队（1964c）将下侏罗统下鞍腰层并入谭庄组，时代归晚三叠世。中南地层表编写小组（1974）将下油房庄组和上油房庄组合称油房庄组。焦作矿业学院（1982）将油房庄组时代划归中三叠世，椿树腰组、谭庄组归晚三叠世。河南地质矿产局（1989）沿用焦作矿院划分意见。

【现在定义】 延长群在河南省自下而上包括油房庄组、椿树腰组和谭庄组。与下伏二马营组为整合接触；与上覆侏罗系不同层位呈整合或平行不整合接触。

【层型】 正层型为陕西省延长县延水关剖面。

【地质特征及区域变化】 本群主要分布于济源县西承留、义马市仁村、登封县中岳庙南，其次在宜阳也有零星分布。下部为米黄、杏黄色长石砂岩夹杂色粘土岩；中部为灰黄、黄绿色长石砂岩夹杂色粘土岩；上部为灰黄、黄绿色长石石英砂岩与灰紫色粘土岩互层，夹泥灰岩、碳质页岩、油页岩及煤层（线），含丰富的动、植物化石，自下而上由粗—细组成多个沉积旋回。油房庄组以米黄、杏黄、黄绿色色调为突出特征；椿树腰组、谭庄组以暗色、杂色含煤、油页岩为其特征。该群是在湿热气候条件下的内陆河流-沼泽-湖泊相沉积。

油房庄组 T_2y (05-41-0407)

【创名及原始定义】 河南石油队（1960）于济源县西承留创名油房庄层。指二马营统大沟河组之上、椿树腰组之下的一套灰绿、黄绿色中细粒长石砂岩、石英长石砂岩与灰绿及暗绿及暗紫色粘土岩互层，归延长群，时代为晚三叠世。

【沿革】 河南石油队（1960）创名油房庄层。河南石油队（1961）、河南地质研究所（1962）、河南区测队（1964c）分为上油房庄组和下油房庄组。中南地层表编写小组（1974）合称油房庄组。焦作矿业学院（1982）、河南地质矿产局（1989）沿用。本次对比研究选用油房庄组，停止使用上、下油房庄组。

【现在定义】 油房庄组岩性为黄绿、杏黄色长石砂岩与灰绿、紫红色粘土岩呈不等厚互层，以杏黄色长石砂岩居多为特征。下以灰绿色长石砂岩为标志，上以灰紫色粘土岩为标志与二马营组、椿树腰组均为整合接触关系，归延长群。

【层型】 该组正层型位于济源县油房庄—谭庄（112°28′，35°04′），由河南石油队（1960）测制。

上覆地层：**椿树腰组** 黄绿色细砂岩夹灰绿色薄层砂质页岩

——————整 合——————

油房庄组	总厚度 719 m
7. 暗紫色砂质粘土岩夹灰绿色细砾岩	9 m
6. 黄绿色细砂岩夹砂质粘土岩，砂质粘土岩中见钙质结核	118 m
5. 灰绿色砂岩夹砂质粘土岩，产植物化石：*Danaeopsis fecunda*，*Neocalamites* sp.	59 m
4. 暗紫色粘土岩夹紫色砂岩	17 m
3. 黄绿色砂岩夹暗紫红色粘土岩，产植物化石：*Neocalamites* sp.，*N. carrerei*	118 m
2. 黄绿色砂岩夹暗紫红色粘土岩，底部含有泥质结核、叶肢介及植物化石	136 m
1. 黄绿色中细粒砂岩夹暗紫红色粘土岩，砂岩中含有泥灰岩结核。产植物化石：*Claodphlebis gigantea*，*Neocalamites* sp.	262 m

——————整 合——————

下伏地层：**二马营组** 红色泥岩

【地质特征及区域变化】 该组分布于济源县油房庄、义马市常窑、宜阳县高门、登封县卷门水库及李沟一带，为一套中细粒陆源碎屑沉积建造，以杏黄、黄绿色长石石英砂岩为主，夹杂色粘土岩，自下而上，由粗到细组成两个完整的沉积旋回，属于湿热气候条件下的河流滨湖相沉积。本组厚度变化较大，最大厚度达 975 m，由济源向西、向南东逐渐变薄或尖灭。

该组在济源县油房庄及义马市许沟等地含有较丰富的植物化石，计有 19 种，主要有：*Neocalamites carrerei*，*N. carcinoides* *Equisetites arenaceus*，*E. tongchuanensis*，*E. sthenodon*，*E. deltodon*，*E. brevidentatus* 等为主的有节类，次为 *Danaeopsis fecunda*，*Beraoullia zeilleri* 等真蕨类。时代为中三叠世晚期。

椿树腰组 $T_3\hat{c}$ （05－41－0408）

【创名及原始定义】 河南石油队（1960）创名于济源县西承留乡椿树腰村，原称椿树腰层，指上油房庄层之上、谭庄层之下的一套黄绿、灰绿色长石石英砂岩、页岩，其顶部和底部夹黑色页岩和煤线的碎屑岩，归延长群，时代归晚三叠世。

【沿革】 创名后河南区测队（1964c）、焦作矿业学院（1982）、河南地质矿产局（1989）均沿用原定义，本书亦沿用。

【现在定义】 该组岩性为黄绿色细粒长石砂岩、粉砂岩与灰绿、灰黄、暗紫红色粘土岩、砂质粘土岩互层，夹长石石英砂岩、泥灰岩及煤层（线）。下以黄绿色长石砂岩为标志与油房庄组整合接触；上以灰绿色粘土岩为标志与谭庄组整合接触，归延长群。

【层型】 该组正层型剖面位于济源县油房庄-谭庄（112°28′，35°04′），由河南石油队（1960）测制。

上覆地层：**谭庄组**　棕黄色、黄绿色砂岩

——————— 整　合 ———————

椿树腰组	总厚度 1065 m
15. 黄绿色中细粒砂岩夹绿黄、绿色砂质粘土岩	73 m
14. 灰绿色厚层状细砂岩夹黄绿色砂质粘土岩，夹一薄层铝土质页岩	153 m
13. 灰绿、黄绿色中厚层状砂岩夹灰绿、黄绿色砂质页岩，底部产植物化石：*Neocalamites carrerei*	187 m
12. 灰绿色细砂岩夹灰绿、黄绿色砂质页岩，产植物化石及介形类化石。植物化石为：*Equisetites* sp.，*Cladophlebis* cf. *ichuanensis*，*Neocalamites* sp.	109 m
11. 灰绿色细砂岩与灰绿色砂质页岩互层，中部夹一层厚 0.5 m 的油页岩和一层厚 1.77 m的灰质页岩，产植物化石：*Neocalamites* sp.	125 m
10. 土黄色厚层中粒砂岩夹绿色砂质粘土岩，产植物化石：*Equisetites* sp.，*Neocalamites* sp.	198 m
9. 灰绿、黄绿色砂岩夹薄层灰绿色砂质粘土岩，产植物化石：*Neocalamirtes carrerei*	147 m
8. 黄绿色细砂岩夹灰绿色薄层砂质页岩，产植物化石：*Equisetites* sp.	73 m

——————— 整　合 ———————

下伏地层：**油房庄组**　暗紫色砂质粘土岩夹灰绿色细砂岩

【地质特征及区域变化】　该组主要分布于济源县仙口、义马市董沟，其次在登封县李沟也有分布。为一套灰黄、黄绿色长石石英砂岩与灰紫色粉砂质粘土岩互层，夹碳质页岩、泥灰岩、油页岩及煤层（线）。在义马地区砂岩多为肉红色，为钙、泥质胶结。含丰富的双壳类和植物化石，韵律明显，为湿热气候条件下内陆河流-沼泽-湖泊相，沉积厚度变化较大，最大厚度 1 093m（济源县油房庄—谭庄），向南变薄。

本组化石较丰富，植物化石主要有 *Neocalamites hoerensis*，*Equiseties sarrani*，*E. ferganensis* 等，次为 *Cladophlebis ichuanensis*，*Danoeopsis fecunda*。本组所产双壳类化石为以 *Shaanxiconcha chinovata*，*Sh. elliptica* 及 *Sh.* cf. *triangulata* 为主的三个类群。时代为晚三叠世。

谭庄组　T_3t　（05-41-0409）

【创名及原始定义】　河南石油队（1960）创名于济源县西承留乡谭庄村，原称谭庄层，指一套灰绿、灰黄、黄绿色页岩夹黑色页岩、黄绿色长石石英砂岩及煤层（线）的岩层，与上覆鞍腰统和下伏椿树腰层均为整合接触关系，归延长统，时代为晚三叠世。

【沿革】　创名后河南区测队（1964c）将河南石油队（1960）所划下侏罗统下鞍腰层并入谭庄组，理由是下鞍腰层中未见化石，与谭庄组无分层标志，时代归晚三叠世。焦作矿业学院（1982）、河南地质矿产局（1989）均沿用河南区测队（1964c）划分方案。本书亦采用这一含义。

【现在定义】　该组岩性为灰黄、黄绿色粘土岩、钙质粘土岩与黄灰、褐灰色钙质粉砂岩互层，夹煤层（线）、油页岩和黑色粘土岩，顶部为铝土质页岩。下以灰绿色砂岩为标志与椿树腰组整合接触；上以黄绿色粘土岩为标志与鞍腰组整合接触，归延长群。

【层型】　该组正层型位于济源县西承留乡谭庄附近（112°28′，35°04′），由河南石油队（1960）测制。

上覆地层：**鞍腰组**　粉砂质粘土岩

——————— 整　合 ———————

谭庄组	总厚度 183.3 m
20. 黄绿色粘土岩	4.0 m
19. 油页岩	1.3 m
18. 黄绿色砂质粘土岩夹 4 层油页岩，厚度 3.6～4.6 m，产介形类及植物化石 *Neocalamites* sp.	79.0 m
17. 棕黄色细砂岩夹绿色砂质粘土岩，产植物化石：*Thinnfeia* sp.，*Taenioldopsis rhizomoides*	40.0 m
16. 棕黄色、黄绿色砂岩夹黄绿色砂质粘土岩，产植物化石：*Cladophlebis shensiensis*，*Glossophyllum* ? *shensiensis*	59.0 m

——————— 整　合 ———————

下伏地层：**椿树腰组**　黄绿色中细粒砂岩夹砂质泥岩

【地质特征及区域变化】　该组主要分布于济源县宜谭庙、义马市董沟、登封县宋沟等地，在济源盆地发育较好，岩性以黄绿、紫红、灰绿色粘土岩与灰黄色长石石英岩互层，夹碳质页岩、泥晶灰岩、煤层（线）及菱铁矿结核。在义马地区颜色以浅红色为主，该组自下而上由粗变细组成多个正粒级韵律层，尤其以上部夹多层煤层（线）为特征，局部可采。本组是在湿润气候条件下的沼泽-湖泊相沉积。该组厚度变化较大，由北向南逐渐变薄。济源地区厚 773 m，义马厚 563 m，登封厚 96 m。

谭庄组在济源县西承留、义马市石佛、登封县李沟等地产有丰富的植物、双壳类、介形虫、叶肢介、轮藻、鱼类及有孔虫等多种化石。植物化石主要有：真蕨类的 *Danaeopsis fecunda*，*Bernoullina zeilleri* 及 *Todites shensiensis*，*Cladophlebis ichuanensis*，*Cl. raciborskii*，*Cl. kaoiana* 等，节蕨类的 *Neocalamites carrerei*，*N. carciroides*，*Equisetites brevidentatus*，*E. deltodon*，*E. sthenodon* 等。双壳类的 *Shaanxiconcha mianchiensis*，*Sh. elliptica* 等，时代为晚三叠世。

鞍腰组　J_1a　（05－41－0413）

【创名及原始定义】　河南石油队（1960）创名于济源县西承留乡鞍腰村，原称鞍腰统，岩性为黄绿色细粒长石石英砂岩夹黄绿色粉砂质泥岩、页岩，以铝土质页岩为界分为下鞍腰层和上鞍腰层，与下伏延长统谭庄层和上覆马凹统均为整合接触，时代为早侏罗世。

【沿革】　河南石油队（1960）创名鞍腰统，并分为下鞍腰层和上鞍腰层，时代划归早侏罗世。河南石油队（1961）改称鞍腰群，分为下鞍腰组和上鞍腰组。河南地质研究所（1962）称鞍腰群。河南区测队（1964c）将下鞍腰层并入谭庄组，时代归晚三叠世；将上鞍腰层归下侏罗统。焦作矿业学院（1982）将上鞍腰层两分，下部称鞍腰组，时代仍归早侏罗世，上部称杨树庄组，时代划归中侏罗世。本文采用河南区测队（1964c）的意见。

【现在定义】　该组岩性为灰绿色长石石英砂岩、粘土岩夹泥质灰岩。下以深灰绿色长石石英砂岩为标志与谭庄组连续沉积；上以灰黑色粘土岩为标志与马凹组整合接触。

【层型】　该组正层型剖面位于济源县鞍腰村（112°28′，35°04′），由河南石油队（1960）测制。

上覆地层：**马凹组** 石英砂岩

——————— **整　合** ———————

鞍腰组	总厚度 246 m
8. 黄绿色粘土岩夹绿色砂岩。产植物化石及介形类化石	108 m
7. 黄绿色细砂岩夹薄层状页岩，产植物化石：*Equisetites* sp.	59 m
6. 淡黄绿色粉砂岩夹黄绿色中细粒砂岩	46 m
5. 黄绿色粉砂质粘土岩夹暗灰色细砂岩	33 m

——————— **整　合** ———————

下伏地层：**谭庄组** 铝土质页岩

【地质特征及区域变化】 该组分布局限，仅见于济源县鞍腰、马凹、谭庄、张庄一带。岩性主要为灰绿、灰黄、浅灰色钙质粘土岩与褐灰、灰黄色薄—中厚层状钙质粉砂岩互层。上部夹长石石英砂岩，下部夹砂质灰岩，砂岩钙质胶结，厚度在 250 m 左右，纵、横方向上变化不大，为温湿气候条件下浅湖相-滨湖相沉积。

该组含有丰富的植物及双壳类、鱼类化石。植物化石为 *Coniopteris-Phoenicopteris* 植物群，主要有 *Neocalamites carrerei*，*Cladophlebis shansiensis*，*Conioptenis tatungensis*，*C. hymenophylloides*，*C. burejensis*，*Phoenicopsis angustifolia* 等。双壳类主要有 *Yananoconcha Zaoyuanensis*，*Y. hengshanensis*。时代为早侏罗世。

马凹组 J_2m （05－41－0415）

【创名及原始定义】 河南石油队（1960）创名于济源县西承留乡马凹村，原称马凹统，指马凹附近的鞍腰统之上，张庄组之下的一套地层，底部砾岩夹绿色页岩；中下部黄绿、蓝紫色粉砂岩、粘土岩；上部灰绿色泥灰岩。时代归中侏罗世。

【沿革】 创名后，河南石油队（1961）将马凹统分为下部马凹群（自下而上分为砂岩组、页岩组、泥灰岩组）、上部韩庄组。河南区测队（1964c）将马凹群与韩庄组合并，划为中侏罗统。焦作矿业学院（1982）、河南地质矿产局（1989）沿用马凹统原定义，称马凹组，时代划归中侏罗世早期。本次对比研究选用马凹组，含义是原马凹群定义。

【现在定义】 该组底部为砾岩；下部灰白、灰绿色中粗粒长石石英砂岩夹粘土岩；中部杂色粘土岩夹粉、细砂岩；上部杂色粘土岩与灰黄色泥灰岩呈不等厚互层，夹蚌壳灰岩。下以黄褐色砾岩为标志与鞍腰组整合接触；上以灰绿、黄绿色粘土岩为标志与韩庄组呈不整合接触。

【层型】 该组正层型剖面位于济源县西承留乡谭庄东山（112°28′，35°04′）。由河南石油队（1960）测制。

上覆地层：**韩庄组** 砂岩

~~~~~~~ 不 整 合 ~~~~~~~

马凹组	总厚度 230.4 m
12. 紫红色钙质页岩夹黄绿色薄层状泥灰岩，底部夹一层厚 3 cm 介壳泥灰岩，产介形类化石：*Darwinula sarytirmenensis*	33.0 m
11. 灰绿、黄绿色、叶肢介页岩，富含钙质页岩，含大量的叶肢介及介形类化石	4.3 m
10. 灰绿色砂质粘土岩夹薄层状黄绿色泥灰岩数层。产介形类及植物碎片	35.0 m
~~~~~~~

9. 肝紫、紫红色钙质页岩夹灰绿色泥灰岩，底部泥灰岩厚度6.65 m。富产介形类化石及鱼（刺）：Hylaodontidae indet　27.0 m

8. 黄绿色、浅紫色砂质粘土岩夹薄层状黄绿色砂岩　33.0 m

7. 灰白色中粒砂岩，含绿色泥质小结核　7.0 m

6. 灰绿、肝紫、黄绿色粘土岩夹黄绿色砂岩　24.0 m

5. 灰绿及黄绿色砂岩　20.0 m

4. 黄绿色砂质页岩，含少量铁质结核　6.8 m

3. 黄绿色中粒砂岩　12.5 m

2. 顶部及底部为黄绿色砾状砂岩，中部为黄绿粗砂岩　25.0 m

1. 褐黄色砂砾岩，底部为砾岩　2.8 m

———— 整　合 ————

下伏地层：**鞍腰组**　页岩和长石砂岩

【地质特征及区域变化】　该组主要出露于济源县谭庄东山、马凹及鞍腰村一带，岩性以灰绿、黄绿、紫红色钙质粘土岩为主，灰褐黄色长石石英砂岩、粉砂岩及灰色泥灰岩次之。粘土岩与泥灰岩、粉砂岩与粘土岩往往组成层对，每个层对厚0.5～3 cm。该组底部砾岩稳定，厚3 m左右，铁锰质胶结。上部夹两层蚌壳灰岩，可作本组的标志层。马凹组厚达230 m，向东、向西有逐渐减薄的趋势，为温暖潮湿气候条件下的河湖相沉积。

本组产丰富的双壳类、叶肢介、介形虫及鱼类、植物化石。双壳类主要为*Psilunio*，*Cuneopsis*及*Lamprotula*（*Eolamprotula*）淡水双壳类动物群，另含少量"*Unio*"及*Corbicula*（*Mesocorbicula*）。主要有*Psilunio ovalis*，*P. jiangyouensis*，*P. globitriangularis*，*P. chaoi*，*P.* aff. *sinensis*，*P. honanensis*，*Plamprotula*（*Eolampratula*）*cremeri*，*Cuneopsis iohamisboehmi*等。时代为中侏罗世晚期。叶肢介有"*Euestheria*" cf. *changouensis*和"*Euestheria*" cf. *shiguaiziensis*两种。介形虫化石有*Darwinula sarytirmenensis*，*D. lufengensis*。时代为中侏罗世。

韩庄组　J_3h　（05－41－0417）

【创名及原始定义】　河南石油队（1960）于济源县西承留乡韩庄创名韩庄组。指济源县韩庄一带砖红色长石石英砂岩与紫红色页岩互层的一套地层，与下伏马凹群假整合接触，与上覆张庄组为不整合接触。厚31.1 m，时代划归晚侏罗世。

【沿革】　创名后，河南地质研究所（1962）改称韩庄群。河南区测队（1964c）以韩庄组无化石、分界不明显及厚度太薄为由并入马凹组，时代归中侏罗世。河南区调队（1981a）、河南地质矿产局（1989）均采用这一意见。本文恢复使用韩庄组原定义。

【现在定义】　该组岩性为砖红色长石石英砂岩、紫红色粘土岩夹砂砾岩及砂质灰岩。下以砖红色砂砾岩为标志，上以紫红色粘土岩为标志，分别与马凹组和聂庄组呈不整合接触。

【层型】　该组正层型剖面位于济源县西承留乡马凹-韩庄（112°28′，35°04′），由河南石油队（1960）测制。

上覆地层：**聂庄组**　砾岩

～～～～ 不整合 ～～～～

韩庄组　总厚度21.10 m

3. 砖红色块状长石石英细砂岩　4.0 m

2. 紫红色页岩，含灰质结核，夹薄层灰绿色页岩 11.8 m

1. 砖红色砾岩，中夹一层 0.5 m 粉红色砂岩 5.3 m

~~~~~~~~~~ 不 整 合 ~~~~~~~~~~

下伏地层：马凹组 泥岩夹泥灰岩

【地质特征及区域变化】 本组仅见于济源县西承留乡马凹、韩庄及虎岭等地。下部砖红色砾岩；中部紫红色粘土岩；上部砖红色长石石英细砂岩，构成一个粗—细—粗完整的沉积旋回。颜色以砖红、紫红为特征，生物化石稀少，为干热气候条件下坳陷盆地的河流-湖泊相沉积。该组未发现化石，以下伏马凹组产中侏罗世化石，划为上侏罗统。

（二）洛阳-汝州盆地

义马组 $J_{1-2}y$ （05－41－0414）

【创名及原始定义】 河南煤田地质局 104 队（1960）① 于义马市西露天矿将含煤岩系命名为义马统，时代划归早侏罗世。与下伏延长统为不整合接触；其上与红色岩系不整合接触。

【沿革】 北京地质学院豫西地层队（1960）② 将本区该套地层划分为侏罗系下统和中下统。河南区调队（1964c）划归下侏罗统。中南煤田地质局 127 队（1965）③ 称义马组。河南区调队（1981）沿用义马组，时代归早侏罗世。焦作矿业学院（1982）沿用义马组，时代归中侏罗世。河南地质矿产局（1989）沿用义马组，时代归属早—中侏罗世。本书亦沿用。

【现在定义】 岩性为灰黑色粘土岩、粉砂质粘土岩和灰、土黄色粘土岩、细砂岩夹多层煤层，底部为灰绿色砂砾岩。下以灰绿色砂砾岩为标志与谭庄组不整合接触；上被东孟村组平行不整合覆盖。

【层型】 该组选层型为义马市北露天矿西部义马组剖面（111°54′，34°43′），由焦作矿业学院（1982）测制。

上覆地层：东孟村组 灰黄色砾岩

－－－－－－－平行不整合－－－－－－－

义马组 总厚度 119.61 m

14. 灰白、灰绿色及红色粘土岩 5.91 m

13. 黑色致密块状粘土岩，底部与煤层接触处含菱铁矿结核，局部有 1～2 cm 厚的菱铁矿层。产瓣鳃类 *Tutuella* sp. 及叶肢介、介形虫、鱼鳞片等 18.26 m

12. 中层煤，黑褐色，主要是由煤及几层砂岩、粘土岩夹矸所组成的复杂结构煤层 4.63 m

11. 上部灰黑色砂质粘土岩，黑色粘土岩；下部为灰色厚层状粉砂岩 1.93 m

10. 黑色粘土岩与薄煤层互层 2.42 m

9. 灰黑色厚层状粉砂岩和砂质粘土岩，含大量植物化石碎片 3.39 m

8. 黑色砂质粘土岩及粘土岩，产植物化石：*Cladophlebis asiatica*，*Coniopteris burejensis*，*Nilssonia orientalis*，*Ginkgo bigitata*，*G.* cf. *huttoni*，*Ginkgoites magnifolius*，*G. sibirica*，*G.* cf. *orientalis*，*Baiera gracilis*，*Elatocladus manchurica*，*Podozamites lanceolatus* 等 1.93 m

7. 灰色厚—巨厚层状粉砂岩夹灰黑色薄层状砂质粘土岩及粉砂岩，粉砂岩中含少量云

① 河南煤田地质局 104 队，1960，河南省渑池煤田义马露天矿地质报告。
② 北京地质学院豫西地层队，1960，河南省卢氏-灵宝、新安-渑池、汝阳-宜阳一带综合地质报告。
③ 中南煤田局 127 队，1965，河南渑池县义马煤田详查勘探地质报告。
~~~~~~~~~~

母片及黑色岩屑。产丰富的植物化石（与第 8 层相同） 13.39 m

6. 土黄色厚层状中—细粒长石石英砂岩，中部出现含云母片的钙质细砂岩凸镜体 20.70 m

5. 浅灰色薄层中—细粒砂岩，夹灰色粉砂岩，砂岩层面上富含镜煤化植物树干 5.25 m

4. 灰白色中厚层状细粒石英砂岩，层面上见白云母片，含植物化石碎片 1.55 m

3. 浅灰色厚层状细粒石英砂岩，层面含白云母及黑色岩屑，夹薄层灰色砂质粘土岩 17.71 m

2. 灰色中厚层状粉砂岩，含白云母片，产丰富植物化石 9.54 m

1. 底煤层，黑褐色，主要由煤以及多层夹矸组成，夹矸为碳质粘土岩、粉砂岩及红色碳质菱铁矿薄层 13.00 m

——————— 整　合 ———————

下伏地层：下侏罗统（?）　灰白色砂砾岩

【地质特征及区域变化】　该组主要分布于渑池、义马地区。岩性主要为一套灰、灰黑、浅灰色粘土岩、粉砂岩、长石石英砂岩，底部为灰绿色砂砾岩。底部砂砾岩具不明显的正粒序层理，板状、洪积层理也很发育。长石砂岩、粗砂岩具水平层理、波状层理及斜层理发育，富产植物化石。粘土岩及粉砂质粘土岩水平层理及波状层理发育。

义马组植物化石丰富，保存完整，计有 50 种之多，主要有：*Neocalamites carrerei*，*Equisatites yimaensis*，*Nilssonia orintalis*，*Baiera gracitis*，*Phoenicopsis angustifolia*，*Podozamites lanceolatus*。义马组的孢粉为 *Cyathidites*－*Cycadopites* 组合。主要以裸子植物双囊粉 *Paleoconiferus*，*Protoconiferus*，*Protopinus*，*Pseudopinus*，*Piceites* 为主，松柏类的双囊粉 *Pinuspollenites*，*Piceapollenites*，*Cedripites*，*Podocarpites* 等含量也较高。时代为早—中侏罗世。

东孟村组　K_2d　(05－41－0429)

【创名及原始定义】　焦作矿业学院（1982）创名于渑池县东孟村，原始定义："该组系一套干旱条件下的河流及洪积相沉积，岩性主要为杂色砂质泥岩，夹厚—巨厚层状的砾岩及中厚层状细砂岩透镜体，含少量中—粗粒石英砂岩和长石石英砂岩。本组与上覆中—上侏罗统巨厚砾岩层、与下伏义马组均为假整合接触，厚约 200 m"，时代划归中侏罗世晚期。

【沿革】　河南区测队（1964c）将渑池县东孟村附近的红色粉砂岩、石英砂岩及砂砾岩和底部砾岩，归属侏罗纪—白垩纪。焦作矿业学院（1982）将该套地层命名为东孟村组，时代归属中侏罗世。河南地质矿产局（1989）沿用河南区测队（1964c）划分方案，未称组，但时代归晚白垩世。本文选用东孟村组，采用原始定义。

【现在定义】　该组岩性为灰黄、砖红、灰绿色泥质粉砂岩夹砾岩及石英砂岩。下以砖红色砾岩为标志与义马组不整合接触；上以灰绿色砂质粘土岩为标志与下第三系不整合接触，厚 30～198m。时代归晚白垩世。

【层型】　正层型为渑池县东孟村剖面（111°49′，34°44′），由河南区测队（1964c）测制。

上覆地层：上第三系　灰色钙质砾岩

~~~~~~~~ 不 整 合 ~~~~~~~~

东孟村组 总厚度 193.9 m

8. 暗红色厚层疏松状泥质粉砂岩和砂岩 19.3 m

7. 淡红色石英砂岩、砾岩 0.5 m

6. 暗红夹少量灰绿色厚层状泥质粉砂岩，产恐龙化石：*Cainosauria* sp. indet，*Sanropoda*
~~~~~~~~

sp. indet 59.5 m

5. 淡灰绿色厚层状钙质胶结石英砂岩、砾岩 11.8 m

4. 暗红夹少量灰绿色厚层疏松状粉砂岩及少量砾岩凸镜体 59.8 m

3. 米黄色疏松状石英砂岩、砾岩 0.3 m

2. 暗红、灰绿色疏松状泥质粉砂岩夹少量米黄色疏松状砾岩、长石石英砂岩的凸镜体 42.4 m

1. 黄灰色厚层状石英砂岩、砾岩 0.3 m

~~~~~~~~~~ 不 整 合 ~~~~~~~~~~

下伏地层：下侏罗统　碳质页岩夹烟煤

【地质特征及区域变化】　本组呈东西向分布于渑池县以南的东孟村、赵沟、董沟、姚礼等地，岩性以红色、灰绿色钙质、泥质粉砂岩为主，局部有泥灰岩，多具块状层理。砾岩多呈薄层或凸镜状夹于粉砂岩中，砾石成分复杂，砾径 2～6 cm，为湖盆边缘河流冲积产物。地层厚度在 30～198 m，变化较大，但岩性、岩相较稳定。应为在干燥气候条件下的河流-湖泊相沉积。

该组产恐龙化石 *Sauropoda* 及 *Carnosanria*，时代划归晚白垩世。

大营组　K_1d　(05－41－0421)

【创名及原始定义】　河南地研所（1962）创名于河南省宝丰县大营镇。原始定义：“在宝丰县大营出露有上第三系火山岩，名为大营群，主要岩性为安山岩、角闪粗面安山岩、辉石安山岩及大量的凝灰角砾安山岩和集块岩，厚 400 m 以上。”

【沿革】　秦岭区测队（1959）将宝丰县大营一带的中酸性火山岩夹碎屑岩划归晚第三纪。河南地研所（1962）命名为大营群，时代归晚第三纪。河南区测队（1964a）、中南地层表编写小组（1974）均沿用大营组，时代归晚第三纪。河南地质矿产局（1989）引用大营组，但将石盒子组之上厚 83.6 m 的砂岩、砾岩、粗砂岩并入，时代归属早白垩世。河南区调队（1990）沿用这一意见，本书仍采用这一含义。

【现在定义】　该组下部为褐黄、灰绿色泥质粉砂岩，粘土岩夹细砾岩及泥灰岩；中部深灰、紫红、灰绿色玄武岩夹火山角砾岩；上部为安山质角砾岩夹安山玢岩及粉砂质粘土岩。下以褐黄色细砾岩为标志与二叠系石盒子组不整合接触；上未见顶。

【层型】　选层型为宝丰县大营-韩庄剖面（112°52′，33°54′），由河南区调队 1986 年测制。

未见顶

大营组 总厚度 1108.7 m

17. 灰白、肉红色黑云母角闪安山玢岩 37.5 m

16. 下部灰紫、灰绿安山质火山角砾岩；上部灰黄、灰黑色角闪安山玢岩；顶部为紫红一砖红色粘土岩、粉砂质粘土岩 216.5 m

15. 紫红色薄层砂质粘土岩 0.8 m

14. 上部为深灰色厚层安山玢岩、角闪安山岩；中部灰绿色安山质火山角砾岩夹紫红色薄层粘土岩；下部灰紫一肉红色杏仁状安山玢岩 342.8 m

13. 灰绿、灰黄、灰紫色安山玢岩夹安山质火山角砾岩 115.8 m

12. 灰紫色杏仁状安山玢岩夹集块岩，顶部夹紫红色粉砂岩及泥质粉砂岩 59.2 m

11. 灰、灰黄色杏仁状安山玢岩 61.0 m

10. 灰紫一紫红色安山玢岩夹安山质火山角砾岩 38.4 m
~~~~~~~~~~

9. 下部深灰色安山质火山角砾岩、集块岩；上部为斑状安山玢岩	74.4 m
8. 橙黄—灰黄色含砾粗砂岩夹砂质粘土岩和砾岩	42.9 m
7. 深灰色杏仁状安山玢岩	35.8 m
6. 棕红色岩屑砂岩、砂质粘土岩夹灰绿色长石石英砂岩和砾岩	13.2 m
5. 灰黄—棕红色厚层砂岩	10.3 m
4. 肉红、灰黄色粘土岩夹灰绿色岩屑砂岩、薄层泥灰岩及砾岩	19.8 m
3. 肉红、黑红色厚层砾岩	18.4 m
2. 肉红色泥质砂岩与灰黄色泥质粗砂岩呈不等厚互层，夹肉红色砾岩	15.3 m
1. 褐黄、灰黄、紫红色粘土岩、岩屑砂岩夹含砾砂岩及泥灰岩	6.6 m

~~~~~~~~~~ 不 整 合 ~~~~~~~~~~

下伏地层：**石盒子组**　长石砂岩

【地质特征及区域变化】　大营组呈北西向分布于宝丰县大营镇西、韩庄煤矿东及梁洼北东一带。下部为紫红、灰绿、深灰色碎屑岩组成，水平层理、波状层理及斜层理均发育，为温湿气候条件下的河湖相沉积。中、上部火山岩系，为内陆湖盆环境的裂隙喷发。

大营组缺乏古生物化石，安山玢岩、辉石安山岩 K－Ar 同位素年龄值分别为 114.0 Ma、117.0 Ma。丁毅、王松产（1990）在大营测得辉石安山岩全岩 K－Ar 年龄值为 122.5 Ma，黑云粗安岩的黑云母单矿物 K－Ar 年龄为 144.32 Ma，时代为早白垩世。

九店组　K_1j　（05－41－0422）

【创名及原始定义】　河南区测队（1964a）创名于嵩县九店。原始定义："九店群与下伏震旦系、寒武系、石炭系、二叠系及上覆下第三系陈宅沟组均为角度不整合接触，组成岩性单一，为火山碎屑岩，根据岩性及沉积韵律可以分为两个亚群。"时代划归白垩纪。

【沿革】　河南地质研究所（1962）将嵩县田湖一带的灰色、浅红色晶屑碎屑凝灰岩命名为田湖群，时代归晚白垩纪。河南区调队（1964a）将该套地层命名为九店群，并分为上、下亚群，时代归白垩纪。河南区调队（1981a）沿用。河南地质矿产局（1989）称大营组，时代划归早白垩世。本次对比研究选用九店组，停止使用田湖群。

【现在定义】　该组岩性为紫红、灰白色晶屑岩屑凝灰岩、晶质凝灰岩夹多层砾岩，底部为不稳定砾岩。下以紫红色砾岩为标志与中元古代汝阳群白草坪组不整合接触；上以紫红色晶质凝灰岩为标志与陈宅沟组不整合接触。

【层型】　正层型为汝阳县裴家湾-嵩县九店剖面（111°27′，34°10′），由河南区测队（1964）测制。

上覆地层：**陈宅沟组**　砾岩

~~~~~~~~~~ 不 整 合 ~~~~~~~~~~

九店组	**总厚度** 1806.85 m
48. 紫红、灰白色相间薄层状晶屑凝灰岩	41.60 m
47. 浅紫红与灰白色中薄层—中厚层状晶屑凝灰岩，夹细砾岩凸镜体	39.55 m
46. 灰白色夹少量微紫红色中厚层状中细粒晶屑凝灰岩	7.38 m
45. 灰白与紫红色中薄层状细晶凝灰岩互层，夹砾石凸镜体	27.57 m
44. 灰白、白色厚层状中粒晶屑凝灰岩	16.10 m
43. 淡紫红、灰白色薄—中厚层状晶屑凝灰岩夹砾岩凸镜体	53.54 m

42. 深紫红色中厚—厚层状含岩屑、晶屑凝灰岩，底部为紫红色砾岩，顶有层肉红色中、粗粒晶屑凝灰岩 38.82 m
41. 灰白色薄层状晶屑凝灰岩与紫红色薄层晶屑凝灰岩互层 36.09 m
40. 紫红色砾岩 12.73 m
39. 浅紫红色中—粗粒晶屑凝灰岩夹灰白色薄层—中厚层晶屑凝灰岩，夹砾岩凸镜体 23.63 m
38. 紫红色中厚层状含大岩屑、晶屑凝灰岩 21.50 m
37. 灰白带微紫红色薄层状含岩屑、晶屑凝灰岩，夹浅紫红色晶屑凝灰岩，底为砾岩 9.06 m
36. 灰紫、浅紫红色含岩屑、晶屑凝灰岩夹灰白色晶屑凝灰岩 33.12 m
35. 暗紫红色砾岩 6.66 m
34. 灰紫、浅紫红色含岩屑晶屑凝灰岩 35.73 m
33. 红色晶屑凝灰岩 23.28 m
32. 浅紫红与灰白色细粒晶屑凝灰岩互层，偶夹岩屑，上部夹浅肉红色晶屑凝灰岩 59.11 m
31. 灰白色晶屑凝灰岩 25.11 m
30. 浅紫红色厚层状晶屑凝灰岩，局部含岩屑，夹灰白色薄层中粒晶屑凝灰岩，底部为肉红色晶屑凝灰岩 16.59 m
29. 灰白色中薄—厚层状晶屑凝灰岩和淡紫红色含岩屑晶屑凝灰岩及细粒晶屑凝灰岩 32.56 m
28. 肉红色厚层状晶屑凝灰岩 1.04 m
27. 紫灰色中薄—中厚层含岩屑晶屑凝灰岩 43.32 m
26. 灰白色中粒晶屑凝灰岩 4.6 m
25. 凝灰质砾岩 10.67 m
24. 淡紫红、紫灰色含岩屑晶屑凝灰岩 34.25 m
23. 下为肉红色中、粗粒的晶屑凝灰岩；中为浅紫红色中厚层状含岩屑晶屑凝灰岩；顶为灰白色细—粉砂状晶屑凝灰岩 9.36 m
22. 灰白、紫红色晶屑凝灰岩夹紫红色含岩屑晶屑凝灰岩 20.43 m
21. 褐紫红色含粗大晶屑岩屑凝灰岩，上部夹灰白色中—细粒晶屑凝灰岩 16.82 m
20. 紫红、灰白带紫红色含岩屑晶屑凝灰岩 7.12 m
19. 紫红色含岩屑晶屑凝灰岩夹紫灰、灰白色中薄层晶屑凝灰岩 30.48 m
18. 紫红、灰紫色含岩屑凝灰岩，岩屑有时集中成凸镜体 32.26 m
17. 灰白，带微红色薄—厚层含岩屑晶屑凝灰岩 12.56 m
16. 灰白带微红色巨厚层状含岩屑晶屑凝灰岩，有时岩屑集中成凸镜体 38.76 m
15. 紫红、浅紫红色含岩屑晶屑凝灰岩 30.17 m
14. 浅紫红色砾岩（对应原剖面第一层） 28.64 m
13. 浅紫红色含岩屑晶屑凝灰岩（顶层） 83.32 m
12. 浅紫红色含岩屑晶屑凝灰岩，顶部为灰白色含晶屑岩屑凝灰岩 159.06 m
11. 紫红、淡紫红色含岩屑晶屑凝灰岩 68.98 m
10. 灰白、白色中细粒含岩屑晶屑凝灰岩 24.09 m
9. 灰白、带微紫红色厚层中、细粒含岩屑晶屑凝灰岩 188.18 m
8. 浅紫红色厚层含岩屑晶屑凝灰岩 55.86 m
7. 紫红、浅紫红色中、粗粒含小岩屑晶屑凝灰岩 17.18 m
6. 紫红色中厚—厚层块状岩屑晶屑凝灰岩 77.69 m
5. 灰白带微红色中厚层状含小岩屑晶屑凝灰岩 67.31 m
4. 黄白、灰白色中—厚层状、粗粒含小岩屑晶屑凝灰岩 38.40 m
3. 灰带微红色含岩屑晶屑凝灰岩 26.30 m
2. 灰白、带微紫红色含岩屑晶屑凝灰岩 77.16 m

1. 红色砾岩，上部夹砂质泥灰岩　　43.11 m

~~~~~~~~~~ 不整合 ~~~~~~~~~~

下伏地层：**洛峪口组**　白云质灰岩

【地质特征及区域变化】　该组以灰白、紫红色晶屑岩屑凝灰岩为主，夹多层凸镜状或薄层状砂砾岩组成多个不明显的韵律层。说明火山活动是多期次的间歇性喷发。

（三）三门峡盆地

南朝组　K_2n　（05－41－0430）

【创名及原始定义】　童永生、王景文（1980）创名于灵宝县五亩乡南朝村。原始定义："南朝组岩性为砖红色砂质泥岩夹砾岩，厚度在 450 m 以上。在南朝村西北山梁、杨坡沟口、官庄和枣赢等地找到瑶屯巨型蛋 *Macroolithes yaotunensis* 等恐龙蛋化石。"时代划归白垩纪。

【沿革】　童永生、王景文（1980）将该套地层命名为南朝组，时代归白垩统。河南区调队（1981a）沿用南朝组名称及时代归属。本书采用原始定义。

【现在定义】　该组岩性为砖红色砂质粘土岩，夹砾岩。上以砖红色砂质粘土岩为标志与门里组平行不整合接触；下部未见底。

【层型】　正层型为灵宝县川口东涧沟南朝组剖面（110°59′，34°29′）。由张仁杰（1974）测制。

未见顶

南朝组	总厚度 459.9 m
4. 砖红色砂岩夹薄层砾岩	36.6 m
3. 砖红色砂岩夹灰白、灰绿色中厚层砾岩，产恐龙蛋化石：*Macroolithus yaotunensis*	336.7 m
2. 砖红色砾岩，含砾砂岩夹砂质泥岩	28.5 m
1. 砖红色泥岩、砂岩夹砾岩，泥岩中常含石英小砾石	58.1 m

═══════ 断层接触 ═══════

下伏地层：**熊耳群**　玄武岩

【地质特征及区域变化】　南朝组主要分布于灵宝南朝村西北山梁、杨坡沟口、官庄等地。受断陷盆地控制，岩性单调，主要为砖红色砂质粘土岩夹砾岩，含恐龙蛋化石。厚度在450 m左右，岩性、岩相稳定。为干热气候条件下的河流-湖泊相沉积。

南朝组含有丰富的恐龙蛋化石，以 *Elongatoolithus*－*Macroolithus* 组合为特征。主要有 *Elongatoolithus anderwsi*，*E. elongatus*，*Macroolithus yaotunensis* 及 *Paraspheroolithus* sp.，等。时代为晚白垩世。

（四）潭头盆地

秋扒组　K_2q　（05－41－0431）

【创名及原始定义】　郑家坚、邱占祥（1979）创名于栾川县秋扒村北水库旁，岩性为棕红色砂岩、砾岩和紫红色粉砂质粘土岩夹粘土岩，与下伏熊耳群不整合接触，与上覆高峪沟组整合接触，时代归晚白垩世。

【沿革】　秦岭区测队（1965d）、张仁杰（1974）将栾川县潭头盆地红色、灰色含煤、油
~~~~~~~~~~

页岩的砂岩及页岩地层命名为潭头群，时代归早第三纪。董枝明（1977）将张仁杰所划潭头群第一组棕红色砂岩、砾岩与紫红色粉砂质泥岩地层，归属晚白垩世。郑家坚、邱占祥（1979）将秋扒一带的红色砂岩、砾岩与粉砂质泥岩命名为秋扒组，时代归晚白垩世。童永生、王景文（1980）、河南区调队（1980a）、河南地质矿产局（1989）均沿用秋扒组，时代归晚白垩世。本文亦沿用。

【现在定义】 该组岩性为棕红、褐红色砂砾岩、含砾砂岩、粉砂质粘土岩夹粘土岩凸镜体。下以紫红色砂砾岩为标志与熊耳群不整合接触；上以棕红色粘土岩为标志与高峪沟组整合接触。

【层型】 选层型为栾川县阳坡岭秋扒组剖面（111°41′，34°03′）。由河南区调队（1989）测制。

上覆地层：**高峪沟组　砾岩**

——————— 整　合 ———————

秋扒组	总厚度 70.9 m
2. 棕红色含砾砂岩及粘土岩	68.8 m
1. 棕红、褐红色砾岩，产恐龙蛋化石：*Tyrannosaurus luanchuanensis*	2.1 m

~~~~~~~~~~ 不 整 合 ~~~~~~~~~~

下伏地层：**熊耳群　安山玢岩**

【地质特征及区域变化】 本组呈近东西向分布于潭头盆地北缘。岩性单调，下部棕红色砂砾岩，中、上部含砾砂岩及砂质粘土岩，地层厚度不稳定，高峪沟一带厚 200 m，阳坡岭厚 70 m，向东变薄或尖灭，为坡积-洪积-湖泊相沉积。

秋扒组中部红色砂砾岩中产恐龙化石 *Tyrannosaurus luanchuanensis*，时代为晚白垩世。

二、秦祁昆地层区

（一）南召盆地

太山庙组　T_3t　（05－41－0410）

【创名及原始定义】 焦作矿业学院（1982）创名于南召县太山庙鸭河东岸。原始定义："该组主要是一套河流及湖沼相含煤沉积。上段为灰、灰褐色中—厚层长石石英砂岩和石英砂岩及深灰、黑色板岩，夹二层巨厚状硅质层；中段为灰、深灰、灰绿色厚层泥岩、砂质泥岩与灰褐色中—厚层状细砂岩、粉砂岩及铁质石英砂岩互层，夹少量泥灰岩，偶含钙质结核及菱铁矿薄层，底部为黑色、棕黑色油页岩；下段为深灰、黑色泥岩、砂质泥岩与灰、灰褐色中—厚层状细粒石英砂岩互层，夹多层碳质页岩、煤线和薄煤层（局部可采）。底部为紫红色厚层状砾岩。本组与下伏元古界陶湾组为不整合接触，总厚 660 m。"时代划归晚三叠世。

【沿革】 曹世禄（1936）将该套地层划归九里山煤系，归侏罗纪。秦岭区测队（1965a）改归韩信寨群，自下而上分为下层位、上层位，时代归晚三叠世—侏罗纪。河南煤田地质五队（1971）将该套地层自下而上分为留山组、九里山组、云阳河组、太子山组。其中前三组相当秦岭区测队的下层位，焦作矿业学院（1982）将其命名为太山庙组，时代归晚三叠世。河南区调队（1990）沿用太山庙组含义。本书选用太山组，停用韩信寨群、留山组、九里山组、云阳河组。
~~~~~~~~~~

【现在定义】 同原始定义。下以灰褐色砾岩为标志与宽坪（岩）群或柿树园组不整合接触；上以灰褐色长石砂岩为标志与太子山组整合接触。

【层型】 正层型为南召县太山庙鸭河东岸剖面（112°41′，33°03′），由焦作矿业学院（1982）测制。

上覆地层：太子山组 灰、黄褐色巨厚层状细粒石英砂岩。

——————整 合——————

太山庙组	总厚度 657.09 m
71. 黑色粘土岩，中夹一层厚层状细粒石英砂岩	14.98 m
70. 褐、灰褐色中厚层状细粒石英砂岩与黑色粘土岩，产 *Neocalamites* sp.	41.77 m
69. 灰褐色巨厚层状细粒石英砂岩，坚硬，硅质胶结	24.88 m
68. 灰褐色中厚层状细粒石英砂岩夹薄层黑色页岩	37.99 m
67. 灰褐色巨厚层状细粒石英砂岩，含少量黑色岩屑及白云母片	7.26 m
66. 黑色粘土岩与灰褐色薄层状石英砂岩互层，中部夹一厚层状细砂岩	10.44 m
65. 灰褐色厚层状细粒石英砂岩，夹薄层黑色粘土岩，产植物化石：*Neocalamites* sp.	2.72 m
64. 厚层状细粒铁质石英砂岩与深灰色粘土岩互层，产 *Neocalamites* sp.	4.92 m
63. 巨厚层状硅质层，顶部夹有薄层状黑色粘土岩	7.38 m
62. 上部为薄层铁质石英砂岩与深灰色粘土岩互层，下部为中厚层状细粒铁质石英砂岩与黑色粘土岩互层，泥岩中含菱铁矿结核	9.35 m
61. 褐灰色中厚层状细粒石英砂岩与深灰色粘土岩互层	21.65 m
60. 褐色厚层状细粒石英砂岩与黑色粘土岩互层，底部一层砂岩中含煤屑，产 *Neocalamites* sp.	10.47 m
59. 深灰色厚层粘土岩，风化后呈黄褐色，夹少量菱铁矿结核，上部粘土岩中夹薄层铁质细砂岩	14.17 m
58. 灰色巨厚层状硅质岩	5.73 m
57. 褐色中粒石英砂岩与灰色砂质粘土岩互层，砂质粘土岩中含菱铁矿结核，局部有黄褐色泥灰岩凸镜体	9.95 m
56. 灰褐色中粒铁质石英砂岩与灰色砂质粘土岩互层，砂质粘土岩中含黑色粘土岩	7.79 m
55. 褐、黄色中粒石英砂岩与灰色厚层粘土岩互层	6.04 m
54. 灰褐色中厚层状细砂岩与深灰色厚层状粘土岩互层，夹碳质粘土岩	13.65 m
53. 褐色厚层状细粒石英砂岩与深灰色、灰褐色粘土岩互层，粘土岩中含薄层细砂岩	7.58 m
52. 上部为深灰色粘土岩夹薄层状细砂岩和碳质粘土岩，含菱铁矿结核；下部为灰褐色厚层状细粒石英砂岩	1.28 m
51. 深灰色粘土岩，夹褐色薄层状细砂岩，上部含薄层碳质粘土岩数层	2.56 m
50. 灰褐色巨厚层状中粒石英砂岩，颗粒自下而上变细，含白云母片	2.00 m
49. 灰色粘土岩，夹薄层铁质细砂岩	2.34 m
48. 巨厚层状中粒铁质石英砂岩，夹灰色薄层砂质粘土岩，砂岩中含白云母片	2.01 m
47. 深灰色与黄灰色砂质粘土岩互层，中夹薄层状细砂岩	9.11 m
46. 灰绿色巨厚层状细粒石英砂岩，向上逐渐变为粉砂岩	11.28 m
45. 深灰、褐灰色粘土岩夹褐色细粒铁质石英砂岩，砂岩中含褐铁矿斑点，产植物化石 *Thinnfeldia* sp.	9.98 m
44. 黑、褐灰色厚层粘土岩夹薄层状细砂岩，粘土岩中含有泥灰岩凸镜体	6.23 m
43. 厚层状细粒石英砂岩，硅质胶结，夹薄层灰色粘土岩，底部有一层厚约 1.5 m 的硅	

质层 6.17 m

42. 灰绿色细粒石英砂岩与灰色粘土岩互层，顶部为薄层状钙质细砂岩 4.54 m

41. 深灰、黄褐色粘土岩夹黄褐色细砂岩 10.86 m

40. 深灰色厚层粘土岩夹薄层状铁质细砂岩，粘土岩中含铁质结核 9.62 m

39. 深灰色厚层粘土岩夹薄层状细砂岩，粘土岩中含钙质结核、菱铁矿结核 16.94 m

38. 深灰色厚层粘土岩，夹中厚层状泥灰岩，粘土岩中含钙质结核，上部粘土岩中夹钙质砂岩 5.52 m

37. 褐灰色厚层粘土岩夹深灰色薄层状细砂岩，粘土岩中含菱铁矿结核，且靠下部含铁质 10.57 m

36. 红色菱铁矿结核层 1.56 m

35. 黑色厚层状粘土岩与薄层状钙质细砂岩互层 38.75 m

34. 深灰、黄褐色粘土岩与砂质粘土岩互层，夹多层灰黄色薄层状细粒长石石英砂岩 7.75 m

33. 褐灰色中—薄层状细粒铁质砂岩与黑色厚层粘土岩互层，黑色粘土岩呈块状 10.22 m

32. 黑色厚层状粘土岩夹深灰、黑色薄层状细砂岩。粘土岩中含菱铁矿结核，砂岩中含泥质、碳质及白云母片 5.40 m

31. 黑色厚层粘土岩，含菱铁矿结核，上部夹一层厚 0.2m 中细粒砂岩 7.92 m

30. 上部为土黄色中—薄层状泥灰岩；下部为深灰色厚层状泥灰岩。产 *Neocalamites carcinoides* 15.28 m

29. 褐黑色细砂岩与黑色粘土岩互层，含白云母片。产植物化石：*Neocalamites carcinoides*，*N.* cf. *carrerei*，*Cladophlebis* sp. 6.48 m

28. 灰色巨厚层状中粒石英砂岩，向上颗粒变细 2.77 m

27. 黑色、棕黑色油页岩 10.65 m

26. 棕黑色油页岩 9.96 m

25. 黑色砂质粘土岩与薄层细砂岩互层，细砂岩中含白云母片。产 *Thinnfeldia* sp. 3.41 m

24. 褐灰色厚层状细粒石英砂岩与薄层黑色砂质粘土岩互层。产植物化石：*Neocalamites carrerei*，*Equisetites* sp.，*Cladophlebis* sp.，*Glossophyllum*? *shensiense*，*Swedonborgia* sp. 10.48 m

23. 灰褐、灰色中厚层状石英砂岩与黑色砂质粘土岩互层，顶部粘土岩中含煤线 8.89 m

22. 褐灰色中厚层状细粒石英砂岩与黑色粘土岩互层，夹碳质粘土岩 5.84 m

21. 黑色砂质粘土岩，夹薄层细砂岩，顶部夹有煤线；中、下部粘土岩中含菱铁矿结核，产 *Taeniocladopsis rhizomoides*，*Neocalamites carcinoides*，*Danaeopsis fecunda*，*Glossophyllum* ? *shensiense* 等 2.79 m

20. 深灰色巨厚层状细粒石英砂岩，夹灰褐色细砂岩，砂岩中夹黄铁矿颗粒 34.68 m

19. 顶部为薄层细粒灰色石英砂岩；上部为灰黑色粘土岩，其中夹两层煤线；下部为灰色粘土岩及细砂岩，产 *Glossophyllum*? *shensiense*，*Swedonborgia* sp. 2.97 m

18. 上部为薄层状细粒石英砂岩与黑色粘土岩互层，黑色粘土岩中夹一层煤线；下部为灰褐色中厚层状中—细粒石英砂岩 2.96 m

17. 灰色中厚层状细粒石英砂岩与黑色粘土岩互层 5.52 m

16. 黑色粘土岩夹似层状菱铁矿结核，底部粘土岩中夹二层煤线，产 *Neocalamites* sp.，*Danaeopsis fecunda* 等 2.96 m

15. 上部为菱铁矿结核层，结核呈似层状分布；下部为灰色中厚层状细粒石英砂岩，二层间夹 0.2 m 厚的碳质粘土岩 3.65 m

14. 上部为深灰色砂质粘土岩夹碳质粘土岩及煤线；下部为中厚层状细粒石英砂岩，产植物化石：*Bernoullia*? sp.，*Todites shensiensis*，*Cladophlebis* sp. 3.65 m

13. 上部为黑色粘土岩、砂质粘土岩夹煤线；下部为灰色中厚层状细粒石英砂岩，产植物化石：*Danaeopsis* sp.，*Neocalamites* sp. 7.34 m

12. 上部为灰色粉砂岩与黑色粘土岩互层，夹煤线；下部为黑色粘土岩夹多层煤线，粘土岩中含菱铁矿，产 *Neocalamites* sp.，*Equisetites* sp. 6.46 m

11. 灰白色巨厚层状中粒石英砂岩，顶部砂岩中含菱铁矿结核 3.89 m

10. 黑色粘土岩、砂质粘土岩与黄铁矿结核互层，底部有一厚层状石英砂岩，顶部夹有煤线，产 *Neocalamites carcinoides*，*Equisetites* sp.， 3.65 m

9. 上部为黑色砂质粘土岩夹煤层，煤层厚约 10 cm，中、下部为黄褐色中—细粒石英砂岩 4.29 m

8. 中、上部为灰黑色砂质粘土岩夹煤线；下部为黑色粉砂岩，含植物化石碎片 1.8 m

7. 中、上部为灰黑色砂质粘土岩夹煤线；下部为黑色粉砂岩，含植物化石碎片 1.9 m

6. 上部为细粒石英砂岩夹砂质粘土岩，含菱铁矿结核；下部为煤层及碳质粘土岩，煤层厚约 15 cm 5.28 m

5. 灰白、黄褐色中—粗粒石英砂岩，含菱铁矿结核，含植物化石碎片 5.87 m

4. 灰色厚层状及巨厚层状细粒石英砂岩，含丰富的植物化石碎片及菱铁矿结核 14.99 m

3. 上部为深灰色厚层状细砂岩，含黄铁矿细粒；下部为灰褐色厚层状中粒石英砂岩，产 *Neocalamites carcinoides* 10.28 m

2. 黑色粘土岩及灰色中厚层状细粒石英砂岩，夹煤线及菱铁矿结核，产 *Neocalamites carcinoides* 11.20 m

1. 灰色薄—中厚层状细粒石英砂岩，下部砂岩中含菱铁矿结核，风化后呈褐色 5.87 m

——————— 断层接触 ———————

下伏地层：宽坪（岩）群　黑灰色片岩

【地质特征及区域变化】　该组呈北西—南东向带状展布，主要分布南召县留山乡太山庙一带，岩性为深灰、黑色粘土岩、砂质粘土岩与长石石英砂岩、粉砂岩呈不等厚互层，底部为砾岩。上段底部硅质岩层较稳定；中段底部油页岩厚约 20 m；下部夹多层煤层（线），可作为本组的标志层。为河流-湖泊-滨湖沼泽相沉积。

太山庙组含有丰富的植物化石，主要有 *Neocalamites carcinoides*，*N. carrerei*，*Bernoullia zeilleri*，*Todites shensiensis*，*Cladophleni* sp.，*Glossophyllum? shensiensis*，*Danaeopsis fecunda* 等。时代属晚三叠世。

太子山组　T_3tz　（05－41－0412）

【创名及原始定义】　河南省煤田地质五队（1971）① 创名于南召县太子山，岩性为灰褐、灰紫、浅肉红色中—巨厚层状细—中粒石英砂岩，局部夹薄层细砂岩、粉砂岩及砂质泥岩，与下伏云阳河组整合接触，未见顶，时代划归早侏罗世（?）。

【沿革】　曹世禄（1936）将该套地层划归九里山煤系，归侏罗纪。秦岭区测队（1965a）将其改归韩信寨群，自下而上分为下层位和上层位，时代归晚三叠世—早侏罗世。河南煤田地质五队（1971）将韩信寨群上层位命名为太子山组，时代归早侏罗世。焦作矿业学院（1982）沿用太子山组，时代归早侏罗世。河南区调队（1990）沿用太子山组，时代归晚三叠世。本书亦采用原定义。

---

① 河南煤田地质五队，1971，河南省南召煤田地质勘探总结报告。

【现在定义】 该组岩性为灰褐、灰紫、浅黄色中—巨厚层长石砂岩、石英砂岩，夹灰黄色粉砂岩及砂质粘土岩，局部夹砂砾岩。下以褐黄色砂砾岩、长石砂岩为标志与太山庙组整合接触；上未见顶。

【层型】 选层型为南召县太山庙鸭河东岸剖面（112°41′，33°03′）。由焦作矿业学院（1982）测制。

未见顶

太子山组	总厚度 680.60 m
86. 灰褐色块状细粒石英砂岩，含黑色岩屑及白云母片	22.25 m
85. 褐色中厚层与薄层状细粒石英砂岩互层	14.47 m
84. 灰褐、黄褐色块状细粒石英砂岩，夹薄层状细砂岩	24.71 m
83. 淡褐色厚层状细粒石英砂岩夹薄层状粉砂岩。产植物化石：*Neocalamites* sp.	16.69 m
82. 淡褐、褐色中厚层状细粒石英砂岩与薄层状细粒石英砂岩互层	284.53 m
81. 灰褐色中厚层状细粒石英砂岩与薄层灰色粉砂岩互层	14.52 m
80-2. 灰紫色厚层状细粒石英砂岩，含黑色岩屑，顶部为淡黄色块状细粒石英砂岩	67.95 m
80-1. 淡肉红色厚层状细粒石英砂岩	58.97 m
79. 灰红色中厚层状细粒石英砂岩，含少量钙质	31.42 m
78. 灰褐色块状细粒石英砂岩夹薄层粉砂岩，局部夹黑色粘土岩	1.64 m
77. 褐色厚层状细粒石英砂岩与薄层细粒石英砂岩互层，中夹薄层黑色砂质粘土岩	7.00 m
76. 褐色块状细粒石英砂岩，含少量白云岩片	12.55 m
75. 褐色中厚层状细粒石英砂岩，含铁质较多	29.78 m
74. 褐色巨厚层状细粒石英砂岩，底部为灰色砂岩，含碳质粘土岩包裹体；中上部为褐色砂岩，砂岩中含黑色岩屑	57.45 m
73. 灰褐色厚层状细粒长石石英砂岩与灰色厚层砂质粘土岩互层。砂质粘土岩中夹薄层状细粒长石石英砂岩及深灰色粘土岩	28.39 m
72. 灰、黄褐色巨厚层状细粒石英砂岩	8.28 m

———— 整　合 ————

下伏地层：**太山庙组**　黑色粘土岩

【地质特征及区域变化】 该组主要分布于南召县留山盆地太子山地区，主要为灰褐、褐、灰紫及浅肉红色中厚—巨厚层状石英砂岩及长石砂岩，铁质含量高，夹细砂岩、粉砂岩及砂质粘土岩。自下而上，由粗变细组成数十个韵律层。韵律层底部具重荷模、槽模。砂岩具水平层理及斜层理；粉砂岩具缓波状层理；粉砂质粘土岩具纹层状构造。为河流-湖泊相沉积环境。盆地中心该组厚度达 665 m，向东、向西逐渐变薄或尖灭。

南召组　J_3n　（05-41-0420）

【创名及原始定义】 曹美珍等（1986）创名于南召县马市坪乡黄土岭。原始定义：“在河南省南部南召县城以西 22 km 马市坪地区，发育一套灰绿、黄绿色砂泥岩，厚 1 200 余米。根据岩性和生物组合可以将这套地层划分为两个部分。下部（厚 510.4m）灰褐色砂岩夹灰绿色页岩和泥灰岩，产 *Ephemeropsis trisetalis*，我们命名为南召组。”其上与马市坪组为假整合接触，时代归晚侏罗世。

【沿革】 秦岭区测队（1965a）将南召县马市坪一带灰褐色粉砂岩、细砂岩夹绿色页岩、泥灰岩的地层划归晚三叠世—早白垩世。河南煤田地质五队（1971）自下而上分为留山组、九里山组、云阳河组及太子山组，时代划归早侏罗世。张仁杰（1978）将马市坪乡黄土岭的这套地层划归晚三叠世。焦作矿业学院（1982）将该套地层统称太子山组，时代划归早侏罗世（?）。河南区调队（1986）① 将其划归晚侏罗世—早白垩世。曹美珍等（1986）将该套地层的下部命名为南召组，时代划归晚侏罗世。河南石油勘探局（1989）、河南区调队（1990）均沿用南召组，其含义同曹美珍等划分方案，本书亦沿用。

【现在定义】 该组岩性为灰褐、黄褐色细砂岩、粉砂岩与黄绿色粘土岩、泥灰岩组成正粒序的韵律层，夹复成分砾岩，以含昆虫粘土岩夹层为特征。下以黄褐色砾岩为标志与宽坪（岩）群不整合接触；上以黄绿色粘土岩为标志与马市坪组平行不整合接触。

【层型】 正层型为南召县马市坪乡黄土岭南召组剖面（112°13′，33°34′），由曹美珍等（1986）测制。

上覆地层：**马市坪组** 砾岩

——————— 平行不整合 ———————

南召组	总厚度 510.4 m
5. 黄灰色砂质页岩和粉砂岩	113.2 m
4. 黄褐色页岩与薄层粉砂岩、细砂岩互层	118.9 m
3. 灰褐、黄绿色薄层状页岩和粉砂质页岩夹薄层砂岩，产昆虫化石	74.5 m
2. 灰色、褐黄色长石石英砂岩夹泥灰岩和页岩	160.6 m
1. 浅黄、灰绿色含砾砂岩夹薄层细砂岩和泥灰岩	43.2 m

═══════ 断层接触 ═══════

下伏地层：**中元古界宽坪（岩）群** 斜长角闪片岩

【地质特征及区域变化】 该组呈近东西向不连续分布于南召县佛爷岭、马市坪、九分垛、棉花山及方城县维摩寺、关山等地。岩石由下向上由粗变细，组成一个大的沉积旋回。旋回内有许多小的韵律构造层，小者 0.5～2 cm，大者 3～8 m。下部由砾岩、砂砾岩、岩屑长石石英砂岩夹粘土岩及泥灰岩组成，具不明显的递变正粒序层理，底部具冲刷槽模。上部由粉砂岩与粘土岩、砂质粘土岩与泥灰岩组成层对，水平层理、波状层理、纹层状层理发育。本组是在温凉气候条件下的湖相沉积。

南召组含昆虫类 *Ephemeropsis trisetalis*，*Archaeogomphus* sp.，为热河动物群下部化石，时代为晚侏罗世。

马市坪组 K_1m （05-41-0423）

【创名及原始定义】 曹美珍等（1986）创名于南召县马市坪乡黄土岭，原始定义："在河南省南部南召县城以西 22 km 马市坪地区，发育一套灰绿、黄绿色砂泥岩，厚 1 200 余米，根据岩性和生物组合可以将这套地层划分为两部分，……上部（厚 770.2 m）黄褐色砂岩、粉砂岩夹黑色泥岩，产双壳类、腹足类、介形类，我们命名为马市坪组。"其下与南召组为假整合接触，其上与下白垩统黄褐色砾岩为假整合接触，时代归早白垩世。

【沿革】 秦岭区测队（1965）将马市坪盆地的灰、黄灰色砂岩、粉砂岩夹页岩、泥灰岩

① 河南区调队，1986，1∶5 万乔端幅、板山坪幅区调报告。

地层划归晚三叠世—侏罗纪。区元任（1973）在该套地层下部采到三尾蜉游类化石，将时代归属侏罗纪。张仁杰（1978）将该套地层划为上三叠统。河南区调队（1978）、焦作矿业学院（1982）均将其归属晚三叠世。河南区调队（1986）将该套地层归属晚侏罗世—早白垩世。曹美珍等（1986）命名为马市坪组，时代归早白垩世。河南石油勘探局（1989）和河南区调队（1990）均沿用马市坪组，其含义同曹美珍等（1986）的意见。本文亦采用原定义。

【现在定义】 岩性下部为黄褐色砾岩、长石石英砂岩夹粉砂岩；中、上部为浅灰、黄褐、灰绿色粘土岩、泥质粉砂岩夹细砂岩、砂砾岩及泥灰岩。下以黄褐色砾岩为标志与南召组平行不整合接触；其上被上白垩统红色砂岩平行不整合覆盖。

【层型】 正层型为南召县马市坪乡黄土岭马市坪组剖面（112°13′，33°34′），由曹美珍等（1986）测制。

上覆地层：上白垩统　黄褐色砾岩

——————— 平行不整合 ———————

马市坪组	总厚度 780.2 m
12. 黄褐色长石石英砂岩夹粉砂岩	150.0 m
11. 灰绿色泥质粉砂岩夹泥岩及砂岩	123.7 m
10. 黄褐色长石石英砂岩夹泥灰岩及砂砾岩。产介形类化石：*Cypridea* sp.	116 m
9. 黄褐色中粗粒砂岩及含砾砂岩夹粉砂岩，含双壳类：*Sphaerium* cf. *wiljuicum*，*Sphaerium pujiangense*	58.9 m
8. 黄褐色薄层细砂岩夹黑色粉砂岩和泥岩，产介形类：*Cypridea* cf. *trita*.，*Ziziphocypris simakovi*，*Lycoptercypris infantilis*，双壳类：*Sphaerium subplannm*	120.8 m
7. 浅灰色含砾砂岩和黄褐色粉砂岩互层夹泥灰岩	99.2 m
6. 黄褐色长石石英砂岩，含砾砂岩夹粉砂岩，底部两层砾岩	111.6 m

——————— 平行不整合 ———————

下伏地层：南召组　黄灰色砂质页岩及粉砂岩

【地质特征及区域变化】 本组呈北西向条带状分布于马市坪乡黄土岭一带。下部由砾岩、粉砂质粘土岩组成，向上变细，呈不明显的正粒序层理。为水下冲积扇沉积。中、上部由下向上由细砂岩、粉砂岩、页岩及泥灰岩组成旋回。该组为亚热带、温带气候条件下的冲积扇-浅湖相沉积。

马市坪组化石较多，植物化石 *Acanthopteris gothani* 是辽宁省阜新植物群主要分子。介形类 *Cypriden mashipingensis*，*C. nanzhaoensis*，*Ziziphocypris simakovi*，*Lycoplerocypris* 等，主要产于早白垩世。双壳类 *Nahemuranaia*，*Sphaerium anderssoni* 广泛分布于早白垩世非海相地层中，因而将马市坪组划归下白垩统。

（二）五里川盆地

五里川组　T_3w　（05－41－0411）

【创名及原始定义】 河南地研所（1962）命名于卢氏县五里川，原称五里川群，原始定义为："在卢氏县五里川见有下侏罗的沉积，下部为底砾岩，含砾粗砂岩，厚 22 m，不整合于下元古界地层之上。中部为灰色浅灰色粗砂岩，夹有细砂岩及粉砂岩，厚 250～200 m。上部为灰质页岩、千枚岩与粉砂岩的互层，大于 800 m"。时代归早侏罗世。

【沿革】 秦岭区测队（1965）将该套地层划归三叠纪—早侏罗世。河南区测队（1973）[1]将其时代归属晚三叠世。河南地调一队（1980）[2]将五里川一带轻变质的煤系地层分为上组和下组，时代归属晚三叠世。焦作矿业学院（1982）引用南召地区的太山庙组，时代归晚三叠世。本次对比研究选用五里川组。

【现在定义】 上部为千枚岩与粉砂岩互层，夹碳质页岩及泥灰岩；下部为深灰色长石石英砂岩；底部为紫色复成分砂砾岩。下以紫色砾岩为标志与下古生界二郎坪群、下元古界秦岭群不整合接触，上未见顶。

【层型】 该组选层型位于卢氏县西茄子河（110°56′，33°50′）。由河南地调一队（1980）测制。

未见顶

五里川组	总厚度 481.76 m
8. 长石石英砂岩与板岩互层	38.31 m
7. 褐黄色长石石英砂岩	17.56 m
6. 黑色碳质板岩偶夹长石细砂岩	62.28 m
5. 含砾长石石英粗砂岩	16.66 m
4. 中粗粒长石石英砂岩与长石石英粉砂岩互层	194.10 m
3. 黑色碳质板岩与细砂岩互层，产 *Todites shensiensis*，*Bernoullia zeilleri*	121.55 m
2. 深灰色砂岩	21.28 m
1. 紫红色复成分砾岩	10.02 m

——————— 整　合 ———————

下伏地层：宽坪（岩）群　泥角闪片岩

【地质特征及区域变化】 该组呈北西—南东向展布。主要分布于卢氏县五里川，西峡县。岩性为黑色千枚岩、变质砂岩，砂砾岩组成，夹煤层（线）。岩石轻度变质，岩性在横向上变化大，是在温湿气候条件下的湖相、沼泽相沉积。厚度变化大，最大厚度可达 1 600 m。

五里川组含植物化石 *Neocalamites carcinoides*，*N. carrerei*，*Bernoullia zeilleri*，*Todites shensiensis*，*Glossophyllu shensiensis*，*Danaeopsis fecunda* 等，是以 *Danaeopsis* - *Bernoullia* 为组合的植物群，时代属晚三叠世。

（三）大别山北麓盆地

朱集组 $J_2\hat{z}$ （05－41－0416）

【创名及原始定义】 北京地质学院豫南区测队（1961a）于固始县朱集命名朱集组。原始定义："岩性为含白云母长石石英砂岩及紫红色长石砂岩组成。"与上覆段集组和下伏独山组均为整合接触。时代归早白垩世。

【沿革】 创名后河南地研所（1962）沿用。地质部第一普查大队河南区队（1963）[3]将北京地质学院豫南区测队（1961）所划独山组并入朱集组，时代归早白垩世，中南地层表编写小组（1974）、河南区测队（1980c）、河南地质矿产局（1989）沿用。时代划归中侏罗世。本

---

① 河南区测队，1973，1∶5 万西峡北部区测报告。
② 河南地调一队，1980，1∶5 万卢氏县五里川—官坡地区地质报告。
③ 地质部第一普查大队河南区队，1963，1962 年地质工作总结。

次对比研究选用朱集组，停止使用独山组。

【现在定义】 该组下部紫红色砾岩；中部灰、灰黄色岩屑长石砂岩、长石石英砂岩；上部紫红色砂岩、粉砂岩夹砾岩。下以紫红色砾岩为标志与石炭系双石头组不整合接触；上以褐黄色砂质粘土岩为标志与段集组不整合接触。

【层型】 选层型为固始县夏河湾水库—武庙剖面（115°44′，32°53′），由河南区测队（1980）测制。

上覆地层：**段集组** 砾岩

～～～～～～～～ 不 整 合 ～～～～～～～～

朱集组	总厚度 2 200 m
9. 紫红色厚—中厚层条带状变岩屑长石砂岩、薄层砾岩、砂砾岩	1 203 m
8. 灰、黄褐色中厚层变岩屑长石砂岩夹变粉砂岩、变粉砂质粘土岩	562 m
7. 黄褐色中—厚层变粗粒、中粗粒岩屑石英砂岩夹细—粉砂岩	100 m
6. 紫红、黄色变中细粒长石砂岩	20 m
5. 紫红色巨厚层角砾岩	54 m
4. 黄、紫红色中—厚层变中细粒长石砂岩	103 m
3. 灰色中厚层变细—粉砂岩、夹变中粒长石砂岩	34 m
2. 灰、黄色中薄层变中粒—细粒长石砂岩	116 m
1. 紫红色厚层砾岩	8 m

～～～～～～～～ 不 整 合 ～～～～～～～～

下伏地层：**花园墙组** 中粒石英砂岩

【地质特征及区域变化】 该组出露于商城县三里坪、固始县方集、段集、朱集、祖师庙。下部为砾岩；中部以砂岩为主；上部以粉砂岩夹砾岩、砂砾岩薄层，形成一个完整的沉积旋回，厚 1 393～2 200 m。岩性在纵横向上变化大，下部砾岩在三里坪一带出露厚度近 200 m，而在武庙尚不足 10 m。中部砂岩自西向东逐渐加厚；上部砂岩向东渐变为砂砾岩、砾岩。为干燥、炎热的气候条件下的冲洪积扇-湖相沉积。

段集组　J_3d　（05－41－0418）

【创名及原始定义】 北京地质学院豫南区测队（1961a）创名于固始县段集。原始定义指分布于商城县三里坪、固始县武庙、段集一带的“紫色砾岩及含砾砂岩”，与下伏朱集组连续沉积，与上覆陈棚组呈不整合接触。时代划归早白垩世。

【沿革】 创名后，河南地质研究所（1962）、地质部第一普查大队河南区队（1963）、中南地层表编写小组（1974）均沿用。河南区测队（1980c）、河南地质矿产局（1989）沿用段集组，时代划归晚侏罗世。本书亦沿用。

【现在定义】 该组岩性以紫红色厚—中厚层砾岩为主，夹长石砂岩及少量砂质粘土岩。下以紫红色砾岩为标志与朱集组不整合接触；上以巨厚砾岩为标志与陈棚组整合接触。

【层型】 该组选层型为固始县武庙-下庄子剖面（115°44′，31°53′），由河南区调队（1980）测制。

上覆地层：**陈棚组** 紫红色中粒岩屑长石砂岩夹少量砂砾岩及流纹斑岩等

——————— 整　合 ———————

段集组　　　　　　　　　　　　　　　　　　　　　　　　　　　　总厚度 791 m

14. 紫红色厚—巨厚层砾岩、砂砾岩夹薄层砂岩　　167 m

13. 紫红色中粗粒长石砂岩夹砂砾岩、砾岩　　142 m

12. 紫红色厚—巨厚层砾岩，砂砾岩夹中粗粒长石砂岩　　343 m

11. 暗紫红色中粗粒长石砂岩夹薄层砾岩　　117 m

10. 紫红色厚—巨厚层砾岩　　22 m

~~~~~~~~~~ 不 整 合 ~~~~~~~~~~

下伏地层：**朱集组**　长石砂岩

【地质特征及区域变化】　该组主要分布于商城县三里坪、固始县方集、段集一带，呈近东西向展布。颜色为紫红、灰黄色厚—巨厚层砾岩夹中粗粒长石砂岩。岩性、岩相在纵、横向上变化较大，厚度由西向东逐渐变薄。如商城县三里坪地区厚 1 448 m，固始县武庙地区厚 400 m 左右。该组是在干热气候条件下由多个洪积扇组成的粗碎屑沉积。

金刚台组　J_3j　(05-41-0419)

【创名及原始定义】　河南地质研究所（1962）创名于商城县金刚台山。原始定义为："光山商城一带分布为火山喷发的安山岩、安山斑岩，凝灰岩等，厚 1 000～2 000 m 左右，主要发育在商城金刚台，命名之为金刚台群"，时代划归晚侏罗世。

【沿革】　地质部第一普查大队河南区队（1963）、中南地层表编写小组（1974）沿用金刚台组，时代归晚侏罗世。河南区测队（1980c）沿用金刚台组，与下伏朱集组呈不整合接触。河南地矿局（1989）归入陈棚组，时代归早白垩世。本次对比研究选用金刚台组。

【现在定义】　岩性为暗紫、灰绿色厚层辉石安山岩、安山玢岩、粗面安山岩，夹火山角砾岩及凝灰岩。下以安山质角砾岩为标志与朱集组不整合接触；上未见顶。

【层型】　该组选层型为商城县晏家楼—金寨郑世坳剖面（115°30′，31°44′）。由河南区测队（1980c）测制。

未见顶

金刚台组　　　　　　　　　　　　　　　　　　　　　　　　　　总厚度 5 239 m

23. 深灰、灰绿色安山玢岩，有时显流动构造，含少量火山岩砾石　　528 m

22. 绿色火山角砾岩夹角砾凝灰岩　　24 m

21. 灰绿、灰色辉石安山玢岩　　156 m

20. 浅灰流纹斑岩　　32 m

19. 灰绿色蚀变安山玢岩，局部含晶屑　　62 m

18. 绿色凝灰角砾岩　　36 m

17. 绿、灰黑色安山玢岩（含不均匀的火山岩角砾和晶屑），顶部夹珍珠岩　　1 123 m

16. 绿色流纹斑岩，具紊乱的流状构造　　63 m

15. 灰黑、灰绿色辉石安山玢岩、安山玢岩，夹凝灰岩，部分岩石有蚀变　　1 127 m

14. 浅灰绿色厚层状火山角砾岩夹角砾凝灰岩　　46 m

13. 灰黑、灰色杏仁状英安质含角砾熔岩、英安斑岩　　301 m

12. 深灰、灰绿、灰色英安斑岩（有时含少量角砾）　　952 m

11. 灰、灰白色蚀变英安质凝灰熔岩　　11 m
~~~~~~~~~~

10. 灰黑色安山玢岩、英安质含角砾熔岩 70 m

9. 深绿色辉石安山玢岩 150 m

8. 深灰、灰绿色凝灰角砾岩、角砾晶屑凝灰岩夹安山质凝灰熔岩 160 m

7. 深灰色安山质含角砾熔岩 139 m

6. 浅灰、绿色厚—巨厚层角砾晶屑凝灰岩、晶屑凝灰岩夹紫灰色蚀变安山玢岩 259 m

═══════ 断层接触 ═══════

下伏地层：**杨小庄组** 页岩

【地质特征及区域变化】 该组分布于商城县金刚台、瓜山，固始县曹家寨、妙高寺一带大体呈面状分布，为暗紫、灰绿色安山岩、安山玢岩、辉石安山岩及火山角砾岩、凝灰岩等。该组大致有三个喷发旋回，每个旋回从中性火山岩开始，以酸性火山岩结束。旋回之间界线往往不十分明显。该组火山岩呈近东西向面状分布，受控于药铺-青山断裂和龟山-梅山断裂。岩性在横向上变化大，表现为：自西向东沉积夹层逐渐增多，生物化石逐渐增多并保存较好；向东火山碎屑岩占的比重逐渐增大，熔岩渐少，成层性越来越好，岩性酸度增高；熔岩和火山碎屑岩之间的相变现象屡见不鲜；岩石蚀变现象普遍存在是本组的一大特点。属陆相裂隙型火山喷发-沉积类型。

陈棚组 $K_1\hat{c}$ (05-41-0425)

【创名及原始定义】 杨志坚（1961）创名于光山县陈棚村，原指光山县陈棚一带的浅红色火山角砾岩、角砾凝灰岩、火山凝灰岩，向上为紫色块状安山岩、流纹岩，时代归晚白垩世。

【沿革】 北京地质学院豫南区测队（1961a）将该套地层划为陈岗组和洪范集组，河南地研所（1962）沿用。地质部第一普查大队河南区队（1963）将该套地层下部称陈棚组，上部称关帝庙岗组，时代归晚白垩世，中南地层表编写小组（1974）沿用。河南区测队（1980c）、河南区调队（1981）、河南地矿局（1989）均沿用陈棚组，包括关帝庙岗组。时代归属早白垩世。本次对比研究选用陈棚组，停止使用陈岗组、洪范集组、关帝庙岗组。

【现在定义】 下部为浅灰、肉红色熔结凝灰岩、角砾凝灰岩夹深灰色砂岩；上部为安山岩、英安岩夹流纹岩及珍珠岩等。下以角砾晶屑凝灰岩为标志与段集组不整合接触；上以桃红色膨润土、深灰色珍珠岩或安山岩为标志与周家湾组不整合接触。

【层型】 该组选层型为光山县石窝岗-孙洼陈棚组剖面（114°51′，31°55′），由河南区调队（1981a）测制。

未见顶

陈棚组 总厚度>636.0 m

7. 灰、灰紫色巨厚层块状黑云、角闪、辉石安山玢岩 290.0 m

6. 灰、灰白、红褐色角砾凝灰岩，角砾由中—酸性火山岩组成 68.5 m

5. 紫红、灰白色凝灰岩，紫红色凝灰质粉砂岩，后者含植物：*Piceoxylon manchuricum* 8.5 m

4. 浅灰、肉红色中—厚层含角砾中酸性晶屑岩屑凝灰岩，岩石层理发育 269.0 m

～～～～～～ 不 整 合 ～～～～～～

下伏地层：**段集组** 厚层砾岩夹砂岩

【地质特征及区域变化】 该组呈近东西向串珠状展布于信阳市皇城山，光山县陈棚、泼河，潢川县梳头岗等地。岩石类型比较复杂，有熔结凝灰岩、角砾凝灰岩、珍珠岩、英安岩、流纹岩以及次火山岩等，厚 300～600 m，沉积夹层约占 20%。西部熔岩多，东部碎屑岩增多。省内缺生物化石，延入安徽省境内，沉积夹层中含热河动物群化石。火山活动受东西向龟山-梅山断裂控制。在商城-麻城断裂以西，中性火山岩为主；以东中酸性—酸性为主，显示出分带性及旋回性特征。

该组产植物 *Piceoxylon manchuricum*，叶肢介 *Eosestheria* spp.，*E. elongata*. *E.* aff. *middendorffi*，*Bairdestheria* sp.，时代为早白垩世。

周家湾组 $K_2\hat{z}$ （05-41-0433）

【创名及原始定义】 地质部第一普查大队河南区队（1963）创名于信阳市周家湾。原始定义：指该地一套砖红色中粒细砂岩、砂砾岩及泥质中细粒砂岩，与下伏关帝庙岗组和上覆第三系均为不整合接触，时代为晚白垩世。

【沿革】 地质部第一普查大队河南区队（1963）将其命名为周家湾组，与下伏关帝庙岗组、上覆第三系均为不整合接触，时代归晚白垩世。中南地层表编写小组（1974）称周家湾群，时代归白垩纪—早第三纪。河南地质 12 队（1975）在信阳麻梨树采得恐龙蛋化石，将其时代归属晚白垩世。河南区测队（1981）、河南地质矿产局（1989）沿用周家湾组，时代归晚白垩世。本书沿用周家湾组。

【现在定义】 该组下部为灰白、褐红色砾岩及含砾粗砂岩及粉砂岩，夹砂质粘土岩，上部为肉红色、棕红色含砾粗砂岩及粉砂岩。下以棕红色砾岩为标志与陈棚组不整合接触；上以棕红色粉砂岩为标志与下第三系不整合接触，厚 400～1 330 m。时代归晚白垩世。

【层型】 选层型为信阳市麻梨树周家湾组剖面（114°03′，32°12′），由河南地质 12 队（1975）测制。

上覆地层：**第四系**

～～～～～～ 不 整 合 ～～～～～～

周家湾组	总厚度 1 336.0 m
12. 砖红色细—粉砂岩	120.0 m
11. 砖红色粉砂质粘土岩	160.0 m
10. 肉红、棕红色含砾粗砂岩，含恐龙蛋化石	98.9 m
9. 褐红色砾岩	92.7 m
8. 肉红、棕红色含砾粗砂岩夹细砾岩	310.6 m
7. 褐红色砾岩	12.9 m
6. 粉红色粗砂岩夹细砾岩	38.7 m
5. 棕色中—细粒砂岩夹粗砂岩	12.9 m
4. 棕红色含砾粗砂岩夹浅棕色砂砾岩及红色粉砂质粘土岩	199.6 m
3. 粉红色砾岩夹棕褐色粉砂质粘土岩	16.5 m
2. 褐红色砂砾岩	27.6 m
1. 黄—灰白色厚层巨砾岩夹薄层褐红色含砾粘土岩	275.6 m

～～～～～～ 不 整 合 ～～～～～～

下伏地层：**二郎坪群** 斜长角闪岩

【地质特征及区域变化】 该组呈东西向断续分布于信阳市周家湾、罗山县周家冲等地，为一套紫红色长石砂岩、砂砾岩夹砂质泥灰岩组成。下部砂砾岩、砾岩，显示不明显向上变细的粒序层理，顶、底板为凸凹不平的冲刷面。长石砂岩具斜层理和水平层理。厚度变化较大，信阳市麻梨树厚达1 330 m，罗山一带厚400 m左右。岩相、岩性较稳定，属山麓洪积相、河流相、湖泊相沉积。

该组上部产恐龙蛋化石 *Elongatoolithus andewsi*，*E. elongatus*，下部产介形类 *Cypridea* sp.，*Darwinula contracta*，*Lycopterocypris* sp.，时代为晚白垩世。

第七章
第三纪

河南省华北地层大区第三纪地层比较发育，广泛分布于豫西及大别山北麓山间盆地、丘陵岗地和豫东平原广大地区。地层出露厚度300～2 500 m，钻孔揭露厚度达5 000 m以上。本次地层对比研究范围主要为豫西及大别山北麓地区。分为8个沉积盆地（图7-1），共划分29个岩石地层单位（表1-1）。

豫东平原区的第四系覆盖层之下的孔店组、沙河街组、东营组、馆陶组、明化镇组未列入清理范围，其主要特征见河南地矿局（1989）等文献。

一、晋冀鲁豫地层区

（一）汤阴盆地

彰武组 $N_1\hat{z}$ （05-41-0551）

【创名及原始定义】 河北第一区调队（1974）在河南省安阳市水冶镇一带创名彰武组。原始定义：岩性底部为黄绿色砾岩；下部为紫色粘土岩及砂质粘土岩；中部为灰白色含砾钙质砂岩、砂岩、粉砂岩夹砂质粘土岩；上部为紫、灰白及杂色粘土岩夹不稳定砂岩、砾岩及粉砂质灰岩。下与二叠纪上石盒子组不整合接触；上与鹤壁组平行不整合接触。时代归中新世。

【沿革】 王钰等（1935）在鹤壁附近命名鹤壁集砾岩。河北省第一区调队（1974）根据岩石中砾石成分的差异，将下部创名彰武组。河南区调队（1981a）及河南地矿局（1989）均沿用。本书亦采用原定义。

【现在定义】 该组底部为黄绿色砾岩；下部为紫色粘土岩及砂质粘土岩；中部为灰白色钙质粉砂岩及含砾砂岩；上部为杂色粘土岩夹砂砾岩及粉砂质泥灰岩薄层。下以底砾岩与石盒子组不整合接触；上以灰白色粘土岩或砂质粘土岩结束为标志与鹤壁组平行不整合接触。

【层型】 正层型位于安阳市水冶镇彰武水库东侧庙子岭南东1 km（114°09′，36°00′），由河北第一区调队（1974）测制。

上覆地层：**鹤壁组** 灰色灰岩砾岩

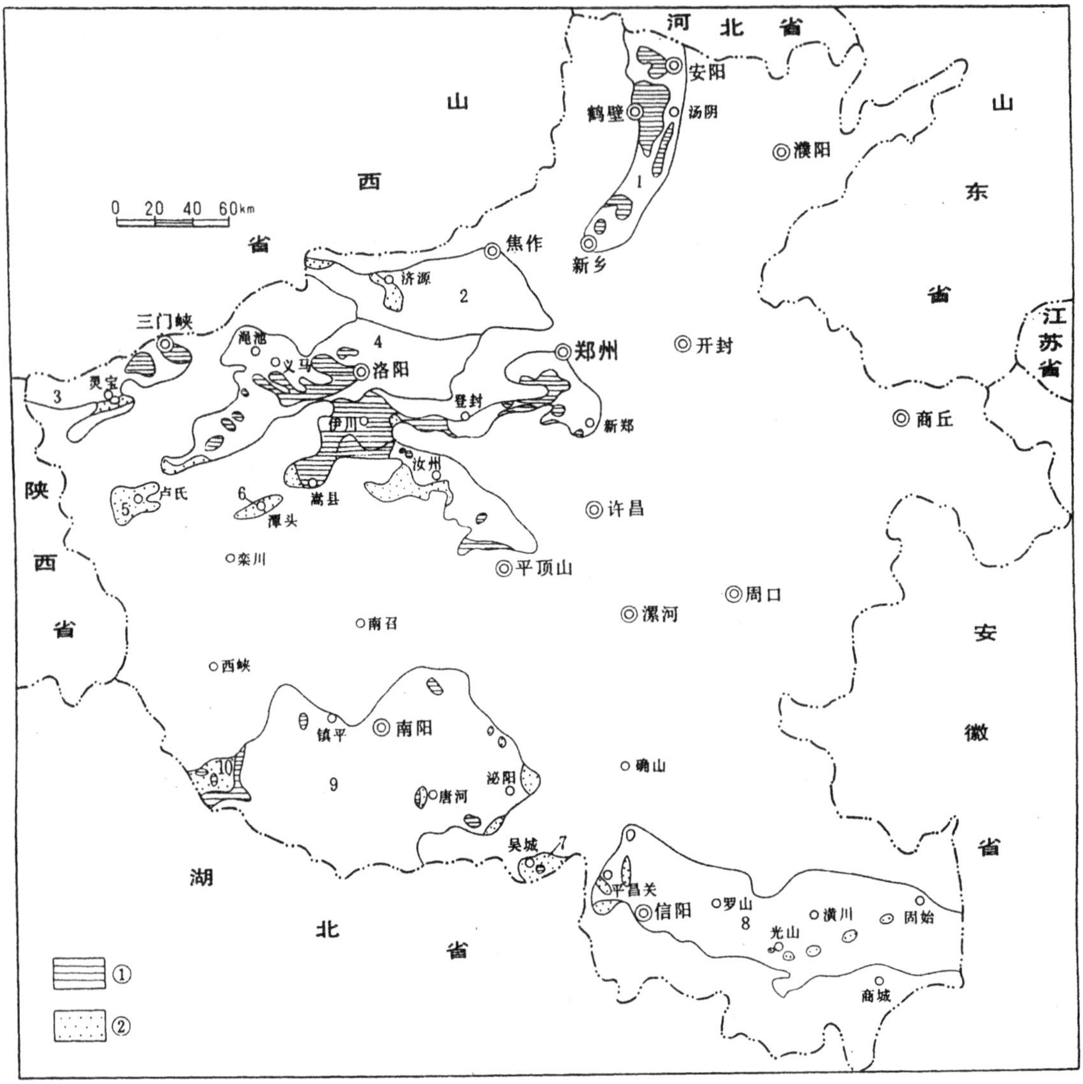

图 7-1　第三纪盆地及地层分布图

①上第三系；②下第三系

1. 汤阴盆地；2. 济源盆地；3. 三门峡盆地；4. 洛阳-汝州盆地；5. 卢氏盆地；6. 潭头盆地；7. 吴城盆地；8. 大别山北麓盆地；9. 南阳盆地；10. 李官桥盆地

——————— 平行不整合 ———————

彭武组　总厚度 68.0 m

13. 灰白色砂质粘土岩，下部黄色砂岩　3.1 m

12. 灰白色粉砂质泥灰岩　4.1 m

11. 紫色粘土岩　4.1 m

10. 灰白色粘土质砂岩，下部为含砾粗砂岩　2.6 m

9. 褐黄色含铁锰质含砾砂岩　3.6 m

8. 灰白色粉砂粘土岩　3.6 m

7. 灰白色粘土质粉砂岩　2.0 m

6. 灰白色含砾钙质砂质粉砂岩　18.9 m

5. 紫色粘土岩　4.4 m

4. 黄色含砾砂岩　2.4 m

3. 紫色砂质粘土岩　18.0 m

2. 紫色泥质砂岩，底部为砾岩　4.8 m

～～～～～～～ 不 整 合 ～～～～～～～

下伏地层：**石盒子组**　紫色砂岩夹紫色砂质页岩

【地质特征】　本组仅分布于安阳市水冶镇、龙泉及洪河屯等地，向南至龙泉梨树场（驴掌）尖灭，为一套紫及灰白色粗碎屑岩系，自下而上为砾岩—含砾砂岩—砂岩—粉砂岩—粘土岩及砂质泥灰岩，组成由粗到细的沉积旋回，其中有多个沉积韵律。砾石成分主要为砂岩，次之有灰岩及石英岩等，次棱角—次浑圆状，分选性差，砾径大小不等，一般为 10～80 cm。厚度变化几至几十米，为河湖环境沉积。

河南省境内彰武组未获化石，在河北省磁县九龙口地区，本组白色砂岩中发现丰富的哺乳动物化石，有奇蹄类 *Macrotherium* sp.；食肉类 *Pocrocuta hebeiensis*，*Dicerorhinus cixianensis*，*Plesiaceratherium gracile*，*Chilotherium* sp.，*Rhinocerotidae*，*Sansanosmilus palmidens*；偶蹄类 *Oioceros*（?）*jiulonghouensis* 等。时代归中新世。

鹤壁组　N_1h　(05－41－0552)

【创名及原始定义】　王钰等（1935）在鹤壁附近创名鹤壁集砾岩。原始定义指发育在鹤壁集、鹿楼、朔泉及淇河两岸的灰—黑色砾岩夹白色粘土岩及灰白色砂岩，其下不整合于马家沟石灰岩及煤系地层之上，其上被黄土不整合覆盖。厚度 10～60 m，时代归晚第三纪。

【沿革】　王钰等（1935）创名鹤壁集砾岩。华北石油队（1958）① 根据碳酸盐岩及砾岩成分在不同层位的分布特征，将中下部称鹤壁组，时代归上新世。河南地研所（1962）② 沿用修定后的鹤壁组含义，归汤阴群下部。河北第一区调队（1974）将其下部另建彰武组，将中上部沿用鹤壁组。河南区调队（1979）、河南区调队（1981a）及河南地矿局（1989）均沿用这一含义的鹤壁组。本书亦采用这一含义，停止使用汤阴群。

【现在定义】　岩性下部以灰、深灰色灰质砾岩为主，夹褐黄、灰绿色钙质泥岩及泥质砂岩，局部夹薄层泥灰岩；上部为灰白、白、灰绿色钙质砂岩，钙质泥质砂岩或砂质钙质泥岩，夹泥灰岩薄层及不稳定的砂砾岩和砾岩。下以灰质砾岩出现为标志与彰武组平行不整合接触；上以灰绿、褐黄色钙质砂岩或砂质泥岩结束为标志与潞王坟组整合接触。

【层型】　该组选层型位于安阳市龙泉东平—于串（114°13′，36°02′），河北第一区调队（1974）重新测制。

未见顶

鹤壁组　总厚度 292.1 m

34. 灰色石灰岩砾岩夹黄色细砂岩　34.2 m

33. 紫红与灰绿色、黄色粘土岩互层　11.2 m

32. 黄色细砂岩夹薄层砾岩　13.3 m

---

① 华北石油队，1958，太行山南段地质普查报告。
② 河南地质研究所，1962，河南地层。

31. 黄色钙质细砂岩	4.3 m
30. 灰色石灰岩砾岩	10.8 m
29. 紫红色粘土岩	13.6 m
28. 黄白色泥灰岩	4.0 m
27. 黄色钙质细砂岩	2.8 m
26. 紫、黄绿色粘土岩，下部夹一层灰白色泥灰岩	14.6 m
25. 黄色粘土质细砂岩	3.6 m
24. 灰色石灰岩砾岩夹黄色砂岩	11.4 m
23. 黄绿色粘土岩，下部夹五层灰白色泥灰岩	5.3 m
22. 紫色粘土岩	7.1 m
21. 黄色细砂岩，底部为灰色石灰岩砾岩	17.3 m
20. 紫色粘土岩，顶部夹一层泥灰岩	11.3 m
19. 灰色石灰岩砾岩	11.9 m
18. 黄白色粉砂质泥灰岩	1.0 m
17. 紫红色粘土岩	1.9 m
16. 黄色砂岩夹含砾砂岩	2.9 m
15. 黄白色粉砂质泥灰岩	1.0 m
14. 黄色粉砂岩	4.8 m
13. 紫色粘土岩夹黄色泥灰岩	18.2 m
12. 灰黄色钙质胶结砂岩夹黄色粉砂岩	3.6 m
11. 紫、灰绿色粘土岩	2.6 m
10. 灰白色粉砂质泥灰岩	2.4 m
9. 黄色粉砂岩夹薄层细砂岩	6.2 m
8. 紫色粉砂质粘土岩	4.3 m
7. 紫色粘土岩夹薄层泥灰岩透镜体，顶部为钙质结核层	4.3 m
6. 灰色石灰岩砾岩	8.4 m
5. 下部黄色砂岩，上部为紫色粘土岩	4.2 m
4. 杂色粘土岩	11.4 m
3. 黄色砂岩和黄绿色钙质粘土岩	12.6 m
2. 黄色砂岩与砾岩互层，顶底均为一层厚 1 m 的岩屑砂岩	13.8 m
1. 灰色石灰岩砾岩夹砂岩透镜体	11.8 m

未见底。

【地质特征】 本组广泛分布于汤阴盆地。岩性稳定，层序清楚，为一套含碳酸盐岩的碎屑岩建造，自下而上组成由粗到细的正粒序层。砾岩层由西北向东南，即由山麓到平原，由厚变薄，砾径由粗变细。砾岩中的砾石成分 95%以上为石灰岩，少量为页岩及石英砂岩等，滚圆度及分选性良好，砾石多顺层排列，多为灰质胶结，较紧密坚硬。厚度 70～300 m，属山麓洪积相和河湖相环境沉积。

鹤壁组中产软体类化石 *Cathaica faeciola*；犀牛科的 *Rhinocerotida* sp.。时代归中—晚中新世。

潞王坟组 N_2l (05-41-0558)

【创名及原始定义】 山西区测队（1974）① 于河南省新乡市潞王坟创名潞王坟组。原始定义：岩性为灰白、白色泥灰岩、隐晶质灰岩、泥岩夹砂岩、粉砂岩及砾岩或砂砾岩，在泥灰岩及隐晶质灰岩中往往含角砾及砾石。下部与古生界不整合接触；上部被第四系不整合覆盖。时代归上新世早期。

【沿革】 王钰等（1935）创名鹤壁集砾岩。华北石油队（1958）根据岩性差异，将上部命名为巴家沟组和四十五里岗组。河南地质研究所（1962）将此二组合并，称巴家沟组，归属汤阴群上部。山西区测队（1974）建潞王坟组。河南地科所（1976）② 用修定后的巴家沟组。河南区测队（1979）将鹤壁组与巴家沟组合并称鹤壁组，河南地质矿产局（1989）沿用潞王坟组原定义，其范围扩大到郑州以西及洛阳等地。本次对比研究选用潞王坟组，停止使用巴家沟组、四十五里岗组。

【现在定义】 岩性下部为紫红、红色粘土岩与白色中厚层状泥灰岩互层，夹褐黄色细砂岩；中部为白、灰白色厚层状泥灰岩，隐晶质灰岩夹钙质砂岩、泥岩及钙质砂砾岩；上部为灰白色中—厚层状泥灰岩与褐黄、灰绿色泥质砂岩互层，夹红色粘土岩。下部以细砂岩或中厚层状泥灰岩出现为标志与鹤壁组或洛阳组整合接触；上以砂质钙质泥岩或砂岩结束为标志与庞村组平行不整合接触，厚 263 m。时代为早上新世。

【层型】 正层型位于河南省新乡市潞王坟采石场（113°56′，32°25′），由山西区调队（1977）重测。

未见顶

潞王坟组	总厚度 26.3 m
10. 浅灰白色泥灰岩	2.0 m
9. 浅桔黄色砾岩，砾石成分为泥灰岩及泥质灰岩，磨圆度好，砾径 0.2～0.3 cm，钙质胶结	1.5 m
8. 灰白色隐晶质灰岩	2.0 m
7. 灰白色隐晶质灰岩，含淡棕色斑状角砾与砾石	3.0 m
6. 含假竹叶状及小球状灰白色隐晶质灰岩	4.0 m
5. 灰白色隐晶质灰岩	3.5 m
4. 浅灰绿、淡棕色及灰白色花斑状含白云质，粘土质泥灰岩，富含三趾马动物化石：*Hipparion* cf. *dermatorhinum*，*H. colhophyes*；*Chilotheriun* sp.	1.5 m
3. 浅灰白色泥灰岩	1.3 m
2. 灰白色泥灰岩，含灰褐色灰岩角砾	6.0 m
1. 淡棕红色泥岩夹钙质粉砂岩	1.5 m

～～～～～～ 不 整 合 ～～～～～～

下伏地层：奥陶系马家沟组 灰褐色灰岩

【地质特征】 本组广泛分布于安阳、新乡、郑州、洛阳及平顶山等地区。厚度变化较大，由十几米至上百米，显著特点以灰白、白色为主。岩性主要为泥灰岩及隐晶质灰岩，夹细砂

① 山西区测队，1974，河南新乡潞王坟早上新世地层。山西区测。
② 河南地科所，1976，河南省白垩纪—第三纪地层。

岩、砂砾岩及泥岩或粘土岩。泥灰岩及隐晶质灰岩中局部含砂粒，个别含小砾石或角砾，在泥灰岩中往往含灰绿或淡红色泥质条纹及斑块，具定向性。为河流、滨-浅湖相沉积。

本组中部泥灰岩中产哺乳动物化石，如在新乡市潞王坟一带产 *Hipparion* cf. *dermatorhinum*, *Chilotherium* sp.，鹤壁市附近产 *Mastodon* cf. *borsoni*；新郑县小乔产 *Dicrocerus* sp.；新安县附近产 *Diceratherium paleosinense*, *Honanotherium schlosser*, *Chleuaseochoerus stehlini* 及爬行类 *Testudo honanensis* 等。多数化石为三趾马动物群中的主要属种，时代归早上新世。

该组灰岩可作熔剂灰岩及水泥灰岩原料，也可用于白色涂料和颜料，以及橡胶、油布、造纸的充填料、陶瓷及铸型的辅助材料等。泥岩及粘土岩，具垂直节理、湿水后膨胀，可作膨润土矿或粘土矿。

庞村组　N_2p　(05－41－0554)

【创名及原始定义】　河南区调队（1979）于鹤壁市庞村镇附近创名庞村组。原始定义指岩性主要为中基性复成分火山角砾岩，夹有泥灰岩及泥岩；上部为橄榄玄武岩。下与鹤壁组不整合接触；上与下更新统及中更新统亦呈不整合接触。时代归上新世。

【沿革】　华北石油队（1958）将汤阴盆地火山岩命名黑山组，时代归早更新世。河南地质研究所（1962）将其与汝阳一带火山岩对比，归大安组，时代归早更新世。河南区调队（1979）改名庞村组，时代归上新世。河南地质矿产局（1989）沿用大安组，时代归上新世。本次对比研究选用庞村组，停止使用黑山组，在此不用大安组。

【现在定义】　岩性下部为含玄武质砾石的砂砾岩夹泥质岩及泥灰岩薄层；中部为中基性火山角砾岩夹砂砾岩及泥岩；上部为橄榄玄武岩，下以砂砾岩中含玄武质砾石出现为标志与潞王坟组平行不整合接触，上以橄榄玄武岩结束为标志与第四系不整合接触。

【层型】　选层型位于淇县高村乡杨庄淇河西岸（114°14′，35°45′），由河南区调队（1979）测制。

上覆地层：**下更新统　冰碛砾石层**

～～～～～～～ 不 整 合 ～～～～～～～

庞村组	总厚度 14.3 m
3. 浅褐色层状复成分中基性火山角砾岩，混粒结构，块状构造，局部泥质较高，呈褐黄色粉砂岩状。见有巨大的鹤壁组砾岩砾石，直径 1～2 m，最大直径 5～8 m。	9.0 m
2. 深褐色层复成分中基性火山砾岩	1.8 m
1. 黑褐色层复成分中基性火山角砾岩	3.5 m

未见底

【地质特征】　本组呈北西-南东向带状分布于鹤壁市的黑山、庞村镇及浮山一带，零星见于淇河两岸。地层走向为北北东向，形成大小不等孤立的小山包，出露面积不大。但据钻孔揭露最大厚度达 310 m。岩石为深褐、浅褐、灰黑及暗绿色。砾岩中的砾石成分有中基性火山角砾岩、玄武岩、灰岩等，局部见火山弹，砾石呈棱角状—次浑圆状，砾径大小不等。橄榄玄武岩呈层状及管状产出，局部呈岩墙状产出，具微薄层理，具气孔状、杏仁状构造，属内陆湖盆地裂隙喷发的火山岩相沉积。

在庞村及黑山南坡本组下部产哺乳动物化石：*Hyaena* sp.，*Rhinocerotoidae*，*Honanotherium* sp.，玄武岩的全岩 K－Ar 法同位素年龄值为 10.3 Ma。本组地层时代归上新世。

（二）济源盆地

聂庄组　E_2n　（05－41－0521）

【创名及原始定义】　河南石油队（1961）① 于济源县轵城乡聂庄附近创名聂庄组。原始定义："岩性与张庄组呈过渡关系，由朱红色、棕红色泥质中粒石英砂岩、含砾石泥质细砂岩夹朱红色砂质泥岩及中粒石英砂岩组成，下部夹中薄层砾岩透镜体。厚 249 m"。与下伏张庄组及上覆月庄组均为整合接触，归济源群。时代归晚白垩世。

【沿革】　河南石油队（1961）创名张庄组、聂庄组，时代归晚白垩世；河南石油队（1962）② 将两组合并称聂庄组，归济源群下部。地质部第一普查大队（1963）③ 改称济源组的聂庄亚组，时代归早第三纪。河南区测队（1964c）将张庄组和聂庄组合称张庄组，仍归济源群。本次对比研究选用聂庄组，包含张庄组。停止使用济源群，张庄组。

【现在定义】　岩性下部为砖红、紫红色长石砂岩、砂砾岩、砾岩，夹泥岩；上部为砖红、棕红色中细粒长石石英砂岩、粉砂岩夹凸镜状砾岩，砂岩与泥岩、砂质泥岩互层。与下伏晚侏罗世韩庄组不整合接触，与上覆余庄组整合接触。

【层型】　选层型位于济源县轵城乡张庄到承留南姚（112°01′，35°01′），河南区测队（1964）重测。

上覆地层：余庄组　紫红色薄层细粒长石石英砂岩与泥岩互层

——————整　合——————

聂庄组	总厚度 485.1 m
4. 砖红色厚层中细粒长石石英砂岩、粉砂岩夹透镜状砾岩	222.0 m
3. 砖红色厚层中细粒长石石英砂岩夹透镜状砾岩	58.9 m
2. 紫红色厚层砾岩夹砂岩	132.5 m
1. 砖红色厚层巨砾岩夹透镜状砂岩	71.7 m

～～～～～～不 整 合～～～～～～

下伏地层：韩庄组　长石砂岩

【地质特征】　本组是一套以棕红色砾岩和砂岩为主的碎屑沉积，自下而上即由盆地西部边缘向东（盆地中心）砾岩由厚变薄，砾石由大变小，砾径从 20～100 cm 减至 5～10 cm，滚圆度不好，分选性差；砾石成分以砂岩为主，次为片麻岩等。厚度 400～1 000 cm，为强氧化环境下形成的一套河流相沉积。

在东张附近该组中产脊椎动物化石：*Youmys cavioides*，Hyraeodontidae，*Sianodon chiyuanensis*，*S. sinensis*，*Lushiamynodon obesus* 等。时代划归始新世。

余庄组　E_2y　（05－41－0522）

【创名及原始定义】　河南石油队（1961）④于济源县轵城乡余庄附近创名月庄组。原始定义："岩性为红色、棕红色、暗紫色砂质泥岩、泥岩与粉红、紫红色中粒石英砂岩互层"。厚度 519 m。与下伏聂庄组及上覆泽峪组均为整合接触，归济源群，时代归白垩纪。

①、④　河南石油队，1961，济源盆地 1960 年地质总结报告。
②　河南石油队，1962，一九六一年综合研究报告。
③　地质部第一普查大队，1963，一九六二年地质工作总结。

【沿革】 河南石油队（1961）创名月庄组，属济源群，时代归晚白垩世，该队（1962）改名为余庄组。地质部第一普查大队（1963）改称济源组的泽峪亚组一段，时代归早第三纪。河南区测队（1964c）沿用月庄组，郭书元（1985）沿用余庄组，时代归中—晚始新世。本文选用余庄组，停止使用月庄组。

【现在定义】 岩性为紫红、紫灰、灰黄色中、细粒长石石英砂岩与紫红色泥岩、砂质泥岩互层，局部夹砂砾岩、砾岩。与下伏聂庄组、上覆泽峪组均为整合接触。

【层型】 选层型同聂庄组。

上覆地层：**泽峪组** 灰白、淡红色厚层中粒长石石英砂岩

——————— 整 合 ———————

余庄组	总厚度 577.30 m
10. 紫色薄层细粒长石石英砂岩和紫红色薄层泥岩互层	95.4 m
9. 灰紫色巨厚层中粒长石石英砂岩，上部夹薄层泥岩	44.5 m
8. 棕黄、暗紫色厚层中粒石英长石砂岩夹泥岩，底部为砂砾岩。泥岩中夹灰绿色砂泥质条带	227.6 m
7. 紫红色薄层中细粒长石石英砂岩和紫红色泥岩互层	66.0 m
6. 灰紫色薄层中细粒长石石英砂岩和紫红色泥岩互层	88.8 m
5. 紫红色薄层细粒长石石英砂岩和紫红、暗红色薄层泥岩互层	55.0 m

——————— 整 合 ———————

下伏地层：**聂庄组** 砖红色厚层中细粒长石石英砂岩、粉砂岩

【地质特征】 该组为砂岩与泥岩互层，具由砂岩到泥岩的沉积韵律。以中粒和细粒砂岩为主，夹粗粒砂岩及粉砂岩，有下粗上细的特征，部分砂岩底部含砾，或相变为砂砾岩、砾岩。砂岩以紫红、紫灰色为主，其次为灰黄色；泥岩、砂质泥岩为紫红色，其中含灰绿色条带和斑块，厚 400～650 m，为强氧化环境下形成的一套河湖相沉积。

余庄组内产腹足类：*Planorbis* cf. *pseudoammonius*，介形类：*Candonna* sp. *Candoniella albicans*，*C. suzini*，*Paracandona euplectela*，*Eucypris* sp.，*Darwinula stevensoni*，*Sinodarwinula* sp. 等，轮藻 *Obtusochara brevicylindrica*，*O. lanpinensis*，*Carites molassica*，*Croftiella stenoformis* 等。时代归始新世。

泽峪组 E_2z （05－41－0523）

【创名及原始定义】 河南石油队（1961）于济源县承留乡泽峪附近创名泽峪组。原始定义："岩石性质为灰白色、灰黄色块状石英细砂岩与酱褐色泥岩、砂质泥岩互层，夹薄层石膏"，"下部常夹紫红色、灰绿色泥质团块及条带"。与下伏月庄组及上覆南姚组均为整合接触。厚度 550 m 左右，归济源群。时代归晚白垩世。

【沿革】 河南石油队（1961）创名泽峪组，归济源群，时代归晚白垩世；地质部第一普查大队（1963）将其称济源组的泽峪亚组二段，时代归早第三纪；河南区测队（1964c）仍称泽峪组；本次沿用泽峪组含义。

【现在定义】 岩性为灰白、灰黄、紫红色中、细粒长石石英砂岩与紫红、褐灰色泥岩、砂质泥岩互层，夹砂砾岩，局部夹黄绿色长石石英砂岩条带。该组以出现较多的灰白色砂岩为特征。与下伏余庄组整合接触，与上覆南姚组整合接触。

【层型】 选层型见聂庄组。

上覆地层：**南姚组** 紫红色细粒长石石英砂岩夹紫红色泥岩

——————— 整 合 ———————

泽峪组 总厚度 676.5 m

23. 灰褐色厚层中粒长石砂岩，底部为薄层砂砾岩	11.7 m
22. 紫红色泥岩夹暗紫色薄层细粒长石石英砂岩及灰白色粉砂岩	18.4 m
21. 淡黄、灰白色厚层长石砂岩、暗紫色薄层细粒长石砂岩与紫红色泥岩互层，底部为砂砾岩	120.4 m
20. 紫灰色薄层细粒长石砂岩和紫红色泥岩互层，夹数层灰白色厚层中细粒长石砂岩	28.7 m
19. 灰白色厚层细粒长石砂岩夹紫红色泥岩，产骨化石碎片及 *Cryptodira*	71.1 m
18. 紫红色厚层泥岩与暗紫色薄层细粒长石砂岩，顶部夹暗红、砖红色泥岩	43.8 m
17. 黄绿色厚层中粒长石石英砂岩，底部为砂砾岩	24.7 m
16. 紫红色厚层泥岩夹薄层紫灰色长石砂岩	42.6 m
15. 淡红色厚层中粒长石石英砂岩，底部为砂砾岩	42.1 m
14. 紫红色薄层细粒长石砂岩和紫红色泥岩互层	18.8 m
13. 灰白、淡红色中粒长石石英砂岩，底部为砂砾岩	74.5 m
12. 紫红色薄层细粒长石石英砂岩和紫红色薄层泥岩互层，砂岩中夹砂砾岩	26.5 m
11. 灰白、淡红色厚层中粒石英长石砂岩，底部为 0.1～0.4 cm 厚的灰质砾岩	153.2 m

——————— 整 合 ———————

下伏地层：**余庄组** 紫色薄层细粒长石石英砂岩和泥岩互层

【地质特征】 该组砂岩和泥岩组成旋回性沉积，每个旋回底部以砂砾岩开始，往上为砂岩，顶部多以砂岩与泥岩互层结束，旋回厚度不等，从 30 米到百余米；砂砾岩的砾石直径 1～2 cm，多呈扁平状，斜层理发育，富含小灰质结核，该组厚度 500～700 m，从色调看，以紫红色为主，其次为灰白色、灰黄色，局部为灰绿色。为一套河湖相沉积。

泽峪组内产爬行类 *Kansuchelys tsiyuanensis*；介形类 *Candoniella albicans*，*C. suzini*，*Ilyocypris* cf. *gibba*，*Eucypris* sp.，*Cyprinotus* sp. 等，轮藻 *Nemegtichara sadleri*，*N. prima*，*N. tertia*，*N. concina*，*N. xichengliuensis*，*Grovesichara longa*，*G. sinensis*，*G. conica*，*G. changzhouensis*，*G. kielani*，*Maedlerisphera chinensis* 等。时代归始新世。

南姚组 E_2n (05－41－0524)

【创名及原始定义】 河南石油队（1961）于济源县承留乡南姚创名南姚组。原始定义："岩性为酱褐色、棕红色、浅红色泥岩，砂质泥岩，及灰紫红色细粒石英砂岩，灰紫色粉砂岩及酱褐色泥质粉砂岩，夹灰白色细粒石英砂岩"。与下伏泽峪组整合接触，与上覆第四系不整合接触。厚度 250 m，归济源群，时代归晚白垩世。

【沿革】 河南石油队（1961）创名南姚组，归济源群，时代归晚白垩世；地质部第一普查大队（1963）将其称为济源组的泽峪亚组三段，时代归早第三纪。河南区测队（1964）仍称南姚组。本次沿用南姚组。

【现在定义】 岩性为紫红、灰黄色砂岩、粉砂岩、夹紫红色泥岩、砂砾岩。与下伏泽峪组整合接触，区域上与上覆上第三系不整合接触。

【层型】 正层型见聂庄组。

上覆地层：第四系　黄土

～～～～～～～ 不 整 合 ～～～～～～～

南姚组	总厚度 489.5 m
32. 紫红、淡紫色砂砾岩	27.5 m
31. 紫红色薄层细粒长石石英砂岩及紫红色泥岩夹灰白色中—薄层粉砂岩	83.3 m
30. 灰白色厚层砂岩夹暗紫色薄层泥岩	68.1 m
29. 紫红色泥岩为主，夹灰色薄层细粒长石石英砂岩，底部为砂砾岩	93.4 m
28. 灰色厚层中细粒长石砂岩夹紫红色泥岩	16.0 m
27. 紫灰色厚层中细粒长石石英砂岩夹紫红色泥岩	16.3 m
26. 紫红色泥岩为主夹灰色薄层细粒长石石英砂岩	48.8 m
25. 紫灰色厚层细粒—中粒长石石英砂岩	115.2 m
24. 紫红色薄层细粒长石石英砂岩夹紫红色泥岩	20.9 m

———————— 整 合 ————————

下伏地层：泽峪组　灰褐色厚层中粒长石砂岩，底部为薄层砂砾岩

【地质特征】　该组砂岩、粉砂岩与泥岩呈不等厚互层，砂岩以中粒和细粒长石石英砂岩为主，底部有含砾砂岩，中上部有不稳定的砂砾岩，泥岩中有绿色斑块。色调以紫红色为主，其次为灰黄色，局部夹灰绿色。厚度 200～550 m。为一套河湖相沉积。

南姚组含介形类 *Eucypris* sp.，*Limnocythere* sp.，*Candona* sp.，*Candoniella albicans*，轮藻 *Grovesichara sinensis*，*G. congia*，*Sphaerochara granulifera*，*S. parvula* 等。时代归始新世。

【问题讨论】　在济源县南凹村出露有一套粗碎屑岩，厚度 120.8 m，其下不整合于下第三系不同层位之上。上部为第四系不整合覆盖。岩性为灰色厚层灰质砾岩。砾石滚圆度差，无分选，砾径大小悬殊，属冲洪积成因。河南区测队（1964c）将该套地层归洛阳组，时代为中—上新世。本次对比研究认为该套地层不同于洛阳组，大致与汤阴盆地的鹤壁组下部岩性相当，因此时代暂归晚第三纪，不建组，待今后进一步研究。

（三）洛阳-汝州盆地

陈宅沟组　$E_2\hat{c}$　（05-41-0518）

【创名及原始定义】　河南区测队（1964a）于宜阳县城关陈宅沟创名陈宅沟组。原始定义：“陈宅沟组与白垩系九店群及震旦系下统许山组为不整合接触，与上覆蟒川组为渐变过渡关系，组成岩性为红色砾岩、砂砾岩夹泥岩、页岩”。厚度 185～413 m。时代归早第三纪。

【沿革】　创名后被广泛应用，含义未变。本书沿用。

【现在定义】　岩性为棕红、紫红色砾岩、砂砾岩，夹砂岩、砂质泥岩、砂质页岩，或者呈互层。与下伏三叠系油房庄组不整合接触，与上覆蟒川组整合接触。

【层型】　正层型位于宜阳县城关镇陈宅村南（112°05′，34°29′），河南区测队（1964a）测制。

上覆地层：第四系　黄土

～～～～～～～ 不 整 合 ～～～～～～～

陈宅沟组 总厚度 411.4 m

4. 红色钙质、铁泥质砂砾岩夹红色薄层钙质砾岩及红色砂质粘土页岩 49.6 m

3. 红色钙质、铁泥质砂砾岩与红色厚层钙质砾岩互层，夹薄层砂质粘土页岩 239.5 m

2. 红色厚层钙质砾岩夹薄层砂质粘土页岩 37.1 m

1. 淡红色厚层钙质砾岩夹薄层红色砂质粘土页岩，钙质砾岩中具白色蠕状结构 85.2 m

~~~~~~~~~ 不 整 合 ~~~~~~~~~

下伏地层：**熊耳群** 安山玢岩

【地质特征】 该组分布于宜阳县西南、伊川县焦王、罗村、登封县大金店、告城、汝阳和汝州市等地。以粗碎屑岩为主，岩性相变快，在宜阳县陈宅沟为钙质砾岩、砂砾岩夹薄层砂质页岩；在宜阳县路庄为砂岩、粉砂岩夹砾岩、页岩；在汝阳县郭家洼为砂质泥岩与砾岩或砂岩呈不等厚互层；在登封县李家门下部为长石石英砂岩夹砾岩、砂砾岩，中上部为长石石英砂岩与泥岩、砂质泥岩不等厚互层。砾岩、砂砾岩的砾石成分较复杂，与下伏基岩关系密切。岩石色调以棕红、砖红色为主，局部夹灰绿色条带或斑块。该组厚度 100～700 m，属以河流相为主的河湖相沉积。

陈宅沟组内未发现化石，依据岩性特征和上下层关系与区域对比，将该组时代归始新世。

蟒川组 E_2m (05-41-0519)

【创名及原始定义】 河南区测队（1964a）于汝州市蟒川附近创名蟒川组。原始定义："组成岩性为红色砂、砾岩、砂质页岩，与淡色（青灰、灰白色）砂岩、砾岩互层，夹泥灰岩及碳质页岩"，厚度 393～1 217 m。与下伏陈宅沟组上覆石台街组均为整合过渡关系。时代归早第三纪。

【沿革】 创名后被广泛应用，含义未变。本书沿用。

【现在定义】 岩性为棕红色泥岩、砂质页岩与灰白色泥灰岩、灰色砂砾岩或砂岩互层，局部夹灰黑色碳质页岩、细砂岩和灰、红色砾岩。与下伏陈宅沟组整合接触，与上覆石台街组整合接触。

【层型】 正层型位于汝州市蟒川西南 4 km 处（112°44′，34°02′），河南区测队（1964a）测制。

上覆地层：**第四系** 砾岩杂亚粘土

~~~~~~~~~ 不 整 合 ~~~~~~~~~

蟒川组 总厚度 635.0 m

5. 红色含砂、砾石钙质泥岩与青灰色钙质砂砾岩成夹层或互层 230.0 m

4. 红色砂质钙质泥岩、青灰色钙质砂砾岩互层夹少量灰白色薄层泥灰岩 237.0 m

3. 红色、青灰色砂质泥岩，含钙质团块，青灰、浅黄色中厚—巨厚层钙质粉砂岩，夹灰白色透镜体泥灰岩 38.0 m

2. 红色砂质、钙质泥岩，含钙质团块，与灰白色泥灰岩互层 38.0 m

1. 红色砂质页岩、泥岩、团块状泥灰岩及青灰色砂质页岩夹钙质、铁泥质砾岩 92.0 m

~~~~~~~~~ 不 整 合 ~~~~~~~~~

下伏地层：**石盒子组** 黄绿色砂岩

【地质特征】 该组分布于汝州市蟒川、汝阳县关帝庙、上店、伊川县吕店以西，宜阳县
~~~~~~~~~

城以北和洛宁县兴华等地。以碎屑沉积为主，夹泥灰岩，中部夹碳质页岩。具由粗到细的沉积韵律。砾岩、砂砾岩的砾石成分与附近基岩关系密切，有火山岩、花岗岩、石英岩、砂岩、片麻岩等，多为次圆、次棱角状，砾径以 5～20 cm 者为多，砂岩多为钙质粉砂岩和中、细粒砂岩。由盆地边缘到中部，沉积物由粗变细。从色调看，该组以棕红色为主，其次为青灰、灰白、灰绿色。厚度变化大，100～1 250 m，为一套河湖相，局部夹湖沼相沉积。

蟒川组中部的泥灰岩、碳质页岩中产双壳类 *Corbicula* sp.，在洛宁县兴华一带本组中部含介形类：*Eucypris* sp.，*Cypris subglobosa*，*Candona* sp. 等。轮藻 *Charites* 等。孢粉组合特征是：裸子类 55.5%～67%，被子类 32.6%～39.6%，蕨类 0.5%～5%。时代归始新世。

石台街组　$E_3\hat{s}$　(05-41-0520)

【创名及原始定义】　河南区测队（1964a）于汝州市杨楼乡石台街村附近创名石台街组。原始定义："与下伏蟒川组呈整合过渡关系，而与上覆上第三系呈角度不整合接触，组成岩性为红色页岩、泥岩、砂砾岩"。厚度 586～848.4 m。时代归早第三纪。

【沿革】　创名后被广泛应用，含义未变。本书沿用。

【现在定义】　岩性为红、淡红、灰紫色砾岩、砂砾岩与砂岩、砂质泥岩、砂质页岩互层。与下伏蟒川组整合接触，与上覆中新世洛阳组不整合接触。

【层型】　正层型位于汝阳县刘店乡昌村北东到汝州市杨楼乡石台街西南（112°36′，34°07′），河南区测队（1964a）测制。

上覆地层：**中更新统　黄土**

～～～～～～～～ 不 整 合 ～～～～～～～～

石台街组	总厚度 848.4 m
3. 红色砂质泥岩，夹红色钙质，铁泥质砾岩	14.3 m
2. 淡红色钙质、铁泥质砾岩夹砂质泥岩	319.2 m
1. 红色砂质粘土页岩，砂质泥岩互层夹淡红色钙质、铁泥质砾岩	514.9 m

———————— 整　合 ————————

下伏地层：**蟒川组　砂质泥岩**

【地质特征】　该组分布于宜阳县段村西北、伊川县酒后以南，嵩县田湖、汝阳与汝州交界地区。该组为砂质泥岩、砂质页岩与砂岩、砾岩或砂砾岩互层。部分砂质泥岩、砂质页岩含小砾石，砾石成分复杂，以火山岩为主，其次为石英岩、花岗岩等，磨圆度以次棱角和次圆者为多，以红、淡红、灰紫色为主，反映了炎热气候下的强氧化环境。厚度 500～1 000 m。该组为一套河湖相沉积。

石台街组上部砂岩产哺乳动物化石 *Amynodon* sp.，时代归渐新世。

洛阳组　N_2l　(05-41-0557)

【创名及原始定义】　河南区测队（1964a）于洛阳市东沙坡村附近创名洛阳组。原始定义："岩性下部为砂（砾）岩层，中部为杂色砂岩、粉砂岩、泥岩夹砂、砾岩层，上部为泥岩（或钙质粘土）、泥灰岩夹少量砂、砾岩透镜体"。其下与下第三系及以前的地层呈角度不整合接触；其上与上第三系大营组呈平行不整合接触，或为第三系中统或上更新统不整合所覆，时代归中新世。

【沿革】 刘东生、李玉清（1963）建立“东沙坡层”，时代归下—中中新世。河南区测队（1964a）将东沙坡层改名为洛阳组，时代归中新世。尔后沿用至今。本次对比研究沿用洛阳组，停止使用东沙坡组。

【现在定义】 岩性下部为灰、黄褐及杂色砾岩、砂砾岩、钙质泥质砂岩、粉砂质泥岩夹泥灰岩薄层；中部为棕红、橙黄色砂质粘土岩、泥质砂岩夹薄层泥灰岩及砂砾岩凸镜体；上部为棕红色砂质粘土岩或泥岩夹砂砾岩。下以砾岩或砂砾岩出现为标志与石台街组或蟒川组不整合接触；上以泥岩结束为标志与潞王坟组整合接触或与大安组平行不整合接触，厚38.90 m。

【层型】 正层型位于洛阳市西郊孙旗屯镇东沙坡村（112°20′，34°38′）。由河南区测队（1964a）测制。

上覆地层：**中更新统　浅棕红色亚粘土**

～～～～～～ 不 整 合 ～～～～～～

洛阳组	总厚度 38.9 m
14. 暗棕红色砂质钙质粘土岩与褐黄色中、细粒砂岩互层	6.4 m
13. 棕红色砂质钙质粘土岩夹泥质砂岩	5.9 m
12. 棕红色泥质砂岩。产哺乳动物化石：*Listriodon* cf. *locknarti*，*Rninocerotidae*	2.1 m
11. 浅黄褐色砂砾岩	1.0 m
10. 棕红、灰绿色砂质粘土岩夹红黄色泥质砂岩	5.5 m
9. 棕红色泥质粉砂岩夹砾岩	2.9 m
8. 棕红、灰绿色砂质粘土岩夹橙黄色泥质粉砂岩	1.3 m
7. 棕红、橙黄色砂质钙质粘土岩	3.2 m
6. 棕红色砂质钙质粘土岩夹泥质砂岩	2.9 m
5. 灰黄色薄层泥质粉砂岩夹砂质钙质粘土岩	1.0 m
4. 棕黄、棕红及灰绿色砂质钙质粘土岩夹泥灰岩	3.8 m
3. 灰黄微红色泥灰岩	0.7 m
2. 棕红、灰绿色砂质粘土岩	1.0 m
1. 棕黄、灰白色厚层砂质钙质粘土岩夹薄层泥灰岩	1.2 m
未见底	

【地质特征】 在新安、登封、新密、荥阳及郑县一带，上与潞王坟组整合接触；在汝阳、伊川及汝州一带，上与大安组平行不整合接触。厚度变化 20～115 m。其色调为青灰、灰白、灰黄、黄褐、棕红及浅红等杂色；由下到上呈正粒序层，砾岩—砂砾岩—砂岩—泥岩—泥灰岩形成韵律沉积。砾岩及砂砾岩胶结良好，砾石成分因地而异，主要见有火山岩、石英岩及少量灰岩、砂岩及页岩等。底部的砾石滚圆度差，无分选性，砾径 5～50 cm，向上滚圆度、分选性较好，砾径 0.5～20 cm；胶结物多以钙质为主，次为砂泥质。泥岩具灰绿色斑块及条纹，含钙质结核及网纹，局部相变为泥灰岩，泥灰岩中含浅红色泥质条纹及斑块。泥岩及泥灰岩呈带状或微带状层理。属河流-湖泊相沉积环境。

洛阳组中上部产脊椎动物化石 *Listriodon* cf. *lockharti*，Rhinocerotidae，在新安县李乡十里村尖山发现有 *Listriodon xinanensis*。时代为中新世。

大安组 N_2d (05-41-0559)

【创名及原始定义】 河南地研所（1962）① 于汝阳县大安乡创建大安组。原始定义："位于洛阳以南伊川、大安附近，和太行山东麓平原边缘辉县汤阴一带。其岩性主要为紫红色橄榄玄武岩"。厚度 20～40 m，时代属下更新统。

【沿革】 河南地研所（1962）创名大安组，时代为早更新世。河南区测队（1964a）认为该区火山岩与宝丰大营组火山岩相似沿用大营组，时代归上新世。中南地层表编写小组（1974）沿用大安组，时代归上新世。河南区调队（1981a）认为该套地层在汝阳县内埠发育较好，改称内埠组，时代归上新世。河南地质矿产局（1989）沿用大安组，时代归上新世。本次对比研究选用大安组，停止使用内埠组。

【现在定义】 岩性下部为深紫灰色辉石橄榄玄武岩，局部底部见紫红或灰白色砂砾岩；中部为红色粘土岩、砂砾岩或火山碎屑岩；上部为深灰色辉石橄榄玄武岩，下以橄榄玄武岩或砾岩出现为标志与洛阳组平行不整合接触，或与陈宅沟组及前第三纪地层不整合接触。上以橄榄玄武岩结束为标志与中更新统不整合接触。

【层型】 正层型位于汝阳县内埠马坡村（112°31′，34°18′），由河南区测队（1964a）测制。

上覆地层：中更新统 棕红色粘土

～～～～～～～ 不 整 合 ～～～～～～～

大安组	总厚度 25.1 m
4. 深灰、紫灰色辉石橄榄玄武岩	2.0 m
3. 灰黄色玄武质凝灰岩	1.1 m
2. 深红色砂质粘土岩，具烘烤现象	4.0 m
1. 深紫灰色辉石橄榄玄武岩	18.0 m
未见底	

【地质特征】 本组分布于汝阳、伊川、汝州及嵩县木植街一带，为一套陆相基性火山岩-碎屑岩建造。其岩性主要为辉石橄榄玄武岩，夹少量砂砾岩及泥岩。砂砾岩中的砾石成分因地而异，主要见有石英砂岩及火山岩等，滚圆度为次浑圆—次棱角状，分选性差，砾径 0.5～20 cm，泥质胶结。泥岩呈层状含钙质结核或相变为泥灰岩。本组厚度变化较大，由十几米到 70 余米，由南向北，由东向西由厚变薄，在九皋山-温泉街断裂附近厚度最大。

在汝阳县杜康村本组玄武岩全岩 K-Ar 同位素年龄值 10.0 Ma、7.9 Ma 和 6.0 Ma 来看，暂按距今 12.0 Ma 为中新世与上新世的分界年限，将该组时代归上新世。

（四）三门峡盆地

门里组 E_2mn (05-41-0526)

【创名及原始定义】 山西区测队（1972）于山西省平陆门里村附近创名门里组。原始定义："由洪、湖积的厚层砾岩、泥岩和含石膏的泥岩、泥灰岩组成。底部砾岩与下伏地层呈不整合接触，下部为砾岩，中、上部为泥岩、含石膏泥岩、泥灰岩和泥质白云岩。总厚543.7 m"。

---

① 河南地质研究所，1962，河南地层。

归平陆群。时代归下三纪。

【沿革】 黄河三门峡地质勘探总队（1959）① 命名为平陆系，山西区测队（1972）命名为门里组，归平陆群下部，时代归始新世；张仁杰（1974）② 将门里组时代归古新世到早始新世；河南地科所（1979）将门里组时代划归晚白垩世到中始新世；山西区测队（1983）③ 又将门里组时代划归早始新世。本书选用门里组，停止使用平陆群。

【现在定义】 岩性主要由厚度不等的砖红、棕红色砾岩、砂砾岩与泥岩、砂质泥岩互层组成。上部夹灰白、灰绿色泥岩、泥质白云岩、红色泥岩中有时含网状石膏，泥质白云岩中有时夹石膏薄层。底部以砾岩层与前第三系不同地层不整合接触。上与坡底组整合接触。

【层型】 正层型位于山西省平陆县刘林河-过村-坝头（111°20′，34°51′），山西区测队（1972）测制。

上覆地层：**坡底组** 浅红色半胶结砾岩

——————— 整 合 ———————

门里组	总厚度 534.7 m
13. 灰白、紫红色砂质泥岩夹灰白色砂岩	57.6 m
12. 紫红、灰绿色泥岩夹薄层（10 cm 左右）泥灰岩	34.8 m
11. 灰绿色泥岩夹泥质白云岩和石膏互层。石膏层厚 2～5 cm	27.2 m
10. 灰绿色和紫红色泥岩含网状石膏	31.4 m
9. 紫红色泥岩夹浅灰绿色细砂岩，泥岩中含网脉状石膏	37.2 m
8. 紫红色含砾砂岩	17.3 m
7. 紫红色泥岩含网脉状石膏，石膏 0.5～2 cm	8.7 m
6. 紫红色泥岩夹薄层灰绿色含砾砂岩	105.0 m
5. 紫红色泥岩，上部含网脉状石膏	6.7 m
4. 灰白色砾岩和含砾砂岩互层	2.4 m
3. 砖红色砂质泥岩	79.2 m
2. 暗紫红色砾岩与砂质泥岩互层	72.4 m
1. 灰色厚层砾岩，钙质胶结	54.8 m

~~~~~~~~~~ 不 整 合 ~~~~~~~~~~

下伏地层：**山西组** 砂岩、页岩及煤

【地质特征】 该组分布于三门峡市高庙瑶头沟、灵宝县川口城烟等地。具下粗、上细的特征。砾岩的砾石成分复杂，磨圆较好，分选差，砾径一般 5～30 cm，最大可达 60 cm，岩性横向变化大，砾岩、泥岩可分别相变为砂砾岩、泥灰岩。局部砂质泥岩中含小砾石；盆地中部含薄层石膏，层厚 10～15 cm，处于盆地边部的川口城烟附近，主要为砾岩、砂砾岩和砂岩。该组厚度 200～600 m。色调以砖红、棕红、紫红色为主，夹灰白、灰绿色。为一套山麓河湖相沉积。

门里组上部含介形类 *Cypris decaryi*，*Eucypris stagnalis*，*E. illoformis*，*E. longa*，*Candoniella* sp.，*Herpetocypris* sp. 等。在门里村附近该组下部棕红色砂质泥岩中采到腹足类 *Truncatella* sp.，*Gyraulus* sp.，介形类 *Crestocyprideа* sp.，*Cypridea* sp. 等。时代划归始新世。

① 黄河三门峡地质勘探总队，1959，黄河三门峡水利枢纽工程地质勘察报告。
② 张仁杰，1974，河南下第三系的初步研究，中南地质科技情报（1）。
③ 山西区测队，1983，山西的第三系。
~~~~~~~~~~

坡底组 E_2p （05－41－0527）

【创名及原始定义】 山西区测队（1972）于山西省平陆县坡底村附近创名坡底组。原始定义“底部以棕红色的砂砾岩为主，夹含砾砂岩和砂质泥岩。上部为含石膏的泥岩。以底部的砾岩和砂砾岩与门里组整合接触，明显地反映出由洪积的碎屑沉积至比较稳定的化学沉积的旋回性”。归平陆群，时代为下第三系。

【沿革】 三门峡地质勘探总队（1959）命名为平陆系，山西区测队（1972）命名坡底组，归平陆群中下部；张仁杰（1974）将坡底组归始新世中、晚期。河南石油会战指挥部（1978）① 将坡底组归渐新世早期或始新世晚期；河南省地科所（1979）归晚始新世早期，山西区测队（1983）② 又将其时代划归晚始新世。

【现在定义】 该组下部主要为棕红、砖红色砾岩与中粗粒砂岩不等厚互层，上部主要为棕红、紫红、灰绿色砂质泥岩夹白云质泥岩及薄层或网脉状石膏。下伏地层为门里组，上覆地层为小安组，均为整合接触。

【层型】 正层型位于山西省平陆县刘林河—坝头（111°20′，34°51′），由山西区测队（1972）测制。

上覆地层：小安组 黄褐色砂砾岩和浅灰色砂质泥岩

——————— 整 合 ———————

坡底组	总厚度 570.8 m
18. 紫红色泥岩夹薄层及网状石膏	17.6 m
17. 灰绿色泥岩夹薄层紫红色泥岩和白云质泥灰岩，含薄层及网脉状石膏。石膏呈乳白色，最厚可达 13.5 cm	26.0 m
16. 紫红色、灰绿色泥岩夹薄层及网脉状石膏。石膏最厚达 8 cm	124.6 m
15. 棕红色砂质泥岩与砂岩和砂砾岩互层	397.7 m
14. 浅红色半胶结砾岩	4.9 m

——————— 整 合 ———————

下伏地层：门里组 紫红色砂质泥岩夹灰白色砂岩

【地质特征】 该组出露于三门峡市陈家山、土门、灵宝县川口等地。自下而上由粗变细，横向上砾岩与砂砾岩、砂岩与泥岩常见相变。上部的含膏岩系在平陆县坡底附近最发育，三门峡和陕县一带含膏岩系不甚发育，可采层位少，该组厚度变化大，黄河以北为 500～800 m，黄河以南土门一带出露厚度 160 m。该组为由下部河流相过渡到上部河湖相沉积。

坡底组上部含介形类 *Cyprinotus novellus*，*C.* cf. *speciosus*，*Darwinula* sp.，*Euscypris* sp.，等。孢粉分析结果，被子花粉占 75.35%，裸子花粉占 13.01%，蕨类孢子占 11.64%，其中出现了较多原始被子植物花粉。时代归始新世。

小安组 E_2x （05－41－0528）

【创名及原始定义】 张仁杰（1974）③ 于三门峡市高庙小安村附近创名小安组。原始定

---

① 河南石油会战指挥部，1978，对三门峡盆地下第三系的初步认识及勘探工作建议。
② 山西区测队，1983，山西的第三系。
③ 张仁杰，1974，河南下第三系的初步研究，中南地质科技情报（1）。

义：下部为紫红色泥岩与灰绿、灰白色砂岩互层，底部以砂砾岩与坡底组整合接触；上部为黄、黄绿色泥岩和浅绿色泥质白云岩夹碳质泥岩和沥青泥岩。本组为河湖相过渡到沼泽相含煤建造。

【沿革】 三门峡地质勘探总队（1959）① 命名为平陆系；山西区测队（1972）命名大安组，归平陆群，时代归始一渐新世；张仁杰（1974）改称小安组，时代归始新世；河南石油会战指挥部（1978）② 将小安组归中渐新世；河南地科所（1979）将小安组归晚始新世晚期。本次对比研究选用小安组，不属大安组。

【现在定义】 岩性以紫红、灰绿等杂色泥岩为主，底部有厚度不等的砂砾岩，下部和中部夹灰白、浅灰绿色细砂岩、薄层和网脉状石膏，上部夹泥质白云岩、薄层泥灰岩和碳质泥岩等。下伏地层为坡底组，上覆地层为刘林河组，均为整合接触。

【层型】 正层型位于山西省平陆县过村—坝头（111°21′，34°52′），山西区测队（1972）测制。河南省的次层型位于三门峡大安西南 1 km 小安沟（41－0528－4－2）。由河南区测队（1964c）测制。

上覆地层：**刘林河组** 砂砾岩、砂岩、泥岩、白云泥灰岩互层

——————— 整 合 ———————

小安组	总厚度 430.6 m
27. 灰绿色泥岩夹薄层泥砂岩及灰黑色碳质泥岩	28.6 m
26. 紫红色泥岩夹薄层含钙质细砂岩	3.0 m
25. 浅灰绿色、紫红色及黄绿色泥岩夹泥质白云岩，含介形类：*Cypris decaryi*，*Eucypris* sp.，*Shantungcypris* cf. *Linquensis*	105.8 m
24. 灰白色细砂岩与紫红色泥岩互层，细砂岩具斜层理或交错层理	68.5 m
23. 浅灰绿色细砂岩与紫红色泥岩互层，泥岩中含网脉状石膏，网脉宽 0.5～1.0 cm	59.7 m
22. 紫红色、黄褐色、灰绿色泥岩夹薄层和网脉状石膏	93.2 m
21. 浅灰绿色细砂岩与紫红色泥岩互层，下部含少量网脉状石膏	42.5 m
20. 紫红色泥岩与石膏互层，石膏呈灰褐色，含泥质较多	18.0 m
19. 黄褐色砂砾岩和浅黄色砂质泥岩	11.3 m

——————— 整 合 ———————

下伏地层：**坡底组** 紫红色泥岩夹薄层及网脉状石膏

【地质特征】 出露于三门峡市小安、灵宝县川口、五亩、项城等地。上部灰白色砂岩较稳定，水平层理和斜层理发育。在小安盆地中心部位为细砂岩，盆地边部为含小砾石的粗砂岩。过村—坝头一带，下部泥岩中含层状和网脉状石膏，到三门峡市小安、马家店、土门一带含石膏层变少变薄。该组上部夹碳质和沥青质泥岩，五亩、项城一带夹褐煤层。厚度变化大，100～800 m。该组为一套河湖相夹沼泽相沉积。

小安组含介形类 *Cyprinotus speciosus*，*C. novellus*，*Cypris decaryi*，*C. subglobosa*，*Candoniella suzini*，*Ilyocypris aspera*，*I. dunschanensis*，*Caspiolla* sp.，*Eucypris stagnalis*，*Candona merita*，*Limnocythere elongata*，*Cyclocypris* sp. 等。孢粉组合特征是，裸子类占优势，达 72%，以松属、麻黄属为主，桧属、落羽杉、松科；南美杉科次之；被子类占 25.1%，以杨柳科、杉

① 黄河三门峡地质勘探总队，1959，黄河三门峡水利枢纽工程地质勘探报告。
② 河南石油会战指挥部，1978，对三门峡盆地下第三系的初步认识及勘探工作建议。

属、棕榈科、栗属和栲属为主，桦属、榛属、山核桃属、木兰属和胡颓子属居次。草本以豆科为主，蕨类仅占2.9%。时代划归晚始新世至早渐新世。

刘林河组　E_3l　(05-41-0529)

【创名及原始定义】　山西区测队（1972）于山西省平陆县刘林河—坝头创名刘林河组。原始定义："为一套多韵律的泥岩、砂岩泥岩和砂砾岩。底部的泥灰岩和泥岩均含砂和小砾石。以底部的砂质泥岩夹砾岩与大安组整合接触。上部的砂砾岩夹砂质泥岩与上覆的上新统砾岩不整合接触"。归平陆群，时代为下第三系。

【沿革】　三门峡地质勘探总队（1959）① 命名平陆系。山西区测队（1972）命名刘林河组，归平陆群上部，时代归渐新世；张仁杰（1974）②、河南石油会战指挥部（1978）③ 均称柳林河组，时代划归渐新世晚期；山西区测队（1983）④ 沿用刘林河组，时代划归晚渐新世。本书选用刘林河组。

【现在定义】　主要由浅红、棕红色砾岩、含砾砂岩与红色泥岩，夹灰绿、灰黑色泥岩、砂质泥岩、灰白色泥灰岩等。下以底砾岩为标志与小安组整合接触；上与上第三系或更新统松散堆积物均为不整合接触。

【层型】　正层型位于山西省平陆县刘林河—坝头（111°21′，34°52′），山西区测队（1972）测定。

上覆地层：上第三系　砾岩

～～～～～～～～～不　整　合～～～～～～～～～

刘林河组	总厚度 591.6 m
39. 浅红色砾岩夹浅红色泥岩	142.8 m
38. 浅砖红色砂质泥岩夹砂砾岩	154.1 m
37. 浅红色含钙质砂质泥岩与砂砾岩互层	90.2 m
36. 紫红色砂质泥岩夹薄层砂砾岩	29.8 m
35. 浅灰绿色泥岩夹泥质白云岩	6.7 m
34. 浅紫红色、浅灰绿色泥岩夹砂岩	21.7 m
33. 紫红色泥岩夹泥质白云岩与浅红色砂砾岩互层	56.1 m
32. 紫红色、黄绿色泥岩夹白云质泥灰岩	9.6 m
31. 浅红色砂砾岩夹含砾砂岩	2.8 m
30. 褐红色含砂泥灰岩	2.9 m
29. 浅红色含钙质砂质泥岩	24.0 m
28. 砂砾岩、砂岩、泥岩、白云质泥灰岩互层	50.9 m

——————————整　合——————————

下伏地层：小安组　灰绿色泥岩夹薄层泥灰岩及黑色碳质泥岩

【地质特征】　出露于三门峡市马家店、灵宝县川口等地。该组由砂砾岩或砾岩与泥岩、砂质泥岩组成多个韵律，夹砂岩和泥灰岩。底部的泥灰岩和泥岩均含砂和小砾石。砾岩、砂

---

① 黄河三门峡地质勘探总队，1959，黄河三门峡水利枢纽工程地质勘探报告。
② 张仁杰，1974，河南下第三系的初步研究，中南地质科技情报（1）。
③ 河南石油会战指挥部，1978，对三门峡盆地下第三系的初步认识及勘探工作建议。
④ 山西区测队，1983，山西的第三系。

砾岩的砾石成分，主要有石英岩、灰岩、砂岩，其次是各类变质岩及火山岩，大小不等，砾径一般10～30 cm，大者60～100 cm，多为浑圆-次棱角状，分选性差。该组厚度500～800 m，以棕红色为主，夹灰绿、灰白色。为一套河湖相沉积。

刘林河组含双壳类 *Sphoerium* cf. *oborensa*。介形类 *Ilycopris aspera*，*I. manasensis*，*I. cornae*，*Cyprinotus chiuhsiensis*，*C. nivellus*，*Candona* sp.，*Candoniella* aff. *suzini*，*Cypria* sp.，*Limnocythere* sp. 等。孢粉组合是：被子类占58.5 %，以柳属、栎属、棕榈科、桑科为主，枫杨属和木兰属次之，其中草木类含量较高，以毛茛科和豆科为主。裸子类占35.7%以桧属、麻黄属、杉属、柏科为主，落羽杉科次之，蕨类占5.8%，主要有凤尾蕨属、水龙骨科、铁丝蕨属。时代归渐新世。

棉凹组 N_2m （05－41－0555）

【创名及原始定义】 曹照垣等（1985）于三门峡市棉凹村东坡沟创建。称棉凹村组。原始定义指下部为棕红色砾岩、砂砾岩，局部夹棕红色含砾粘土岩薄层或透镜体；中部为棕红色砂砾石层夹棕红色含细砾粘土（岩）透镜体；上部为棕红色含砾亚砂、亚粘土层间夹薄层细砾石和砂砾石透镜体。其下与下第三系不整合接触；其上与第二岩或称东坡沟组不整合接触。时代归下更新统。

【沿革】 丁文江（1918）在三门峡创名三门系，时代归晚上新世—晚更新世。安特生（Anderson，1923）介绍。卞美年（Bien，1934）根据岩石地层的差异将三门系分为下三门系和上三门系，其中下三门系时代归上新世。刘东生（1959）将下三门系称三门系，时代归上新世，上三门系改称陕县系，时代归下更新统。裴文中（1959）将三门系与静乐系对比，称“静乐系”，时代归上新世。刘国昌（1959）称“下三门系”，时代归早更新世。河南区调队（1981a）改称“下三门组”。时代归上新世。曹照垣（1985）将下三门系称谓棉凹村组，时代归早更新世。河南地矿局（1989）称棉凹组，时代归上新世。本次对比研究选用棉凹组。

【现在定义】 本组岩性下部为棕黄、棕红色砾岩、砂砾岩夹细砂岩，局部夹透镜状含砾亚粘土（岩）；上部为棕红色含砾亚砂土、亚粘土与棕黄色砾岩或砂砾石层互层。下以砾岩或砂砾岩出现为标志与柳林河组不整合接触；上以砾岩结束为标志与下更新统三门组不整合接触。层型厚108.10 m。

【层型】 正层型位于三门峡市高庙镇棉凹村（111°17′，34°47′），由何培元、曹照垣等1987年测制（手稿）。

上覆地层：三门组　红色砂砾石层

～～～～～～～～ 不 整 合 ～～～～～～～～

棉凹组	总厚度108.1 m
18. 棕黄色砾岩	10.5 m
17. 棕红色花斑状亚粘土	7.5 m
16. 棕红色砂砾石层	4.5 m
15. 棕红色含砾亚粘土	5.5 m
14. 棕红色含砾钙质亚砂土、亚粘土	12.4 m
13. 棕红色含砾钙质亚粘土	5.6 m
12. 棕红色含砾亚粘土	11.2 m
11. 棕黄色砾岩	4.4 m

10. 棕黄色含砾亚粘土	6.7 m
9. 棕红色亚砂土	6.5 m
8. 棕黄色砂砾石层，具交错层理	5.7 m
7. 棕黄色砂砾石层与含砾亚砂土互层	2.4 m
6. 棕红色含砾亚粘土	3.7 m
5. 棕黄色砾岩	7.4 m
4. 棕红色含砾亚砂土	2.0 m
3. 棕黄色砾岩	2.0 m
2. 棕黄色砾岩，局部夹透镜状含砾亚粘土	4.0 m
1. 棕红色粉—细砂岩。夹薄层砂砾岩数层，局部互层状	6.1 m

未见底

【地质特征】 本组分布于三门峡、陕县及灵宝北部的山麓边缘地带。岩性为棕红、棕黄色砾岩、砂砾（岩）石层、砾石层、亚粘土及亚砂土等，亚粘土，砾岩致密坚硬，砾石及砂砾石层疏松。砾石成分为火山岩、石英（砂）岩、变质岩及白云岩等；砾石磨圆度次棱角-次浑圆状者多，无分选性；砾径一般 2～15 cm，个别大者达 30～80 cm，胶结物为泥质和钙质。亚粘土（岩）及亚砂土，具垂直节理，沿节理穿插有灰绿色条纹，厚度变化 42～108 m，属山前盆地冲积-洪积环境沉积。

棉凹组中上部棕红色含砾亚粘土哺乳动物类化石：肉食目 *Carnivora* 和真犀科 Rhinocerotidae，腹足类 *Cathaica* sp.，在黄河北岸禹庙沟与本组相当层位棕红色亚粘土中采得 *Hipparion richthofeni*，本组剖面古地磁年龄值为距今 3.2 Ma。时代归晚上新世。

（五）卢氏盆地

张家村组　$E_2\hat{z}$　（05-41-0514）

【创名及原始定义】 河南地矿局（1989）年于卢氏县张麻张家村附近创名张家村组。原始定义："主要为棕红、褐红、紫红色粘土岩与砂岩和砾岩呈不等厚互层，夹粉砂质粘土岩和石膏层"。与下伏熊耳群不整合接触，与上覆卢氏组整合接触。厚度 1 636.3 m。时代归中始新世。

【沿革】 周明镇、叶祥奎（1957）命名卢氏层，时代归晚始新世，周明镇（1959）改称卢氏组；周明镇等（1973）将卢氏组分下、中、上三层；时代归始新世。北京地质学院豫西地层队（1961）① 分为卢氏组、项城组、十里铺组。童永生、王景文（1980）把原卢氏组下层和中层的下部称卢氏组，河南地矿局（1989）把周明镇所称的卢氏组下层命名为张家村组。本书选用这一含义。

【现在定义】 岩性为棕红、棕黄、灰褐色粘土岩、泥质粉砂岩与砾岩、砂砾岩或砂岩互层。与下伏官道口群或熊耳群不整合接触，与上覆卢氏组整合接触。

【层型】 正层型位于卢氏县张麻龙潭到坡根（110°59′，34°05′），河南省地矿局（1989）测制。

上覆地层：**卢氏组**　灰绿色泥砂岩

① 北京地质学院豫西地质队，1961，河南卢氏—灵宝、新安—渑池、汝阳—宜阳一带综合地质报告。

——————— 整　合 ———————

张家村组	总厚度 1 636.3 m
13. 褐色粘土岩与灰黄、灰白色砾岩互层，底部为灰白、灰绿色砾岩	223.1 m
12. 紫红色钙质粉砂质粘土岩夹砾岩	95.8 m
11. 紫红色粘土岩与褐红、灰褐色砾岩呈不等厚互层。	146.0 m
10. 紫红、棕红色中—厚层粘土岩夹褐色细砾岩	86.4 m
9. 灰褐色砾岩与棕红色粘土岩呈不等厚互层	119.1 m
8. 下部紫红色粘土岩夹粉砂岩，上部棕红色粘土岩夹砾岩，含哺乳动物化石：*Uintatherium* sp.，*Lophialetes* sp.，*Mesonychidae*	96.9 m
7. 棕红、棕黄色钙质粘土岩夹灰绿色细砾岩	212.1 m
6. 紫红色泥质粉砂岩与棕黄色砾岩互层	103.6 m
5. 褐红色砾岩与紫红色粘土岩互层，夹砂岩	102.1 m
4. 棕红色厚层粘土岩	75.0 m
3. 棕红、褐红色厚层砾岩夹紫红色泥质粉砂岩	175.7 m
2. 红褐、棕红色钙质粘土岩，夹含砾粉砂岩	120.7 m
1. 底部棕红色角砾岩，中上部棕黄色砂质砾岩夹含砾岩土岩	79.8 m

~~~~~~~~~~ 不　整　合 ~~~~~~~~~~

下伏地层：**熊耳群**　安山岩

【地质特征】　该组分布于卢氏县西部和北部。主要为粘土岩与砾岩互层，由下往上组成砾岩—粘土岩或砾岩—砂岩—粘土岩的沉积韵律，横向相变较快，砾岩可相变为砂砾岩、砂岩，粘土岩可相变为泥质粉砂岩。砾岩的砾石成分以安山岩为主，其次有石英岩、砂岩、白云岩等，多为次圆、次棱角状。该组厚度变化大，400～1 650 m，从色调看，以棕红、棕黄色为主，说明该组为强氧化环境形成的一套河湖相沉积。

在谢家沟和张家村附近该组中发现哺乳动物化石 *Uintatherium insperatus*，? *Eudinoceros* sp.，*Lophialetes* sp. 等，时代归始新世。

卢氏组　E_2l　(05-41-0515)

【创名及原始定义】　周明镇、叶祥奎等（1957）于卢氏县创名卢氏层。下部为紫红、灰红色砾岩和粘土岩；中部为灰白色泥灰岩与紫红色泥岩互层；上部为砾岩、泥岩、泥灰岩。在岭根附近与下伏地层震旦系灰岩不整合接触，未见顶。出露厚度约 450 m。时代归始新世。

【沿革】　周明镇、叶祥奎（1957）创名卢氏层，时代归晚始新世；周明镇（1959）改称卢氏组，周明镇等（1973）将卢氏组分为下、中、上三层，时代归始新世；北京地质学院豫西地层队（1961）① 分为卢氏组、项城组、十里铺组。童永生、王景文（1980）把原卢氏组下层和中层下部称卢氏组，把中层的中上部命名为锄钩峪组。河南地矿局（1989）将周明镇等(1973) 所称卢氏组的中层称卢氏组，时代归晚始新世，本书选用这一含义。停止使用项城组、锄沟峪组。

【现在定义】　岩性为棕红、灰绿、褐黄色粘土岩，钙质粘土岩与灰绿、灰白色泥灰岩互层，夹砾岩和砂岩。与下伏张家村组整合接触，与上覆大峪组整合接触。

【层型】　选层型位于卢氏县城南 3 km 红崖村南（111°03′，34°01′），河南省地矿局

① 北京地质学院豫西地层队，河南卢氏—灵宝、新安—渑池、汝阳—宜阳一带综合地质报告。
~~~~~~~~~~

(1989) 测制。

上覆地层：**大峪组** 棕褐色砾岩

——————整　合——————

卢氏组	总厚度 376.4 m
6. 褐黄色粘土岩夹细砾岩，底部为灰绿、灰白色泥灰岩	34.4 m
5. 褐黄色粘土岩与紫红色粉砂质粘土岩互层，夹泥灰岩、页岩及砾岩	81.9 m
4. 下部灰绿、灰白色泥灰岩，中部紫红色泥灰岩夹粉砂岩，上部紫红、灰绿色粘土岩	60.8 m
3. 棕红、紫红色钙质粘土岩与灰绿色粉砂质粘土岩互层，夹泥灰岩	37.1 m
2. 灰绿色中厚层泥灰岩夹紫红色钙质粘土岩	120.8 m
1. 紫红色钙质粘土岩与灰绿、灰白色泥灰岩互层	41.4 m

~~~~~~~不整合~~~~~~~

下伏地层：**官道口群** 白云岩

【地质特征】 该组分布于卢氏县东部和南部，以泥岩、泥灰岩为主，夹砾岩和砂岩。砾岩可相变为砂砾岩、砂岩，砂岩包括含砾粗砂岩，中、细粒砂岩和粉砂岩。何家沟一带夹薄层褐煤和劣质油页岩。该组以灰绿、灰白色为主，夹棕红、褐黄色。厚度 300～500 m，该组属以湖相为主的河湖相，局部为湖沼相。

在卢氏组内产丰富的脊椎动物化石，主要有 *Platypelites subcircularis*，*Tinosaurus lushiensis*，*Lushius qinlinensis*，*Tsinlingomys youngi*，*Cynodictis* sp.，*Hyaenodon* sp.，*Paratriisodon henanensis*，*P. gugas*，*Honanodon hebetis*，*H. macrodontus*，*Lohoodon lushiensis*，*Lunania youngi*，*Breviodon minutus*，*Lushiamynodon* sp.，*Gobiohyus orientalis* 等。时代归始新世。

大峪组 E_3d (05－41－0516)

【创名及原始定义】 河南第四地质队于卢氏县南苏村大峪沟创名大峪组，童永生、王景文（1980）介绍："据河南省地质局第四地质大队在三角沟所测制的剖面可分为三层：上部为疏松褐红色砾岩，下部夹有粘土层；中部为灰白色、灰黄色和灰红色泥灰岩夹灰绿色页岩；下部为褐红色泥岩、砾岩夹薄层泥灰岩，厚约 800 m"。与下伏锄钩峪组整合接触，与上覆第四系不整合接触。时代归渐新世。

【沿革】 周明镇、叶祥奎（1957）创名卢氏层，时代归晚始新世，周明镇（1959）改称卢氏组。北京地质学院豫西地层队（1961）创名十里铺组，时代归晚第三纪，相当于周明镇等（1973）所称卢氏组上层。童永生、王景文（1980）介绍河南第四地质大队创名大峪组，相当北京地质学院的十里铺组。河南地矿局（1989）沿用了大峪组，时代归渐新世。本次地层对比研究选用大峪组，停止使用十里铺组。

【现在定义】 岩性为棕红色砾岩、砂岩、泥岩，夹灰白、灰绿色泥灰岩。与下伏卢氏组整合接触，区域上与上覆晚第三纪雪家沟不整合接触。

【层型】 正层型位于卢氏县南苏村东南三角沟（111°10′，34°04′）。北京地质学院豫西地层队（1961）测制。

上覆地层：**第四系** 黄土与砂砾石互层

~~~~~~~不整合~~~~~~~

大峪组 总厚度 495.5 m

15. 下部为暗红色砾岩夹砂质页岩，中部为灰绿色中厚层砂质泥灰岩，上部为暗红色砾岩与砂岩互层 154.8 m

14. 下部厚层砾岩夹砂质页岩，中上部暗紫红色泥岩夹灰白色泥灰岩和薄层砾岩 221.9 m

13. 深灰色厚层砾岩夹暗紫红色砂质页岩和薄层细砂岩 118.8 m

———— 整 合 ————

下伏地层：卢氏组 灰黑色钙质泥岩夹薄层石膏

【地质特征】 该组为砾岩、砂岩、泥岩夹泥灰岩。砾岩的砾石成分以安山岩、石英砂岩为多，磨圆不好，多为次棱角状，砾岩可相变为砂砾岩和砂岩。岩石色调为棕红、灰黄、灰白、灰绿等杂色。厚度 300～500 m。为一套河湖相沉积。

本组内尚无化石资料。依据地层层序空间分布，上下层位关系和区域地层对比，暂将该组时代归渐新世。

雪家沟组 N_2x (05-41-0556)

【创名及原始定义】 刘后贻（1963）于卢氏组王家村附近创名雪家沟组。岩性为三趾马红土。原始定义：下部为红色砾岩；上部为红色砂质粘土岩夹透镜状砂砾岩，粘土中含钙质结核。下部与卢氏组不整合接触；上部与中更新统不整合接触。时代归上新世。

【沿革】 刘后贻（1963）命名为雪家沟组。河南区调队（1981a）称上新统。河南地矿局（1989）将其归于潞王坟组。本次对比研究选用雪花沟组。

【现在定义】 下部为红色砾岩；上部为红色、褐红、褐黄及灰黄色砂质粘土岩、粉-细砂岩及粘土岩。粘土岩中含钙质结核。下以砾岩出现为标志与大峪组或卢氏组不整合接触；上以砂质粘土岩或粘土岩结束为标志与中更新统不整合接触。

【层型】 正层型位于卢氏县文峪雪家沟附近（111°05′，34°02′），由刘后贻（1963）测制。

上覆地层：中更新统 黄土

~~~~~~ 不 整 合 ~~~~~~

雪家沟组 总厚度 70 m

2. 红色砂质粘土夹透镜状砂砾岩，粘土岩中含钙质结核。产哺乳动物化石：*Ictitherium* sp.，*Hipparion richthofeni*，*Chilotherium* sp.，*Chleuastochoerus* sp.，*Gazella* cf. *gaudryi*，*Palaeotragus* sp.，*Ceruauitus nouorossiar*，*Muntiacus* cf. *Laoustris*，*Cauntuoua* sp.，*Canio* sp. 10 m

1. 红色砾岩 60 m

~~~~~~ 不 整 合 ~~~~~~

下伏地层：卢氏组 灰褐，灰绿色砂质泥岩

【地质特征】 该组分布于卢氏县城附近及文峪、横涧等地。其岩性以红色为主，其次为褐红、褐黄色。岩性有砾岩、细砂岩及粘土岩。砾岩中的砾石成分有石英岩状砂岩、石英岩、火成岩等。砾石滚圆度一般，分选性差，砾径一般为 5～25 cm。钙质及砂质胶结。厚度十几米至几十米。属冲洪积环境沉积。

雪家沟组上部产丰富的哺乳动物化石 *Hipparion richthofeni*，*H. dermatorhium*，*H. platyodus*，*Chilotherium* sp.，*Chleuastochoerus* sp.，*Cervavitus novorossiae*，*Palaeotragus* sp.，*Munti-*

acus cf. *lacustius*, *Gazella* cf. *sinensis*，属典型三趾马动物群，时代归早上新世。

（六）潭头盆地

高峪沟组　E_1g　（05－41－0511）

【创名及原始定义】　童永生、王景文（1980）于栾川县潭头乡高峪沟附近创名高峪沟组。原始定义："岩性为紫红色泥岩，下部夹砾岩或呈互层；上部夹一些灰绿色粉砂质条带。假整合于秋扒组之上，与上覆大章组整合接触。厚度302.2 m。时代归中古新世。"

【沿革】　秦岭区测队（1959b）命名为潭头系，同年阎廉泉称其为潭头岩组；河南地质研究所（1962）① 称其为潭头群，均将其时代归早第三纪。张仁杰（1974）② 将潭头群分为一、二、三、四组，其中一组时代归中始新世。童永生、王景文（1980）根据古生物组合，将第一组下部命名秋扒组，时代归晚白垩纪，把潭头群第一组的中上部命名为高峪沟组，时代归中古新世，第二组命名为大章组，时代归晚古新世。河南区调队（1981a）将高峪沟组及大章组合称大章组，时代归古新世。河南地调一队（1986）③ 沿用高峪沟组，其含义包括原大章组的中下部。本次选用高峪沟组，含义包括大章组下部。

【现在定义】　岩性以棕红、紫红色泥岩、砂质泥岩夹砂岩为主，下部夹褐灰、紫红色砾岩、砂砾岩，中上部夹灰绿色钙质粉砂岩和灰白色薄层泥灰岩。下与秋扒组整合接触，上与潭头组整合接触。

【层型】　正层型位于栾川县潭头李家庄北（111°46′，34°02′），张仁杰（1974）测制（3～6层）。

上覆地层：潭头组　米黄色泥灰岩夹灰绿色泥岩，顶部夹油页岩

——————— 整　合 ———————

高峪沟组　　总厚度 535.5 m

6. 黄绿、棕褐色钙质细砂岩、泥岩夹灰色泥灰岩，含双壳类 *Eupera sinensis*，腹足类 *Austratorbis pseudoammonius huanghoensis*, *Sinoplanorbis sinensis*, *Physa yuanchuensis*, *Hippeutis chertier*, *Melania* sp., *Gyraulus* sp.，介形类 *Cyclocypris dimiorbiculata*, *Cypris decaryi*, *C. favosa*　　104.8 m

5. 棕红色泥岩夹砂岩，上部夹灰黑、黄绿色钙质粉砂质泥岩，风化面呈疙瘩状　　62.8 m

4. 褐灰色厚层砾岩夹棕红色砂岩，砾石成分以火山岩为主，有少量石英岩，横向变化大　　73.0 m

3. 棕红色粉砂质泥岩夹砾岩凸镜体及粗砂岩　　294.9 m

——————— 整　合 ———————

下伏地层：秋扒组　棕红色含砾砂岩

【地质特征】　该组以泥岩、砂质泥岩夹砂岩为主。下部夹砾岩、砂砾岩，自下而上砂、砾由多变少，泥质增多，上部含钙质，并出现薄层泥灰岩、砂岩或砂砾岩到泥岩的韵律沉积明显。下部交错层和波痕发育，上部水平层理发育。横向上常见砾岩与砂岩、砾岩与泥岩的相变。砾岩的砾石成分以熊耳群火山岩为主，大小混杂，分选性和磨圆度均差。该组以棕红、

① 河南地质研究所，1962，河南地层。
② 张仁杰，1974，河南下第三系的初步研究，中南地质科技情报（1）。
③ 河南地调一队，1986，1：5万栾川县北部区调报告。

紫红色为主夹灰绿、灰白色。厚度 400～800 m。属河湖相沉积。

本组中产哺乳动物化石 *Bemalambda* sp. , Mesonichidae, Pastoraledontidae, Peusdictopidae，双壳类 *Eupera sinensis* 等。腹足类 *Austratorbis pseudoammonius*, *Sinopalanorbis sinensis*, *Physa yuanchuensis*, *Hippeutis cheitier*，介形类 *Cyclocypris dimiorbiculata*, *Cypris decaryi*, *C. favasa* 等。时代归古新世。

潭头组　E_2t　(05 - 41 - 0512)

【创名及原始定义】　秦岭区测队（1959b）将栾川县潭头附近的一套红层命名为潭头系。岩性为红色砂砾岩、砂岩夹灰黄色泥灰岩、黑色油页岩及红色粘土层。与下伏前新生界不同地层不整合，与上覆上第三系三趾马层不整合接触。厚度 80～650 m。时代归早第三纪。

【沿革】　秦岭区测队（1959b）命名潭头系，同年阎廉泉称为潭头岩组；河南地研所（1962）① 称为潭头群，均将时代归早第三纪。张仁杰（1974）② 把潭头群分为一、二、三、四组，其中二、三组的时代归晚始新世。童永生、王景文（1980）把潭头群第二组命名为大章组，时代归晚古新世，把第三组称为潭头组，时代归早始新世。河南地矿局（1989）沿用童永生的观点，本书选用潭头组，其含义相当于童永生的大章组中上部和潭头组。停止使用大章组。

【现在定义】　该组岩性为灰绿、灰黑色泥岩与灰黄、灰白色泥灰岩、灰岩及灰、灰绿色砂岩、砂砾岩、砾岩互层，夹灰黑色油页岩，局部夹薄层褐煤。与下伏高峪沟组整合接触，上覆地层在区域上与渐新世砾岩整合接触。层型厚 584.2 m。时代归始新世。

【层型】　正层型位于栾川县潭头李家庄（111°46′, 34°02′），张仁杰（1974）测制（7～11 层）。

（未见顶）潭头组　　总厚度 584.2 m

11. 米黄色泥灰岩夹黄绿色钙质泥岩及油页岩，上部油页岩增多，与泥灰岩成互层。含龟化石 *Sinohasranus sinchuanensis*，双壳类 *Eupera sinensis*，介形类 *Cypris dacaryi*, *C. sinensis*, *Eucypris illoformis*, *Sinocypris funingensis*, *Candona abliqua*, *C. convexa*, *C. combibo*, *Metacypris ovata*, *Erpetocypris sinensis*, *Pseudoeucypris* cf. *salutaris*, *Candoniella* sp.　313.0 m
10. 灰绿色钙质泥岩夹砂岩、油页岩及薄层泥灰岩，含双壳类 *Eupera sinensis*，介形类 *Candona* cf. *neglecta*, *C. convexa*, *C. condidiformis*, *Metacypris ovata*, *Cypris sinensis*, *Eucypris* sp. , *Cyprinotus* ? sp.　90.0 m
9. 褐灰色砾岩夹灰绿色含砾砂岩，横向变化甚大　46.3 m
8. 灰绿色钙质泥岩夹米黄色薄层灰岩，上部夹油页岩，含双壳类 *Eupera sinensis*，介形类 *Cyprinotus speciosus*, *Metacypris* sp. , *Erpetocypris* ? sp. , *Eucypris* sp.　58.2 m
7. 米黄色泥灰岩夹绿色泥岩，顶部夹油页岩，含双壳类 *Eupera sinensis*，介形类 *Erpetocypris* aff. *fortilis*, *Mantacypris* sp. , *Candona* sp.　76.7 m

—————— 整　合 ——————

下伏地层：高峪沟组　黄绿、棕褐色钙质细砂岩、泥岩夹瓦灰色泥灰岩

① 河南地质研究所，1962，河南地层。
② 张仁杰，1974，河南下第三系的初步研究，中南地质科技情报（1）。

【地质特征】 该组中、下部为砂岩、砾岩或砂砾岩，上部为泥岩、灰岩的沉积韵律明显，粒度盆地中部较细，向边部变粗。夹多层油页岩为本组之特征，优及劣质油页岩 42～65 层，单层厚度 0.9～2.5 m，最薄 0.1 m，最厚 16.17 m。下部局部夹薄层褐煤及薄层石膏。该组以灰、灰白、灰绿色为主，局部为棕红色。厚度 400～1 000 m。属以湖相为主的河湖相沉积。

本组泥灰岩中产哺乳动物类化石 *Prodinoceratinae*，*Archaeolamdidae*，爬行类 *Sinohadrianus sichuanensis*，双壳类 *Eupera sinensis*，介形类 *Cypris decayi*，*C. sinensis*，*Eucypris illoformis*，*Sinocypris funingensis*，*Canndona albiqua*，*C. convexa*，*C. combibo*，*C. condidiformis*，*Metacypris ovata*，*Erpetocypris sinensis*，*Cyprinotus speciosus* 等。时代划归始新世。

二、秦祁昆地层区

（一）吴城盆地

毛家坡组 E_2mj （05－41－0502）

【创名及原始定义】 河南区测队（1968）于桐柏县固县镇毛家坡附近创名毛家坡组。原始定义："下部为砖红、紫红色砾岩，向上逐渐变细为砾砂岩，顶部为一层紫红色砂质泥岩"。与下伏下元古界左老庄组不整合接触，与上覆李士沟组整合接触，归吴城群，厚 61.6 m。时代归早第三纪。

【沿革】 中国地质学编辑委员会、中国科学地质研究所（1958）命名为吴城统；河南区测队（1968）命名为毛家坡组，归吴城群下部。张仁杰（1974）① 将毛家坡组的时代归始新世；高玉（1976）根据所产哺乳动物化石，归晚始新世晚期；河南地科所（1979）归晚始新世早期。本次对比研究选用毛家坡组原定义，停止使用吴城群。

【现在定义】 岩性以砖红、棕红色砾岩、砂砾岩和砂质泥岩为主，局部夹桔黄、黄绿色砂砾岩。与下伏秦岭（岩）群不整合接触，上以棕红色砾岩或砂质泥岩基本结束为标志与李士沟组整合接触。

【层型】 正层型位于桐柏县固县镇李士沟村北（113°35′，32°27′），河南区测队（1968）测制（1～3 层）。

上覆地层：李士沟组　黄绿色厚层砂砾岩

——————整　合——————

毛家坡组	总厚度 61.6 m
3. 淡红、浅红色砂质泥岩	1.8 m
2. 砖红色层理不清含砾砂岩	18.0 m
1. 砖红、灰红色层理不清砾岩，上部间夹透镜状含砾砂岩	41.8 m

～～～～～不　整　合～～～～～

下伏地层：秦岭（岩）群　灰白、灰黄色白云钾长片麻岩

【地质特征】 该组下部以砾岩为主，上部为砂砾岩，含砾砂岩和砂质泥岩，以棕红色及砖红色为主。砾岩、砂砾岩胶结不紧，砾石成分因地而异，主要有片麻岩、片岩和花岗岩等。砾岩大小不等。砾径 2～30 cm 者为多，磨圆差，多为棱角、次棱角状，分选性差。厚 61.6～

① 张仁杰，1974，河南下第三系的初步研究，中南地质科技情报（1）。

400 m。该组为一套山麓洪积和河湖相沉积。

本组上部棕红色粉砂岩中产哺乳动物化石 *Sinohadrinaus* sp.，*Deparella* sp.。时代归始新世。

李士沟组　$E_2l\hat{s}$　(05－41－0503)

【创名及原始定义】　河南区测队（1968）于桐柏县固县镇李士沟附近创名李士沟组。原始定义："该组底部以一层黄绿色厚层砂砾岩作为与毛家坡组分界的标志，向上为草绿、褐绿色砂砾岩及砂岩互层，构成韵律状分布，中下部可见薄层的紫红色泥岩，厚度 295 m"。归吴城群。时代归早第三纪。

【沿革】　吴城盆地的下第三系，被中国地质学编辑委员会和中国科学院地质研究所（1958）命名为吴城统。河南区测队（1968）命名李士沟组，归吴城群中部；张仁杰（1974）将李士沟组的时代归始新世；高玉（1976）归晚始新世；郑家坚等（1979）认为毛家坡组与李士沟组无大差别，将两者合称李士沟组；河南地科所（1979）将李士沟组归晚始新世早期。本书李士沟组为原定义。

【现在定义】　本组底部为桔黄、草绿色厚层砂砾岩，向上为灰绿、灰黄色砂砾岩与砂岩，含砾砂岩互层，夹灰绿、棕红色泥岩、灰白色泥灰岩，局部夹凸镜状砾岩。下与毛家坡组、上与五里墩组均为整合接触。

【层型】　正层型位于桐柏县固县镇李士沟村北到余庄村南（113°35′，32°27′），河南区测队（1968）测制（4～16 层）。

上覆地层：**五里墩组**　灰绿色厚层含砾砂岩

——————— 整　合 ———————

李士沟组	总厚度 294.9 m
16. 黄绿色薄层钙质粉砂岩与深灰色泥岩互层	6.3 m
15. 灰、灰黄色厚层状砂砾岩	16.5 m
14. 灰绿、黄绿色含砾砂岩	3.0 m
13. 黄、灰绿色砂质页岩与砂岩互层，产介形虫及植物化石	82.3 m
12. 灰黄、黄绿色厚层砂砾岩间夹透镜状砾岩	57.9 m
11. 灰黄、黄绿色厚层含砾砂岩间夹钙质砂岩透镜体	9.9 m
10. 灰白、灰黄色厚层砂砾岩，底部有 0.5 m 砂岩	18.1 m
9. 灰绿、紫红色薄层泥质（页岩），产鱼及介形类化石	11.3 m
8. 黄绿、灰绿色厚层砂砾岩间夹砾岩透镜体及含砾砂岩	27.0 m
7. 灰白、灰黄色含砾砂岩	7.2 m
6. 黄绿色砂砾岩	17.9 m
5. 砖红、暗紫红色含砾砂质泥岩、含砂质泥岩间夹砂岩透镜体	26.7 m
4. 草黄、桔黄、黄绿色厚层砂砾岩	10.8 m

——————— 整　合 ———————

下伏地层：**毛家坡组**　浅红色砂质泥岩

【地质特征】　该组为以砂砾岩、砂岩为主，夹泥岩、泥灰岩，色调以灰绿、灰黄色为主，碎屑岩的粒度，大致是由下而上变细，由盆地边部向盆地中心逐渐变细。砂砾岩中砾石成分主要为片岩、片麻岩、脉石英等，多呈次圆及次棱角状，砾径多小于 5 cm，厚度变化90～550 m。

该组属山麓河湖相沉积。

本组中产比较丰富的古脊椎动物化石，主要有 *Yuomys eleganse*，*Hyaenodon* sp.，*Amynodon mongoliensis*，*Lushianynodon wuchengensis*，*Sianodon* sp.，*Braviodon* sp.，*Deperetella* sp.，*Eomoropus* sp. 等。时代归始新世。

五里墩组　E_2w　(05－41－0504)

【创名及原始定义】　河南区测队（1968）于桐柏县吴城乡五里墩村附近创名五里墩组。原始定义："底部以灰绿、褐黄色厚层砾岩（砂砾岩）与李士沟组分界，向上为灰绿色粉砂岩及页岩互层，中下部夹黑色油页岩，上部夹泥灰岩及钙质粉砂岩，厚度 340.9 m"。归吴城群，时代归早第三纪。

【沿革】　中国地质学编辑委员会、中国科学院地质研究所（1958）命名为吴城统；河南地质研究所（1962）将其上部层段命名为吴城组；河南区测队（1968）命名为五里墩组，归吴城群上部。张仁杰（1974）将五里墩组的时代划归始新世；高玉（1976）归晚始新世晚期。本书沿用原始含义。

【现在定义】　该组岩性为灰绿、灰黄色粉砂岩、砂岩与砂质泥岩、页岩互层，夹灰绿、灰白色泥灰岩，底部为砾岩，下部和中部多夹黑灰色油页岩。与下伏李士沟组整合接触，区域上与上覆晚第三纪尹庄组不整合接触。

【层型】　正层型位于桐柏县吴城东 4 km 处（113°32′，32°27′），河南区测队（1968）测制。

上覆地层：**第四系　黄土**

～～～～～～ 不 整 合 ～～～～～～

五里墩组	总厚度 340.3 m
34. 灰绿、灰黄色薄层泥质砂岩，底部有一层厚 1.5 m 纸片状页岩	15.4 m
33. 灰黄、灰绿色薄层含云母泥质粉砂岩，间夹钙质砂岩，局部富集成泥灰岩	3.8 m
32. 灰绿色薄层粉砂岩夹灰绿色页岩，顶部夹泥灰岩透镜体较多，局部为泥质灰岩	4.1 m
31. 灰、深灰色厚层状细—粉砂质砂岩	30.6 m
30. 灰绿色砂质页岩为主夹薄层粉砂岩，含褐铁矿化条带及钙质斑点	45.6 m
29. 灰绿色薄层粉砂岩与砂质页岩互层	9.0 m
28. 灰绿色砂质页岩夹灰绿、黄褐色粉砂岩，上部砂岩增多	9.0 m
27. 灰绿色砂质页岩与灰绿、黄褐色粉砂岩互层，产植物化石	9.6 m
26. 灰绿色纸片状砂质页岩夹薄层粉砂岩	13.0 m
25. 黄褐、黄绿色砂质页岩与薄层粉砂岩互层	11.8 m
24. 灰、灰绿色薄层细砂岩与砂质页岩互层	6.1 m
23. 以黄褐色砂质页岩为主夹薄层粉砂岩，顶部有一层含铁矿化较多粉砂岩	4.8 m
22. 灰绿、深绿色薄层粉砂岩与黄褐色粉砂岩互层夹灰绿色砂质页岩，两种砂岩构成明显条带	3.7 m
21. 灰绿色薄层状粉砂岩夹绿色页岩与黄褐色薄层粉砂岩	0.9 m
20. 灰绿、黄绿色砂质页岩与薄层粉砂岩互层，底部有一层厚 20 cm 含黄铁矿砂岩	7.0 m
19. 灰绿色粉砂质页岩夹薄层粉砂岩，底部有一层条带状泥灰岩	34.5 m
18. 灰绿色为主薄层粉砂岩与砂质页岩互层夹褐铁矿化条带	14.6 m
17. 灰绿色薄层粉砂岩夹灰绿色页岩，向上变为砂岩、页岩互层	20.1 m

16. 灰绿、灰白色砂质页岩与黑色油页岩互层夹粉砂岩、钙质砂岩、油页岩 18 层	1.6 m
15. 灰绿色、黄绿色纸片状砂质页岩夹薄层泥质粉砂岩，局部见薄层次生泥灰岩	4.6 m
14. 黄绿色薄层状粉砂岩夹薄层钙质粉砂岩透镜体	5.7 m
13. 灰绿色纸片状页岩夹薄层粉砂岩及灰褐色油页岩	2.3 m
12. 灰绿、黄褐色细粒薄层粉砂岩间夹透镜状次生泥灰岩（?），砂质泥岩、页岩	8.9 m
11. 灰绿色纸片状砂质页岩为主间夹灰绿色页岩及薄层状泥岩，层上有黄铁矿斑点	1.9 m
10. 灰绿色页岩与黄绿色薄层砂岩互层夹砂质泥岩，三者构成韵律	5.0 m
9. 黄褐、灰绿色薄层砂岩为主，间夹灰绿色页岩与砂质页岩	1.2 m
8. 灰绿色页岩夹薄层粉砂岩与泥岩	6.5 m
7. 灰绿色薄层泥岩与灰黄、灰绿色薄层粉砂岩互层	1.7 m
6. 灰黄、灰绿色薄层粉砂岩间夹砂质页岩与一层黑色油页岩及少量钙质砂岩	13.5 m
5. 灰绿、灰黄色含云母砂质页岩夹薄层粉砂岩与灰黑色油页岩	9.0 m
4. 黄色薄层粉砂岩与灰绿色含云母砂质页岩互层	15.0 m
3. 黄绿色薄层粉砂岩、砂质页岩为主夹灰绿色纸片状页岩	16.7 m
2. 灰绿色纸片状含砂页岩与黄绿色砂质岩互层	3.1 m

——————— 整　合 ———————

下伏地层：**李士沟组**　褐黄、桔黄色厚层状砾岩

【地质特征】　该组以灰绿、灰黄色粉砂岩、砂质泥岩、页岩为主、夹细砂岩、油页岩和泥灰岩。粒度由下往上、由盆地边部向盆地中心变细。在盆地中心部位该组的下部含天然碱和含盐天然碱；油页岩分布于该组中下部，盆地中部层数较多，一般单层厚 0.4～1.0 m。上部钙质成分增多，或相变为泥灰岩。该组厚度变化 200～2 000 m。属河湖相和沼泽相沉积。

五里墩组所产化石特点是：哺乳动物类化石 cf. *Lushiamynodon* sp.，*Juxia* sp.，*Gigantamynodon* sp.，*Amynodon sinensis*，*Imquicisoria mazhuangensis*，*I. micracis*，腹足类 *Hippeutis* cf. *chertieri*，*Australorbis pseudoammonius huanghouensis*，瓣鳃类 *Eupara sinensis*，介形类 *Cyprinotus speciosus*，*Ilyocypris dunschanensis*，*Candona* sp. *Candoniella* sp.，*Eucypris* sp.，时代归始新世。

尹庄组　Ny　（05－41－0561）

【创名及原始定义】　河南区测队（1968）于桐柏县平氏乡尹庄村附近创名尹庄组。原始定义："下部为灰、灰绿及杂色砾岩、砂砾岩。上部为灰绿色砂岩、粉砂岩及砂质泥岩，间夹砂砾岩的透镜体，厚度大于 15 m"。其下不整合于下第三系之上。其上被第四系不整合覆盖。时代归晚第三纪。

【沿革】　河南区测队（1968）创名尹庄组，时代归晚第三纪。河南区调队（1981a）沿用尹庄组，时代归上新世。周世全（1984）将南阳—信阳地区出露的上第三系命名为凤凰镇组。河南地质矿产局（1989）沿用凤凰镇组。本书采用尹庄组。

【现在定义】　岩性下部为灰、灰绿及杂色砾岩、砂砾岩；上部为浅棕红、棕黄及灰绿色砂岩、粉砂岩及砂质泥岩夹透镜状砂砾岩。下以砾岩出现为标志与五里墩组不整合接触；上以砂质泥岩或砂岩结束为标志与第四系不整合接触。

【层型】　正层型位于桐柏县平氏乡尹庄附近（113°09′，32°33′），河南区测队（1968）测制。

上覆地层：第四系　砂砾石层

～～～～～～ 不 整 合 ～～～～～～

尹庄组　总厚度 15 m

2. 上部为灰绿色砂岩、粉砂岩及砂质泥岩。间夹砂砾岩透镜体　7 m

1. 下部为灰、灰绿及杂色砾岩、砂砾岩　8 m

～～～～～～ 不 整 合 ～～～～～～

下伏地层：下第三系　砂质泥岩

【地质特征】　本组分布于桐柏县平氏乡的尹庄、吴城乡的贾岗及五里墩、平昌关的郭庄及陈店以北地区，以及南阳盆地东部的唐河西大岗一带。其岩性有砾岩、砂岩、粉砂岩及砂质泥岩。砾石成分因地而异，主要见有变质岩、花岗岩及石英砂岩、少量泥页岩；砾石滚圆度差，无分选性，砾径大小混杂，胶结较疏松。地层具微单向斜层理及水平层理，厚度变化几米至几十米。属冲洪积相环境沉积。

在唐河县西大岗本组内产鱼类化石 *Barbus brevicephalus*，腹足类 Helicacea，轮藻类 *Charites molassica*，*Tectochara meriani* 及介形类等。时代归晚第三纪。

（二）大别山北麓盆地

李庄组　$E_2l\hat{z}$　（05－41－0501）

【创名及原始定义】　周世全等（1980）①于信阳市明港镇西南李庄附近创名李庄群。原始定义：岩性下段为灰白、棕红色砂砾岩，含砾粗砂岩，细至中砂岩，粉砂质泥岩，砂质泥岩、含钙质、钙质结核及灰绿色斑块；上段灰白、灰绿、黄褐、棕红色砂砾岩，含砾、中粗砂岩，粉—细砂岩，粉砂质泥岩。”未见顶、底。时代归晚始新世。

【沿革】　河南区测队（1968）将平昌关盆地的下第三系划归吴城群毛家坡组；河南地科所（1979）将其同白垩系一起命名为周家湾群；周世全等（1980）命名为李庄群，时代归晚始新世；河南区调队（1981a）称李庄组，本书沿用李庄组含义。

【现在定义】　岩性为灰、灰白、棕红、褐黄色砂砾岩，含砾砂岩、砂岩夹粉砂质泥岩或互层，中部局部夹灰绿色砂砾岩和砂岩。建组剖面未见顶、底，从区域分析，该组与下伏晚白垩世周家湾组平行不整合接触，与上覆晚第三纪尹庄组不整合接触。

【层型】　正层型位于信阳市明港镇西南畜牧场—尹庄（114°00′，32°28′），周世全等（1980）测制。

未见顶

李庄组　总厚度 2 202.3 m

16. 棕红色细砂岩，含少量砾石及中、粗砂　48.7 m

15. 棕红色泥质粉砂岩、粉砂质泥岩夹含砾砂岩、砂砾岩　139.6 m

14. 棕红色粉砂质泥岩与灰白色含砾粗砂岩互层，夹薄层砂砾岩　56.3 m

13. 棕红、紫红、褐黄色中砂岩、含砾粗砂岩、砂砾岩，夹泥质粉砂岩与粉砂质泥岩。产脊椎动物化石　129.4 m

12. 灰、浅棕红色泥质粉砂岩、粉砂质泥岩与泥质细砂岩互层，夹含砾粗砂岩、中砂岩　141.1 m

11. 灰白、棕褐色含砾中至粗砂岩与泥质粉砂岩、粉砂质泥岩互层，夹灰白、褐黄色细

① 周世全、韩世敬、张永才，1980，豫南信阳一带红层及火山岩时代的初步讨论。河南地质，（2）7～15。

至中砂岩，砂砾岩凸镜体 126.8 m

10. 灰色含砾粗砂岩和灰白、灰绿、黄褐色砂砾岩，夹棕红色砂质泥岩、细砂岩，上部产脊椎动物化石 282.3 m

9. 棕红色粉砂质泥岩，夹灰、浅棕红色细砂岩、中砂岩、含砾粗砂岩、砂砾岩，上部产脊椎动物化石 434.3 m

8. 棕红色含砾泥质细砂岩、粉砂岩、砂质泥岩，夹灰色透镜状钙质细砂岩，中至粗砂岩。产哺乳动物化石：*Youmys minggangensis*，*Breviodon* cf. *minutus*，*Triplopus*？cf. *prioficiens*，*Hyacodontidae*，Rhinocerotidae，*Gobiohyus orientalis*，*G.*？*minor*，鸟类：*Minggan-ga changgouensis*，Crocodilidae，爬行类：*Anosteira* sp.，双壳类：*Psilunios* sp. 58.5 m

7. 棕红、浅棕红色粉砂质泥岩，夹灰白、褐黄、灰绿色含砾粗砂岩、细砂岩 101.9 m

6. 棕红、褐黄、灰白色粉砂质泥岩、含砾细砂岩 169.6 m

5. 灰、灰红、棕红色钙质粉砂岩和粉砂质泥岩，夹灰褐色细砂岩、含砾粗砂岩、砂砾岩，顶部产脊椎动物化石 240.8 m

4. 灰、褐黄色含砾中砂岩，夹少量砂砾岩、含砾粗砂岩、细砂岩及粉砂质泥岩 67.5 m

3. 灰白色砂砾岩，夹少量棕红色含砾砂质泥岩、含砾粗砂岩 57 m

2. 棕红色粉砂质泥岩、泥质粉砂岩，夹少量砾岩、含砾粗砂岩 47.2 m

1. 灰、灰白色砂砾岩、含砾粗砂岩，夹含砾中至细砂岩、粉砂岩、粉砂质泥岩 101.3 m

未见底

【地质特征】 该组分布于豫南平昌关、信阳、罗山、光山、潢川等地，该组有砂砾岩、含砾砂岩、粗砂岩、中砂岩、细砂岩、粉砂岩和粉砂质泥岩，相变较快，盆地边部以粗碎屑为主，向盆地中部粒度变细；厚度变化500～2 300 m，盆地中部较厚。该组为强氧化环境下形成的一套河湖相环境沉积。

李庄组内中下部产丰富的脊椎动物化石 *Yuomys mingganensis*，*Braviodon* cf. *minutus*，*Triplopus*? cf. *proficies*，*Gobiohuus orientalis*，*G. minor*，*Anthracoheyx* sp.，*Carnivora* sp.，*Minggana changgouensis* 等，在平昌关北桐树庄本组产 Brontoheriidae，*Amynodon* sp. 等。时代归始新世。

第二篇

华南地层大区

第八章 太古宙—元古宙

河南省华南地层大区南秦岭-大别山地层区内，广泛分布太古宙—元古宙地层。在桐柏山-大别山地区，因长期受构造及岩浆活动的影响，地层强烈变质变形，岩性及褶皱极为复杂，地层序列难以查清，为地层划分带来一定困难。前人用传统地层划分方法，曾提出过多种地层划分方案，但均不理想。近几年来一些专家学者应用新的理论方法，从岩石-构造单元（表壳岩和花岗质岩石）角度来研究和探讨这一古老复杂的变质体，基本揭示了它的真实面貌。本次采纳岩石-构造单元地层划分方法，粗略地将桐柏山-大别山地区的复杂变质地层划分为大别杂岩和苏家河（岩）群。大别杂岩未列入清理范围，仅作简介。

在淅川地区根据岩性组合划分为陡岭杂岩、姚营寨组（相当武当山（岩）群变沉积岩组）、耀岭河组、陡山沱组及灯影组。在华南地层大区的北缘西峡—信阳一带断续出露龟山组，为一套碎屑岩组合，呈带状近东西向展布。

大别杂岩　Ardb　（06－41－0012）

吴磊伯等（1956）于豫鄂皖三省交界的大别山地区创名大别山结晶变质岩系。创名后全国地层委员会（1962）、苏育民（1960）、北京地质学院豫南区测队（1961a、c）、河南地研所（1962）[①]、河南区测队（1968）、河南区调队（1980c）、河南区调队（1981b）、河南区调队（1981a）、《河南省区域地质志》（1989）、王江海（1989）等均作过划分。

大别杂岩主要分布于豫、鄂、皖三省交界的桐柏-大别山地区，构成桐柏山-大别山的主体。主要由表壳岩和花岗质岩石两部分组成，两者出露面积之比约为1∶4。其中表壳岩系出露比较零散。

大别杂岩核部的表壳岩系具有两个岩性及组合方式不尽相同的岩石组合：其一是呈大面积出露的斜长角闪岩-角闪斜长片麻岩-黑云斜长片麻岩-变粒岩-（磁铁、石榴）石英岩-碳酸盐岩（包括各种大理岩及钙硅酸盐岩）；其二是呈大小不等的包体群出现的基性麻粒岩类-紫苏石榴黑云斜长片麻岩-石榴矽线石麻粒岩。这两个组合之间被花岗质片麻岩所分割，难以找到直接的接触关系，它们的原岩成分有许多相似之处。

表壳岩系常被花岗质片麻岩系侵入或零星分布于花岗质片麻岩系中，是呈包体形式产出

① 河南地质研究所，1962，河南地层。

的高级变质岩系。表壳岩系总是与花岗质片麻岩系密切共生，构成构造-岩石单元，成为由斜长角闪岩-黑云斜长片麻岩-角闪斜长片麻岩-变粒岩和花岗质片麻岩构成的花岗岩-绿岩地体。花岗质片麻岩系往往表现为底辟或穹窿构造。

表壳岩系分为五大类：泥质变质岩，长英质变质岩，钙质变质岩，基性变质岩，镁质变质岩。花岗质岩石可分为五种：英云闪长质片麻岩，奥长花岗片麻岩，花岗闪长质片麻岩，石英二长质片麻岩，花岗质片麻岩。

据湖北省区调所（1994）地层清理资料介绍，在大别山地区，大别杂岩片麻岩层中的锆石 U－Pb 同位素年龄数据在谐和图上的上交点年龄值为 2 800 Ma、2 050 Ma、2 165 Ma。在麻城龟峰山的斜长角闪岩全岩 Sm－Nd 模式年龄为 2 650 ±100 Ma。在桐柏山地区，浅粒岩和混合花岗岩中的锆石 U－Pb 同位素年龄数据在谐和图上的交点年龄值分别为 2 413 Ma、2 031±56Ma。据以上同位素年龄值，推测大别杂岩形成于 2 800 Ma 以前，尔后经过多次变质变形，大约在 2 400 Ma、2 100 Ma 左右有两次大的构造-热事件。

陡岭杂岩　Pt_1dl　（06－41－0216）

【创名及原始定义】　河南区测队（1976）① 于淅川、西峡两县交界的大陡岭一带创名陡岭岩群。原始定义指自下而上包括周进沟组，瓦屋场组和大沟组。主要岩性为透闪大理岩，二云石英片岩，眼球状混合岩，斜长角闪片麻岩，透辉变粒岩，石墨二长片麻岩夹石墨大理岩，下伏地层未出露，与上覆姚营寨组不整合接触。时代归元古代。

【沿革】　创名前北京地质学院豫南区测队（1961b）将其命名为龙潭沟组，时代归早元古代；河南地质研究所（1962）沿用龙潭沟组，时代为早震旦世；河南区调队（1976）①创名为陡岭岩群，由下而上划分为周进沟组、瓦屋场组和大沟组，时代为元古代；河南区调队（1981a）沿用陡岭岩群，但考虑到群内的周进沟组在岩性组合、原岩建造、变质程度等方面均与信阳群相似，故将周进沟组由原陡岭群中划出，归信阳群龟山组，时代归早元古代；河南区调队（1993）② 进行 1：5 万区调时认为该群岩石组合，变形特征均较复杂，为一套层状无序地层，故改称陡岭岩群，内分瓦屋场岩组和大沟岩组，时代为早元古代。

本次地层对比认为该套岩石地层受到强烈的变质变形作用改造，使之成为一套无层无序地层，根据华北大区 1993 年秦岭-大别山造山带地层清理研讨会决议，决定采用陡岭杂岩（相当瓦屋场组及大沟组），将原周进沟组单独划出，归古生界。停止使用与本杂岩相应使用过的龙潭沟组、瓦屋场组、大沟组。

【现在定义】　陡岭杂岩主要岩性为眼球状混合岩、斜长角闪片麻岩、透辉变粒岩、石墨二长片麻岩夹石墨大理岩。与北侧周进沟（岩）组断层接触，南侧以石墨片岩夹石墨斜长片麻岩结束为标志与姚营寨组不整合接触。

【层型】　正层型位于淅川县荆紫关小陡岭（111°02′，33°17′），由河南区调队（1976）测制。

【地质特征】　该杂岩分布于淅川县小陡岭、内乡县黄营一带（图 8－1）。为一套岩性组合复杂、纵横向变化较大的中深变质岩系，变质变形及面理置换强烈，总体变质程度为角闪岩相，主要特征变质矿物为石榴石和少量矽线石等，片麻岩多具强弱不等的混合岩化。杂岩内部和边部韧性脆性断裂发育，形成强应变带与弱应变域相间的分布格局，在夹持的弱应变

① 河南区调队，1976，1：5 万河南省西峡、淅川、内乡一带区测报告。
② 河南区调队，1993，1：5 万寨根、米坪、西坪、丁河幅区调报告。

域内，片麻理及混合岩细脉体的肠状、钩状、不对称状等形态的片内强烈褶皱及叠加于其上的后期宽缓褶皱，总体形态已难恢复，其层序及厚度难以确定．有可能为具不同构造环境的构造堆积体。

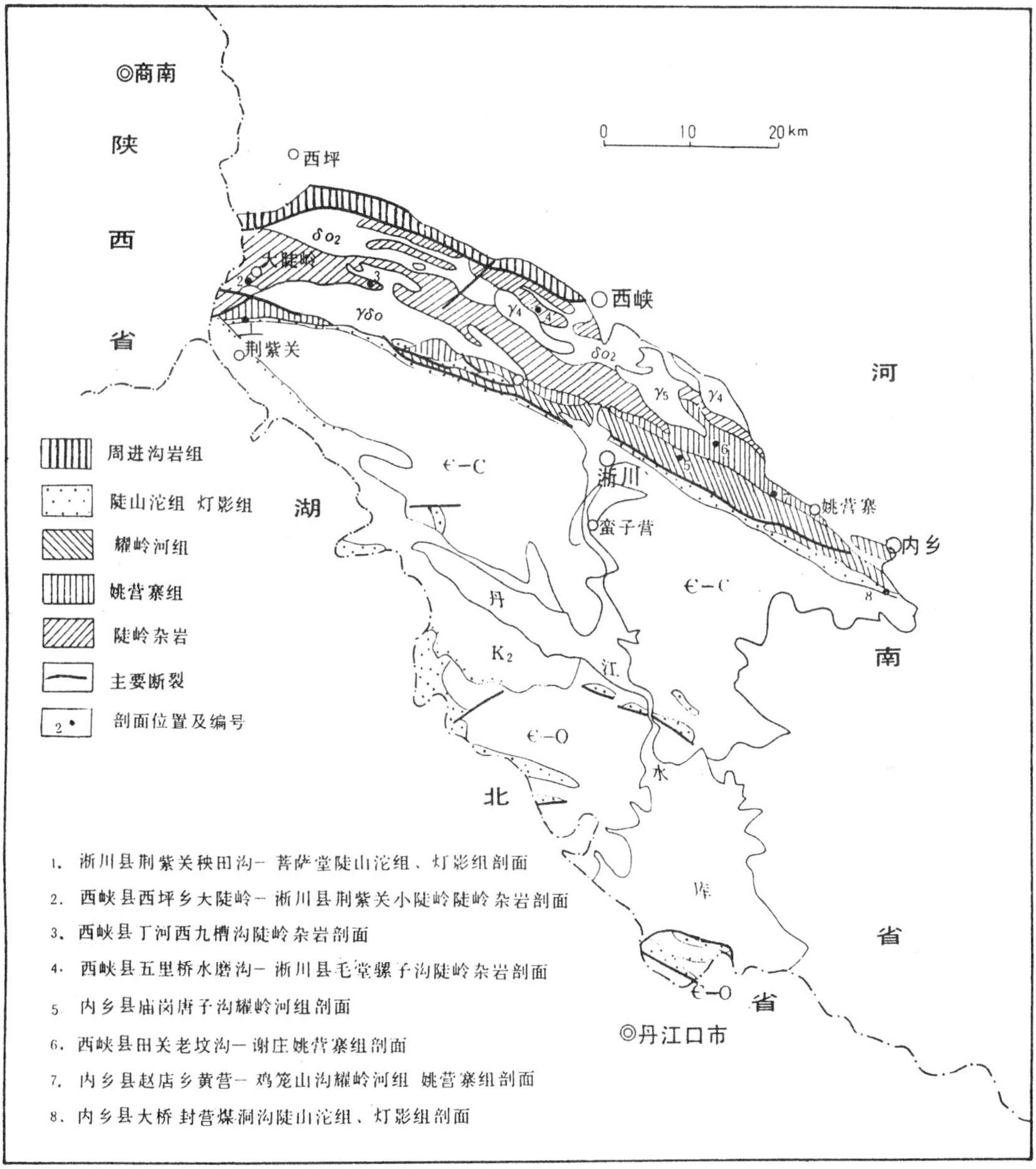

图 8-1　南秦岭地层区元古代地层分布图

野外产状及岩石化学资料表明，长英质片麻岩、片岩的原岩主要为杂砂岩、长石（石英）砂岩和粘土质岩石，少部分可能是酸性火山岩、透辉变粒岩与大理岩原岩应为泥灰岩或钙质泥岩，角闪质岩石的原岩主要是中基性火山岩，少量为凝灰岩，反映其主要形成于活动大陆边缘环境。

与本杂岩有关的矿产，除石墨片麻岩中石墨局部可构成矿体之外，还是主要的砂金矿产地之一，可能赋存有金的原生矿体。

【时代讨论】 陡岭杂岩南侧被中元古界姚营寨组不整合覆盖，其变质变形特征远较两侧地层复杂，其形成时代明显早于两侧地层。此外，杂岩内部晋宁期岩浆活动强烈。混合岩化石英闪长岩K－Ar表面年龄为797 Ma，蛇纹次闪岩K－Ar表面年龄为880 Ma，三坪沟花岗岩体K－Ar表面年龄为733 Ma，淇河庄岩体K－Ar表面年龄为896 Ma。杂岩内白云斜长片麻岩中白云母K－Ar表面年龄为775 Ma。以上同位素年龄数据反映杂岩受该期构造-热事件的影响。秦巴科研项目（1993）① 在淅川、西峡一带测得斜长角闪岩Sm－Nd等时线年龄为2 000 Ma左右。据上所述，将其时代置于早元古代。

苏家河（岩）群 Pt_2S （06－41－0221）

【创名及原始定义】 北京地质学院豫南区测队（1961a）于新县苏家河一带创名苏家河群。原始定义："为一套白云母钾长石片麻岩夹角闪岩、云母石英片岩及似层状大理岩组成，"分为浒湾组、定远组，上部与南湾组断层接触，下部与大别群不整合接触，时代归早元古代。

【沿革】 创名后，河南区测队（1968）将相当地层称万和店群，由下而上包括狮子口组和定远组，时代归早元古代。河南区调队（1992）② 将其改称苏家河（岩）群，时代归晚元古代，宜昌地矿所和河南省地调三队（1992）③ 将浒湾（岩）组称为"构造混杂岩带"，时代归属早古生代。本次对比研究选用苏家河岩群，停止使用万和店群。

【现在定义】 指分布于桐柏-商城断裂南侧的一套复杂变质岩系，主要岩性为各类片麻岩、片岩夹大理岩及石英岩等。该（岩）群包括浒湾和定远两个（岩）组，北侧与南湾组断层接触，南侧与大别杂岩不整合接触，时代归中元古代。

【地质特征】 该（岩）群沿桐柏山-大别山北麓断续分布。浒湾（岩）组岩性组合复杂，变化较大，下部主要为白云石英片岩，以普遍含石墨为其特征；上部主要为白云斜长片岩，局部夹较多眼球状混合片麻岩和浅粒岩。在信阳市白云寨以西，大理岩、石英岩、石墨白云石英片岩增多。至唐河县湖阳地区，石墨大理岩发育，最厚达2 300 m。东部角闪质岩石和云母质片麻岩增多，其中大理岩、石英岩夹层减少。底部往往出现以富含云母为特征的一套片岩，地层厚度不稳定。商城县詹家湾厚1 549 m，新县杨后湾厚2 673 m，西部信阳市罗氏冲厚3 547 m。本组岩石经轻度混合岩化，变质程度为高绿片岩相至角闪岩相。变形强度较高，构造面理，"A"型褶皱、不协调褶皱、宽缓褶皱发育，且糜棱岩类岩石大量出现，反映本（岩）组是在塑变条件下的一个规模较大的构造应变带。主要为滨海-浅海相泥砂质、钙泥质-碳酸盐岩，部分角闪质岩石为基性火山岩。

定远（岩）组岩性复杂，纵向上变化大，横向上西部角闪质岩石增多，向东绢云钠长片岩、白云石英片岩及云母二长片麻岩增多，在商城地区尚夹石英片岩及浅粒岩，在罗山县定远店春秋庙一带，定远（岩）组为一套浅海变质的变中酸性凝灰岩、变角砾凝灰岩及变玄武岩，夹白云片岩及白云石英片岩。地层厚度东部2 293 m，中部1 374 m，西部1 473 m。经历区域变质作用后，定远（岩）组片岩系主要为绿片岩相，属滨海相泥砂质，镁铁泥质沉积岩-中酸性及基性火山岩。

本群中的矿产主要赋存于浒湾（岩）组中，主要为金红石矿，另外顶部的石英岩、浅粒

① 秦巴重点片科研项目办公室，1993，秦巴地区地质研究工作新进展。河南地质情报，(2) 12～18。
② 河南区调队，1992，1∶5万商城、达权店幅区调报告。
③ 宜昌地质矿产局、河南地调三队，1992，大别山地区苏家河群时代及含矿性研究。

岩为含铁岩系，大理岩已广为民间开采烧制石灰，底部普遍出现钍异常，局部有铀异常。

【问题讨论】 河南区调队（1981b）在浒湾组中发现有丰富的微古植物化石，其中除个别见于南方震旦系外，其他大部分见于华北的蓟县系和青白口系，宜昌地质矿产所和河南省地调三队（1992）① 在定远地区浒湾（岩）组中发现了早古生代腕足类、海百合茎以及有孔虫等化石。浒湾（岩）组中锆石 U-Th-Pb 年龄为 688～761 Ma，可能是受后期地质构造事件改造的变质年龄。以上化石及年龄资料规律性较差，矛盾较多，很难确定其时代属性，暂将该（岩）群时代归中元古代。

浒湾（岩）组 Pt_2h （06-41-0222）

【创名及原始定义】 北京地质学院豫南区测队（1961c）于新县浒湾一带创名浒湾组。原始定义：主要岩性为“白云母钾长片麻岩夹角闪岩、云母石英片岩、似层状大理岩”，上与定远组整合接触，下与大别群不整合接触，归苏家河群，属早元古代。

【沿革】 北京地院豫南区测队（1961c）创名浒湾组，沿用至今，但时代归属各家不一。河南区调队（1992）② 将其改称浒湾岩组，时代归晚元古代。宜昌地质矿产所和河南省地调三队称其为“构造混杂岩带”，时代归早古生代。本次对比研究，选用浒湾（岩）组。

【现在定义】 现浒湾（岩）组岩性主要为白云斜长（二云）片麻岩、夹白云石英片岩、石英岩、大理岩和斜长角闪（片）岩，并见眼球状混合片麻岩，下以云母片岩底界为标志与大别杂岩不整合接触，上与定远（岩）组断层接触，归苏家河（岩）群。

【层型】 正层型位于河南省光山县前张湾-夏店（114°38′，31°47′），由北京地质学院（1961c）测制（即剖面中的 2～7 层）。

上覆地层：定远（岩）组 白云母长石片麻岩

断层接触

浒湾岩组	总厚度 1 263.57 m
7. 白云石英片岩夹纸片状矽质片岩	182.19 m
6. 纸片状白云钾长片麻岩	421.36 m
5. 花岗片麻岩夹角闪岩、白云母片岩、绿色片岩	463.06 m
4. 白云钾长片麻岩	96.56 m
3. 大理岩	24.5 m
2. 白云长石片麻岩	75.9 m

不 整 合

下伏地层：大别杂岩 磁铁片麻岩

【地质特征】 见苏家河（岩）群。

定远（岩）组 Pt_2d （06-41-0223）

【创名及原始定义】 北京地质学院豫南区测队（1961c）于罗山县定远店一带创名定远组。原始定义：“岩性主要由白云母钾长石片麻岩，角闪片岩互层夹云母石英片岩组成，底部有石英岩。”上与南湾组断层接触，下与浒湾组整合接触，归苏家河群，时代归早元古代。

① 宜昌地质矿产所、河南地调三队、1992，大别山地区苏家河群时代及含矿性研究。
② 河南区调队，1992，1∶5 万商城、达权店幅区调报告。

【沿革】 自创名后沿用至今，但其时代归属各家不一。河南省区调队（1992）将其改称定远岩组，时代归晚元古代。

【现在定义】 主要岩性为角闪片岩、钠长片岩、绢（白）云石英片岩，局部为白云斜长片麻岩，南与浒湾（岩）组断层接触，北以韧性剪切带与南湾组接触，本（岩）组变质变形强烈、层序不清，归苏家河（岩）群。

【层型】 正层型位于河南省光山县前张湾、夏店（114°39′，31°47′），由北京地质学院（1961）测制（即剖面中的8～17层）。

上覆地层：南湾组　绿帘黑云石英片岩

——— 断层接触 ———

定远（岩）组	总厚度 1 348.28 m
17. 黑绿色绿泥石泥质板岩及黑绿色矽质板岩	121.4 m
16. 绢云母变质粉砂岩、绢云母片岩	164.3 m
15. 灰绿色白云母片岩、白云石英片岩	52.95 m
14. 绿泥绢云母石英片岩、变质粉砂岩及薄层角闪片岩	364.26 m
13. 绿帘石绿泥石角闪片岩	223.72 m
12. 白云母石英片岩夹黑云母二长片麻岩	125.6 m
11. 绿色云母角闪片岩	22.1 m
10. 纸片状云母石英岩、白云母片岩	166.41 m
9. 白云母长石片麻岩夹白云母石英片岩，暗色云母角闪片岩	107.54 m

——— 断层接触 ———

下伏地层：浒湾（岩）组　白云石英片岩

【地质特征】 见苏家河（岩）群。

龟山（岩）组 Pt_3g （06-41-0239）

【创名及原始定义】 北京地质学院豫南区测队（1961c）于信阳市南龟山一带创名龟山组。原始定义：岩性分下、中、上三段，“下段以云母石英片岩为主（有的含石榴子石）夹板岩、角闪片岩和石英岩；中段为角闪片岩夹绿色片岩；上段为绢云石英片岩（有的含石榴子石），变质砂岩及板岩。”与下伏石炭系中上统呈不整合关系，与上覆南湾组为整合关系。归信阳群，属石炭纪—二叠纪。

【沿革】 在桐柏、商城地区，苏育民（1960）称佛子岭群（一部分），时代归石炭纪—早二叠世；北京地质学院（1961c）创名龟山组，时代归石炭纪—二叠纪；嗣后，多沿用龟山组，但对其时代归属有不同意见。河南地质八队（1977）① 将该套地层分为两个组，即杨家河组，归早古生代；尖山组，归中元古代；河南区调队（1991）② 以构造观点解释，称其为“信阳变质地体”。

在南阳盆地以西地区，该套地层相当于赵亚曾、黄汲清（1931）创名的“榨水系”的一部分；北京地质学院（1961b）将其划归荡泽河组的一部分，时代归太古代；秦岭区测队

① 河南地质八队，1977，1：5万河南省信阳县黄城山到湖北省随县淮河店间区测报告。
② 河南区调队，1991，河南省桐柏山—大别山北麓信阳变质地体及东双河变质岩片的厘定和含矿性研究。

(1965d) 称刘岭组的一部分，时代归早元古代；河南区测队（1976）①把相当地层称西官庄组，归泥盆系刘岭群；河南区调队（1978）将相当地层称信阳群龟山组，时代为震旦纪；河南区调队（1981a）及《河南省区域地质志》(1989) 均沿用龟山组，归信阳群，将将西官庄组和周进沟组包括其中，时代为中元古代。本次对比研究选用龟山（岩）组。废弃与本岩组相应使用过的西官庄组、尖山组、杨家河组、刘岭组（群）及信阳变质地体等名称。

【现在定义】 指西坪-镇平-龟山断裂带南侧的一套地层，岩性主要为石榴绢云石英片岩及斜长角闪片岩，夹石英岩、大理岩及碳质层等。本岩组与北侧秦岭群及二郎坪群等地层多为断层接触，南侧与南湾组断层接触。

【层型】 正层型位于信阳县辛店—左店（114°10′，32°01′），由北京地质学院（1961）测制。

上覆地层：**南湾组**

══════ 断层接触 ══════

龟山岩组	总厚度 2 835.5 m
12. 黄褐色谱质砂岩、泥质板岩	572.0 m
11. 角闪片岩	205.0 m
10. 板岩	72.1 m
9. 角闪片岩	157.8 m
8. 含砾变质砂岩	45.5 m
7. 石英岩	77.2 m
6. 角砾石英岩	31.1 m
5. 绢云母石英片岩	365.4 m
4. 石英片岩	143.0 m
3. 绢云母石英片岩夹板岩	506.1 m
2. 绢云母石英片岩	555.7 m
1. 石英岩	104.6 m

══════ 断层接触 ══════

断层切割未见底

【地质特征】 龟山（岩）组从东至西断续出露于商城县鲇鱼山、观庙、光山县前张湾、信阳市龟山、桐柏县吴家湾和镇平县高丘南、内乡县鱼贯、西峡县西官庄等地。呈北西西—南东东向带状展布。主要为一套碎屑岩组合。夹少量火山岩及碳酸盐岩，属绿片岩、角闪岩相，中级变质岩系。出露宽度 200～8 000 m 不等，其中小型韧性剪切带发育。特征变质矿物主要有黑（白）云母、石榴石及蓝晶石等，在该组下部常见有不稳定的大理岩和碳质夹层，上部有较稳定的斜长角闪片岩（变中基性火山岩），是本组与南湾组分界的一个典型标志。

【问题讨论】 关于龟山（岩）组时代归属问题，存在有多种意见。信阳市南付家湾斜长角闪片岩 Sm－Nd 年龄为 759 Ma（河南区调队，1991）②；罗山县旱泥冲斜长角闪片岩 Rb－Sr 年龄为 699 Ma（郑州地校，1992）③；罗山县新集北板树坡斜长角闪片岩 Rb－Sr 年龄为

① 河南区测队，1976，1：5 万河南省西峡、淅川、内乡一带区调报告。
② 河南区调队，1991，河南省桐柏山-大别山北麓信阳变质地体及东双河变质岩片的厘定和含矿性研究。
③ 郑州地质学校，1992，1：5 万涩港幅区调报告。

1 297 Ma（河南地调三队，1991）①。河南区调队（1981a）光山县五岳水库于该岩组含石榴白云石英片岩中获锆石 U－Pb 年龄为 1 410 Ma，据以上年龄值多认为属中-晚元古代。

牛宝贵、刘志刚等（1993）测得龟山（岩）组中含石榴子石斜长角闪片岩角闪石单矿物 $^{40}Ar/^{39}Ar$ 年龄为 401.49±3.8 Ma。杨志坚（1962）在信阳南湾水库坝东于龟山组底部采得孢子化石 *Azonomununietes* sp.，*Stenounotrletrs* sp.，*Lophotriletes* sp.，*Periplecatriletes* sp.，*Leiatriletes* sp.，将龟山（岩）组归晚古生代。

据以上资料综合分析，暂将龟山（岩）组归于晚元古代，但不排除有属古生代的可能。

姚营寨组 Pt_2y （06－41－0217）

【创名及原始定义】 北京地质学院（1961b）于内乡县姚营寨一带创名姚营组。原始定义："本组岩石主要为如下几类：1. 绢云石英片岩，2. 绿泥石绢云母片岩，3. 绿泥石片岩、硅质岩、硅质片岩，4. 蚀变玢岩、绿泥石纤闪石正片岩。"下与龙潭沟组不整合接触，上与马头山组平行不整合接触，时代划归早震旦世。

【沿革】 北京地质学院（1961b）创名姚营组，时代归早震旦世，相当秦岭区测队（1959c）1∶20 万商南幅区调时所划的早震旦世郧西群；河南地研所（1962）②称姚营组，归早震旦世耀岭河群；河南区调队（1976）③改称姚营寨组，据岩石组合内分上、下两段，时代归早震旦世；河南区调队（1981a）及《河南省区域地质志》（1989）均沿用姚营寨组，并将其划归毛堂群，时代为中元古代。本次对比研究沿用姚营寨组（相当武当山（岩）群变沉积岩组），时代归中元古代，停止使用毛堂群。

【现在定义】 姚营寨组主要岩性，下部为砾岩、长石砂岩、含砾长石砂岩及绢云千枚岩；上部为石英角斑质凝灰岩、长石砂岩及含石墨绢云片岩。下以变质砾岩及长石砂岩出现为标志与陡岭杂岩不整合接触，上以石英角斑质凝灰岩结束为标志与耀岭河组平行不整合接触，归中元古代。

【层型】 选层型位于西峡县田关大岭沟宋庄（111°37′，33°09′），由河南省区调队（1976）③测制。

上覆地层：耀岭河组　细碧岩

——————　平行不整合　———————

姚营寨组	总厚度 2 069.1 m
22. 石英角斑质晶屑凝灰岩	19.5 m
21. 含石墨绢云片岩	22.3 m
20. 石英角斑岩	93.6 m
19. 石英角斑质凝灰熔岩	74.0 m
18. 石英角斑质凝灰岩	396.9 m
17. 变质长石砂岩夹薄层石英角斑质凝灰岩	74.1 m
16. 石英角斑质凝灰岩夹薄层变质长石砂岩	23.6 m
15. 变质长石砂岩夹薄层石英角斑岩，底部变质含砾长石砂岩	69.1 m
14. 石英角斑质凝灰岩夹变质长石细砂岩	57.8 m

① 河南地调三队，1991，1∶5 万周党、宣化店幅区调报告。
② 河南地质研究所，1962，河南地层。
③ 河南区调队，1976，1∶5 万河南省西峡、淅川、内乡一带区测报告。

13. 变质长石细砂岩夹变质层凝灰岩 40.3 m
12. 变质凝灰岩 25.7 m
11. 下部变质长石粗砂岩；上部变质长石砂岩，含砾变质长石砂岩夹变质凝灰质砂岩 42.4 m
10. 变质层凝灰岩夹变质含砾长石砂岩 31.3 m
9. 变质长石砂岩夹绢云千枚岩及薄层透镜体状变质砾岩 335.7 m
8. 绢云千枚岩夹透镜状变质含砾砂岩，底部变质含砾长石砂岩夹薄层变质砾岩 35.0 m
7. 变质长石砂岩，变质含砾长石砂岩夹绢云千枚岩及薄层透镜状变质砾岩 151.6 m
6. 绢云千枚岩，底部变质砾岩夹变质长石砂岩 22.4 m
5. 下部变质长石砂岩，上部绢云千枚岩 28.0 m
4. 绿帘绢云千枚岩夹绢云千枚岩 113.7 m
3. 黑云绢云千枚岩 24.0 m
2. 变质长石砂岩夹绢云千枚岩及薄层透镜状变质砾岩等 251.4 m
1. 变质砂岩夹变质长石砂岩 136.7 m

═══════ 断层接触 ═══════

下伏地层：**陡岭杂岩**

【地质特征】 姚营寨组主要分布于淅川县菩萨堂、西峡县庞家营、内乡县姚营寨一带（图 8－1）。为一套浅变质岩系，早期以碎屑沉积为主，局部有微弱的火山喷发，下部常见由砾岩—含砾长石砂岩—长石砂岩—绢云千枚岩和长石砂岩、长石细砂岩—千枚状粉砂岩—千枚岩组成的韵律层，沿走向常互为相变。砾岩中砾石成分主要为石英岩，次为硅质岩、花岗斑岩及中细粒花岗岩等，多为滚圆—次滚圆状，分选性好，上部石英角斑岩和石英角斑质凝灰岩等，在区域上常呈夹层出现。向东西两侧本组逐渐变薄。西部多岩体侵位，地层出露不全。在西峡县田关老坟沟一带厚 2 069 m，在内乡县赵店黄营一带厚 596 m。

西峡南部侵入该组的石英闪长岩 K－Ar 年龄为 796 Ma，湖北省区调所（1994）本次地层对比研究在武当山（岩）群变火山岩组中取得 Sm－Nb 年龄为 1 341±20 Ma～1 488±19 Ma 之间，将其划归中元古代。

耀岭河组 Pt_3y （06－41－0218）

【创名及原始定义】 阎廉泉（1959）于陕西省商南县耀岭河创名耀岭河组。原始定义：为一套变质喷发岩-绿色片岩系，下部为绿泥石钠长正长片岩、钠长碱性角闪石绿泥片岩等。绿片岩与矽化绢云母片岩互层，厚度 1 000 m。上部主要为矽化阳起石绿帘石片岩、钠长绿泥石正长片岩等。绿片岩夹薄层大理岩、碳质片岩，偶夹砾岩，厚约 500 m，底部未出露，上与陡山沱组不整合接触。时代归早震旦世。

【沿革】 创名后北京地质学院豫南区测队（1961b）将相应地层改称马头山组，时代归早震旦世；河南区调队（1976）沿用马头山组，并据岩石组合特征，进一步划分为下、中、上三个岩性段，其时代仍归早震旦世；河南区调队（1981a）沿用马头山组，并将其归毛堂群，时代为中元古代。《河南省区域地质志》（1989）沿用此划分方案。本次对比研究选用耀岭河组，马头山组属同物异名，应予停止使用。

【现在定义】 耀岭河组岩性主要为细碧岩夹细碧质熔角砾岩、熔凝灰岩及绢云片岩，具有气孔及枕状构造，下以枕状细碧岩底部为标志与姚营寨组平行不整合接触；上以细碧岩、绢云片岩结束为标志与上震旦统陡山沱组平行不整合接触。

【层型】 选层型位于陕西省商南县徐家店乡涧水沟（110°46′50″，32°21′47″），由秦岭区测队（1962）测制。次层型位于内乡县庙岗乡唐子沟（111°35′，33°07′），由河南区测队（1976）① 测制。

上覆地层：**陡山沱组** 含砾砂岩

═══════ 断层接触 ═══════

耀岭河组 总厚度 2 319.5 m

15. 块状细碧岩、细碧岩，上部夹赤铁绢云片岩。顶部薄层凝灰岩（可相变为赤铁绢云片岩）	308.3 m
14. 块状细碧岩，顶部榍石赤铁绢云片岩	47.7 m
13. 细碧岩，顶部榍石绢云片岩	62.6 m
12. 块状细碧岩、细碧岩夹大量赤铁绢云片岩、榍石赤铁绢云片岩等。顶部薄层赤铁绢云片岩，含火山弹、火山豆	202.0 m
11. 细碧岩，顶部薄层赤铁绢云片岩	308.7 m
10. 细碧岩，顶部薄层榍石绢云片岩	79.1 m
9. 杏仁状细碧岩，顶部紫灰色岩屑凝灰岩夹杏仁状细碧岩	87.0 m
8. 细碧岩、杏仁状细碧岩夹绢云片岩、赤铁绢云片岩、榍石赤铁绢云片岩等，顶部紫灰色榍石赤铁绢云片岩	182.7 m
7. 杏仁状细碧岩夹赤铁绢云片岩，顶部凝灰砾岩	79.6 m
6. 块状细碧岩夹赤铁绢云片岩等。上部细碧质熔角砾岩	82.1 m
5. 细碧岩，顶部薄层细碧质熔岩砾岩	205.0 m
4. 杏仁状细碧岩，顶部薄层细碧质凝灰熔岩	516.7 m
3. 细碧质熔岩砾岩	99.9 m
2. 含砾枕状细碧岩	24.7 m
1. 枕状细碧岩	33.4 m

——————— 平行不整合 ———————

下伏地层：**姚营寨组** 凝灰岩

【地质特征】 耀岭河组主要分布于淅川县大流水、马头山、内乡县唐子沟、鸡笼山沟、中营等地，以内乡县唐子沟及赵店乡鸡笼山沟两地出露较好（图 8－1）。主要为一套浅变质的基性火山岩-火山碎屑岩系。下部以枕状熔岩为主，夹少量熔砾岩，熔砾多呈滚圆状，胶结物中有细碧质玻屑。枕状体多呈似椭球状，成群出现，枕体大小不一，一般在 30 cm×20 cm×150 cm～5 cm×10 cm×20 cm 之间，中上部火山碎屑岩夹层逐渐增多，并有较多凝灰质砂砾岩、杂砂岩、硅质岩及透镜状大理岩等沉积夹层，其中有火山弹、火山豆，大小不一，其直径一般在 1.5～7 cm，由坚硬的细碧质组成，一些不规则的气孔被硅质、碳酸盐岩等物质充填。火山豆直径一般 3～7 mm，含火山弹（豆）赤铁绢云片岩层位不稳定，沿走向相变为赤铁绢云片岩、凝灰岩等，在东部赵店鸡笼山沟一带厚 1 876 m。

关于本组时代至今尚欠可靠依据，西峡南部侵入该组的石英闪长岩 K－Ar 年龄为 796 Ma，湖北省区调所（1994）本次地层对比研究在本组取得含黄铁矿绢云石英片岩的锆石 U－Pb 年龄为 795.7±77 Ma。推测耀岭河组形成于晚元古代。

① 河南区测队，1976，1：5 万河南省西峡、淅川、内乡一带区测报告。

陡山沱组　Z_2d　(06-41-0219)

【创名及原始定义】　系李四光等（1924）创名的陡山沱岩系（Toushantou series）演变而来。命名地点在宜昌市陡山沱。原始定义："中震旦系，陡山沱岩系：它主要含页岩和薄层石灰岩。在下部主要为页岩，……含有盘状黑色燧石的硬质页岩是这个地层下部的突出特征。……顺次地向上追索，页岩渐渐变得富于钙质。它们先后顺序是：最初为泥质的层纹状蓝色硬石灰岩，其次局部呈鲕状的纯石灰岩层，最后是薄层状白云岩局部被砂质页岩盖覆。"

【沿革】　创名后北京地质学院（1961b）在淅川地区采用陡山沱组，时代为晚震旦世。河南省地质局及北京地质学院（1966）沿用陡山沱组，将其归斗底山群，时代为晚震旦世。河南区测队（1976）①，河南区测队（1981a）及《河南省区域地质志》等，均沿用陡山沱组。本次清理选用陡山沱组，停止使用斗底山群。

【现在定义】　本组以灰、褐、灰白色白云岩为主，下部为灰—褐灰色白云岩，含泥质和硅质磷质结核；中部为灰黑色页片状含砂质白云岩；上部为灰、灰白色中—厚层状白云岩夹硅质层及燧石团块，其顶部为一层黑色碳质页岩与上覆灯影组分界，呈过渡关系，底部以一层含砾白云岩消失与下伏地层南沱组分界，呈平行不整合接触，厚231 m。在河南省境内，主要为一套碎屑岩-碳酸盐岩沉积建造，岩性为长石石英砂岩、绢云片岩，局部夹大理岩。下以变质砂岩夹大理岩出现为标志与耀岭河组平行不整合接触，上以绢云片岩结束为标志与灯影组整合接触，时代归晚震旦世。

【层型】　正层型位于湖北省宜昌市莲沱陡山沱的长江对岸田家园南山坡（111°05′28″，30°50′01″），由李四光、赵亚曾1924年测制。次层型位于淅川县荆紫关秧田沟（111°01′，33°17′），由河南省区测队（1976）测制。

【地质特征】　陡山沱组在河南省境内丹江水库南、北均有分布，北侧主要出露于淅川县荆紫关-内乡县大桥封营一带；南侧主要分布于淅川县滔河、盛湾及仓房一带（图8-1）。该组主要为一套碎屑岩-碳酸盐岩沉积建造，属滨海相沉积。总厚度为439 m。

在丹江以北淅川西部地区，陡山沱组不整合覆于封字山花岗闪长岩体（747 Ma）之上，据此推测其下限年龄为700 Ma左右，因此，其形成时代应归晚震旦世。

灯影组　Z_2d　(06-41-0220)

【创名及原始定义】　系李四光等（1924）创建的"灯影石灰岩"演变而来。创名地点在宜昌市西北20 km长江南岸石牌村至南沱村的灯影峡。原始定义："上震旦系灯影石灰岩：白色块状呈峭壁形的石灰岩，多少带白云质；在风化表面上有坚硬的矽质夹层突出。""在很多地方包含特殊而且成群的层状体，有时呈似圆筒状，但更多的是不对称圆锥状。""是震旦纪浅水中繁殖的钙质藻类遗骸，""特地命名为 *Collenia cylindrica*，*Collenia angulata*。""灯影石灰岩，从灯影峡下口的寒武纪页岩下突起。"

【沿革】　创名后北京地质学院豫南区测队（1961b）把丹江南部的相当地层由下而上划分为青龙山组、横岭河组、胡家台子组，丹江北命名为老君山组（相当胡家台子组），时代归晚震旦世；河南地质研究所（1962）② 在丹江北采用老君山组，归斗底山群；在丹江南沿用上述三组名称，归滔河群，时代为晚震旦世；河南地质局及北京地质学院（1966）将丹江南北

---

① 河南区测队，1976，1：5万河南省西峡、淅川、内乡一带区测报告。
② 河南地质研究所，1962，河南地层。

地层统一划分为横岭河组（相当原横岭河组和青龙山组）、范坪道组（相当原胡家台子组和老君山组），时代归晚震旦世；河南区调队（1976）① 将以上地层单位合并称灯影组。河南区调队（1981a）及《河南省区域地质志》（1989）均沿用灯影组，时代归晚震旦世。本次对比研究选用灯影组。停止使用与本组相关的老君山组、青龙山组、横岭河组、范坪道组及胡家台子组。

【现在定义】 在河南省境内该组下部为厚层糖粒状白云质大理岩及角砾状白云质大理岩；中部为灰白色厚层状致密块状白云岩，夹黑色白云岩及鲕状含磷白云岩等，具网格状、条带状构造；上部为网格状（蜂窝状）硅质白云岩，致密块状及微粒状白云岩等。局部地段有含磷层位。下以厚层白云质大理岩出现为标志与陡山沱组整合接触，上以网格状（条带状）白云岩结束为标志与寒武系平行不整合接触，时代归晚震旦世。

【层型】 正层型位于湖北省宜昌县南沱的南东145°方向约2.5 km处长江西岸的陡坎平台（111°09′41″，30°49′42″），由赵自强、邢裕盛、马国干、陈忆元（1985）重测。次层型位于淅川县荆紫关菩萨堂（111°02′，33°17′），由河南区调队（1976）测制。

【地质特征】 本组与陡山沱组分布范围基本一致。在丹江以南大龙山穹窿周围较发育，且层位齐全，厚度2 399 m。在丹江以北出露于内乡县封营—淅川县荆紫关一带，厚222～399 m，该组主要为一套碳酸盐岩组合，从三峡地区到淅川地区本组色调普遍表现为下、上两部呈白色白云岩，中部多为黑灰色白云岩，即习称之“两白夹一黑”的特征。黑色灰岩被打击之后发出臭味，亦称“臭灰岩”。属浅海陆棚相沉积。

---

① 河南区测队，1976，1∶5万河南省西峡、淅川、内乡一带区测报告。

第九章
寒武纪—志留纪

华南地层大区南秦岭-大别山地层区淅川地区寒武系、奥陶系和志留系主要分布在淅川县荆紫关-内乡县师岗复向斜南北两翼。在丹江以南的淅川县盛湾秀子沟、邓州市马头山一带，仅出露有寒武系和下奥陶统。其下与震旦系灯影组为平行不整合接触，丹江以北的志留系之上被上泥盆统平行不整合覆盖。

中华人民共和国成立以前，南秦岭的寒武系—志留系没有作过专门地层调查，只有曹世禄（1933）、德日进（Teilhard de Chardin）等（1935）、李悦言（1938）少数地质路线涉及该套地层。中华人民共和国成立以后，杨志甲（1955）、项礼文等（1956）、马杏垣（1957）、北京地质学院豫南区测队（1961）、河南地质研究所（1962）作过划分。裴放等（1987）、河南地质科研所（1988）、河南地质矿产局（1989）、刘印环等（1991）、杨家騄等（1991）作过专门研究。本次地层对比研究根据华北大区项目办会议决议对该分区寒武系—志留系分为淅川北部和淅川南部，并重新作了划分（表 9－1、表 9－2）。

此外，在西峡西部还分布有早古生代周进沟组。

第一节　岩石地层单位

一、淅川北部

水沟口组　$\in_1\hat{s}$　**（06－41－0321）**

【创名及原始定义】　陕西区测队（1958）创名于陕西省商南县汪家店乡水沟口村，卢衍豪（1964）介绍，指震旦系灯影组之上，岳家坪组之下的一套地层，“下部黑色碳质硅质岩或硅质岩夹砂质千枚岩，含钒、磷；中部灰黑色薄层状铝土页岩或紫色含磷结核粉砂质千枚岩、砂质页岩、砂质灰岩；上部浅灰、黄灰色薄层状泥质灰岩，瘤状泥灰岩夹灰岩，厚 32～167m”，其下与灯影组平行不整合接触，上与岳家坪组为整合关系，时代为早寒武世。

表 9-1 南秦岭地层区浙川北部早古生代地层划分沿革表

曹世禄 1933	李悦言 1938	邓永高 1959	北京地院 1961b	河南地研所 1962	中南地层表 1974	河南区调队 1981a	阎国顺等 1983	裴放等 1987	阎国顺等 1988	河南地质矿产局 1989	杨家騄等 1991	刘印环等 1991	本书
志留系 谢凹灰绿砂岩页岩系(下部)	志留系	中志留统	中志留统	志留系 中统	志留系 中统	志留系 下统 张湾组	志留系 下统 张湾组	志留系 下统	志留系 下统 张湾组	志留系 下统 张湾组		志留系 下统 张湾组	志留系 下统 张湾组
		下志留统	下志留统 蛮子营组	下统 蛮子营组	下统 蛮子营组	蛮子营组	奥陶系 上统 石燕河组	奥陶系 上统 石燕河组 中统 寺岗组	奥陶系 上统 石燕河组 上段 中统 石燕河组 下段	奥陶系 上—中统 未分组		奥陶系 上统 刘家坡组 石燕河组 寺岗组 中统 杨庄村组	奥陶系 上统 蛮子营组 中统
			岞岫组	岞岫组	岞岫组	岞岫组	中统 岞岫组	岞岫组 梨凹组	岞岫组	岞岫组		岞岫组	岞岫组
震旦系	奥陶系	中奥陶统	O_{2-3}	奥陶系 中统	奥陶系 上统 中统 吊床沟组	奥陶系 中统	下统 白龙庙组	下统 牛尾巴山组	下统 牛尾巴山组	下统 牛尾巴山组		下统 牛尾巴山组	下统 牛尾巴山组
			O_1 容吾树组	下统 容吾树组	下统 水田河组 白龙庙组	下统 白龙庙组		龙泉组	白龙庙组	白龙庙组		白龙庙组	白龙庙组
		下奥陶统	铁仙沟组	铁仙沟组	铁仙沟组	铁仙沟组							
	震旦系	上寒武统	上寒武统 秀子沟组	寒武系 上统 柚子沟组	寒武系 上统 蜈蚣丫组	寒武系 上统			寒武系 上统 纸房沟组	寒武系 上统 三游洞群	寒武系 上统 蜈蚣丫组	寒武系 上统 蜈蚣丫组	寒武系 上统 石瓮子组
		中寒武统	中寒武统	中统 石步山群	中统 岳家坪组	中统			中统 曹家湾组 叶芳沟组	中统 覃家庙群	中统 岳家坪群: 曹家湾组 叶芳沟组	中统 岳家坪组	中统 岳家坪组
		下寒武统	下寒武统	下统 小泉沟群	下统 水沟口组	下统 第三组 第二组 第一组			下统 脑子寨组 汪家店组 岩屋沟组 杨家堡组	下统 石龙洞组 天河板组 石牌组 水井沱组	下统 脑子寨组 水沟口群: 汪家店组 岩屋沟组 杨家堡组	下统 脑子寨组 上集组 钒矿组	下统 水沟口组

表 9－2　南秦岭地层区淅川南部寒武系—下奥陶统划分沿革表

<table>
<tr><th colspan="3">年代地层</th><th rowspan="2">邓永高
1959</th><th colspan="2" rowspan="2">河南地质
研究所
1962</th><th colspan="2" rowspan="2">陕西区测队
1965</th><th colspan="2" rowspan="2">中南地层表
1974</th><th colspan="2" rowspan="2">朱洪源
1988</th><th colspan="2" rowspan="2">河南地矿局
1989</th><th colspan="3" rowspan="2">阎国顺
1989</th><th colspan="3" rowspan="2">杨家騄等
1991</th><th colspan="2" rowspan="2">刘印环等
1991</th><th colspan="2" rowspan="2">本书</th></tr>
<tr><th>界</th><th>系</th><th>统</th></tr>
<tr><td rowspan="8">下古生界</td><td>奥陶系</td><td>下统</td><td rowspan="3">上寒武统</td><td rowspan="3">上寒武统</td><td rowspan="3">柚子沟群</td><td rowspan="3">上寒武统</td><td rowspan="3">蜈蚣丫组</td><td rowspan="3">上寒武统</td><td rowspan="3">蜈蚣丫组</td><td rowspan="3">上寒武统</td><td rowspan="3">蜈蚣丫群</td><td>奥陶系</td><td>白龙庙组</td><td rowspan="3">下奥陶统—上寒武统</td><td rowspan="3">秀子沟群</td><td rowspan="2">盛湾组</td><td rowspan="3">下奥陶统—上寒武统</td><td rowspan="3">秀子沟群</td><td rowspan="2">盛湾组</td><td>下奥陶统</td><td>白龙庙组</td><td>下奥陶统</td><td rowspan="3">秀子沟组</td></tr>
<tr><td rowspan="7">寒武系</td><td rowspan="2">上统</td><td rowspan="2">上寒武统</td><td rowspan="2">徐家庄群</td><td rowspan="2">上寒武统</td><td>秀子沟组</td><td rowspan="2">上寒武统</td></tr>
<tr><td>徐沟组</td><td>徐沟组</td><td>蔡沟组</td></tr>
<tr><td rowspan="2">中统</td><td>中寒武统</td><td rowspan="2">中寒武统</td><td rowspan="2">石步山群</td><td>中寒武统</td><td>岳家坪组</td><td>中寒武统</td><td>岳家坪组</td><td rowspan="2">中寒武统</td><td>习家店组</td><td>中寒武统</td><td>胡家庄群</td><td rowspan="2">中下寒武统</td><td rowspan="2">祖师庙群</td><td>习家店组</td><td rowspan="2">中寒武统</td><td rowspan="2">祖师庙群</td><td>习家店组</td><td rowspan="2">中寒武统</td><td>习家店组</td><td rowspan="2">中寒武统</td><td>习家店组</td></tr>
<tr><td rowspan="4">下寒武统</td><td rowspan="4">下寒武统</td><td rowspan="4">水沟口组</td><td rowspan="4">下寒武统</td><td rowspan="4">水沟口组</td><td>冯家凹组</td><td rowspan="4">下寒武统</td><td rowspan="4">祖师庙群</td><td>冯家凹组</td><td>冯家凹组</td><td>冯家凹组</td><td>冯家凹组</td></tr>
<tr><td rowspan="3">下统</td><td rowspan="3">下寒武统</td><td rowspan="3">小泉沟群</td><td rowspan="3">下寒武统</td><td rowspan="2">岩屋沟组</td><td rowspan="3">下寒武统</td><td colspan="2">汪家店组</td><td rowspan="3">下寒武统</td><td colspan="2" rowspan="2">岩屋沟组</td><td rowspan="3">下寒武统</td><td rowspan="2">岩屋沟组</td><td rowspan="3">下寒武统</td><td rowspan="2">岩屋沟组</td></tr>
<tr><td colspan="2">岩屋沟组</td></tr>
<tr><td>杨家堡组</td><td colspan="2">杨家堡组</td><td colspan="2">杨家堡组</td><td>杨家堡组</td><td>杨家堡组</td></tr>
</table>

【沿革】 在陕西区测队（1966）创名之前，河南地质研究所（1962）① 将淅川北部下寒武统称小泉沟群。创名之后，中南地层表编写小组（1974）、刘印环（1983）②、河南地矿局（1989）、阎国顺等（1988）③、杨家騄等（1991）、刘印环等（1991）均作了划分（表 9-1）。本次地层对比根据华北大区决议选用水沟口组，停止使用小泉沟群、钒矿组、上集组、汪家店组，在此不用杨家堡组、岩屋沟组以及三峡地区的水井沱组、石牌组、天河板组。

【现在定义】 在河南省，指震旦系灯影组之上，岳家坪组之下的一套地层，岩性下部黑色硅质岩、紫红色页岩夹硅质白云岩凸镜体及硅质岩，含钒、磷；中部灰、灰紫色薄层泥晶灰岩，夹少量页岩；上部灰及灰紫色泥质条带白云质泥晶灰岩，夹少量页岩、泥晶灰岩。其下与灯影组为平行不整合接触，其上与岳家坪组厚层白云质灰岩为整合关系。

【层型】 正层型剖面位于陕西省商南县汪家店乡岳家坪村简易公路上。河南的次层型为淅川县脑子寨剖面（111°31′，33°09′），河南区调队 1983 年测制。

【地质特征及区域变化】 水沟口组分布在荆紫关-师岗复向斜南北两翼，但在南翼出露不完整，多在北翼研究，因而本省缺乏南北两翼对比资料。在北翼，已有脑子寨、小泉沟两条剖面，连同省界以西 3 km 的陕西省商南县潭沟口剖面，可以看出，脑子寨剖面该组较薄，为 58.90 m，向西到小泉沟增厚至 77.97 m，到潭沟口厚 116.6 m，明显东薄西厚。从岩性变化分析，底部的硅质岩从东向西明显增厚；中部的泥岩、页岩夹泥灰岩向西增厚，灰质增多，上部为灰岩、泥质条带灰岩，向西增厚，页岩夹层分布在东部。变化趋势是东部小泉沟白云质成分偏高，西部多为泥灰岩及泥质灰岩。

水沟口组下部的硅质岩以灰黑色为主，发育水平纹理，黄铁矿和磷质结核，含钒、钴、镍，属浅海盆地陆架边缘相。上部为灰紫色薄层泥晶灰岩、玫瑰色页岩，水平纹理发育，发育底栖及漂浮三叶虫及小个体底栖腕足类、高肌虫等，为浅海陆架相。

水沟口组中部泥晶灰岩夹页岩中产三叶虫 *Hupeidiscus*，*Sinodiscus*，*Ichangia*，*Neocobboldia*，上部产三叶虫 *Redlichia noetlingi*，*R. hupehensis*，*Megapalaeolenus deprati* 等，时代为早寒武世中期。

本组下部含钒、磷等。钒矿呈凸镜状，规模小。磷及钴、镍、银元素富集均产于下部硅质岩中，但没形成规模。

岳家坪组 $\in_2 y$ （06-41-0322）

【创名及原始定义】 陕西区测队（1966）创名于陕西省商南县岳家坪，指水沟口组之上，蜈蚣丫组之下的一套地层，"下部为深灰色泥质白云质灰岩，厚 9 m，其上一般为 5～8 m 厚的浅灰、灰色泥质灰岩、紫灰色粉砂岩与一般厚 7～15 m 的浅灰色厚层状泥质白云质灰岩、白云质灰岩、泥质灰岩互层，夹少量灰色钙质页岩，总厚 161 m"，时代为中寒武世。

【沿革】 在创名之前，河南地质研究所（1962）将淅川地区中寒武统称石步山群。中南区域地层表编写小组（1974）将岳家坪组引用到河南（表 9-1）。本次地层对比选用岳家坪组，停止使用石步山群，不用覃家庙群。暂不选用脑子寨组、叶芳沟组、曹家湾组。

【现在定义】 在河南省，指水沟口组之上、石瓮子组之下的一套地层，主要岩性为深灰色白云质灰岩、浅灰色泥质灰岩、紫灰色粉砂岩、浅灰色厚层泥质白云质灰岩、泥质灰岩，夹

---

① 河南地质研究所，1962，河南地层。
② 刘印环，1983，河南淅川一带早寒武世地层的划分与对比。河南区测（2）。
③ 阎国顺等，1988，东秦岭南坡古生代地层及古生物。内部报告送审稿。

少许钙质页岩，以其底部的厚层白云岩与水沟口组整合接触，其上以灰紫、灰黄色薄层泥晶白云岩与石瓮子组厚层白云岩为整合关系。

【层型】 正层型剖面位于陕西省商南县汪家店乡岳家坪群简易公路上。河南的次层型为淅川县脑子寨剖面（111°31′，33°09′），河南区调队1983年测制。

【地质特征及区域变化】 岳家坪组分布在荆紫关-师岗复向斜南北两翼，以灰黄、灰紫色为特征，岩性以白云岩为主，东部夹页岩。从东西方向可以看出，该组明显西薄东厚，潭沟口厚87 m，小泉沟厚278.78 m，脑子寨厚283.6 m，脑子寨该组底部的白云岩（原脑子寨组）厚36 m，向西到小泉沟出现泥质条带，厚54 m，到潭沟口为白云质灰岩，厚17 m。中上部以白云岩为主，页岩夹层仅分布在东部，向西逐渐减少，其中东部的白云岩向西白云质减少，为白云质灰岩、泥质灰岩。该组为局限台地相。

岳家坪组化石极少，仅小泉沟产三叶虫Cyclolorenzellid，以底部白云岩之下的水沟口组顶部产 *Megapalaeolenus* 及 *Redlichia hupehensis* 属早寒武世中期化石，推测岳家坪组底部白云岩（原脑子寨组）应为下寒武统顶部层位，其上当为中寒武统。

石瓮子组 $\in_3\hat{s}$ （06-41-0323）

【创名及原始定义】 赵亚曾、黄汲清（1931）创建于陕西省柞水县石瓮子，原称石瓮子灰岩。原始定义指秦岭南坡震旦纪—奥陶纪“柞水系”之上“有700 m之块状石灰岩出露，在乾佑河谷中之石瓮子地方见之”，位于泥盆纪“古道岭灰岩”之下，时代划归志留纪。

【沿革】 由于赵亚曾等创名地距河南省较远，因而从前在河南省无人引用，但这套灰岩（主要为白云岩）在淅川是存在的，前人作过划分（表9-1）。本次地层对比研究依据华北大区决议选用石瓮子组，停止使用铁仙沟组、龙泉组、纸房沟组、蜈蚣丫组，在此不用秀子沟群、三游洞群。

【现在定义】 在河南省，指岳家坪之上、白龙庙组之下的一大套白云岩，下部灰白色厚层含燧石团块细晶白云岩，上部中厚层细晶白云岩，其下部与岳家坪组灰紫、灰黄色薄层泥晶白云岩为整合关系，其上与白龙庙组细晶白云岩整合—平行不整合接触。

【层型】 正层型剖面位于陕西省柞水县石坪乡石瓮子村北测的乾佑河东岸。河南的次层型为淅川县脑子寨剖面（111°31′，33°09′），河南区调队1983年测制。

【地质特征及区域变化】 石瓮子组分布在荆紫关-师岗复向斜南北两翼，主要岩性为白云岩，含燧石团块、条带白云岩，顶部夹少量白云质灰岩。在北翼，东西向明显西薄东厚，在潭沟口厚551.7 m，发育少量砂岩、页岩，白云质灰岩居多。小泉沟厚1 182.8 m，以白云岩为主，上部含燧石。在脑子寨厚1 563 m，以白云岩为主，上部夹少量灰岩。

石瓮子组中下部白云岩中没发现化石，上覆白云岩夹灰岩中产牙形石 *Triangulodus variabilis*，*Drepanodus suberectus*，时代为早奥陶世。据此，石瓮子组时代为晚寒武世。

白龙庙组 O_1b （06-41-0328）

【创名及原始定义】 河南地质矿产局、北京地质学院豫南区测队1966年在淅川县白龙庙河创名白龙庙组，原始定义：“灰色中厚层灰岩夹白云质灰岩，普遍含黑色、玫瑰色燧石结核，厚145 m。”其下与下奥陶统铁仙沟组，其上与中奥陶统均为整合关系，时代为下奥陶统。

【沿革】 北京地质学院豫南区测队（1961b）将该套地层称容吾树组，河南地质研究所（1962）沿用，时代为早奥陶世。河南地质矿产局、北京地质学院豫南区测队（1966）改建白龙庙组。中南地区地层表编写小组（1974）将其分为水田河组和白龙庙组。河南区调队（1981）沿用原定义白龙庙组。阎国顺等（1983）将原白龙庙组和其上的中奥陶统合称白龙庙组，时代仍属早奥陶世。裴放等（1987）将原白龙庙组改称龙泉组。阎国顺等（1988）、河南地质矿产局（1989）、刘印环等（1991）均采用白龙庙组原定义。

【现在定义】 指石瓮子组之上、牛尾巴山组之下的一套地层，主要岩性为灰色、浅灰色厚层含燧石条带（或团块）细晶白云岩，上部夹含生物屑亮晶砂屑灰岩和泥晶灰岩。其下以含燧石条带厚层细晶白云岩与石瓮子组厚层细晶白云岩整合接触，其上以厚层含燧石条带（或团块）细晶白云岩与牛尾巴山组厚层微晶灰岩整合接触。

【层型】 正层型为河南省淅川县脑子寨剖面（111°31′，33°09′），河南区调队1982年测制。

上覆地层：牛尾巴山组　浅灰色厚层微晶灰岩

——————整　合——————

白龙庙组　　总厚度 415.5 m

31. 灰色厚层含燧石条带（或团块）细晶白云岩，产牙形石：*Acontiodus staufferi Triangulodus variabilis*，*Drepanodus* sp.　　16.7 m

30. 灰白色厚层白云石化泥晶灰岩　　6.7 m

29. 浅灰色厚层含燧石条带中细晶白云岩，产牙形石：*Drepanodus subarcuatus*，*D.* cf. *tenuis*，*D. suberectus*　　46.9 m

28. 含生物屑白云岩化亮晶砂屑灰岩，产牙形石：*Triangulodus variabilis*，*Scolopodus barbatus*，*Drepanodus* sp.，*Paroistodus numarcuatus*　　1.0 m

27. 浅灰色巨厚层含大量燧石团块（或条带）中细晶灰岩，产牙形石：*Scolopodus* sp.，*Drepanodus suberectus*　　172.6 m

26. 浅灰色厚层细晶白云岩，偶含燧石条带，产牙形石：*Teridontus gracilis*，*Drepanodus subarcuatus*　　171.6 m

——————整　合——————

下伏地层：石瓮子组　灰色厚层细晶白云岩

【地质特征与区域变化】 白龙庙组主要岩性为厚层细晶白云岩，含燧石条带（团块）细晶白云岩、夹亮晶灰岩、泥晶灰岩、介壳灰岩，在淅川县小泉沟厚301.62 m，在淅川县脑子寨厚415.5 m。向西到陕西省商县潭沟口厚近450 m，且以白云质灰岩居多，含燧石条带。

白龙庙组含牙形石。在淅川县牛尾巴山产 *Teridontus gracilis*，*Scolopodus barbatus*，时代为早奥陶世。

牛尾巴山组　O_1n　（06－41－0327）

【创名及原始定义】 刘印环（1985）① 创名于淅川县城东之牛尾巴山，指前人所划中奥陶统。原始定义：“岩性主要为灰色、灰白色厚层细晶白云岩夹云斑泥晶灰岩、微晶灰岩，底部以微晶灰岩与白龙庙组厚层含燧石条带白云岩整合接触，顶部与岞岫组灰紫色火山角砾岩为平行整合接触，厚123 m”，时代为早奥陶世。

【沿革】 在创名前，北京地质学院豫南区测队（1961b）将该套地层划为中上奥陶统，河

① 刘印环，1985，河南淅川一带下奥陶统的划分与对比。河南区测，总18，11～15。

南地质研究所（1962）① 改称中奥陶统。中南地层表编写小组（1974）将其划为中奥陶统吊床沟组和上奥陶统，阎国顺（1983）将其归入白龙庙组。裴放等（1987）、阎国顺等（1988）、河南地质矿产局（1989）、刘印环等（1991）均沿用。本次对比研究选用牛尾巴山组，停止使用吊床沟组。

【现在定义】 指白龙庙组之上、岞岫组之下的一套地层，岩性为泥晶灰岩、白云质灰岩及粉晶白云岩，其下以微晶、泥晶灰岩与白龙庙组含燧石条带白云岩整合接触，其上部与岞岫组灰绿色玄武玢岩为平行不整合接触。

【层型】 正层型为淅川县牛尾巴山剖面（111°31′，33°09′），河南区调队1983年测制。

上覆地层：岞岫组 灰绿色玄武玢岩

——————— 平行不整合 ———————

牛尾巴山组	总厚度 168.1 m
37. 褐色片理化白云质灰岩	6.8 m
36. 灰紫色角砾状粉晶白云岩	37.7 m
35. 灰及灰白色厚层细晶白云岩，产牙形石：*Serratognathus diversus*, *Scolopodus asperus*, *Triangulodus variabilis*, *Drepanodus* sp., *Paroistodus* sp., *Acodus* ? *russori*	96.3 m
34. 灰及灰白色厚层云斑泥晶灰岩，产头足类：*Coreanoceras* sp., *Feratoceroides* sp., *Meniscoceras* sp.，牙形石：*Serratognathus diversus*, *Trianglodus variabilis*, *Scolopodus asperus*, *Drepanodus* sp.	11.4 m
33. 灰色厚层中细粒白云岩，产牙形石：*Serratognathus diversus*, *Paroistodus proteus*, *Triangulodus variabilis*, *Drepanodus* sp.	6.2 m
32. 浅灰色厚层微晶灰岩，产牙形石：*Serratognathus diversus*, *Triangulodus variabilis*, *Drepanodus* sp., *Scolopodus* sp.，头足类：*Chaohuceras* sp.? *Orderoceras* sp.	9.7 m

——————— 整　合 ———————

下伏地层：白龙庙组 灰色厚层含燧石条带（或团块）细晶白云岩

【地质特征及区域变化】 在荆紫关-师岗复向斜北翼铁仙沟以东，南翼石燕河以东，牛尾巴山组被岞岫组平行不整合覆盖，在铁仙沟、石燕河以西，被泥盆系平行不整合超覆。牛尾巴山组岩性以灰岩为主，夹白云质灰岩及白云岩，灰岩中多含燧石条带。从区域上看，在复向斜北翼东部脑子寨剖面为168.1 m，向西到小泉沟厚101.05 m，两条剖面相比，东部白云质成分明显较高。再向西到陕西省潭沟口一带，厚达近550 m，岩性以白云质灰岩为主，含燧石。因而可以看出，牛尾巴山组从东向西逐渐增厚，灰质成分增高。

牛尾巴山组产头足类化石 *Coreanoceras* sp.，牙形石 *Serratognathus diversus*, *Bergstroemognathus penctiniformis*, *Triangulodus variabilis*, *Juanognathus variabilis*，都是华南红花园期牙形石，因而牛尾巴山组时代为早奥陶世晚期。

岞岫组 $O_2\hat{z}$ （06-41-0324）

【创名及原始定义】 北京地质学院豫南区测队（1961b）创名于内乡县岞岫，原始定义"主要为一火山碎屑岩系，火山岩中夹小型基性侵入体，岩系中夹砾岩、砂岩及大理岩化灰岩。岩系下部与奥陶系统为假整合接触，接触处凹凸不平"，"其上限同下志留系蛮子营组为整合

① 河南地质研究所，1962，河南地层。

过渡”，厚127 m，时代划为早志留世。

【沿革】 在创名之前，曹世禄（1933）将该套地层划归志留系谢凹灰绿砂岩页岩系。创名之后被广泛沿用，定义基本没变。裴放等（1987）将其下部含灰岩的部分另建梁凹组，其上仍称岞岫组。本次对比研究选用岞岫组，停止使用谢凹灰绿砂岩页岩系，梁凹组。

【现在定义】 指牛尾巴山组之上，蛮子营组之下的一套火山岩系，主要岩性有灰绿色玄武玢岩、紫灰色凝灰岩、凝灰质粉砂岩、凝灰质砂砾岩、紫灰色页岩、砂岩等，局部夹灰岩、大理岩。其下与牛尾巴山组白云质灰岩平行不整合接触，其上以出现土黄色页岩、泥灰岩、白云岩与蛮子营组整合接触。

【层型】 正层型为淅川县王冠沟剖面（111°31′，33°00′），北京地质学院豫南区测队（1961）测制。

上覆地层：**蛮子营组** 砂质页岩

——————整 合——————

岞岫组	总厚度 127.4 m
6. 灰绿色凝灰质砂岩与砾岩互层	73.0 m
5. 凝灰砂岩砾岩与火山岩互层，夹薄层结晶灰岩	19.4 m
4. 凝灰砂岩	2.0 m
3. 黄白色钙质角砾岩	10.0 m
2. 大理岩或白色结晶灰岩，具黄白色泥质条带大理岩	3.0 m
1. 灰色、灰黄色安山玢岩，具长石斑晶及气孔构造，气孔充填物为绿帘石	20.0 m

－－－－－－ 平行不整合 －－－－－－

下伏地层：**牛尾巴山组** 石灰岩

【地质特征及变化】 岞岫组在荆紫关-师岗复向斜北翼淅川县铁仙沟到内乡县岞岫发育，南翼在石燕河到内乡县封家营发育。该组岩性及厚度变化较大。石燕河以凝灰质砂砾岩、火山角砾岩为主，厚25.20 m，向西2～3 km尖灭。向东到付家营主要为紫灰色凝灰岩、砂岩、页岩，厚度64.90 m，到王冠沟为玄武玢岩和凝灰质角砾岩，厚110 m。在北翼淅川城（上集）东6 km的梁凹，下部为灰紫色凝灰岩和灰岩，厚33.27 m，上部为凝灰岩。至内乡县岞岫几乎全为玄武玢岩，厚达340 m。从区域上分析，岞岫组西薄东厚，西部碎屑岩多，东部火山岩多，灰岩及大理岩分布不规则，但多在中部偏东地区的下部。

在淅川县梁凹，岞岫组下部的灰岩夹层中发现牙形石 *Serratognathus diversus*（裴放等，1985、1987），是华南红花园期化石，时代为早奥陶世末，在淅川地区可能为孑遗分子。上部没发现化石。据此确定岞岫组时代为中奥陶世。

蛮子营组　$O_{2-3}m$　(06-41-0325)

【创名及原始定义】 北京地质学院豫南区测队（1961）创建于淅川县蛮子营村，指岞岫组之上，中志留统砂质页岩之下的一套灰绿、土黄色页岩夹泥岩、泥灰岩及条带状灰岩，与上、下地层均为整合关系，“下部为砂质页岩夹多量的生物礁灰岩泥岩，上部为笔石页岩夹少量灰岩，厚203 m，时代为早志留世。

【沿革】 在创名之前，曹世禄（1933）将该套地层归谢凹灰绿砂岩页岩系，归志留纪。

创名之后被河南地质研究所（1962）①、中南地层表编写小组（1974）沿用。阎国顺等（1981）② 在淅川县张湾创立张湾组，其下部包含了蛮子营组上部地层，将蛮子营组中上部建石燕河组，将石燕河组和张湾组归蛮子营群，时代划归早志留世。阎国顺等（1983）引用其所建石燕河组、张湾组，分别归上奥陶统和下志留统，停用蛮子营群。裴放等（1987）将石燕河组下部泥岩夹灰岩部分建寺岗组，时代为中奥陶统，其上仍称石燕河组，时代为上奥陶统。阎国顺等（1988）③ 将相当寺岗组地层称石燕河组下段，时代为中奥陶统，上段为上奥陶统。刘印环等（1991）在寺岗组下部建杨庄村组，缩小了岞岫组、寺岗组。在石燕河组上部建刘家坡组，缩小了石燕河组。本次对比研究根据华北大区决议，选用蛮子营组，暂不选用杨庄村组、寺岗组、石燕河组、刘家波组，能否作为段应通过 1：5 万区调确定。

【现在定义】 蛮子营组指岞岫组火山碎屑岩之上、张湾组页岩之下的一套黄色泥岩、泥灰岩、粉砂质泥岩夹灰岩、泥质灰岩。其下以灰岩、黄色粉砂岩、泥岩与岞岫组紫灰色凝灰质粉砂岩分界，其上以泥岩、砂岩结束与张湾组页岩整合接触。

【层型】 该组选层型为淅川县石燕河剖面（111°18′，33°08′），河南区调队 1983 年测制。

上覆地层：张湾组 灰色厚层含粉砂质泥岩

——————— 整 合 ———————

蛮子营组 总厚度 417.4 m

23. 灰黄色厚层细砂岩 8.6 m

22. 灰黄色泥岩 20.0 m

21. 灰色厚层细粒岩屑石英砂岩夹灰绿色钙质泥岩，产化石。牙形石 *Yaoxiangnathus yaoxiangensis*，*Belodina* cf. *stonei*，*Panderodus gracilis*，*Aphelognathus solidum*，*Phragmodus* sp.，腕足类 *Palaeoschizophoria latisepta*，*Giraldiella*? sp.，*Sowerbyella* sp.，[H14] 腕足类 *Isorthis* cf. *qianbeiensis*，*Paraplectatrypa* sp.，*Salopina* cf. *minuta*，双壳类 *Tancrediopsis* sp.，*Mantheria* sp. 15.2 m

20. 灰色厚层泥岩 7.6 m

19. 灰色厚层泥质粉砂岩，产化石[H13]，腕足类 *Palaeoschizphoria latisepta*，*Sowerbyella* sp. 8.7 m

18. 灰、紫红色厚层泥岩，产双壳类[H12] *Tancreodiopsis* sp.，*Ctenodonta* sp.，*Deceptrix* sp.，*Mantheria* sp. 16.7 m

17. 灰绿色泥岩，含灰岩疙瘩，产化石[H11]，三叶虫 *Isotelus laevis*，*Dulanaspis laevis*，*Pliomerina* sp.，Encrinurid，珊瑚 *Agetolitella tashanensis*，*Agetolitoides* aff. *raritabulatus*，*A. minimus*，*Agetolites shanxiensis*，*Hemiagetolitina* ? sp.，*Heliolites densitabulatus*，*Stelliporella xichuanensis*，*Helicelasma* sp.；头足类 *Jiangxiceras* cf. *resupinatum*，*Yushanocersa* sp.，*Diestoceras* sp.，? *Armenoceras* sp.，腕足类 *Nalivkinia zhaohuajingensis*，*Kritorhunchia gracilis*，双壳类 *Ctenodonta*? sp.，牙形石 *Belodina confluens*，*B.* cf. *stonei*，*Pseudobelodina*? sp.，*Phragmodus* sp.，*Panderodus gracilis*，*P.* cf *panderi*，*P. liratus*，*Aphelognathus solidum*，? *Walliserodus* sp. 25.6 m

16. 紫灰色亮晶生物屑灰岩夹泥岩，产化石[H10]，珊瑚 *Agetolites shanxiensis*，牙形石 *Belodina stonei*，*B.* cf. *stonei*，*Aphelognathus solidum*，*Pseudobelodina dispanisa*，

① 河南地质研究所，1962，河南地层。
② 阎国顺等，1981，河南省东秦岭南坡早志留世地层。河南地质（2）。
③ 阎国顺等，1988，东秦岭南坡古生代地层及古生物。

Spathognathodus? sp. *Phragmodus* sp., *Panderodus gracilis*, *P. compressus*, *P. liratus*, *Drepanositodus suberectus* 8.5 m

15. 紫灰色厚层微晶白云岩 27.2 m

14. 灰黑色厚层含钙质微晶白云岩夹黄色泥岩，距底1.3 m，产珊瑚化石[H9]*Paracorrugopora shiyanheensis*, *Favistina* aff., *shifosiensis*, *Protoheliotites*? sp. 13.7 m

13. 灰色泥岩，产化石[H8]，珊瑚*Paracorrugopora gracilis*，*P. crassimuralis*，*Paraheliolites minimus*，*Heliolites minor*，*Plasmoporella convexotabulata chekiangensis*；腕足类 *Catazyga* sp.，*Nalivkinia latirectus*，*Rhynchotreta*? sp.，*Spirigerina*? sp.，三叶虫 Pliomerid，牙形石 *Panderodus gracilis*，*P. feulneri*，*Cordylodus*? sp.，*Phragmodus undatus*，*Aphelognathus*? sp.，*A. neixiangensis* 5.9 m

12. 灰黑色厚层微晶含白云质生物灰岩，产化石[H7]珊瑚 *Calapoecia yushanensis*，*Plasmoporella convexotabulata chekiangensis*；牙形石 *Belodina* cf. *stonei*，*Walliserodus* aff. *nahkolmensis*，*Yaoxiangnathus*? sp.，*Panderodus gracilis* 4.6 m

11. 灰色含灰岩疙瘩的泥岩，产化石［H6］，珊瑚 *Hemiagetolitella sigangensis*，*Plasmoporella convexotabulata*，*Calapoecia* sp.，*Amsassia* sp.，*Favistina*? sp.，腕足类 *Sowerbyella* sp.，牙形石 *Yaoxiangnathus yaoxianensis*，*Culumbodina* aff. *perpusillus*，*Belodina* sp.，*B. confluens*，*B.* cf. *confluens*，*Chirognathus* cf. *multidens*，*Drepanoistodus* sp.，*Aphelognathus neixiangensis*，*Phragmodus*? sp.，*P. undatus*，*Oulodus*? sp.，*Panderodus gracilis* 11.7 m

10. 灰色泥岩，含少量灰岩疙瘩，产化石［H5］，腕足类 *Plaesiomys* (*Dinorthis*)? sp.，*Sowerbyella* sp.，*Rostricellula*? sp.，三叶虫 *Neseuretus* sp. 11.7 m

9. 底部为1 m灰岩，其上为含灰岩疙瘩的泥岩，产化石4层［H4］，腕足类 *Plaesiomys kassini*，*Catazyga* cf. *hicksi*，*Sowerbyella* sp，*S. fupingensis* 三叶虫 *Neseuretus* sp. [H3]腕足类 *Sowerbyella* sp.，*Rostricellua* sp.，牙形石 *Phragmodus undatus*，*Belodina confluens*，[H2]层孔虫：*Clathrodictyon*? sp.，腕足类 *Catazyga* cf. *anticostiensis*，*Sowerbyella* sp，*Rostricellula* sp.，三叶虫 *Neseuretus henanensis*，牙形石 *Belodina* sp.，*Phragmodus*? sp.，*P. undatus*，[H1]腕足类 *Rostricellula* sp.，*Rafanoglossa*? sp.，三叶虫 *Plimera iliensis*，*Neseuretus* sp.，牙形石 *Belodina confluens*，*Phragmodus undatus*，*Aphelognathus neixiangensis* 等 29.0 m

8. 浅灰绿色含石英粉砂泥岩，含黄铁矿晶粒及灰岩团块，底部夹黄色含鲕灰岩凸镜体，产化石［H0］，腕足类 *Rostricellua* sp.，牙形石 *Culumbodina* aff. *perpusillus*，*Phragmodus undatus*，*Belodina compressa*，*B. confluens*，*Aphelognathus neixiangensis*，*A. solidum*，*Plectodina* sp.，*Panderodus* sp. 22.6 m

7. 灰色厚层含石英粉砂泥岩 140.6 m

6. 灰色长石石英粉砂泥岩 14.8 m

5. 浅灰绿色粉砂质泥晶白云岩 20.7 m

4. 灰色石英粉砂岩 4.0 m

——————整　合——————

下伏地层：岞岖组　紫灰色凝灰质粉砂岩夹薄层灰紫色灰岩

【地质特征及区域变化】 蛮子营组分布在荆紫关-师岗复向斜南北两翼，在北翼分布在淅川县铁仙沟以东到内乡县寺岗，在南翼分布在淅川县石燕河到内乡县封家营，在北翼铁仙沟以西，南翼石燕河以西2～3 km缺失该组（岞岖组亦缺失），牛尾巴山组被泥盆系平行不整合覆盖。从纵向上看，蛮子营组下部以泥岩、砂岩夹灰岩为主，上部以礁灰岩为主，夹泥岩、粉砂岩。从横向上看，在南翼的石燕河以泥岩为主，灰岩夹层在中部偏上，厚417 m，付家营以页岩为主，灰岩夹层在底部和上部，厚289.40 m，王冠沟以页岩和粉砂质页岩为主，仅底部分布有灰岩，中、上部没有灰岩，厚362.40 m。在北翼内乡县寺岗泥岩与灰岩近似，灰岩在中部发育，厚321 m。从在复向斜两翼相应位置的王冠沟和寺岗对比来看，该组厚度大致相当，但南翼砂质成分高，碳酸盐岩明显少。从复向斜南翼由西向东看，厚度略有变化，西厚417 m，中薄289 m，东中等362 m。从岩性上看，西部泥质成分多，东部砂质成分多，底部灰岩层位向东有增厚趋势，上部礁灰岩向东减薄以至消失。

蛮子营组中以牙形石、珊瑚、腕足类化石为主，牙形石有 *Aphelognathus neixiangensis*, *Phragmodus undatus*, *Belodina stonei*, *Yaoxianognathus yaoxianensis* 等，珊瑚主要有 *Favistina*, *Calapoecia*, *Plasmoporella*, *Agetolites*, *Agetolitoides*, *Agetolitella*，腕足类主要有 *Nalivkina*, *Palaeoschizophoria* 等，时代为中奥陶世晚期—晚奥陶世。

张湾组 $S_1\hat{z}$ （06-41-0326）

【创名及原始定义】 阎国顺等（1981）① 创建于淅川县张湾村。原始定义指石燕河组之上，中泥盆统底部不整合面之下的一套页岩夹泥岩，“主要岩性为土黄色、绿灰色、黄绿色页岩、粉砂质泥岩、页岩夹少量钙质泥岩和泥岩”，归蛮子营群，厚238 m，时代为早志留世。

【沿革】 在张湾组创名之前，曹世禄（1933）将其归于志留纪谢凹灰绿砂岩页岩系。北京地质学院豫南区测队（1961b）划为中志留统。创名张湾组时，不仅包含了原划中志留统，还包括了原蛮子营组上部地层，以含早志留世笔石为特征。创名之后被广泛沿用。

【现在定义】 指蛮子营组之上，上泥盆统白山沟组之下的一套以页岩为主的岩系，主要岩性为土黄色、黄绿色页岩，夹粉砂质泥岩、粉砂岩、泥灰岩。其下以蛮子营组泥岩夹灰岩结束，出现大量页岩或泥岩为本组开始，二组整合接触，其上与上泥盆统白山沟组底部砾岩为平行不整合接触。

【层型】 正层型为淅川县后凹剖面（111°27′，33°05′），河南区调队1983年重测。

上覆地层：白山沟组　灰黑色砾岩

——————— 平行不整合 ———————

张湾组　　　　总厚度 261.27 m

13. 土黄色泥岩，产三叶虫 F32 *Encrinuroides* sp.，*Latioproetus* sp.，F31 *Latiproetus latilimbatus*　　10.87 m
12. 紫红色含砾泥岩，产三叶虫 F30 *Latiproetus* sp.　　0.54 m
11. 黄褐色泥质粉砂岩与土黄色泥岩互层，产化石 F29（笔石）*Streptograptus lobiferus*，三叶虫 *Rophiophorus* sp.　　17.34 m
10. 黄褐色泥质粉砂岩夹土黄色泥岩，产笔石 F28 *Pristiograptus regularis*，F27 *Pristiograptus* sp.，三叶虫 *Latioproetus latilimbatus*，*L.* sp.，F26 *Pristiograptus* sp.　　7.05 m
9. 土黄色泥岩，产笔石 F25 *Monogratus sedgwickii*，*Demiratrites* cf. *labyrinthiforms*，*Oktavites involutus*　　3.79 m
8. 黄褐色泥质粉砂岩，产化石 F24（三叶虫）*Encrinuroides* sp.，*Leonaspis* sp.，*Dicranurus* sp.，*Songkania*，*hanjiadianensis*，笔石 *Demirastrites* sp.，F23 三叶虫 *Encrinuroides*

① 阎国顺等，1981，河南省东秦岭南坡早志留世地层，河南地质（2）。

sp.，*Leonaspis* sp.，*Phacops* sp.，F22 三叶虫 *Leonaspis* sp.，*Phacops* sp. 6.5 m

7. 土黄色泥岩，产丰富的笔石化石，F21 *Pristiograptus jaculun*，*Monograptus* cf. *distans*，*Monograptus* cf. *undulatus*，*Demirastrites denticulatus*，*D. decipiens*，*D.* cf. *labrinthiforms*，*Oktavites*? *delicatus*，F20 *Streptograptus lobiferus*，*Demirastrites triangulatus*，F19 *Demirastrites triangulatus*，*D.* cf. *denticulatus*，F18 *Monograptus* cf. *distans*，*Monograptus* sp.，*Streptograptus lobiferus*，F17 *Climacograptus minutus*，*Streptograptus lobiferus*，*Demirastrites denticulatus*，*D. triangulatus*，*Oktavites communis*，F16 *Climacograptus* sp.，*Pseudoclimacograptus guizhouensis*，*Pristiogratus jaculum*，*Streptograptus lobiferus*，*Demirastrites triangulatus*，F15 *Pristiograptus* sp.，*Demirastrites* sp.，*Oktavites* cf. *communis*，F14 *Pristiograptus mirabilis*，*Demirastrites triangulatus*，*Oktavites* cf. *communis*，F13 *Demirastrites* sp. F12 *Pristiograptes mirabilis*，F11 *Pristiograptes miravilis*，F10 *Pristiogrates mirabilis*，*Streptogratus lobiferus*，F09 *Pristiograptes* sp，F08 *Streptogratus lobiferus*，F07 *Pristiograptes mirabilis* 32.6 m

6. 紫红色泥岩，产笔石 F06 *Petalolithus minor*，*P. palmeus*，*P.* cf. *palmeus*，*Pristiograptus mirabilis*，*Monogratus* sp. 5.16 m

5. 土黄色泥岩夹少量粉砂岩，产三叶虫 F05 *Encrinuroies* sp.，*Odonlopteurid* sp. 14.84 m

4. 土黄色泥岩，产化石 F4-3，三叶虫 *Encrinuoides* sp.，*Odonlopteurid* sp.，笔石 *Coronograptus leei* 24.71 m

3. 土黄色泥岩夹泥质粉晶白云岩，产三叶虫 *Encrinuroides* sp.，*Gaotania* sp. 7.67 m

2. 土黄色泥岩夹薄层石英砂岩，产三叶虫 F1 *Encrinuroides* sp.，*Latiproetus* sp.，*Songkania* sp. 69.6 m

1. 土黄色含粉砂质粘土岩 60.6 m

——————— 整 合 ———————

下伏地层：**蛮子营组** 土黄色厚层细粒长石石英砂岩

【地质特征及区域变化】 张湾组分布在荆紫关-师岗复向斜南北两翼的老灌河以东地区，向西仅在南翼分布到石燕河地区，北翼老灌河以西被断层切割而缺失。目前作过剖面研究的仅有南翼的石燕河、付家营、张湾、王冠沟。在石燕河为泥岩、粉砂质泥岩，夹细砂岩，厚74.8 m。在付家营为页岩，少量砂岩及泥质砂岩，厚 145 m。在张湾后凹主要为泥岩，少量页岩、粉砂质泥岩，厚 238.67 m。在王冠沟碎屑岩偏多，主要为砂岩和页岩，部分钙质页岩、泥灰岩，厚 438.77 m。从区域上分布看，四条剖面由西向东逐渐增厚，西部以泥岩为主，中部以页岩为主，东部以砂岩和钙质泥页岩为主，从西向东有变粗趋势。

张湾组以含笔石、三叶虫为主。笔石有 *Cornograptus leei*，*Demirastrites triangulatus*，*D. convolutus*，*Monograptus sedgwichii*。三叶虫主要有 *Encrinuroides yichangensis*，*Leonaspis zhangwanensis*，*Gaotania Hubeienisi*，*Shiqiania xichuanensis* 等，时代为早志留世。

二、淅川南部

杨家堡组 $\in_1 y$ (06-41-0311)

【创名及原始定义】 朱洪源等（1988）创名于湖北省均县习家店乡杨家堡。原始定义指习家店一带寒武系底部“一套黑色地层，以发育硅质岩和碳质岩为特征，自下而上分为硅质岩段、碳质板岩、石煤段和硅质板岩段三个岩性段"，其下与震旦系灯影组白云岩为平行不整合接触，其上与岩屋沟组粉砂质板岩为整合关系，厚 35～71 m，时代为早寒武世。

【沿革】 创名之前该套地层曾被河南地质研究所（1962）① 划归小泉沟群，陕西区测队（1966）划归水沟口组。创名之后，河南地质矿产局（1989）曾将其划归祖师庙群。阎国顺等（1988）② 与杨家騄等（1991）所称杨家堡组均仅相当原命名时的下部硅质岩段。刘印环等（1991）所称杨家堡组包括硅质岩和碳质板岩。本次对比研究根据华北大区决议，选用杨家堡组，停止使用祖师庙群，在此不用水沟口组。

【现在定义】 在河南省，指寒武系底部的灰、灰紫色中层硅质岩和碳质板岩，其下与震旦系灯影组白云岩呈平行不整合接触，其上以出现浅灰色粘土质板岩与岩屋沟组分界。

【层型】 正层型剖面位于湖北省均县习家店乡杨家堡。河南省的次层型为淅川县秀子沟剖面（111°18′，32°53′），河南区调队 1983 年测制。

【地质特征及区域变化】 杨家堡组底部硅质岩层位较稳定，向上岩性变化较大。在淅川县秀子沟，下部为棕色薄层硅质岩，厚 4.2 m，上部为碳质板岩，厚 54.60 m。在淅川县风箱沟，下部为黑色薄层硅质岩夹钙质页岩，厚 8.4 m，中部为黑色碳质页岩，厚 8.34 m，上部为黑色燧石层夹钙质页岩，厚 8.78 m，总厚 25.63 m。在邓州市申家庄，下部未见底，出露灰黑色粘土质硅质岩，厚 16.98 m。

本组平行不整合于震旦系灯影组之上，在鄂豫交界的淅川县境内产三叶虫 *Arthricocephalus*，为沧浪铺晚期重要分子，故该组时代为早寒武世。

【问题讨论】 本书的杨家堡组仅相当原命名含义的下部硅质岩段和碳质板岩段，在河南省境内没有上部的硅质板岩段。阎国顺等（1988）和杨家騄等（1991）的杨家堡组仅指底部硅质岩，厚 2～4 m，太薄，不足以作为填图单位。

岩屋沟组 $\in_1 yw$ （06－41－0312）

【创名及原始定义】 朱洪源等（1988）创名于湖北省均县习家店乡岩屋沟。原始定义指该地区杨家堡组之上，冯家凹组之下的一套地层，"岩性较单一，由含碳质粉砂质板岩和粘土质板岩构成，不同程度地含钙质，厚 22～77 m"。时代为早寒武世。

【沿革】 在创名之前，河南地质研究所（1962）曾将该套地层划归小泉沟群，中南地层表编写小组（1974）划归水沟口组。创名之后，阎国顺等（1988）、杨家騄等（1991）引用，将其范围扩大到碳质板岩。刘印环等（1991）沿用。本文取刘印环等的含义。在此不用水沟口组。

【现在定义】 在河南省，岩屋沟组以淅川县秀子沟剖面为代表，指寒武系下部一套浅灰色粘土质板岩，其下与杨家堡组碳质板岩整合接触，其上与冯家凹组灰色厚层灰岩为整合关系。

【层型】 正层型位于湖北省均县习家店乡岩屋沟。河南省的次层型为淅川县秀子沟剖面（111°18′，32°53′），河南区调队 1983 年测制。

【地质特征及区域变化】 岩屋沟组分布在淅川县秀子沟、风箱沟、邓州市申家庄。在秀子沟为浅灰色粘土质板岩，厚 24.90 m。在风箱沟为灰紫色钙质泥岩，厚 20.20 m。在申家庄为灰黄色水云母粘土岩，厚 18.80 m。

---

① 河南地质研究所，1962，河南地层。
② 阎国顺等，1988，东秦岭南坡古生代地层及古生物。

在湖北省均县蒿坪，其上的冯家凹组产三叶虫 *Cheiruroides arsticus*，*Parachangaspis haopingensis* 等，为中寒武世化石，据此岩屋沟组时代为早寒武世。

冯家凹组 $\in_2 f$ (06-41-0313)

【创名及原始定义】 朱洪源等（1988）创名于湖北省均县习家店乡冯家凹。原始定义指该地岩屋沟组之上、习家店组之下的一套地层“以中厚层和厚层灰岩为主，顶部有一层厚 19～30 cm 的碎屑结晶灰岩”，其底部有一层含碳质泥质灰岩与岩屋沟组碳质粘土质板岩分界，顶部有黄灰色生物碎屑灰岩与习家店组灰黄、紫红色薄层泥灰岩夹紫色页岩分界，厚26 m，时代为中寒武世。

【沿革】 创名之前，河南地质研究所（1962）将该套地层划归小泉沟群，中南地层表编写小组（1974）划归岳家坪组，杨家騄（1988）划归蒿坪组和祖师庙群。创名后，阎国顺等（1988）将其划归汪家店组和冯家凹组，冯家凹组和其上的习家店组归祖师庙群。河南地质矿产局（1989）将其划归胡家庄群。杨家騄等（1991）、刘印环等（1991）引用冯家凹组与原定义相当，本书沿用。停止使用蒿坪组，在此不用岳家坪组。

【现在定义】 在河南省，指整合于岩屋沟组之上，习家店组之下的一套地层，主要岩性为厚层灰岩及厚层白云岩，夹生物碎屑灰岩及缎带状灰岩，其下以岩屋沟组浅灰色粘土质板岩消失、灰色厚层细晶灰岩出现为本组开始，其顶界为该组厚层细晶白云岩与习家店组薄层砂屑灰岩分界。

【层型】 正层型位于湖北省均县习家店乡冯家凹。河南省的次层型为淅川县秀子沟剖面（111°18′，32°53′），杨家騄等（1991）测制。

【地质特征及区域变化】 冯家凹组分布在淅川县风箱沟、秀子沟及邓州市申家庄。在风箱沟，底部有 1.29 m 的薄层泥质条带灰岩及厚层灰岩，下部为厚层中晶白云岩，中上部为泥质白云质灰岩及浅红色厚层泥质灰岩，厚 25.68 m。在秀子沟底部为灰色薄层粉晶灰岩夹黄色薄层泥灰岩，厚 2～7 m，其上为灰色薄—中层灰岩，总厚 35.5 m。在申家庄中下部为深灰色条带状微晶灰岩，顶部为灰黄色厚层白云岩，厚 19.93 m。该组岩性比较稳定，北部白云质成分高，南部泥质成分含量较高。

冯家凹组含三叶虫中上部产 *Mufushania*，*Holocephallina*，为中寒武世分子，该组时代为中寒武世。

习家店组 $\in_2 x$ (06-41-0314)

【创名及原始定义】 朱洪源等（1988）命名于湖北省均县习家店。原始定义指冯家凹组之上，蜈蚣丫组之下的一套地层，“底部为泥灰岩夹少量页岩，常呈紫红色和黄褐色，中上部以薄层灰岩为主，夹少量白云质灰岩，顶部夹泥质条带灰岩，厚 47～84 m”，时代为中寒武世。

【沿革】 在创名之前，该套地层曾称过其他名称。河南地质研究所（1962）称石步山群。中南地层表编写小组（1974）将其归入岳家坪组。杨家騄（1988）归入祖师庙群。创名之后，河南地质矿产局（1989）将其归入胡家庄群。本次对比研究选用习家店组，停止使用石步山群、胡家庄群。

【现在定义】 在河南省，指冯家凹组厚层灰岩之上、秀子沟组中厚层灰岩之下的一套青灰色薄—中层灰岩、灰质白云岩夹紫红色钙质页岩。其底部以紫色钙质页岩与冯家凹组灰色薄—中层灰岩整合接触，其顶部以含灰质白云岩与秀子沟组泥质条带灰岩整合接触。

【层型】 正层型位于湖北省均县习家店乡。河南省的次层型为淅川县秀子沟剖面（111°18′，32°53′），杨家騄等（1991）测制。

【地质特征及区域变化】 习家店组以薄层灰岩夹页岩为主，在秀子沟，底部为灰紫色钙质页岩，下部为含泥质白云岩夹白云质灰岩、钙质页岩，上部为豹皮状灰岩、薄层白云质灰岩夹紫红色钙质页岩，顶部为薄—中层白云质灰岩，厚 349.7 m。在风箱沟，下部为薄层灰岩夹紫红色薄层泥灰岩或页岩，上部为薄层灰岩夹紫色泥岩条带，厚 117.23 m。在邓州市申家庄，为灰、深灰色薄层微晶灰岩、泥质条带灰岩，不具页岩或泥岩夹层，厚 417.78 m。从区域上看，习家店组在北部风箱沟一带泥岩夹层多，在秀子沟页岩夹层多，在申家庄没页岩及泥岩夹层。

在秀子沟，习家店组下部产三叶虫 *Triplagnostus*，*Doryagnostus*，中部产三叶虫 *Aspidagnostus*，*Linguagnostus*，上部产三叶虫 *Xichuania*，*Eoshengia*，都是中寒武统化石，因而习家店组时代为中寒武世。

秀子沟组 ∈O *x* （06－41－0315）

【创名及原始定义】 北京地质学院豫南区测队（1961b）创名于淅川县盛湾乡秀子沟，原称袖子沟组，指分布在丹江南、北的上寒武统，丹江以南发育较好，并含丰富的化石，下部褐灰色白云质灰岩与褐色灰岩互层，上部深灰黑色薄层含燧石的薄层灰岩，具微细层理结构，厚 402.78 m，分为上、下两段。丹江以北多为白云质灰岩夹泥灰岩，厚 102～160 m，其上与下奥陶统铁仙沟组整合接触。

【沿革】 自创名后，河南地质研究所（1962）沿用，称袖子沟群。中南地层表编写小组（1974）划归蜈蚣丫组。河南地质矿产局（1989）称徐家庄群。阎国顺（1989）、杨家騄等（1991）称秀子沟群，自下而上分为徐沟组和盛湾组。刘印环等（1991）将相当该组地层下部称蔡沟组，上部称秀子沟组。本书秀子沟组包括原命名的秀子沟组和其上的铁仙沟组（后人改称白龙庙组或龙泉组）。停止使用蜈蚣丫组、徐家庄群，暂不选用徐沟组、盛湾组、蔡沟组，能否作为段，要通过 1：5 万区调确定。

【现在定义】 指习家店组之上的一套地层，下部为中—厚层灰岩、白云质灰岩、泥质条带灰岩夹溶洞灰岩，中部为薄层微晶灰岩 、泥质条带灰岩、细晶白云岩，层面上常见红色泥质薄膜；上部为厚层含燧石团块灰岩、泥质团块纹层灰岩、细晶白云岩。其下以本组泥质条带灰岩与习家店组灰质白云岩整合接触，其上未见顶。

【层型】 正层型为淅川县秀子沟剖面（111°18′，32°53′），河南区调队 1983 年重测。

秀子沟组	总厚度 1 132.8 m
31. 灰白色厚层细晶白云岩，产牙形石 "*Acodus*" *oneotensis*。（未见顶）	10.8 m
30. 深灰色巨厚层亮晶砂屑灰岩，产牙形石 *Scolopodus xiuzigouensis*，"*Acodus*" *oneotensis*，*Drepanodus* sp.	19.7 m
29. 灰色厚层含燧石团块（或条带）亮晶砂屑灰岩，产牙形石 "*Acodus*" *oneotensis*，*Acontiodus staufferi*	14.9 m
28. 含腕足介壳灰岩，产牙形石 "*Acodus*" *oneotensis*，*Acontiodus staufferi*，*Scolopodus xiuzigouensis*，*S. triplicatus*	1.6 m
27. 灰白色厚层含燧石团块白云石化亮晶砂屑灰岩，产牙形石 "*Acodus*" *oneotensis*，*Chosonodina herfurthi*，*Drepanodus subarcuatus*，*Scolopodus restrictus*，*S.*	

cf. *triplicatus*, *S. xiuzigouensis*, *S.* cf. *filosus*, *Glyptoconus*? *concavus*, *Acontiodus stauf-feri*, *A.* aff. *iowensis*, *Teridontus* sp. 102.4 m

26. 灰白色厚层微晶灰岩，偶含燧石团块 118.2 m
25. 灰色厚层细晶白云岩 14.6 m
24. 灰白色厚层微晶灰岩，偶夹细晶白云岩凸镜体 93.7 m
23. 灰白色厚层细晶白云岩 47.6 m
22. 灰白色厚层亮晶凝块石灰岩夹浅灰色厚层细晶白云岩 26.6 m
21. 灰白色厚层细晶白云岩，偶夹薄层细晶白云岩 172.4 m
20. 浅灰色厚层蚀变泥晶灰岩，夹灰色薄层微晶灰岩 147.5 m
19. 灰白色厚层含棘屑微晶灰岩，偶夹微晶白云岩 37.7 m
18. 灰色薄层泥质条带亮晶粉屑灰岩，含三叶虫 Mansuyiid 及腕足类 11.6 m
17. 深灰色厚层亮晶细砂屑粉屑灰岩，偶夹薄层泥晶灰岩 48.3 m
16. 灰白色厚层含生物屑，砂屑泥晶灰岩 74.6 m
15. 灰黑色中层亮晶细砂屑粉屑灰岩 29.5 m
14. 灰白色中厚层含生物屑，砂屑泥晶灰岩 65.8 m
13. 灰色厚层细晶白云岩 28.8 m
12. 灰黑色薄层夹中层亮晶粉屑灰岩 37.1 m
11. 灰色薄层微细晶白云岩夹厚层细晶白云岩。产三叶虫“*Chuangiella*” *elongata*，“*Ch.*” *sichuangica*，*Eokaolishania* sp.，*Abharella* sp.，Damesellid 及腕足类 29.4 m

——————整　合——————

下伏地层：**习家店组**　灰黑色缎带状泥晶灰岩夹砾屑灰岩

【地质特征及区域变化】　秀子沟组以灰岩为主，在秀子沟，下部（11～18 层）为中—厚层亮晶粉屑灰岩夹白云岩、泥质条带灰岩，中部（19～23 层）为薄层灰岩、厚层细晶白云岩，上部(24～31 层)为厚层微晶灰岩、含燧石团块亮晶砂屑灰岩、泥质团块灰岩，厚1 132.80 m。在申家庄，下部（17～35 层）为中薄层—厚层微晶灰岩、泥质条带灰岩，中部（36～49 层）为含燧石团块微晶灰岩夹微晶灰岩，上部（50～58 层）为微晶灰岩、白云质灰岩，夹含燧石团块（条带）微晶灰岩，厚 754.91 m。两条剖面对比，秀子沟下部砂屑较多，中部白云质含量高，燧石含量少，上部白云质含量少。

秀子沟组底部产三叶虫 *Chuangiella*，属晚寒武世。上部产牙形石“*Acodus*” *onentensis*，*Chosonodina herfurthi*，*Scolopodus xiuzigouensis* 等，为早奥陶世 Tremadocian 期牙形石，因而秀子沟组时代为晚寒武世—早奥陶世。

三、西峡-大别山地区

周进沟(岩)组　$Pz_1\hat{z}$　(06-41-0225)

【创名及原始定义】　河南区调队（1976）① 于西峡县周进沟附近创名周进沟组。原始定义：“下部为透闪大理岩、金云大理岩、长石石英岩夹含金红石黑云钠长角闪片岩、石墨片岩等主要岩性。上部为二云石英片岩、二云片岩、白云钙质片岩、钙质二云石英片岩夹方柱黑云石英片岩、方柱绿泥钙质片岩、变质粉砂岩、大理岩等。”与上覆瓦屋场组断层接触，未见

① 河南区调队，1976，1∶5 万河南西峡、淅川、内乡一带区测报告。

底。归陡岭群下部，属元古代。

【沿革】 北京地质学院豫南区测队（1961b）将其划归荡泽河组的一部分，时代为太古代。秦岭区测队（1965d）归所称刘岭组的一部分，时代归下元古代。河南区调队（1981a）及河南地矿局（1989）将该套地层划归中元古代信阳群龟山组。商庆芳、薛松鹤（1992）称龟山组下亚组，归信阳群，时代为早奥陶世—早泥盆世。河南区调队（1993）① 认为该套地层与其两侧地层均为断层接触，改称周进沟岩组，并从陡岭群中分出，时代归早古生代，本书沿用。

【现在定义】 主要岩性为二云（白云）石英片岩、钙质二云（石英）片岩、二云（白云）片岩，局部夹石英岩、浅粒岩、变质粉砂岩等。上部为大理岩，内夹含金红石黑云母钠长角闪片岩。与南侧陡岭杂岩，北侧南湾组、白垩系上统均为断层接触。

【层型】 正层型位于西峡县重阳乡周进沟（111°14′，33°22′），由河南区测队（1976）测制。

陡岭杂岩：**花岗质片麻岩**

═══════ 断 层 接 触 ═══════

周进沟（岩）组	总厚度 1 967.20 m
22. 二云片岩夹薄层石英岩	160.5 m
21. 白云钙质片岩夹变质钙质粉砂岩等	135.9 m
20. 白云片岩夹变质钙质粉砂岩	108.9 m
19. 白云石英片岩	56.6 m
18. 二云石英片岩	37.5 m
17. 浅粒岩	38.2 m
16. 二云石英片岩夹钙质二云片岩、砂质大理岩	412.2 m
15. 白云石英片岩夹钙质片岩及变质钙质粉砂岩	79.6 m
14. 钙质二云石英片岩	74.1 m
13. 钙质二云片岩夹薄层石英岩（具单向斜层理）	75.1 m
12. 二云石英片岩夹薄层石英岩及方柱云英片岩	44.1 m
11. 方柱绿泥钙质片岩	35.2 m
10. 二云石英片岩夹钙质二云石英片岩	93.8 m
9. 钙质二云石英片岩	19.0 m
8. 钙质二云片岩，顶部大理岩	30.7 m
7. 二云石英片岩夹方柱石英片岩	73.6 m
6. 石英岩夹凸镜状大理岩	22.5 m
5. 长石石英岩夹大理岩	67.0 m
4. 透闪大理岩，下部夹凸镜状角闪片岩；上部厚层状大理岩	75.8 m
3. 含金红石黑云钠长角闪片岩夹凸镜状大理岩。为金红石含矿层	9.2 m
2. 透闪大理岩夹厚层状大理岩，含金红石黑云钠长角闪片岩、石墨白云片岩等	167.0 m
1. 厚层状金云大理岩夹透闪大理岩，底部为条纹状大理岩。（未见底）	150.7 m

【地质特征及区域变化】 周进沟（岩）组分布于西峡县西部的新庙、周进沟、红槽沟一

---

① 河南区调队，1993，1∶5万寨根、米坪、西坪、丁河幅区调报告。

带（图 8－1），呈北西西向长条状展布，为两条断裂夹持的一套变质地层。本套地层表现为一系列轴面向北倾，紧闭同斜型小褶皱，面理置换强烈，无法准确测量其真实厚度。变质程度总体较低，以绿片岩相为主，在横向上，东部出现较多变质砂岩，原岩结构构造保留较多，西部变质较深，原岩结构保留较少。据野外及岩石化学特征判断，其原岩主要为石英砂岩、泥（钙）质粉砂岩和石灰岩夹基性火山岩。

该（岩）组上部大理岩中的金红石含矿层已构成河南省最大的金红石矿床。

商庆芳等（1992）于西峡县重阳乡八庙周进沟（岩）组上部透闪石大理岩中发现粗枝藻、腕足类碎屑和钙质单射海棉骨针（?）等化石。该（岩）组上部大理岩中所夹的含金红石角闪片岩中的角闪石 K－Ar 年龄值为 455 Ma，故暂将周进沟（岩）组的时代归早古生代，有延入早泥盆世的可能性。

第二节　生物地层单位

南秦岭地层区下古生界岩石地层调查较早，但生物地层研究较晚。德日进等（1935）、李悦言（1938）、项礼文等（1962）、邓永高等（1959）在该地区均发现了一些古生物化石，但都没建立生物地层单位。进行生物地层单位研究与建立生物地层序列的有阎国顺等（1988）、汪啸风等（1986）、裴放等（1987）、河南地矿局（1989）、杨家騄等（1991）、刘印环等（1991）。现依据前人研究成果对丹江南北寒武纪三叶虫，奥陶纪牙形石、珊瑚、腕足类，志留纪笔石的生物地层单位划分如下（表 9－3）。

一、寒武纪三叶虫生物地层单位

（一）淅川北部

1. *Hupeidiscus* – *Sinodiscus* 带

该带分布在脑子寨、小泉沟一带，相当岩石地层单位为水沟口组中部，以脑子寨剖面第 3 层为代表剖面。该带仅有三叶虫化石 2 属 5 种，即 *Hupeidiscus shipaiensis*，*H. orientalis*，*H. jingshanensis*，*Sinodiscus changyangensis*，*S. similis*。

2. *Ichangia* – *Neocobboldia* 带

该带分布在脑子寨、小泉沟一带，相当岩石地层单位为水沟口组中部，以脑子寨剖面第 4 层为代表。该带三叶虫化石为 *Ichangia ichangensis*，*Neocobboldia chinlinica*，*N. xichuanica*。共生有金臂虫 *Houlongdongella xichuanensis*，*Phaseolella curvata*，*P. dimorpha*，*Ovaluta usualis*，*O. henanensis*，*Monasterium bucerum*。

3. *Redlichia hepehensis* – *Megapalaeolenus* 带

该带分布在脑子寨、独立山、小泉沟等地，相当岩石地层单位为水沟口组上部，上覆地层无化石，以脑子寨剖面第 5、6 层为代表剖面，厚 28.60 m。该带化石比较丰富，计有 *Redlichia noetlingi*，*R. haiyangensis*，*R. xickuanensis*，*R. cylindrica*，*R. hupehensis*，*R. endoi*，*R. hobayashii*，*R. marahamii intermedia*，*Kootenia orientalis*，*K. xiaoquangouensis*，*K. henanensis*，*K. zhenganensis*，*Megapalaeolenus manus*，*M. deprati*，*M. quadratus* 等。

（二）淅川南部

1. *Paraperiomma* – *Poulsenia* 组合带

该带分布在秀子沟、风箱沟，相当岩石地层单位为冯家凹组底部，以秀子沟剖面（杨家

表 9-3 南秦岭地层区早古生代生物地层单位划分表

年代地层		浙川北部							浙川南部		
系	统	组	三叶虫	牙形石	珊瑚	腕足	头足	笔石	组	三叶虫	牙形石
志留系	下统	张湾组	(*Encrimuroides*) (*Ptilillaenus*)					*Monograptus sedgwickii*			
								Demirastrites convolutus			
								Demirastrites triangulatus			
								Coronograptus leei			
奥陶系	上统	蛮子营组	*Pliomerina-Sinocephaloides*	*Yaoxianognathus yaoxianensis-Belodina stonei*	*Agetolites-Agetolitoides-Agetolitella*	*Palaeoschizophora-Salopina*	(*Richardsnoceras*)				
	中统			*Aphelognathus neixiangensis-Phragmodus undatus*	*Favistina-Calapoccia-Plasmoporella*	*Nalivkina-Kritorhynchia*	(*Yuxianoceras*)				
						Catazyga-Rostricellula					
		岞岖组									
	下统	牛尾巴山组		*Serratognathus diversus*			(*Careanoceras*)				
		白龙庙组		*Scolopodus barbatus*					秀子沟组		“*Acodus*”*oneotensis-Chosonodina herfurthi*
寒武系	上统	石瓮子组								*Chuangiella*	
										Bergenonites-Mansuyia	
	中统	岳家坪组							习家店组	*Xichuania-Eoshengia*	
										Linguagnostus-Diplagnostus	
										Aspidagnostus	
										Triptlagnostus-Doryagnostus	
									冯家凹组	*Mufushania-Holocephalina*	
										Paraperiomma-Poulsenia	
	下统	水沟口组	*Redlichia hupehensis-Megapalaeolenus*						岩屋沟组		
			Ichangia-Neocobboldia								
			Hubeidiscus-Sinodiscus						杨家堡组		

禄等，1991）第 3 层为代表剖面。该带含三叶虫 *Paraperiomma nodosa*，*P. huangnipoensis*，*Poulsenia decipiens*，*P. shenjiayingensis*，*Kootenia henglingheensis* 等。

2. *Mofushania* - *Holocephalina* 组合带

相当岩石地层单位为冯家凹组中上部，以秀子沟剖面等 4 层为代表剖面，化石产在偏上部，计有 13 属 20 种，主要有 *Peronopsis fallax*，*P. fallax farox*，*P. xichuanensis*，*Wuania trigona*，*Corynexochus eosimplex*，*C. elongatus*，*Kootenia* sp.，*Dinesus granulosa*，*Holocephalina chinensis*，*H. trapezia*，*Trigonaspis hujiaensis*，*Latilimbata huangshuiensis*，*Solenoparia conica*，*Crassifimbra columnaris*，*Mufushania transversa*，*Paramecephallus elongatus*，*Xingrenaspis curvus* 等。

3. *Triplagnostus* - *Doryagnostus* 组合带

该带分布在秀子沟、风箱沟等地，相应岩石地层单位为习家店组下部，以秀子沟剖面 5～9 层为代表剖面，垂直地层厚度 154.50 m。该带共包含三叶虫 13 属 16 种，主要有 *Triplognostus gibbus posterus*，*Goniagnostus* sp.，*Doryagnostus incertus*，*Ptychagnostus* sp.，*Anomocarella zushimiaoensis*，*Dorypyge qinlingensis*，*Kootenia* sp.，*Agraulos transversus*，*Fochouia quadraglabella*，*F. oratolimba*，*Danjiangella danjiangensis*，*Mapania* sp.，*Ptychoparella minita*，*Phalagnostus* cf. *majus*，*P. ovalis*，*Coniagnostus* sp. 等。

4. *Aspidagnostus* 带

该带分布在秀子沟，相当岩石地层单位为习家店组中部，以秀子沟剖面第 10 层下部 42 m 为代表剖面。该带共有三叶虫 9 属 16 种，主要有 *Aspidagnostus primitivus*，*A. orientalis*，*Peronopsis rakuroensis*，*Pseudoperonopsis syrma*，*Hypagnostus transversus*，*H. vulgarus*，*Fuchouia* cf. *orantolimba*，*Pianaspis sinensis*，*P. attenuata*，*Eoshengia constricta* 等。

5. *Linguagnostus* - *Diplagnostus* 组合带

该带分布在秀子沟，相当岩石地层单位为习家店组中部，以秀子沟剖面第 10 层下部 42～48 m 之间为代表剖面。该带共有化石 11 属 18 种，其中 7 种来自下伏地层，主要有 *Peronopsis*? *bilobus*，*P. fallax ferox*，*P. laiwuensis*，*P. rakuroensis*，*Linguagnostus kjerulfi*，*Diplagnostus qinlingensis*，*Hypagnostus vulgarus*，*H. transversus*，*Pianaspis sinensis*，*P. attenuata*，*Fuchouia* cf. *oratolimba*，*Eoshengia rigida*，*E. peretenuis*，*Extrania trigona*，*Huzhouia paratypica*，*Quadraspis shengwanensis*，*Ptychagnostus aculeatus*。

6. *Xichuania* - *Eoshengia* 组合带

该带分布在秀子沟，相当岩石地层单位为习家店组上部，以秀子沟剖面第 10 层中上部为代表剖面。该带化石十分丰富，共有 13 属 23 种，其中 7 属 20 种与下带不同，主要化石有 *Hypagnostus vulgarus*，*H. gibber*，*Peronopsis ozakii*，*Solenoparia* sp.，*Menchuriella tenuilabrosa*，*Anomocarella*? cf. *flava*，*Paramapania qinlingensis*，*Quadraspis*? *centronatus*，*Matalisania subquadrata*，*Xichuania xiuzigouensis*，*X. magnipalpebra*，*Eoshengia xinjiangensis*，*E. dongqinlingia*，*E. constricta*，*E. parva*，*Paradamesops qinlingensis* 等。

7. *Bergeronites* - *Mansuyia* 组合带

该带分布在秀子沟，相当岩石地层单位为秀子沟组下部。该带化石贫乏，产在第 15 层，计有 *Bergeronites punctatus*，*Mansuyia* sp.，*Coosia* sp. 等。在蔡家沟剖面（邓永高，1959），尚见有 *Blackwelderia* sp.，*Drepanura* sp. 等，当属此带下部。

8. *Chuangiella* 带

该带分布在秀子沟、蔡沟，相当岩石地层单位为秀子沟组中部，在秀子沟主要化石有 *Maladivides qinlingensis*，在蔡沟产 *Ptychagnostus sinensis*，*Pseudognostus orientalis*，*P. cyclopygeformis*，*Homagnostus hai*，*H. haiformis*，*Aspidagnostus acutiforons*，*Prochangia* sp.，*Chuangiella elongata*，*C. sichuanica*，*Changia tawenhouensis*，*Prosaukia* sp. 等，当属此带。

二、奥陶纪牙形石带

1. "*Acodus*" *oneotensis* – *Chosonodina herfurthi* 带

分布在淅川县南部秀子沟，相当岩石地层单位为秀子沟组上部 27～31 层，下伏生物地层单位为三叶虫 *Chuangiella* 带。该带牙形石比较繁盛，主要有"*Acodus*" *oneotensis*，*Chosonodina herfurthi*，*Scolopodus xiuzigouensis*，*S.* cf. *filosus*，*S. restrictus*，*S.* cf. *triplicatus*，*Acontiodus staufferi*，*A.* aff. *iowensis*，*Drepanodus subarcuvatus* 等。

2. *Scolopodus barbatus* 带

分布在淅川县北部牛尾巴山，相当岩石地层单位为白龙庙组，以牛尾巴山剖面 12～17 层为代表剖面，下伏地层产牙形石 *Drepanodus subarcuvatus*，*Teridontus gracilis*，大致相当秀子沟的"*Acodus*" *oneotensis* – *Chosonodina herfurthi* 带。*Scolopodus barbatus* 带牙形石比较丰富，主要有 *Scolopodus barbatus*，*S. asperus*，*Drepanodus suberectus*，*D.* cf. *tenuis*，*Paroistodus proteus*，*Triangulodus variabilis*，*Acontiodus staufferi* 等。

3. *Serratognathus diversus* 带

该带分布在牛尾巴山、小泉沟等地，以牛尾巴山剖面 18～24 层为代表剖面。该带主要有 *Serratognathus diversus*，*Triangulodus variabilis*，*Scolopodus asperus*，此外还有 *Scolopodus asperus priscus*，*Acodus*? *russori*，*Paroistodus proteus*，*Juanognathus variabilis* 等。

4. *Aphelognathus neixiangensis* – *Phragmodus undatus* 带

该带分布在淅川县石燕河、内乡县寺岗，相当岩石地层单位为蛮子营组中下部，以内乡县寺岗剖面 6～21 层为层型剖面，下伏地层不含牙形石或其他化石。该带主要牙形石有 *Aphelognathus neixiangensis*，*A. solidum*，*Phragmodus undatus*，*Tasmanognathus*? *sigangensis*，*Belodina confluens*，*Panderodus gracilis* 等。

5. *Yaoxianognathus yaoxianensis* – *Belodina stonei* 带

该带分布在淅川县石燕河、内乡县寺岗，相当岩石地层单位为蛮子营组上部，以石燕河剖面 14～21 层为层型剖面。该带牙形石比较丰富，主要有 *Yaoxianognathus yaoxianensis*，*Belodina stonei*，*B. confluens*，*Pseudobelodina dispansa*，*Panderodus feulneri*，*P. gracilis*，此外还有 *Aphelognathus solidum*，*Tasmanognathus*? *sigangensis* 等。

三、奥陶纪珊瑚化石带

1. *Favistina* – *Calapoecia* – *Plasmoporella* 组合带

该带分布在石燕河和内乡县寺岗，相当岩石地层单位为蛮子营组中部，下伏地层不含珊瑚，以石燕河剖面 11～14 层为层型剖面。该带主要化石有日射珊瑚 *Plasmoporella convexotabulata*，*P. convexotabulata chekiangensis*，*Heliolites minor*，*Paraheliolites minimus*，*Protoheliolites*，床板珊瑚 *Hemiagetolitella sigangensis*，*Calapoecia yushanensis*，*Paracorrugopora gracilis*，*P. crassimuralis*，*P. shiyanheensis*，四射珊瑚 *Favistina* aff. *shifosiensis* 等。

2. *Agetolites－Agetolitoides－Agetolitella* 组合带

该带分布在石燕河、内乡寺岗，相当岩石地层单位为蛮子营组中部偏上，以石燕河剖面15～17层为层型部面。该带化石偏少，有床板珊瑚 *Agetolites shanxiensis*，*Agetolitoides raritabulata*，*A. oculiporoides*，*A. minimus*，*Agetolitella tashanensis*，日射珊瑚 *Heliolites densitabulatus*，*Stelloporella xichuanensis*，四射珊瑚 *Heliocelasma* sp. 等。

四、奥陶纪腕足类化石带

1. *Catazyga－Rostricellula* 带

分布在石燕河、寺岗等地，相当岩石地层单位为蛮子营组中部，以石燕河剖面8～12层为层型剖面。下伏地层不含腕足化石，该带主要化石有 *Catazyga* cf. *anticostiensis*，*C.* cf. *hicki*，*Restricellula* sp.，*Rafangolossa* sp.，*Sowerbyella* sp. 等。

2. *Nalivkina－Kritorhynchia* 带

分布在石燕河、寺岗，相当岩石地层单位为蛮子营组中部靠上，以石燕河剖面13～17层为层型剖面。该带化石分布在上、下部，下部有 *Nalivkina latirectus*，*Spiringerina*? sp.，上部产 *Nalivkina zhaohuajingensis*，*Kritorhynchia gracilis* 等。

3. *Palaeoschizophora－Salopina* 带

相当岩石地层单位为蛮子营组上部，以石燕河剖面18～21层为层型剖面。该带化石有 *Palaeoschizophora laticepta*，*Isorthis* cf. *qianbeiensis*，*Salopina* cf. *minuta*，*Giraldiella*? sp.。

五、志留纪笔石带

1. *Coronograptus leei* 带

分布在张湾，相当岩石地层单位为张湾组中部，以张湾后凹剖面第4层到第7层下部为代表剖面（化石点F3～F12），下伏地层未发现笔石。该带的笔石稀少，下部有 *Coronograptus leei*，上部有 *Pristiograptus mirabilis*，*Streptograptus lobiferus*，*Petalolithus minor*，*P. palmeus*，*Monograptus* sp. 等。

2. *Demirastrites triangulatus* 带

分布在张湾，相当岩石地层单位为张湾组上部，以后凹剖面第7层中部为代表剖面（F13～F20）。该带笔石丰富，主要有 *Demirastrites triangulatus*，*Pristiograptus mirabilis*，*Streptograptus lobiferus*，*Oktavites* cf. *communis*，*Demirastrites denticulata* 等，其次还有 *Climacograptus minutus*，*Pseudoclimacograptus guizhouensis* 等。

3. *Demirastrites convolutus* 带

分布在张湾，相当岩石地层单位为张湾组上部，以后凹剖面第7层上部到第8层为代表剖面（F21～F24）。该带笔石丰富，主要化石有 *Demirastrites* aff. *convolutus*，*D. decipina*，*D.* cf. *labrinthiformis*，*D. denticulatus*，*Pristiograptus jaculum*，*Monograptus* cf. *undulatus*，*M.* cf. *distans*，*Oketavites*? *delicatus* 等。

4. *Monograptus sedgwickii* 带

分布在张湾，相当岩石地层单位为张湾组上部，以后凹剖面第9～11层为代表剖面（F25～F29）。该带笔石稀少，有 *Monograptus sedgwickii*，*Oketavites involutus*，*Demirastrites* cf. *labrinthiformis*，*Pristiograptus regularis*，*Streptograptus lobiferus* 等。

六、其它生物地层单位

南秦岭分区下古生界除了上述门类生物地层单位之外，还含有头足类、金臂虫、双壳类等化石，个别地方还建有生物带。

1. 阎国顺等（1988）在牛尾巴山组建头足类化石 *Coreanoceras* 带

包含 *Coreanoceras yunanensis*，*C. reniformis*，*Endoceras xichuanensis*，*Cyrtovaginoceras xichuanensis*，*Belemnoceras triformatus* 等。

2. 阎国顺等（1988）在蛮子营组上部（原石燕河组上段）建三叶虫 *Pliomerina* - *Sinocephaloides* 带

成员有 *Pliomerina fupingensis*，*P. henanensis*，*Wuchuanella shiyanheensis*，*Sinocephaloides xichuanensis*，*Meroperix minor* 等。

此外，蛮子营组内还含有头足类 *Yuxianoceras*，*Richardsnoceras*，张湾组还产有三叶虫 *Ptilillaenus*，*Encrimuroides* 因前人未建带，故本次亦不建带。

第三节　淅川北部与南部寒武纪地层的对比

淅川北部与南部寒武系具有明显差异，因而采用两套地层名称。通过两地区寒武纪岩石、生物地层的对比，可以分析寒武纪时南秦岭分区沉积环境及其演变。

（一）岩石地层对比

1. 淅川地区寒武系底部均为硅质岩，淅川县南部归杨家堡组，淅川县北部归水沟口组，岩性相似，层位稳定，可以对比。在湖北省均县蒿坪厚 4.4 m，在均县冯家凹厚 8 m，在河南省淅川县秀子沟厚 4.2 m，在北部脑子寨为水沟口下部硅质岩夹硅质白云岩，厚 9.8 m，很明显南部薄于北部，均为外陆架深盆沉积。硅质岩之上，蒿坪为深灰色硅质板岩、硅质泥岩，厚 37.42 m，冯家凹为碳质板岩、硅质板岩、粘土质板岩，厚 45 m，淅川县秀子沟为黑色碳质板岩，厚 54.6 m，为外陆架深盆沉积。脑子寨水沟口组中部为泥晶灰岩夹页岩，厚 26.1 m。为外陆架深盆及开阔台地沉积，与南部相比明显钙质成分高，厚度减薄。

2. 淅川县南部岩屋沟组，在蒿坪为硅质粘土岩，厚 18.10 m，在冯家凹为粘土质板岩，厚 27 m，在秀子沟为粘土质板岩厚 24.9 m，为陆架边缘盆地沉积。在脑子寨，水沟口组上部为泥晶灰岩夹少量页岩，厚 22.30 m，为浅海陆架相沉积。

3. 淅川南部冯家凹组为厚层灰岩，蒿坪厚 9.72 m，冯家凹厚 25 m，秀子沟厚 35.5 m，由南向北增厚，为碳酸盐岩陆架沉积。到脑子寨，岳家坪组底部为 36.60 m 厚的白云岩，为碳酸盐潮坪沉积，可与均县小区冯家凹组对比。

4. 淅川南部习家店组，在蒿坪为泥质条带灰岩，厚 66.1 m，冯家凹为泥质条带灰岩夹灰岩，厚 84 m，秀子沟为白云质灰岩夹云斑灰岩，底部具紫色页岩，厚达 289.7 m，明显南薄北厚，为台缘斜坡环境，南深北浅。到脑子寨，岳家坪组中部为白云质灰岩及泥灰岩，上部为泥灰岩夹紫色页岩，厚 247 m，为碳酸盐潮坪沉积，可与习家店组对比，只是页岩夹层多。

5. 淅川南部秀子沟组，在蒿坪寒武系部分厚 327.40 m（下奥陶统部分未测），下部为泥质条带灰岩夹硅质结核灰岩，厚 162.79 m，上部为灰岩夹硅质条带灰岩、云斑灰岩，厚 164.61 m。在冯家凹，下部为泥质条带灰岩夹灰岩，上部为泥质条带灰岩，厚度大于 209 m。在秀子沟，寒武系部分为泥质条带灰岩夹灰岩，厚 187.5 m，上部为灰岩，厚 212.45 m（其上还有下奥陶统部分 149 m)，呈南北厚，中间薄，为开阔台地沉积。到脑子寨，石瓮子组为白云岩，局部含燧石，厚 1 563 m，其上下奥陶统白龙庙组厚 415.5 m，为碳酸盐潮坪相沉积，厚度明显大于淅川南部。

从上述可以看出，淅川南北相比，中下寒武统厚度及岩性可以很好地对比，但上寒武统岩性、厚度变化大，反映沉积环境变化大。

（二）生物地层对比

淅川县北部在寒武纪伊始出现短暂剥蚀，随着扬子板块整体下沉，使之处于一种较深水环境，并向海水变浅方向发展（杨家骍等，1991）。水沟口组的 *Hubeidiscus - Sinodiscus* 群落完全由盘虫组成，它们生活在较深水环境，营浮游生活，一般不具远洋游泳能力，属漂游型群落。*Ichangia - Neocobboldia* 为漂游与底栖型共生的混合型群落，前者为底栖型多节类，后者为漂游型的盘虫类。*Redlichia - Megapalaeolenus* 群落皆为大型多节类，游泳三叶虫以 *Kootenia* 为代表，底栖三叶虫以 *Redlichia*，*Megapalaeolenus* 为代表，为正常浅海生活类型。至岳家坪组中部出现 *Kunmingaspis - Chittidilla* 群落，完全是底栖三叶虫。

淅川县南部寒武纪初期有一小间断，尔后海域保持了更长的深水时期，直至早寒武世末。淅川县秀子沟冯家凹组下部 *Paraperiomma - Poulsenia* 群落以底栖褶颊虫类 Antagmidae 分子和游泳型 *Kootenia* 混生为特点，属混合型群落。冯家凹组上部 *Mufushania - Holocephalina* 群落到习家店组 *Triplagnostus - Doryagnostus* 群落、*Aspidagnostus* 群落、*Linguagnostus - Diplagnostus* 群落皆为混合型群落，但漂游三叶虫则以少节类球接子类为主，在每个群落中占 1/3～2/3。习家店组 *Xichuania - Eoshengia* 群落到秀子沟组 *Bergeronites - Mansuyia* 群落、*Chuangiella* 群落则以底栖三叶虫居统治地位，漂游球接子类极少或无。冯家凹与秀子沟类似，但化石偏少。而蒿坪已发现的三叶虫皆为漂游型或游泳型，反映海水相对偏深。

第四节　问题讨论

（一）寒武系下界的时代

该地区寒武系与下伏震旦系灯影组为平行不整合接触，其间缺失地层，既有震旦纪地层，也有寒武纪地层。寒武系底部为硅质岩，其中未见化石，脑子寨最低寒武系化石 *Hupeidiscus*，*Sinodiscus* 属于扬子动物群，相当三峡牛蹄塘组，为沧浪铺阶化石，其下的硅质岩可能为筇竹寺阶地层。淅川南部海侵较早，没发现早寒武世化石，其底界亦当为筇竹寺阶。因而该区缺失梅树村阶。

（二）中、下寒武统界线

淅川北部 水沟口组上部产 *Redlichia*，*Megapalaeolenus*，为沧浪铺阶顶部化石，岳家坪组底部 36 m 白云岩中未见化石，大致相当龙王庙阶，其上为灰紫色含燧石团块含钙质白云岩，在陕西岳家坪层型剖面上，其中产三叶虫 *Kunmingaspis*，*Chitidiella*，为毛庄阶化石（杨家骍等，1991）。中、下寒武统界线划在岳家坪组底部 36 m 白云岩（原脑子寨组）之顶。

在淅川南部，冯家凹组下部产 *Paraperiomma - Poulsenia* 带为龙王庙阶化石，其上的 *Mufushania - Holocephalina* 带为中寒武世化石，因而中、下寒武统界线划在上述两化石带之间。

（三）中、上寒武统界线

在淅川县北部，岳家坪组到石瓮子组中、下部均为白云岩，未发现化石，因而中、上寒武统界线无法准确确定，目前将该界线划在岳家坪组之顶。在淅川县南部，习家店组顶部的

Xichuania - *Eoshengia* 带，相当中寒武统顶部，秀子沟组下部的 *Bergeronites* - *Mansuyia* 带，为晚寒武世化石，其中产 *Blackwelderia*，为崮山阶化石，因而中、上寒武统界线划在习家店组与秀子沟组之间。

（四）寒武系与奥陶系界线

在淅川县北部没有取得界线附近的带化石资料，石瓮子组上部未发现化石，白龙庙组白云岩中（裴放等，1987，牛尾巴山剖面 2 层）产牙形石 *Teridontus gracilis*，*Drepanodus suberectus*，为早奥陶世底部化石，因而将寒武系、奥陶系界线划在该化石层之下的第 2 层之底，即石瓮子组与白龙庙组之间。

在淅川县南部的秀子沟，第 27 层下部产牙形石，形态特征为奥陶系分子，中部产牙形石 "*Acodus*" *oneotensis*，*Chosonodina herfurthi*，为早奥陶世下部牙形石，因而将寒武系、奥陶系界线划在第 27 层之底。

（五）中、下奥陶统界线

该界线在淅川县南部无资料。在淅川县北部，牛尾巴山组产牙形石 *Serratognathus divertus*，为红花园阶化石。其上岞岫组底部灰岩夹层中亦产 *Serratognathus diversus*（裴放等，1987），可能属下奥陶统孑遗分子。蛮子营组下部产牙形石 *Phragmodus undatus*，已相当宝塔阶，其下距该组底界有 48m 未含化石，可大致相当庙坡阶，因此将中、下奥陶统界线划在岞岫组之底。

（六）中、上奥陶统界线

该界线存在于蛮子营组之中。裴放等（1987）在寺岗组建 *Aphelognathus neixiangensis* 带，在石燕河组下部建 *Tasmanognathus sigangensis* 带，以 *A. neixiangensis* 带中有 *Phragmodus undatus*，在陕西省中奥陶统耀县组发现，将 *A. neixiangensis* 带划为中奥陶统，其上石燕河组 *T. sigangensis* 带划为上奥陶统，这一观点得到阎国顺等（1988）赞同。刘印环等（1991）则将 *A. neixiangensis* 归上奥陶统。现根据内乡县寺岗与淅川县石燕河两条剖面牙形石分布情况，考虑到国际对比的需要及 *Belodina confluens* 延伸情况，本书将上述两带合并称 *Aphelognathus neixiangensis* - *Phragmodus undatus* 带，中、上奥陶统界线划在该带顶部。

（七）奥陶系、志留系界线

蛮子营组与张湾组之间呈整合接触，界线附近含有珊瑚、腕足类及牙形石等，根据淅川县石燕河、龚井和内乡县寺岗 3 条剖面的研究结果，蛮子营组含牙形石 *Yaoxianognathus yaoxianensis*，*Belodina stonei*，*Aphelognathus solidum*，三叶虫 *Dulanaspis*，时代属 Ashgillian 晚期。张湾组下部产三叶虫 *Hyrokybe*，*Latiproteus*，腕足类 *Eospirifer*，牙形石 *Walliserodus curvatus*，*Panderodus serratus*，珊瑚 *Palaeofavosites*，张湾组中部产笔石 *Coronograptus leei* 等龙马溪阶中部笔石带，因此，奥陶系与志留系界线划在蛮子营组与张湾组之间，即 *Yaoxianognathus* - *Belodina stonei* 带之顶。这一界线与加拿大 *Mackenzie* 山奥陶系与志留系界线颇为相似（刘印环等，1991）。

第十章
泥盆纪—石炭纪

南秦岭-大别山地层区的泥盆系—石炭系分布于淅川县荆紫关—内乡县永青山一线，构成荆紫关-师岗复向斜的槽部，向西延伸情况不明，由荆紫关向东南方向伸展，在内乡县永青山一带圈团，出露长度约75 km（图9-1）。该区泥盆系—石炭系的地质调查工作开展较早，曹世禄（1933）将其归入志留纪“谢凹灰绿砂岩页岩系”。德日进等（1935）、李悦言（1938）根据所获珊瑚化石分别确定为泥盆系和下石炭统。北京地质学院豫南区测队（1961b）作了详细划分，河南地质研究所（1962）、河南地质局、北京地质学院豫南区测队（1966）、中南地层表编写小组（1974）、河南区调队（1981a）、河南地质科研所（1988）、河南地质矿产局（1989）分别作了一些修正。本次地层对比研究依据华北大区决议作了调整，此外还有分布在西峡-信阳的南湾组。

第一节　岩石地层单位

一、淅川地区

白山沟组　D_3b　(06-41-0341)

【创名及原始定义】　北京地质学院豫南区测队（1961b）创名于淅川县白石崖村。原始定义：“本组主要为紫色、黄绿色细砂岩、砂质页岩系”。下部以砾岩为标志与志留系不整合接触，上部与王冠组整合接触，厚365.5 m，时代为中泥盆统。

【沿革】　该组自创名之后，被后人沿用，其含义基本没变。

【现在定义】　白山沟组岩性下部为紫红色页岩与灰黄色石英岩互层，底部以一层紫黑色砾岩为标志与下志留统张湾组平行不整合接触；中部为紫色薄层含云母细粒长石石英砂岩；上部为姜黄色粘土岩夹薄层砂岩及砂质页岩，顶部以一层灰白色白云质石英细砂岩结束为标志与王沟冠组整合接触，层型厚444.28 m，时代为上泥盆统。

【层型】　正层型为淅川县魏营白山沟剖面（111°30′，33°01′）。北京地质学院豫南区测队（1961）测制。

上覆地层：王观沟组 砂页岩泥灰岩

——————— 整 合 ———————

白山沟组	总厚度 356.5 m
3. 紫红色、灰紫色、灰白色细砂岩、砂质页岩互层夹紫红色页岩、砂岩具波痕	300.0 m
2. 黄绿色含细粒砂岩、砂质页岩、紫红色页岩互层	55.0 m
1. 砾岩，砾岩为紫黑色燧石及白色石英，砂质胶结	1.5 m

－－－－－－－ 平行不整合 －－－－－－－

下伏地层：张湾组 黄绿色页岩

【地质特征及区域变化】 该组为一套巨厚层的碎屑岩沉积。主要岩性为紫色—紫红色细粒长石石英砂岩、页岩，黄色粘土岩，灰黄色石英砂岩，灰白色白云质石英细砂岩及紫黑色砾岩。区域上西薄东厚，在西部的淅川县虎头一带厚 83.2 m，老濯河以东至内乡县的葫芦山一带，厚度均在 400 m 左右，为海滩相沉积。

该组化石较少，仅在中部的紫色薄层含云母细粒长石石英砂岩中采到双壳类 *Cypriear-dinia*，时代为晚泥盆世早期。

王冠沟组 D_3w (06－41－0342)

【创名及原始定义】 北京地质学院豫南区测队（1961b）于淅川县王冠沟村创名王观沟组。原始定义："主要岩性为一套砂岩、页岩、泥灰岩互层岩系。下与白山沟组，上与葫芦山组均为整合接触。时代归中泥盆统。

【沿革】 该组自创名至今，一直被沿用，含义没变。

【现在定义】 王冠沟组岩性下部为灰黄色中厚层中粒长石石英砂岩，含云母细砂岩与灰黄色粘土岩、礁灰岩互层。底部以灰紫色砂质白云岩夹少量土黄色钙质粘土岩及泥质条带灰岩为标志与白山沟组整合接触。中部为灰黄色中厚层中粒长石石英砂岩与灰紫色粘土岩互层；上部为灰紫色粘土岩夹灰黄色细砂岩、灰岩。上与葫芦山组整合接触。

【层型】 正层型为淅川县魏营东北王冠沟剖面（111°30′，33°01′）。北京地质学院豫南区测队（1961）测制。

上覆地层：葫芦山组 砂页岩

——————— 整 合 ———————

王冠沟组	总厚度 136 m
3. 黄色泥灰岩、页岩、砂岩互层，有时夹条带状灰岩。具三层生物礁灰岩，含丰富的生物化石，珊瑚：*Neospongophyllum* cf. *semiseptatum*，*Phacellophyllum* cf. *homesi*，*Macgeca* cf. *crassoseptatum*	60 m
2. 中粒钙质砂岩与粉红色中薄层灰岩互层，顶部夹有绿色页岩、砂岩，含双壳类化石	60 m
1. 黄褐色或黄色中粒石英砂岩与泥灰岩互层，底部为土黄色泥灰岩	16 m

——————— 整 合 ———————

下伏地层：白山沟组 砂页岩

【地质特征及区域变化】 本组在老灌河以西厚 150 m 左右，付家营一带最薄，为 130 m；老灌河以东稍厚，为 180 m 左右，内乡县永青山一带最厚，达 240 m。岩性为灰紫色砂质白云岩、灰黄色中厚层中粒长石石英砂岩与灰紫、灰黄色粘土岩互层夹灰黄色薄层细砂岩，灰黄色介壳灰岩和生物屑灰岩。西部页岩、砂岩含量较多，东部灰岩偏多。该组属台地边缘生物礁相沉积。

本组富含动物化石，腕足类主要有：*Desquamatia xinhuaensis*，*Atrypa shetienchiaoensis*，*Cyrtospirifer pellizzariformis*，共生分子还有 *Tenticospirifer* sp.，*Schucheryella* sp.，*Hunanospirifer* sp.，*Spinatrypa* sp.。珊瑚主要有 *Disphyllum multiseptatum*，*Pseudozaphrentis* sp.，*Neospongophyllum semiseptatum*，*Syringopora* sp.，时代为晚泥盆世中期。

葫芦山组　D_3h　(06-41-0343)

【创名及原始定义】　北京地质学院豫南区测队（1961b）创名于内乡县葫芦山，原始定义："本组作为一个统一的砂岩系看待，但包括两个不同的段：上段，含铁砂岩—石英砂岩系；下段，具韵律结构的页岩系"。下与王冠沟组、上与下集组均为整合接触。时代归晚泥盆世晚期。

【沿革】　创名时葫芦山组分为上下二段。河南地研所（1962）改称葫芦山群，河南区测队（1965）废用葫芦山组，统称为上泥盆统。中南地层表编写小组（1974）改称上泥盆统铁山组。阎国顺等（1988）① 将原上段从葫芦山组中单独划出，建立永青山组，把原下段仍称葫芦山组。河南地矿局（1989）称上泥盆统葫芦山组。本次地层对比研究选用葫芦山组原定义，停止使用永青山组。

【现在定义】　葫芦山组岩性下部为灰白色厚层中细粒砂岩或岩屑石英砂岩与粘土岩互层，下与王冠沟组整合接触；中部为灰褐色厚层泥质粉砂岩夹灰白色厚层中细粒石英砂岩；上部为灰白色厚层石英砂岩夹灰褐色铁泥质粉砂岩、页岩、岩屑砂岩，含铁石英砂岩及赤铁矿层。上与下石炭统下集组平行不整合接触。

【层型】　该组正层型为淅川县胡家泉-付家营剖面（111°24′，33°05′）。北京地院豫南区测队（1961b）测制。

上覆地层：**下集组**　白云质灰岩

——————　平行不整合　——————

葫芦山组	总厚度 231 m
8. 含铁质石英砂岩夹黄绿色页岩	8 m
7. 薄层状砂岩、泥质砂岩及中厚层石英砂岩	17 m
6. 黄色页岩及砂岩互层	52 m
5. 砂质页岩夹石英砂岩，底部有细砂岩	28 m
4. 页岩与砂岩互层，夹砂质页岩	56 m
3. 红色薄层状页岩夹砂岩	6 m
2. 黄褐色泥质砂岩、细砂岩、钙质砂岩	8 m
1. 黄绿色页岩夹石英砂岩及凸镜状砂岩	56 m

——————　整　合　——————

下伏地层：**王冠沟组**　砂页岩、泥灰岩

① 阎国顺等，1988，东秦岭南坡古生代地层及古生物。

【地质特征及区域变化】 本组岩性下部为灰白色厚层中细粒岩屑砂岩、灰黄色粉砂质粘土岩，沉积韵律清楚（斜层理发育），中部为灰褐色厚层泥质粉砂岩夹灰白色厚层中细粒石英砂岩。上部为厚层石英砂岩、页岩、岩屑砂岩及含铁石英砂岩和赤铁矿层。在区域上较稳定，厚度变化不大，一般在230～290 m之间，属海滩相沉积。

本组化石丰富，动物化石主要为腕足类 *Tenticospirifer vilis*, *T. subhayasahai*, *Yunnanella* sp.，*Cyrtospirifer*，*Yunnanellina triplicata*，在永青山本组上部产植物化石 *Sublepidodendron mirabile*，*Lepidodendropsis hirmeri*，时代归晚泥盆世。

葫芦山组上部含铁石英砂岩中含4层赤铁矿，厚度一般为20 cm，厚者近1 m，在老灌河以东富集成铁矿层。

下集组 C_1x (06-41-0344)

【创名及原始定义】 河南地质矿产局、北京地质学院豫南区测队（1966）将北京地质学院豫南区测队（1961）创名的上集组，改称下集组，地点在淅川县下集，岩性下部为灰褐色、灰白色白云质灰岩与灰黑色白云质灰岩互层；上部为灰黑色泥质条带灰岩与白云质灰岩互层，分别与下伏上泥盆统葫芦山组、上覆梁沟组为整合接触。时代归早石炭世早期。

【沿革】 上集组创名之后，河南地质研究所（1962）沿用。1965年，河南区调队整饰出版1∶20万内乡幅地质图时，改称为下集组。中南地层表编写小组（1974）沿用下集组。阎国顺等（1988）废弃下集组，将原下集组的下部层位建白石崖组，上部层位沿用上集组。河南地质矿产局（1989）沿用下集组。本次地层对比研究选用下集组原定义，停止使用白石崖组。

【现在定义】 本组岩性主要为灰白色巨厚层泥晶白云质灰岩，灰黑色细晶或泥晶白云岩和白云岩化亮晶砂屑灰岩夹灰黑色泥晶灰岩。上部夹一层角砾状泥晶白云质灰岩。下以灰白色巨厚层泥晶白云岩为标志与上泥盆统葫芦山组平行不整合接触；上以灰白色厚层泥晶白云岩为标志与梁沟组整合接触。

【层型】 该组正层型为淅川县侯家坡剖面（111°31′，33°01′）。河南区调队1983年重测。

上覆地层：梁沟组　灰白色泥质灰岩

——————— 整　合 ———————

下集组	总厚度 419.81 m
16. 灰白色厚层泥晶白云岩	61.00 m
15. 灰白色厚层泥晶白云质灰岩	87.21 m
14. 灰白色厚层弱硅化角砾状泥晶白云质灰岩	35.70 m
13. 灰色厚层泥晶白云岩，底部为紫色中厚层泥—细晶白云岩	26.60 m
12. 灰色厚层泥晶白云岩	8.30 m
11. 灰—灰黑色巨厚层细晶白云岩。含珊瑚化石碎片	16.73 m
10. 灰白色厚层泥晶白云岩夹中厚层泥晶灰岩	12.04 m
9. 灰白色中厚层泥晶白云岩	6.69 m
8. 灰白色厚层泥晶白云岩夹中厚层泥晶灰岩	54.12 m
7. 灰白色巨厚层泥晶白云岩	9.70 m
6. 灰白色巨厚层白云岩化亮晶砂屑灰岩。含珊瑚化石	7.96 m
5. 灰黑色厚层泥晶灰岩与灰色厚层泥晶白云岩互层	22.64 m

4. 灰、灰黑色巨厚层细晶白云岩。含珊瑚：*Syringopora gracilis* 30.40 m

3. 灰白色巨厚泥晶白云质灰岩。含珊瑚：*Thysanophyllum raricystosum*，*Caninia* sp. 25.09 m

2. 灰白色厚层钙质白云岩 1.12 m

1. 灰白色巨厚层泥晶白云岩化石灰岩。含珊瑚 *Kwangsiphyllum depasophylloides*，腕足类 *Choristites* sp. 14.51 m

——————— 平行不整合 ———————

下伏地层：**葫芦山组** 灰白色厚层长石砂岩

【地质特征及区域变化】 本组厚度在区域上延伸稳定，在淅川县下集附近最厚，为 420 m 左右，往东至内乡尖山一带较薄为 370 m 左右。岩性主要为灰白色白云质灰岩、灰、灰黑色、灰白色细晶或泥晶白云岩、白云岩化亮晶砂屑灰岩、泥晶白云岩化灰岩及角砾状白云质灰岩。属较稳定的浅海陆棚环境沉积。

本组化石多产于中下部层位，以下部和底部最丰富。珊瑚有 *Beichuanphyllum* sp.，*Diphyphyllum magouense*，*D. yuxinanense*，*Keyserlingophyllum xichuanense*，*K. yuxinanense*，*Siphonophillia baishiyaensis*，*Stelechophyllum ascendense*，*Kueichouspora panxianensis*，*Syringopora rumolosa aspina* 等。腕足类 *Composita sinkiangensis*，*Eochoristites* sp.，*Choristites* sp.。时代归早石炭世早期。

梁沟组 C_1l （06-41-0345）

【创名及原始定义】 北京地质学院豫南区测队（1961b）创名于淅川县梁沟村。岩性下部为灰褐色中厚层白云质灰岩与灰岩互层，底部有一层褐黄色厚层角砾状白云质灰岩，下与上集组整合接触；上部为灰褐色含燧石团块纯灰岩，产珊瑚化石，顶部多含泥质条带，上与中石炭统整合接触。归代归早石炭世晚期。

【沿革】 自梁沟组创名后，后人沿用。阎国顺等（1988）对梁沟组重新进行了划分，将下部灰白—浅灰色泥晶灰岩划为下石炭统黄沟组，而将上部富含生物化石的一大套砂屑生物屑灰岩划为梁沟组。本次对比研究选用梁沟组原定义，停止使用黄沟组。

【现在定义】 梁沟组岩性下部为灰白—浅灰色巨厚层泥晶灰岩，与下伏下集组为整合接触；上部为深灰色厚—巨厚层亮晶生物屑、砂屑灰岩，局部含燧石条带或燧石结核，产丰富的珊瑚化石，上与中石炭统三关垭组为整合接触。

【层型】 该组正层型为淅川县石咀丫-梁沟剖面（111°31′，33°02′）。北京地质学院豫南区测队（1961）测制。

上覆地层：**三关垭组** 灰黑色中厚层纯灰岩

————— 整 合 —————

梁沟组 总厚度 645.92 m

10. 泥质条带纯灰岩，褐灰色，中厚层状含有燧石团块及丰富的珊瑚化石：*Bochrophyllum* sp.，*Kueichouphyllum* sp.，*Yuanophyllum kansuense* 117.00 m

9. 含燧石团块纯灰岩，燧石成圆饼状，大小 10～20 cm，往上增多 64.44 m

8. 褐灰黑色纯灰岩，厚层状夹少量燧石团块及紫红色泥质条带。含珊瑚化石：*Syringopora* sp. 126.50 m

7. 纯灰岩、褐灰色，中厚层，含少量泥质及白云质（或少量矽质团块），靠下部夹数层

厚的 0.5 m 之白云质灰岩 207.20 m

6. 褐灰色白云质灰岩与纯灰岩互层，白云质灰岩含有石英砾岩 101.80 m

5. 角砾状白云质灰岩，褐黄色，厚层 28.98 m

——————— 整　合 ———————

下伏地层：下集组　条带状灰岩

【地质特征及区域变化】　本组在区域上厚度延伸稳定，一般为 500 m 左右。岩性单一，下部为灰白色、浅灰色泥晶灰岩，上部为深灰色亮晶生物屑、砂屑灰岩。属浅海陆棚相高能环境沉积。

本组珊瑚、腕足类化石丰富，且多产于中上部，珊瑚化石主要有 *Kueichouphyllum heishikuanense*，*Yuanophyllum kansuense*，*Syringopora huanggouensis*，*Fuchongopora huanggouensis*，*Hexaphyllia yabei*，*Diphyphyllum henanense*，*Corwenia phasela* 等，腕足类：*Eochoristites* sp.，*Cyrtospirofer* sp.，时代为早石炭世晚期。

三关垭组　C_2s　(06-41-0346)

【创名及原始定义】　阎国顺等（1988）①创名于淅川县三关垭，岩性为黑灰色、深灰色中厚层状生屑灰岩及含燧石团块或燧石条带的生物泥晶灰岩，夹钙质泥岩、泥岩、泥质粉砂岩及薄层泥灰岩，产丰富的䗴、有孔虫、珊瑚及蜿足类化石，下与缸窑组、上与周营组为整合接触，时代划为中石炭统。

【沿革】　北京地质学院豫南区测队（1961b）将该套地层划归中上石炭统，未建组；河南区调队（1981a）把中上石炭统改为中石炭统。阎国顺等（1988）将中石炭统自下而上划分为缸窑组、三关垭组和周营组。本次对比研究选用三关垭组，包括缸窑组和周营组。

【现在定义】　三关垭组岩性底部为白色、灰白色粘土岩、杂色粘土页岩，下部为灰色、浅灰色、黑灰色中厚层泥晶、细晶生屑灰岩，硅质团块生屑灰岩，中部为灰色中厚层生屑灰岩，泥晶灰岩夹钙质泥岩及薄层泥灰岩和泥岩、泥质粉砂岩；上部岩性为黑灰色厚层生物屑灰岩、泥灰岩，未见顶。与下伏梁沟组为整合接触。

【层型】　正层型为淅川县三关垭剖面。河南地质科学研究所（1988）测制。

三关垭组　总厚度 628.86 m

未见顶

20. 浅紫色薄层—中厚层泥灰岩。䗴类化石往往在岩层表层富集：*Eofusulina paralongipertica*，*Ozawainella kumpani* 19.25 m

19. 黑灰色厚层生物屑灰岩。产䗴类：*Profusulinella prolibrovichi*，*P. syzranica*，*P. rhomboides*，*P. priscatimanica*，*Schubertella*? sp.，*Eofusulina hamiensis*，*Fusulinella* sp.，*F. pulchra*，*Ozawainella rurakhovensis*；珊瑚：*Tachylasma xichuanense* 109.23 m

18. 灰色中厚层状泥晶灰岩，夹钙质泥岩，灰岩中产稀少的䗴类 35.76 m

17. 灰色厚层、中厚层泥晶生屑灰岩，夹少量泥质粉砂岩及钙质泥岩 61.02 m

16. 灰色钙质泥岩，层理发育 7.88 m

15. 钙质泥岩，风化面呈粉红色 11.82 m

14. 薄层泥灰岩和泥岩，产珊瑚化石 4.95 m

---

① 阎国顺等，1988，东秦岭南坡古生代地层及古生物。

13. 灰色中厚层生屑灰岩，产䗴类：*Profusulinella* 73.95 m

12. 灰色中厚层含燧石团块和刺毛珊瑚团块的生屑泥晶灰岩，产珊瑚化石 10.92 m

11. 黑灰色厚层生屑灰岩，珊瑚多为群体，或礁体夹层中含丰富的䗴类化石：*Profusulinella*，*Saratovica*，*Ozawainella pseudorhomboidalis*；珊瑚：*Thysanophylium xichuanense*，*Adetopora sanguanyaensis* 7.28 m

10. 灰色厚层，夹薄层生屑灰岩，薄层灰岩中含䗴，厚层灰岩中含珊瑚。䗴类化石有：*Neostaffella sphaeroidea*，*N. syzranica*，*Eofusulina triangula minima*，*Paraeofusulina* sp.，*P. trianguliformis*，*P. subtilissima*，*P.* cf.，*subtilissima*，*Profusulinella wangyui*，*P. subaljutovica fragilis*，*P. prisca timanica*，*P. parva*，*Neostaffella zhejiangica*；珊瑚：*Tschussovskenia captiosa*，*Chaetetesi lexilis*，*Protovivanovia sanguanyaense*，*Multithecopora* sp.，*Eomitchevella holli* 36.60 m

9. 浅灰色厚层状生屑泥晶灰岩，泥质疙瘩沿层面似层状分布，且不均一，产䗴类化石：*Paraeofusulina subtilissima*，*P. trianguliformis*，*Eofusulina hamiensis*；珊瑚：*Chaetetes flexilis* 56.63 m

8. 浅灰、灰色厚层状泥质、硅质团块生屑灰岩，产丰富的䗴类和珊瑚。䗴类：*Neostaffella sphaeroides*，*N. sphaeroides cuboides*，*Eofusulina xinjiangensis*，*Paraeofusulina trianguliformis*，*P. qinlingensis*，*Ozawainella paratingi*，*Profusulinella* sp.，*Eofusulina triangula minima*，*Paraeofusulina henanensis*，*Verella*? sp.；珊瑚：*Lophophyllidium* sp.，*Multithecopora penchxiensis*，*Protoivanovia sanguanyaense*，*Tschussovskenia captiosa*，*Konckophylloides minoseptatus* 72.31 m

7. 黑灰色厚层生屑灰岩，产䗴类、珊瑚及海百合茎 0.97 m

6. 浅灰色中厚层状含黑色硅质团块生屑灰岩，产丰富的䗴类及少量珊瑚。䗴类有：*Neostaffella umbilicata*，*Profusulinella* sp.，*P. parva*，*Paraeofusulina henanensis*，*Ozawainella* aff.，*rurakhovensis*，*Pseudostaffella larionovae mosquensis*，*Paraeofusulina qinlingensis*，*Profusulinella rhomboides*，*P. rhomboides nibelensis*，*P. parva convoluta*，*P. ovata*，*P. paratimanica*，*Ozawainella angulata*，*O. mosquensis*；珊瑚：*Chaetetes flexilis* 43.86 m

5. 浅灰色中层生屑泥晶灰岩，夹紫灰色薄层泥质灰岩，产极丰富的䗴类化石：*Pseudostaffella kanumia pauciseptata*，*P. quanwantouensis*，*P. Paracompressa* ex. *tensa*，*Verella guangdongensis*，*V. spicata*，*Profusulinella prisca*，*P. parva*，*Pseudostaffella antiqua posterior*，*P. antiquagrandis*，*Verella prolixa*，*V. warsanofievae*，*Ozawainella crassiformis*，*Pseudostaffella antiquaposterior*，*P. nibelensis*，*P. gorskyi*，*P. timanica*，*Neostaffella parasphaeroides*，*Verella xichuanensis*，*V. fusiformis*，*Ozawainella mosquensis* 38.02 m

4. 灰色中厚层细晶生屑灰岩，可见褐灰色的刺毛螅突出于岩层表面。䗴类化石很丰富：*Verella prolixa*，*Millerella* cf. *contracta*，*Ozawainella praestella*，*Pseudostaffella antiquaposterior*，*Verella guangdongensis*，*V. spicata*，*Profusulinella* cf. *brevissima*，*P.* cf. *ovata*，*P.* cf. *prisca*，*P. parva convoluta*，*Ozawainella mosquensis* 35.53 m

3. 灰色中厚层细晶生屑灰岩，含䗴及有孔虫化石，䗴类：*Eostaffella pseudomosquensis*，*E. mixta* 0.90 m

2. 粘土页岩、粘土岩（掩盖部分地段，地貌上为一开挖深沟）。含植物碎片 1.92 m

——————— 整　合 ———————

下伏地层：梁沟组　泥质条带灰岩

【地质特征及区域变化】 本组分布于荆紫关-师岗复向斜的槽部，地表常被剥蚀或被第四系覆盖出露不全。底部有灰白色粘土岩、钙质泥岩，含铁灰岩，厚2～30 m，在区域上下部为灰黑色中厚层纯灰岩，有时夹紫红色页岩及灰白色铝土页岩，局部夹赤铁矿层。顶部以碳质页岩、杂色页岩和灰色铝土质粘土岩为主，局部以深灰色厚层—巨厚层亮晶砂屑—生物屑灰岩为主，夹灰白色粘土岩。属开阔台地-滨海沼泽环境沉积。

本组含丰富的䗴及珊瑚化石，其中䗴类主要有 *Eostafella pseudomosquensis*，*Verella spicata*，*V. guangdongensis*，*Pseudostafella antiquaposterior*，*Profusulinella rhomboides*，*Eofusulina triongula minima*，*Neostofella sphaeroidea*，*Fusulinella pulchra* 等，珊瑚有 *Protoivanovia sanguanyaense*，*Tschussovshenia capitiosa*，*Chaetetes flexilis* 等，时代为中石炭世。

二、西峡—大别山地区

南湾组 D*n* （06-41-0240）

【创名及原始定义】 北京地质学院豫南区测队（1961c）于信阳市南湾水库一带创名南湾组。原始定义为一套稳定的巨厚的泥钙质沉积。主要由变质砂岩和泥钙质变质砂岩组成。与下伏龟山组整合接触，上与苏家河群定远组断层接触，归信阳群，属石炭系—二叠系。

【沿革】 北京地质学院豫南区测队（1961c）创名，归信阳群上部一组，时代划归石炭纪—二叠纪，相当于苏育民（1960）所称佛子岭群的一部分。在西峡地区北京地质学院豫南区测队（1961b）把相当地层称为赤眉组，时代划归早元古代。秦岭区测队（1965d）称刘岭组，时代归早元古代。河南区测队（1976）① 称为刘岭群的一部分，其中包括沙沟组和十八盘组，时代归泥盆纪。河南地质八队（1977）② 把相当地层创名为王家洼组，时代划归早古生代。本次地层对比研究选用南湾组。赤眉组、王家洼组、刘岭组、十八盘组、沙沟组大致与南湾组相当，建议停止使用。

【现在定义】 主要岩性为含碎屑（长石斑点）白云斜长片岩、二云斜长角闪片岩、黑云变粒岩、含石榴角闪变粒岩、绿帘黑云变粒岩、绢云石英片岩。南北两侧分别与定远（岩）组、龟山（岩）组断裂接触。

【层型】 正层型位于光山县牢山钱大湾、五岳水库（114°39′，31°48′），由河南区测队（1981a）重测。

定远（岩）组 浅色方解绿泥钠长片岩，绿泥白云石英片岩和赤铁绢云石英片岩

═════ 断层接触 ═════

南湾组	总厚度 6 044.46 m
20. 浅灰白色含绿泥石白云石英片岩夹白云片岩、白云石英片岩、钙质石英片岩透镜体，钙质绿帘绿泥白云石英片岩	792.59 m
19. 暗绿色钙质绢云绿泥石英片岩，浅色钙质（绿泥绿帘）白云石英片岩	313.28 m
18. 浅灰色绿帘黑云（二云）石英片岩、绿帘黑云（二云）片岩为主，夹黑云变粒岩、黑云（二云）石英片岩、阳起绿帘石英片岩	1 936.10 m
17. 灰黄色二云片岩、浅土黄绿帘二云石英片岩、绿帘黑云石英片岩夹黑云变粒岩	1 487.97 m

① 河南区测队，1976，1：5万河南省西峡、淅川、内乡一带区测报告。
② 河南地质1队，1977，1：5万河南省信阳县黄城山至湖北省随县淮河店间区测报告。

16. 浅灰色黑云（白云）石英片岩夹含蓝晶石黑云片岩　374.72 m

15. 灰色黑云变粒岩夹白云石英片岩和灰绿色角闪变粒岩　420.25 m

14. 上部为深灰绿色透辉角闪斜长片麻岩夹棕褐黄色蚀变黑云石英片岩，下部为灰褐色黑云石英片岩夹斜长角闪片岩的条带　391.61 m

13. 上部灰色斑点状黑云变粒岩；下部浅土黄色含砾斑点状白云（二云）变粒岩，外貌似火山岩　327.94 m

═════ 断层接触 ═════

下伏地层：**龟山（岩）组**　斜长角闪片岩

【地质特征及区域变化】　南湾组由东到西主要分布于商城县鲇鱼山水库、光山县南向店、信阳市杜家畈、桐柏县庙对门及南阳盆地以西的内乡县赤眉、西峡县十八盘等地，沿木家垭-内乡-桐柏-商城断裂北侧呈北西西—南东东向带状展布（图 8-2），主要由两套宏观上具明显特征而又稳定延伸的岩性段组成。北侧（下段）为一套半风化后呈灰色、黄褐色黑云（二云）变粒岩（或黑云二云石英片岩），南侧（上段）为一套具绿帘石条带、条纹状构造的黑云、二云变粒岩（黑云、二云石英片岩）、钙质绿帘绿泥白云石英片岩。由黑云母、石英、长石及绿帘石集合体组成的黑、白、绿相间出现的条带条纹状构造是本组的典型特征。本组岩性稳定，厚度大，光山县钱大湾一带厚 6 044 m，信阳市付冲一带厚 6 893 m，镇平县故坡一带厚 1 373 m，西峡县十八盘一带厚 1 478 m。信阳一带下段出现较多含砾云英片岩，上段绿帘石条带不发育，光山县凉亭一带夹较多斜长角闪片岩，黑云钾长变粒岩。应为一套被动大陆边缘环境下的深水复理石沉积建造。

与本组有关的矿产主要以铜、铅、锌为主，伴生金、银（如光山县杨店金矿化点及千鹅冲银金矿化点）。

【问题讨论】　关于南湾组的形成时代，长期争论，目前划归晚古生代（泥盆纪）意见基本一致。

1. 同位素年龄：河南区调队（1991）[①] 在信阳市杜家河南阎家楼所采黑云母变粒岩，经宜昌所测定同位素年龄为 384 Ma（Rb-Sr）。河南区调队（1993）[②] 在西峡县河爬岗、沙河等地采样，黑云母和白云母 K-Ar 年龄分别为 260 Ma 和 263 Ma，代表变质年龄。

2. 古生物化石：在信阳市东双河一带的绿色变粒岩中，高联达等（1987）曾采获微体化石，其中以陆生植物孢子为主，孢子以具弓形脊的 *Retusotriletes* 和 *Apiculiretusispora* 为主，占孢子总量的 30%～50%，孢子主要有 *Retusotriletes simplex*，*R. triangulatus*，*R. ratundus*，*Apiculiretusispora placata*，*Calamospora atava*，*Leiotriletes* spp.，*Aneurospora graggsii*，*A. goensa*，*Dictyotriletes* spp.，*Verrucosisporites* sp.，*Archaeozonotriletes* cf.，*variabilis*，*Punctatisporites* spp.，等种，此外还有虫颚（Scoleocodont）、疑原类（Acritarch）和少数几丁虫（Chitinozoa）化石，时代为泥盆纪。

第二节　生物地层单位

南秦岭-大别山地层区古生物研究虽然较早，但 1980 年以前都不系统。德日进等（1935）

① 河南区测队，1991，河南省桐柏山-大别山北麓信阳变质地体及东双河变质岩片的厘定和含矿性研究。
② 河南区调队，1993，1∶5 万寨根、米坪、西峡、丁河幅区调报告。

在淅川县杏树眼曾采到腕足类 *Cyrtiopsis* sp.，*Sinospirifer sinensis*，时代定为泥盆纪。李悦言（1938）曾采到珊瑚，经计荣森鉴定，有 *Disphyllum* cf. *goldfussi* 等，为泥盆系 Eifelian 期，*Yuanophyllum* cf. *kansuense*，*Syringopora ramucosa*，*S. geniculata*，时代为下石炭统。1956 年中苏两国古生物学专家在淅川地区联合调查时采集了石炭纪珊瑚化石 *Yuanophyllum kansuense*，*Kueichouphyllum sinensis*，床板珊瑚 *Syringopora hoffmani* 等（林宝玉，1958，丁蕴杰，1963），时代为韦宪期。北京地质学院豫南区测队（1961b）开展 1∶20 万内乡幅区测，划分了地层系统，并在王冠沟组采到珊瑚 *Neospongophyllum semiseptatum*，在葫芦山组采到腕足 *Yunnanella* sp.，*Cyrtospirifer chaoi*，在下石炭统上集组采到珊瑚 *Zaphrentoides* sp. *Kueichouphyllum* sp.，在梁沟组采到 *Yuanophyllum kansuense*，*Kueichouphyllum sinensis*。赵锡文等（1977）还研究过淅川泥盆纪珊瑚，并作了阶的对比。

河南区调队 1983～1984 年在南秦岭测制地层剖面，采集古生物化石，其成果编入《河南省区域地质志》。1979～1988 年，河南地质科研所在内乡测制多条剖面，采集了大量各门类古生物化石，并进行详细研究，在泥盆系—石炭系建立了珊瑚、植物、腕足及䗴类共计 11 个生物化石带。本文即根据阎国顺等(1988)的报告划分为四个门类共 9 个生物地层单位(表 10-1)。

表 10-1 南秦岭地层区泥盆系、石炭系生物地层划分表

<table>
<tr><th colspan="3">年代地层</th><th rowspan="2">组</th><th rowspan="2">四射珊瑚</th><th rowspan="2">植物</th><th rowspan="2">䗴类</th><th rowspan="2">腕足</th></tr>
<tr><th>系</th><th>统</th><th>阶</th></tr>
<tr><td rowspan="3">石炭系</td><td>中统</td><td>纳缪尔阶</td><td>三关垭组</td><td></td><td></td><td>9. Fusulinella pulchra 带
8. Profusulinella 带
7. Pseudostaffella
6. Eostaffella 带</td><td></td></tr>
<tr><td rowspan="2">下统</td><td>韦宪阶</td><td>梁沟组</td><td>5. Yuanophyllum-Kueichouphyllum 组合带</td><td></td><td></td><td></td></tr>
<tr><td>杜内阶</td><td>下集组</td><td>4. Beichuanophyllum-Siphonophyllia 组合带</td><td></td><td></td><td></td></tr>
<tr><td rowspan="3">泥盆系</td><td rowspan="3">上统</td><td>法门阶</td><td>葫芦山组</td><td></td><td>3. Sublepidodendron mirabile-Lepidodendropsis hirmeri 组合带</td><td></td><td>2. Yunnanella-Yunnanellina</td></tr>
<tr><td rowspan="2">弗拉斯阶</td><td>王冠沟组</td><td>1. Peneckiella-Donia 组合带</td><td></td><td></td><td></td></tr>
<tr><td>白山沟组</td><td></td><td></td><td></td><td></td></tr>
</table>

1. *Peneckiella*-"*Donia*"组合带

珊瑚带，相当岩石地层单位为王冠沟组中上部，以王冠沟剖面第 12～14 层为代表剖面，厚度 81.90 m，下伏的王冠沟组下部 28.44 m 及白山沟组 421.52 m 未获化石。该带分布在王冠沟等地，主要含珊瑚 *Peneckiella regularis*，*P. minor*，*P. wangguangouensis*，"*Donia*" *utaratuoides*，*D. floriformis*，*Disphyllum longiseptatum*，*D. duyuensis*，*D. longy*，*D. dushanense*，*D. wangguangouensis*，*Phillipsostraea wangguangouensis*，*Hexagonaria elegans*，*H. shangjiensis*，*H. thomase*，*H. schukerti*，*H. xichuanensis*，*H. hexagona*，*Sulcuphyllum* sp.，*Pseudozaphrentis* sp.，*Temnophyllum* cf. *poshiense* 等，床板珊瑚 *Syringopara* sp. 等。

2. *Yunnanella*－*Yunnanellina* 带

为腕足类化石带，分布在王冠沟，相当岩石地层单位为葫芦山组中、下部，以王冠沟剖面 15～19 层为代表剖面，垂直地层距离 324.24 m。该带以 *Yunnanella* 动物群繁盛为特征，主要有 *Yunnanella abrupta*，*Y. triplicata*，*Yunnanellina* sp.，*Atrypa xichuanensis*，*Cyrtospirifer* cf. *sinensis*，*Teneicospirifer nanyangensis*，*Spinatrypa* sp. 以及双壳类 *Leptodesma wangguangouensis* 及珊瑚 *Disphyllum longiseptatum* 等。

3. *Sublepidodendron mirabile*－*Lepidodendropsis hirmeri* 带

为植物化石带，分布于永青山葫芦山组上部（原永青山组 6～8 层），大致相当王冠沟剖面 20～22 层，地层厚度 111.13 m（在永青山厚 40.49 m）。该带包括 *Sublepidodendron mirabile*，*S. wusihense*，*Lepidodendron hirmeri* 等。

4. *Beichuanophyllum*－*Siphonophyllia* 组合带

珊瑚化石带，分布在淅川县白石崖。相当岩石地层单位为下集组下部，以白石崖剖面 1～7 层为代表剖面，垂直地层厚度 66.99 m。该带以四射珊瑚化石为主，主要有 *Beichuanophyllum* sp. 1，*B.* sp. 2，*B.* spp.，*Caninia cornucopiae*，*Disphyllum yuxinanensis*，*D. antiquatum*，*D. meixiangense*，*D. magouense*，*Keyserlingophyllum xichuanensis*，*K. yuxinanense*，*Kwangsiphyllum henanense*，*K. neixiangense*，*Neozaphrentis* sp.，*Shaanxistella xunyangensis*，*Siphonophyllia shizuyaense*，*S. baishiyaense*，*S. xichuanense*，*Sychnoelama henanensis*，*Stelechophyllum magouense*，*S.* cf. *ascendense simplex*，*S.* cf. *ascendense ascendense*，*Zaphrentoides dongqinlingensis*，*Z. konincki*；床板珊瑚有 *Kueichoupora panxianensis*，*Roemeripora dongqinlingensis*，*Syrigopora romolusa aspina*，*S. rarispina* 等。

5. *Yuanophyllum*－*Kueichouphyllum* 组合带

珊瑚带，分布在淅川县白石崖，相当岩石地层单位为梁组中上部，以白石崖剖面第 17 层为代表剖面，垂直地层厚度 201 m，下距 *Beichuanophyllum*－*Siphonophyllia* 带顶界的距离 397.22 m，其间没发现化石。该带以 *Yuanophyllum*，*Kueichouphyllum* 繁盛为特征，有 *Yuanophyllum kansuense*，*Y. multibulatum*，*Y. wangguangouense*，*Y. xichuanense*，*Y. archnolasmaense*，*Kueichouphyllum heishikuanense*，*K. hesenense*，*K. lingxianense*，*K. xichuanense*，此外还有 *Diphyphyllum multicystatum* *D. platifarmis*，*D. gracilis*，*D. sanguanyaense*，*Arachelasma cylindricum*，*A. sinense* var. *anchiapinggense*，*Caninia* cf. *mutofii*，*Caninophyllum xichuanense*，*Carruthersella gangyaoensis* 等。

6. *Eostaffella* 带

该䗴带分布在淅川县三关垭、杨营，相应岩石地层单位为梁沟组顶部到三关垭组底部，以三关垭剖面 1 层顶部 10 m 内到第 3 层，垂直地层厚度 10 m 左右，在淅川县黄沟，该带厚 117 m，该带化石有 *Eostaffella pseudostruvei*，*E. pseudostruvei angusta*，*E. pseudostruvei chomatifera*，*E. mixta*，*E. paraproyvae*，*E. postomosquensis*，*E. lepida*，*Pseudostaffella paracompressa* *Ozawainella umbonata*，*Schubertella* cf. *gracilis zhensis* 等，另有孔虫 *Endothyramopsis* sp.，*Eoendothyramopsis donica tumefactus*。

7. *Pseudostaffella* 带

该带䗴分布在淅川县三关垭、杨营，相当岩石地层单位为三关垭组下部，以三关垭剖面 4～5 层为代表剖面，垂直分布距离 73.55 m，在杨营相当第 5 层到第 6 层下部，分布间距约 60 m。该带以发育 *Pseudostaffella*，*Verella* 等为主要特征，主要有 *Pseudostaffella antiquapos-*

terior, *P. nibelensis*, *P. gorshyi*, *P. timanica*, *Verella xichuanensis*, *V. guangdongensis*, *V. spicata*，此外还有少量 *Profusulinella*, *Ozawnainella*, *Millerella*, *Neostaffella* 等。

8. *Profusulinella* 带

该䗴带分布在淅川县三关垭、杨营，相当岩石地层单位为三关垭组中部，以三关垭剖面6～18层为代表剖面，垂直地层厚度423.31 m，在杨营分布区间（6层下部～11层）近150 m。该带以发育 *Profusulinella*, *Paraeofusulina*, *Neostaffella*, *Eofusulina* 为特征，主要有 *Profusulinella parva*, *P. rhomboides*, *P. rhomboides mobelensis*, *P. parva covokluta*, *P. ovata*, *P. saratovica*, *P. paratimanica*, *Paraeofusulina trianguliformis*, *P. henanensis*, *P. qinlingensis*, *wangyui*, *Neostaffella sphaeroides*, *N. syzranica*, *Eofusulina triangula minima*, *E. hamiensis*, *E. xinjianensis* 等。

9. *Fusulinella purchra* 带

䗴带，分布在淅川县三关垭、杨营，相当岩石地层单位为三关垭上部，以三关垭剖面第19、20层为代表剖面，垂直地层距离128.48 m（杨营剖面12层，40.05 m）。其上未见顶。该带化石不甚丰富，有 *Fusulinella purchra*, *Eofusulinina paralongipertica*, *Ozawainella kurakhovensis*, *O. kumpani*, *Profusulinella prolibrovichi*, *P. subovata*，此外还有下带上延的 *Eofusulina hamiensis*, *Neostoffell syzranica* 等。

第三节　问题讨论

（一）泥盆纪地层底界时代问题

南秦岭-大别山地层区泥盆纪地层最底部为白山沟组，前人多划为中泥盆统，阎国顺等（1988）划归上统，今采用后者。该组很少有化石，仅有河南省地质矿产局（1989）在该组中部采到双壳类 *Cypricardinia* sp.，不是泥盆纪带化石。该组东厚西薄，呈楔状，上覆王冠沟组所含化石可与陕南省冷水河组对比，冷水河组下伏的星红铺组，杜定汉等（1986）划为上泥盆统，白山沟组大致与星红铺组进行对比。

（二）泥盆系与石炭系界线问题

淅川县葫芦山组上部产植物化石 *Sublepidodendron mirabile* - *Lepidodendropsis hirmeri* 带，该带化石繁盛于晚泥盆世—早石炭世（李星学，1964）。淅川地区该带之下为 *Yunnanella* - *Yunnanellina* 带，之上为 *Beichuanophyllum* - *Siphonophyllia* 带，这种情况与三峡地区晚泥盆世写经寺组及以上地层，湘中、宁镇地区情况类似，即 *Sublep. mirabile* - *Lep. hirmeri* 带到 *Beichuanophyllum* - *Siphonophyllia* 带，跨越泥盆系—石炭系界线。考虑到下集组与葫芦山组之间常见平行不整合面，因而将泥盆系与石炭系界线划在二组之间，平行不整合使该地区缺失部分早石炭世地层。随着研究的不断深入，不排除该界线有下移至 *Sublep. mirabile* - *Lep. hirmeri* 带与 *Yunnanella* - *Yunnanellina* 带之间的可能性。

（三）下、中石炭统分界问题

淅川地区梁沟组顶部产 *Yuanophylum* - *Kueichouphyllum* 带，是华南早石炭世珊瑚化石带，在湘中，其上为䗴 *Pseudostaffella* 带，是中石炭世化石，下、中石炭统界线置于两带之间。在淅川一带，情况与湘中类似，但在两带之间发育有 *Eostaffella* 带。在三关垭 *Eostaffella* 带之起始点在梁沟组顶界之下9.6 m，结束点位于三关垭组底界0.96 m；在杨营，*Yuanophyllum* 带顶界距梁沟组顶界之下0.5 m；在缸窑，*Yuanophyllum* 带距三关垭组底面3 m；在黄沟西山坡，*Eostaffella* 带则位于三关垭组之下，*Yuanophyllum* 带更低些。从上述可知，*Yuanophyllum* 带顶界距三关垭组之底的距离是变化的，而 *Eostaffella* 带的顶、底也有很小的变化，在三关垭，两带有重合。鉴于此，将下、中石炭统的界线划在梁沟组与三关垭组之间，而 *Eostaffella* 带跨越了这一界线。

第十一章
白垩纪

华南地层大区秦岭-大别山地层区的白垩纪地层出露于南阳盆地的镇平白湾、西峡盆地的重阳-丹水、淅川盆地的大石桥滔河等地（图 6-1），不整合于前白垩纪地层之上，呈东西向延伸，自下而上分为白湾组、高沟组、马家村组和寺沟组。现分述之。

白湾组　K_1b　（06-41-0424）

【创名及原始定义】　河南区测队（1978）创名于镇平县白湾村。称白湾组，原始定义："为一套特有的灰绿色、黄褐色泥岩、粉砂岩、泥灰岩及砂砾岩等暗色岩系"，时代归属早白垩世。

【沿革】　创名后，河南石油勘探局（1989）、河南地质矿产局（1989）等均沿用。

【现在定义】　该组岩性上部为黄、灰白色块状泥灰岩，夹少量灰绿色粘土岩及砂砾岩；下部为灰绿、黄绿色粘土岩、砂质粘土岩夹灰白色砂砾岩。下以灰白色砂砾岩为标志与元古代秦岭群雁岭沟组不整合接触；上以灰绿色泥灰岩与高沟组整合接触。

【层型】　正层型为镇平县赵湾水库白湾白湾组剖面（112°36′，33°04′）。由河南区测队（1978）测制。

上覆地层：**高沟组**　砾岩

——————— **整　合** ———————

白湾组　　　　　　　　　　　　　　　　　　　　　　　　　　总厚度 327.4 m

8. 浅褐黄色薄层泥灰岩。含介形虫：*Rhinocypris* sp.，*Cypridea unicostata*　　11.1 m
7. 灰绿色粉砂质粘土岩夹褐色泥灰岩。含介形虫：*Cypridea baiwanensis*，*C. unicostata*，*C. concina* 等　　91.1 m
6. 灰绿色粉砂质粘土岩与黄褐色泥质粉砂岩互层　　20.8 m
5. 灰绿色砂质粘土岩与砂砾岩，含砾粗砂岩互层，局部夹黄褐色泥灰岩。含介形虫：*Rhinocypris* sp.，*Cypridea unicostata*，*C.* sp. 等　　32.2 m
4. 紫红色砂质粘土岩与灰色砂砾岩互层　　53.5 m
3. 上部紫红色砂质粘土岩夹灰绿色砂质粘土岩；下部紫红色砂质粘土岩与棕红色砂砾岩互层　　22.4 m

2. 灰绿色砂质粘土岩夹褐黄色泥灰岩 42.0 m

1. 黄绿色砂质粘土岩夹黄褐色泥灰岩、灰白色砂砾岩 54.3 m

～～～～～～～不 整 合～～～～～～～

下伏地层：秦岭（岩）群 雁岭沟（岩）组 石墨大理岩

【地质特征及区域变化】 白湾组仅分布于镇平县赵湾水库白湾村附近。下部由黄绿、灰白及紫红色砂砾岩、粉砂岩、粘土岩及泥灰岩组成不明显的正粒序层理，应为浅湖环境下的水下冲洪积扇沉积。上部由灰黄、灰绿色泥灰岩与粘土岩组成多个层对，应为亚热带气候条件下浅湖相沉积。

白湾组介形类化石以 *Cypridea* 占优势，*Rhinocypris* 次之，伴有 *Darwinula* 和 *Clinocypris*。主要有 *Cypridea unicostata*，*C. huangliuhsiaensis*，*C. baiwanensis* 等，是一个较典型的早白垩世介形类组合。白湾组下部含叶肢介 *Eosestheria* aff. *elongata*，*E.* aff. *middendor*，*E. zhenpingensis*，*Yanjiestheria bellula* 等，广泛分布于我国早白垩世地层中。

高沟组 K_2g (06-41-0426)

【创名及原始定义】 周世全等（1975）[①] 创名于淅川县大石桥滔河高沟。原始定义指寒武系之上、马家村组之下的一套地层，“下部为棕灰、浅灰、灰黑色砾岩夹棕红色含砾粉砂岩，细砂岩”，“上部为棕红色粉砂岩、钙质粉砂岩夹薄层灰色中细粒砂岩、砂砾岩”。与下伏寒武系灰岩不整合接触，与上覆马家村组为整合接触，时代归晚白垩世。

【沿革】 李捷、朱森（1930）将淅川盆地的红层命名为范庄系，时代归早第三纪。河南石油队将西峡县走马岗一带的红色砾岩、粉砂岩及钙质粉砂岩命名为走马岗组。北京地质学院豫南区测队（1961b）将该套地层命名为罗营组，时代归始新世—渐新世。石油部综合研究队（1962）将上述地层称玉皇顶组，归属早白垩世。周世全等（1975）命名高沟组，时代归晚白垩世早期。河南区测队（1978）沿用胡岗组，包括高沟组、马家村组和寺沟组，时代归晚白垩世。河南地质矿产局（1989）沿用高沟组，时代归晚白垩世。本次地层对比研究选用高沟组，停止使用走马岗组、罗营组、范庄系。

【现在定义】 岩性为综红、浅灰、灰黑色砾岩、细—粉砂岩、钙质粉砂岩。下以棕红色砾岩为标志与白湾组平行不整合接触；上以棕红色粉砂岩为标志与马家村组整合接触。

【层型】 正层型为淅川县黑豆崖-东西寺高沟组剖面（110°16′，33°02′）。由周世全等（1975）测制。

上覆地层：马家村组 灰白色含钙质中砂岩

———————— 整 合 ————————

高沟组 总厚度 112.52 m

2. 棕红、灰绿色钙质粉砂岩 42.76 m

1. 褐红、棕红色砾岩，夹棕红色粉砂岩 69.76 m

～～～～～～～不 整 合～～～～～～～

下伏地层：寒武系 灰黑色板状泥质条带灰岩、白云质灰岩

① 周世全、韩岦敬、张永才，1975，河南淅川盆地中新生代“红色”地层。中南地质科技情报，第3期，65～71页。

【地质特征及区域变化】 该组呈北西向条带状展布于淅川县滔河，西峡县丹水、内乡县夏馆、镇平县柳泉铺等地。岩性单调，以棕红色砾岩、粉砂岩为主，夹灰白、灰绿色粉砂岩及砂质粘土岩。岩性变化较大，西峡、淅川盆地以粉砂岩、砾岩为主，向东至镇平一带则以砂岩为主。地层厚度变化较大，如西峡盆地以杜岗为沉积中心，厚达 1200 m，向东、向西厚度变薄或尖灭。本组以棕红色色调为特点，含耐干旱的蕨类化石，应为亚热带气候下形成。

本组含有较丰富的恐龙蛋、轮藻及孢粉化石。恐龙蛋主要有 *Faveoloolithus*，*Placoolithus* cf. *taoheensis*，*Paraspheroolithus* cf. *irenensis*，*Youngoolithus xiaguanensis* 等，代表晚白垩世早期的产物。西峡盆地本组中部含孢粉化石，其中蕨类占 82.3%，*Schizaea* 占 33%，并有孢子 *Cicatricosisporites* sp.，*Leiotriletes* sp.，及 *Cyathidites* sp.，等；裸子类占 16.65%，其中 *Exesipollenites* 占 11.7%，尚有 *Classopllis annulatus* 等。在淅川盆地本组下部产轮藻 *Aclistochara* sp.，*Obtusochara subcylindrica* 及 *Maedlcrisphaera* 等。时代为晚白垩世早期。

马家村组 K_2m （06－41－0427）

【创名及原始定义】 周世全等（1975）创名于淅川县滔河黑豆崖。原始定义指高沟组之上、寺沟组之下的一套地层，“岩性为一套杂色、棕红色钙质粉砂岩、细砂岩夹薄层中粗粒砂岩、砂砾岩，局部夹层位不稳定的棕红色砂质泥灰岩”，与上覆、下伏地层均为整合接触，时代为晚白垩世。

【沿革】 李捷、朱森（1930）将淅川盆地的红层命名为范庄系，归属早第三纪。河南石油队（1960）[1] 将西峡盆地走马岗一阳城一带米黄、红色砂岩、粉砂岩夹紫红色砾岩命名赵营组，归属晚白垩世。北京地质学院豫南区测队（1961b）将该套地层命名为茧厂沟组，时代归始新世一渐新世。中南地层表编写小组（1974）沿用大仓房组，时代归始新世。周世全等（1975）命名马家村组，时代归属晚白垩世。河南区测队（1978）沿用胡岗组，其含义包括周世全等（1975）的高沟组、马家村组和寺沟组，时代归属晚白垩世。河南地矿局（1989）沿用马家村组。本次地层对比研究选用马家村组，停止使用赵营组、茧厂沟组。

【现在定义】 岩性为棕红色钙质粉砂岩、细砂岩夹砂砾岩及泥灰岩。下以棕红色砾岩为标志与高沟组整合接触；上以灰白色泥质粉砂岩为标志与寺沟组整合接触。

【层型】 正层型为淅川县黑豆崖-东西寺马家村组剖面（111°16′，33°02′）。由周世全等（1975）测制。

上覆地层：**寺沟组** 灰白、灰黄色砾岩

—————— 整 合 ——————

马家村组	总厚度 390.22 m
5. 棕红色含粉砂质泥灰岩	8.88 m
4. 棕红、灰绿色钙质粉砂岩。局部为含砂质薄层泥灰岩。中部含恐龙蛋化石及鸟脚类	378.34 m
3. 灰白色含砾钙质中砂岩	3.00 m

—————— 整 合 ——————

下伏地层：**高沟组** 棕红、灰绿色钙质粉砂岩

【地质特征及区域变化】 本组呈北西向条带状展布于西峡县走马岗、阳城，淅川县大石

① 河南石油队，1960，南阳盆地地质总结报告。

桥、内乡县夏馆、镇平县柳泉铺等地，主要为灰绿色钙质粉砂岩与紫红色泥质粉砂岩互层，单层厚0.5～2 cm，粉砂岩中常夹砂砾岩及泥灰岩薄层。地层厚度变化大（100～1 600 m)，向两侧逐渐变薄。岩性、岩相变化大，为干旱炎热气候条件下的滨湖-浅湖相沉积。

本组含有较丰富的恐龙、恐龙蛋、孢粉及轮藻化石。恐龙蛋以 *Spheroolithus taoheensis*, *Paraspheroolithus* sp., *P.* cf. *irenensis*, *Placoolithus* cf. *taoheensis*, *Ovalloolithus* cf. *chinkangkouensis* 等。在淅川盆地本组含轮藻 *Porochara anluensis*, *P. yingshanensis*, *P. spheria*, *Obtusochara luxiensis* 等。本组下部含孢粉化石，其组合以 Pteridophyta 中的含海金沙科孢子最丰富，如 *Schizaea* sp.，*Lygodium* sp.，及 *Coniopteris* sp.，等，*Cibotium* 孢子较少。裸子类以 *Brachyphyllum* sp.，和 *Podozamites* 等为主。被子植物花粉含量很少，主要有 Proteaceae, *Tricolporopollenites* 及 *Extratriporopollenites* 等。上述化石的时代为晚白垩世。

寺沟组　K_2s　(06-41-0428)

【创名及原始定义】　周世全等（1975）创名于淅川县滔河黑豆崖。原始定义指该地马家村组之上的地层，“岩性较粗，下部为一套砂砾岩、砾岩与棕红色粉砂岩，夹薄层砂质泥灰岩；上部为一套灰白、棕红色细中砂岩和泥钙质粉砂岩互层，夹砂质泥灰岩薄层”。下以棕红色砂砾岩为标志与马家村组整合接触。未见顶。时代归晚白垩世。

【沿革】　河南石油队（1960）将西峡盆地丹水一带红色粉砂岩与砂岩互层，夹砂砾岩的地层命名为六爷庙组，归晚白垩世—老第三纪。北京地质学院豫南区测队（1961b）将该套地层命名为丹水组，归属早第三纪。中南地层表编写小组（1974）采用核桃园组，时代归渐新世。周世全等（1975）在淅川盆地将相当地层红色砂砾岩及粘土岩命名为寺沟组，时代归晚白垩世。周世全等（1976）将李官桥盆地含长形蛋化石的红色砾岩和含砂质粘土岩的地层，称寺沟组，时代归晚白垩世。河南区测队（1978）沿用胡岗组，包括周世全等（1975）所命名的高沟组、马家村组和寺沟组，时代归晚白垩世。河南地质矿产局（1989）沿用寺沟组，时代归晚白垩世。本次地层对比研究选用寺岗组，停止使用胡岗组、丹水组。

【现在定义】　岩性为褐红、棕红色含砾泥质砂岩、砂质粘土岩，底部为砾岩。下以棕红色砾岩为标志与马家村组整合接触；其上被玉皇顶组红色砂质粘土岩整合覆盖。

【层型】　正层型为淅川县黑豆崖-东西寺寺沟组剖面（111°16′，33°02′)。由周世全等（1976）测制。

寺沟组（未见顶）	总厚度 360.67 m
17. 浅棕、灰绿色钙质细砂岩	4.08 m
16. 浅棕红色钙质粉砂岩夹薄层钙质细砂岩	7.48 m
15. 浅棕色钙质细砂岩	18.02 m
14. 棕黄、灰白、棕褐色含砂质泥灰岩	4.27 m
13. 褐黄、土黄色砾岩	52.35 m
12. 土黄色钙质粉砂岩	107.79 m
11. 灰黄、黑灰色砾岩	54.04 m
10. 浅黄、灰白色泥灰岩	5.94 m
9. 褐黄—土黄、杂色含钙质结核粘土岩	22.22 m
8. 灰白、灰黄色砾岩	22.51 m
7. 灰白、棕红色含砂质泥灰岩。局部含砾	18.32 m

6. 灰白、灰黄色砾岩 43.65 m

——————整 合——————

下伏地层：**马家村组** 棕红色含粉砂质泥灰岩

【地质特征及区域变化】 本组呈北西向分布于西峡、淅川县李官桥、镇平县柳泉铺等盆地。由下到上由粗变细出现多个韵律层。上部砾岩夹砂砾岩及粉砂岩，显示不明显的层理。中、下部为棕红色钙质粉砂岩与灰绿色泥质粉砂岩互层，夹薄层泥灰岩，水平层理及波状层理发育。地层厚度变化较大（600～50 m），往往由盆地中心向边缘厚度逐渐变薄以至尖灭。岩性、岩相纵、横向变化大，如西峡盆地由东向西砾岩、砂砾岩聚增，而粉砂岩、砂质粘土岩大大减少。在纵向上由下向上粒度逐渐变细。为干旱气候条件下的洪积-滨湖相沉积。

在西峡盆地寺沟组中部含孢粉化石，蕨类和藻类孢子占73%，其中 *Schizaeoisporites* 占66.8%，*Lygodiumsporites* 占3%；裸子植物花粉占13.4%，其中 *Bennetites*，*Cycas*，*Classopollis annulatus*，*Monosuleites minimus* 等占8.7%；被子类花粉占13.4%，主要有 *Translucencipollis striatus*，Myrtaceoidae，*Orbiculapollis striatus*，*Lonicerapollis* 等。本组合中 *Aquilopollentype* 的出现，为晚白垩世孢粉的典型代表。在淅川盆地寺沟组中采获轮藻化石，主要有 *Oblusochara brevicylindrica* 及 *Aclistochara* sp. 等，多见于上白垩统。

第十二章
第三纪

河南省华南地层大区第三纪地层主要分布于豫西南地区的南阳、李官桥盆地（图 7－1），向南延伸入湖北省境内，厚度 2 000～3 000 m 左右，为陆相碎屑岩夹碳酸盐岩建造。依据岩性特征，自下而上分为玉皇顶组、大仓房组、核桃园组、上寺组及凤凰镇组五个岩石地层单位。

玉皇顶组　$E_{1-2}y$　（06－41－0506）

【创名及原始定义】　河南石油队（1961）[①] 于湖北省均县玉皇顶附近创名玉皇顶组。原始定义："岩性以浅肉红色泥灰岩及浅灰白色泥质灰岩为主，夹紫红色钙质泥岩"，"底部普遍以砖红色底砾岩与寒武系灰岩成角度不整合接触"，与上覆大仓房组整合接触。厚度 559.2 m。时代归晚白垩世。

【沿革】　李捷、朱森（1930）将李官桥盆地的红层命名为范庄系，时代为早第三纪；河南石油队（1961）将其下部命名为玉皇顶组，时代归晚白垩世；北京地质学院豫南区测队（1961b）将其时代划归始新世—渐新世。周世全等（1979）将产恐龙蛋化石的一部分红层从玉皇顶组划出，改称晚白垩世胡岗组，在胡岗组之上还划出一段地层，称古新世白营组，其上为玉皇顶组，时代归早始新世。徐玉宣等（1979）又把白营组并入玉皇顶组。本次选用徐玉宣等（1979）厘定的玉皇顶组含义。停用白营组、范庄系。

【现在定义】　岩性以灰、灰黄、灰绿、棕红色砂质泥岩、钙质泥岩和灰岩、浅肉红色泥灰岩为主，局部夹棕红、灰黄色砾岩和砂岩。与下伏晚白垩世寺沟组整合接触，与上覆大仓房组整合接触。

【层型】　正层型位于湖北省均县玉皇顶温家坪-河南省淅川县仓房石庙（111°26′，32°42′）。周世全等（1979）重测。

上覆地层：**大仓房组**　灰、红褐、砖红色含砾砂质泥岩、含砾粉砂岩夹浅灰色薄层砂砾岩

——————— **整　合** ———————

① 河南石油队，1961，南阳盆地 1960 年地质总结报告。

玉皇顶组 总厚度589.6 m

8. 灰、灰绿、棕红、红褐色粉砂质泥岩与灰白色泥灰岩互层。上部泥灰岩中产脊椎动物化石：*Gobiatherium* sp.，中下部泥灰岩中产介形类：*Cypris decaryi* 106.6 m

7. 浅棕红、浅灰绿色粉砂质泥岩夹灰白色泥灰岩。泥灰岩中产腹足类：*Australorbis pseudoammonius huanghoensis*，*Physa yuanchuensis*，*Aplea lubrica*，介形类：*Cypris decaryi*，轮藻：*Kosmogyra* spp. 33.3 m

6. 灰、灰白色泥灰岩夹薄层钙质粉砂质泥岩、钙质泥岩。底部泥灰岩中产脊椎动物化石：*Asiocoryphodon conicus*，*A. lophodontus*，*Manteodon flerowi*，腹足类：*Physa* cf. *yuanchuensis*，*Australorbis pseudoammonius huanghouensis*，介形类：*Cypris decaryi*，*C.* cf. *favosa*，*Darwinula cylindrica*，*Candona combibo*，*Eucypris subtriangularis* 223.7 m

5. 灰黄、浅灰色粉砂质泥岩，中部产 *Coryphodon* sp. *Manteodon* cf. *meizixiensis* 75.7 m

4. 灰白、浅肉红色中厚层状泥灰岩、不纯泥灰岩夹砂质泥岩、钙质泥岩。产腹足类：*Bithynia* sp.，*Physa* sp. 113.4 m

3. 灰白、浅红色粉砂质泥灰岩夹钙质泥岩，层理清晰，含小砾石 36.9 m

——————— 整　合 ———————

下伏地层：**寺沟组**　棕红、红褐色含砾泥质粉砂岩、含砾粉砂质泥岩夹凸镜状砾岩

【地质特征及区域变化】　该组分布于淅川县大胡坡、张湾、泗山寨等地。以泥灰岩和泥岩为主，夹砂岩和砂砾岩。岩性变化大，仓房一带下部以泥灰岩为主，上部泥岩较多；丹江以东泗山寨附近，泥灰岩减少，泥岩和砂砾岩增加。泥灰岩多呈厚层状，局部呈疙瘩状，有时含砂和小砾石；泥岩包括钙质泥岩和砂质泥岩；砂岩以粉砂岩、细砂岩和中砂岩为主，粗砂岩和含砾砂岩少量；该组厚度变化较大，一般200～600 m。该组为河湖相沉积。

该组产脊椎动物化石 *Gobiatherium* sp.，*Asiocoryphodon conicus*，*A. lophodontus*，*Manteodon* cf. *meizixiensis*，*M. flerowi*，腹足类 *Physa* sp.，*P. yuanchuensis*，*Australorbis pseudocammonius huanghouensis*，*Amnicola pervia*，*Hydrobia* sp.，*Planorbis* cf. *hopeiensis*，时代归古新世—始新世。

大仓房组　E_2d　(06-41-0507)

【创名及原始定义】　河南石油队（1961）于淅川县仓房附近创名大仓房组。原始定义："为浅灰白色砾岩、棕黄色砂岩、紫红色泥岩组成的韵律沉积，上部砂质泥岩中夹石膏层"，与下伏玉皇顶组，上覆核桃园组均为整合接触。厚度607.8 m。时代归晚白垩世。

【沿革】　李捷、朱森（1930）称为范庄系，时代归早第三纪，河南石油队（1961）在玉皇顶组之上建立大仓房组，时代归晚白垩世；北京地质学院豫南区测队（1961b）将其归始新世—渐新世；张仁杰（1974）① 归中始新世。后被广泛应用。

【现在定义】　岩性为褐红及棕红色泥岩、砂质泥岩、含膏泥岩、棕黄色砂岩、含砾砂岩、灰、灰白色砂砾岩，夹灰白色泥灰岩，局部夹薄层石膏。与下伏玉皇顶组整合接触，与上覆核桃园组整合接触。

【层型】　正层型位于湖北省均县至河南省淅川县仓房石庙（111°26′，34°42′），周世全（1979）重测。

① 张仁杰，1974，河南下第三系的初步研究。中国地质科技情报（1）。

上覆地层：**核桃园组** 灰白、灰绿泥灰岩

——————— 整 合 ———————

大仓房组	总厚度 1 196.4 m
17. 红褐色泥岩夹含膏泥岩、钙质膏质泥岩，中部夹灰白色薄层泥灰岩	398.7 m
16. 红褐色砂质、粉砂质泥岩夹薄层粉砂岩和4～5层砂砾岩，含微量石膏、小砾石及钙质结核	197.1 m
15. 红褐色含砾砂质泥岩夹薄层灰、灰绿色砂砾岩和泥质砾状砂岩	81.8 m
14. 灰、灰白色砂砾岩	5.5 m
13. 红褐色含砾砂质泥岩、砂质泥岩夹含砾粉砂岩、含膏砂质泥岩，砂砾岩等，中部夹薄层石膏。产腹足类化石：*Valvata fragilis* 介形类：*Candoniella albicans*，*C. suzini*，*Eucypris* sp.	318.1 m
12. 灰色砂砾岩	16.5 m
11. 红褐色含砾砂质泥岩、粉砂岩夹灰色砂砾岩。产脊椎动物化石：*Sinohadrianus sichuanensis*，*Lophialetes* sp.	46.4 m
10. 灰、浅灰色砂砾岩	16.5 m
9. 灰、灰红、砖红色含砾砂质泥岩、含砾粉砂岩夹浅灰色薄层砂砾岩，组成砂砾岩-粉砂岩-泥岩四个小韵律	115.8 m

——————— 整 合 ———————

下伏地层：**玉皇顶组** 灰绿、红褐色粉砂质泥岩

【地质特征及区域变化】 该组岩性变化较大，在仓房一带，下部由砂砾岩、砂岩到泥岩组成多个沉积韵律，上部则以泥岩为主，夹砂砾岩、砂岩和薄层泥灰岩。在泗山寨以南底部有砂砾岩，下部为泥岩与泥灰岩互层，上部为砂岩夹砾岩，砂岩与砂砾岩常相变。厚度变化170～1200 m，以褐红、棕红色为主，夹棕黄、灰绿色。另外，仓房附近中上部夹薄层石膏。该组属河湖相沉积。

该组产脊椎动物化石 *Sinohadrianus sichuanensis*，*Lophialetes* sp.，*Corypoodon* sp.，*Euryodon minomus*，腹足类 *Valvata fragilis*，*Hippeutis buminosa*，*Sinoplanorbis sinensis*，*Gyraubus yuanchuensis*，介形类 *Condoniella albicans*，*C. suzini*，*Metacypris* sp.，时代归始新世。

核桃园组 E_2h（06－41－0508）

【创名及原始定义】 河南石油队（1961）于淅川县仓房乡核桃园附近创名核桃园组。原始定义："岩性以灰白、灰绿色中厚层泥灰岩为主，夹紫红色泥页岩，下寺以西，核桃园一带夹有不稳定的煤层透镜体"。与下伏大仓房组整合接触，与上覆上寺组整合接触，厚度466.6 m，时代归白垩纪—老第三纪。

【沿革】 李捷、朱森（1930）称为范庄系，时代归早第三纪；河南石油队（1961）在大仓房组之上命名核桃园组，时代归白垩纪—早第三纪；北京地质学院豫南区测队（1961b）归始新世—渐新世；河南地质研究所（1962）① 称核桃园群；张仁杰（1974）② 仍称核桃园组，时代归晚始新世早期；周世全等（1976）③ 所称的核桃园组包括上寺组；河南地科所（1979）、河南地质矿产局（1989）所称核桃园组同原始定义，时代归晚始新世。本次地层对比研究亦

① 河南地质研究所，1962，河南地层。
② 张仁杰，1974，河南下第三系的初步研究。中南地质科技情报（1）。
③ 河南地科所，1976，河南省白垩纪—第三纪地层。

采用原始含义。

【现在定义】 岩性为棕红、灰绿色泥岩、钙质泥岩与灰白、灰绿色泥灰岩互层，下部局部夹碳质泥岩和浅棕红色粉砂岩，上部夹薄层砾岩。与下伏大仓房组整合接触，与上覆上寺组整合接触。

【层型】 正层型位于湖北省均县到河南省淅川县仓房石庙（111°26′，34°42′），周世全（1979）重测（18～22层）。

上覆地层：上寺组 灰黑色砾岩

——————整 合——————

核桃园组 总厚度 817.7 m

22. 灰绿、褐红、紫红色泥岩，底部夹灰白色泥灰岩和薄层砾岩、钙质泥岩，砾岩不甚稳定 187.9 m

21. 紫红、红褐、灰色泥岩和钙质泥岩夹灰白色泥灰岩，顶部夹薄层砂岩两层。上部钙质结核较多。中部泥岩中产脊椎动物化石：*Tinosaurus lushiensis*，*Tsinlingomys youngi*，腹足类：*Sinoplanorbis sinensis*，*Hippeutis luminosa*，*Aplexa lubrica*，*Planorbis* sp.，介形类：*Cypris decaryi*，*C. favosa*，*Cyprinotus* cf. *parametes*，*Cyclocypris glacialis*，*C. hanliangensis*，*Eucypris stagnalis*，*E. agnata*，*Cypris* sp.，*Candoniella suzini*，*C. albicans* 200.5 m

20. 灰白色泥灰岩，中部为泥灰岩与泥岩互层 143.8 m

19. 灰白、灰绿色钙质泥岩夹红褐色泥岩，下部夹灰白色微显红褐色结核状泥灰岩，钙质泥岩中钙质局部富集成小透镜状或不稳定薄层状泥灰岩 197.7 m

18. 灰白、灰绿色泥灰岩夹红褐色含钙泥岩，底部为紫红色泥岩 87.8 m

——————整 合——————

下伏地层：大仓房组 红褐色泥岩夹含膏泥岩等

【地质特征及区域变化】 该组分布于淅川县核桃园、杏山一带。下部以泥灰岩为主，上部以泥岩为主，下部局部夹泥质石膏和碳质泥岩（即劣质薄层煤），上部夹薄层砾岩或砂砾岩，岩性相变快，泥灰岩和砾岩均不稳定，核桃园附近泥灰岩较发育，向东、向西泥灰岩减少，砾岩增多。该组厚度变化 100～850 m。在南阳盆地该组含石油，在叶县、舞阳一带该组产盐类。属湖相为主的河湖相，局部为沼泽相沉积。

该组产脊椎动物化石 *Tinosaurus lushiensis*，*Sinohadrianus sichuanensis*，*Breviodon minutus*，*Schlosseria hetaoyuanensis*，*Deperetella sichuanensis*，*Lophialetes expeditus*，*Prolaena parva*，*Miacis bushiensis*，腹足类 *Sinoplanortis sinensis*，*Hippeutis luminosa*，*Aplexa lubrica*，介形类 *Cypris decaryi*，*C. favosa*，*Cyprinobus* cf. *parametes*，*Cyclocypris glacialis*，*Eucypris stagnalis*，*E. agnata*，*Candoniella suzini*，*C. albicans*，时代归始新世。

上寺组 $E_3\hat{s}$ （06－41－0509）

【创名及原始定义】 河南石油队（1961）于淅川县仓房乡上寺附近创名上寺组。原始定义："岩性为厚层—块状石灰砾岩，夹浅紫红色砂质泥岩"。下寺一带与下伏核桃园组为连续沉积，七里营及南部党子口一带，以轻微角度不整合超覆于大仓房组、玉皇顶组之上。上寺一带厚 473.7 m。时代归晚第三纪。

【沿革】 李捷、朱森（1930）称为范庄系，时代归早第三纪，河南石油队（1961）创名上寺组，时代归晚第三纪，北京地质学院豫南区测队（1961b）归始新世—渐新世；河南地研所（1962）[①] 称为上寺群；时代归晚第三纪，周世全等（1979）将上寺组并入核桃园组，时代归始新世；河南地质矿产局（1989）改称廖庄组，时代归渐新世。本次地层对比研究选用上寺组，停止使用廖庄组。

【现在定义】 岩性以灰褐色厚层砾岩为主，夹浅棕红色泥岩，与下伏核桃园组整合接触，未见顶，在区域上与凤凰镇组不整合接触。层型厚 299.3 m。时代归渐新世。

【层型】 正层型位于湖北省均县到河南省淅川县仓房乡石庙（111°26′，34°42′），周世全（1979）重测。

上寺组 总厚度 299.3 m

23. 灰黑色砾岩，厚层—巨厚层状，底部夹薄层泥岩（未见顶） 299.3 m

——————— 整 合 ———————

下伏地层：**核桃园组** 灰绿、紫红色泥岩，底部夹灰白色泥灰岩

【地质特征及区域变化】 该组岩性单一，以灰褐色厚层砾岩为主，夹棕红色砂质泥岩和钙质泥岩，局部有含砾粉砂岩。砾岩多为基底式钙质胶结，较坚硬，砾石成分绝大部分是灰岩，少数是石英岩等，砾径 0.1～1 m 不等，多呈次圆、次棱角状。该组厚度 100～500 m，为一套河湖相沉积。

本组未获化石，依据地层序列，暂将其时代归渐新世。

凤凰镇组 *Nf* （06－41－0560）

【创名及原始定义】 周世全等（1979）于淅川县凤凰镇创名凤凰镇组。原始定义指发育在凤凰镇一带的晚第三纪地层。“下部灰、灰黑色砾岩，中部浅灰黄色含砂、含钙泥岩、粉砂岩夹砂砾岩，上部灰白色泥灰岩或薄层泥灰岩与钙质泥岩互层”，厚度约 300 m。下部与核桃园组不整合接触；上部被第四系不整合覆盖。时代归中—上新世。

【沿革】 李捷、朱森（1930）建立“后范庄系”，时代归晚第三纪。德日进等（1935）改称“南阳系”，时代归上新世。河南石油队（1961）改称上寺组，时代归晚第三纪。北京地质学院豫南区测队（1961b）称上第三系，河南地质研究所（1962）改称上寺群，时代归晚第三纪。周世全等（1979）认为原上寺组与核桃园组属相变关系，建议废弃上寺组，并创立凤凰镇组。时代为中—上新世。河南区调队（1981a）、河南地质矿产局（1989）沿用凤凰镇组，时代归上新世，其含义仅相当于原凤凰镇组的上部。本书凤凰镇组含义相当于原始定义。停止使用南阳系、后范庄系。

【现在定义】 岩性下部为深灰色砾岩夹暗灰绿色泥岩；中部为褐、棕红杂灰绿色粘土岩、砂岩、粉砂岩夹砂砾岩；上部为灰、灰白色泥灰岩或薄层泥灰岩与钙质泥岩互层，局部夹褐黄色砂岩及含砾砂岩。下以砾岩出现为标志与上寺组不整合接触；上以泥灰岩或钙质泥岩结束为标志与中更新统不整合接触。

【层型】 正层型位于淅川县凤凰镇附近（114°40′，32°50′），由河南区调队（1981）重测。

上覆地层：**中更新统** 棕红色亚粘土

---

① 河南地质研究队，1962，河南地层。

～～～～～～～～ 不　整　合 ～～～～～～～～

凤凰镇组	总厚度 33.0 m
9. 灰白色泥灰岩	3.9 m
8. 灰白、杂灰绿色泥灰岩	4.9 m
7. 灰绿砂岩	5.0 m
6. 灰绿、杂棕红色粘土岩、泥质砂岩	10.0 m
5. 灰白色含砾砂岩	2.0 m
4. 褐、杂灰绿色砂质粘土岩	1.5 m
3. 棕红、杂淡灰绿色砂质粘土岩	1.2 m
2. 红褐、杂淡灰绿色砂质粘土岩	3.0 m
1. 灰色砾岩，钙质胶结	1.5 m
未见底	

【地质特征及区域变化】 本组岩性由下到上组成砾岩—砂砾岩—砂岩—粉砂岩—泥岩及泥灰岩的沉积韵律。其中砾岩中砾石成分多为变质岩、石英砂岩、砂页岩及少量灰岩等，砾石滚圆度为次棱角—次浑圆状，分选性差，砾径 0.5～20 cm，个别大于 30 cm。胶结物多以钙质为主。泥岩及粘土岩为灰绿、黄褐及浅灰色，垂直节理发育，湿水膨胀，往往沿节理发育有灰绿色网纹及块体，可作膨润土矿。泥灰岩为灰白色，薄—中层状，局部含砂粒或小砾石。

本组厚度变化大，由几十米至几百米，在山麓边缘及山前丘陵岗地厚度小，向平原区厚度增大，具单向斜层理及水平层理，局部显示河流交错层理。属河流-湖泊相环境沉积。

该组中上部泥灰岩中产哺乳动物 *Gazella gaudryi*，时代为晚第三纪。

第十三章
结　语

河南省地质矿产厅区调队承担的“河南省地层多重划分对比研究”项目，在地质矿产部项目办、华北大区办、河南省地矿厅的领导下，经过3年多的努力，完成了任务，提交了研究成果。项目参加人员通过认真学习《国际地层指南》和《中国地层指南及中国地层指南说明书》，明确了全国项目办总体设计的指导思想和工作方法。在搜集、综合分析前人资料的基础上，查清了河南省使用过的地层名称，经过分析、对比，确定了选用的岩石地层单位，按地矿部项目办要求填制了系列卡片，并输入微机，建立了河南省地层数据库，编写了《河南省地层多重划分对比研究报告》。按部项目办决定，以本书名称出版。

通过该项目的研究，取得了一批地质成果，在岩石地层划分方面有一些新进展、新认识，并提出了今后工作建议，同时还存在一些遗留问题，有待今后研究。

一、取得的主要成果

（一）建立河南省地层数据库

通过综合研究，确定选用185个岩石地层单位，按部项目办下发的卡片式样，填制了岩石地层单位卡片，即Ⅰ.名称卡、Ⅱ.沿革卡、Ⅲ.延伸卡片、Ⅳ.剖面卡、Ⅴ.文献卡，共汇集了590余条剖面，并将这些卡片按部项目办地层数据库研建组的地层数据库软盘输入微机，建立了河南省地层数据库。河南地层数据库的建立是河南地层研究的重大进展，把几十年来各系统、各单位的分散剖面、划分方案等资料集中一起输入微机，集储存、查询、检查、监控于一体，具有很高的实用价值。

（二）在岩石地层划分方面的新进展、新认识

1. 在嵩山小区和太行山分区分别采用嵩山群和银鱼沟群，厘定了银鱼沟群含义，将双房（岩）组独立。

2. 重新厘定秦岭（岩）群，包括郭庄（岩）组、雁岭沟（岩）组、石槽沟（岩）组，原秦岭群上部归峡河（岩）群，包括寨根（岩）组和界牌（岩）组。

3. 熊耳群之上分别采用汝阳群、五佛山群、官道口群和栾川群。

4. 信阳群解体后，龟山岩组归上元古界，南湾组归晚古生代。

5. 在华北地层大区寒武系停用年代地层单位含义的毛庄组、徐庄组、长山组、凤山组，恢

复馒头页岩、张夏灰岩、崮山页岩、炒米店灰岩、三山子灰岩作为岩石地层单位的含义。

6. 将原下、上马家沟组、峰峰组合称马家沟组，内分八段。

7. 将原下、上石盒子组合称石盒子组，内分小风口段、云盖山段、平顶山段。

8. 在秦祁昆地层区将二郎坪群划归下古生界，其上的小寨组、抱树坪组划归下古生界，柿树园组划归上古生界。

9. 将周进沟（岩）组、石门冲（岩）组、歪庙（岩）组划归古生界。

10. 南秦岭-大别山地层区寒武系建立两套地层系统，在奥陶系恢复使用蛮子营组。

（三）多重地层划分与对比

1. 在总结前人资料的基础上，通过大量生物地层柱的分析与对比，在古生界内共厘定出小壳动物、三叶虫、牙形石、头足类、䗴类、介形虫、双壳类、珊瑚、腕足类、笔石、古植物等 11 个门类共 95 个生物地层单位，对它们的地层位置、层型或代表剖面、特征分子作了论述。

2. 将华北地层大区寒武系分为 8 个阶，奥陶系分为 5 个阶，石炭—二叠系分为 9 个阶，并对它们的定义、时代、包含的生物带作了简介。

3. 对华北地层大区的古生代地层，以岩石地层单位为基础，对岩石、生物、年代地层的关系作了较详细的对比，提出了三重地层纵向、横向上的变化规律，揭示了岩石地层单位的时空位置，在河南省地层研究中是第一次。

二、存在问题

河南省地层情况复杂，有些地质问题还存在不同认识，有待今后研究。

1. 汝阳群与官道口群、栾川群的时代对比问题。黄莲垛组、董家组时代问题。

2. 陶湾（岩）组、宽坪（岩）群、三岔口组、鱼库组时代及层序问题。

3. 雁岭沟组时代问题等。

三、今后工作建议

1. 开展河南省层序地层学研究：层序地层学研究正在我国兴起。层序地层学研究能揭示地质时期沉积历史，对地层划分与对比及寻找沉积层控矿产具有不可忽视的意义。河南省处于华北地台南缘，中上元古界、下古生界发育良好，层序清楚，沉积构造发育，保存良好，是研究层序地层的良好场所。建议开展河南省层序地层研究，提高河南省地层研究水平。

2. 编制新一代 1∶50 万河南省地质图：河南省第二代 1∶50 万地质图距今已 15 年，《河南省区域地质志》所附 1∶50 万地质图采用的资料距今也有 10 年。十几年来，河南地质研究取得重要进展，沉积岩区、侵入岩区、变质岩区 1∶5 万区调取得一批新成果，本次河南省地层清理确定了岩石地层单位，以上成果为第三代河南省 1∶50 万地质图编制奠定了基础，因而编制第三代地质图时机已经成熟，建议优先开展该项工作。

3. 编著河南省地层典：通过这次河南省地层对比研究，基本查清了在河南省内使用过的地层名称的来龙去脉。为了向他人和后人提供河南省地层研究历史及现代的实际资料，有必要立项编著河南省地层典，查清使用过的地层名称的来龙去脉及含义变化，将选用的地层单位以典的形式固定下来。

4. 开展东秦岭地层研究：东秦岭地层，尤其是北秦岭地层研究程度偏低，实践证明，秦岭地区每有古生物化石发现，都具有重大意义，对研究地质演化有不可忽视的作用。为了提高东秦岭地层研究水平，为地质找矿服务，应当选择有重要意义的专题开展研究，如北秦岭变质古生代地层研究，南秦岭古生物地理研究，东秦岭与华北、华南板块关系研究等。

参考文献

曹美珍、林启彬、陈金华、张俊峰，1986，河南南召发现“热河动物群”。古生物学报，23（2）211～214。

曹世禄，1936，河南南召、鲁山、宝丰、方城等县地质矿产。河南地质调查所地质报告书，1号。

曹世禄，1933，河南南阳镇平淅川等县地质矿产。河南地质调查所地质报告书，2号。

曹世禄、孟昭彝，1937，河南武安、涉县、林县、安阳、汤阴、汲县、辉县、修武、博爱、济源等县地质矿产。河南地质调查所地质报告书，9号。

曹照垣、邢历生、于清河，1985，三门峡东坡沟剖面磁性地层的初步研究。中国地质科学院地质力学研究所所刊，(5)。

陈晋镳、张志民、朱士兴、赵 震，1980，蓟县震旦亚界的研究。天津地质矿产研究所主编，中国震旦亚界。天津：天津科学技术出版社。

陈仁杰，1990，豫西及其邻区中上元古界的划分和对比。河南地质，8（3）28～34。

陈瑞保、张延安，1993，豫西峡河岩群层序及变形特征。河南地质，11（2）104～111。

杜恒俭、程 捷、马安成、吴天民，1991，河南西部及其邻近地区早第三纪生物地层特征与中国早第三纪生物古地理区系划分概要。地质学报，65（3）285～298。

冯景兰、张伯声，1952，豫西地质矿产调查报告。中南地质调查所开封分所编辑，河南省工业厅刊印。

符光宏，1988，北秦岭古生代断陷内地层层序的建立。河南地质，6（4）27～32。

符俊辉、薛祥煦、袁凤细、张云翔等，1991，河南镇平白湾组上段孢粉的发现。河南地质，9（3）21～30。

高 玉，1976，河南吴城、淅川两盆地始新世哺乳动物化石地点及层位。古脊椎动物与古人类，14（1）26～34。

高联达、刘志刚，1988，河南省信阳群南湾组微体化石的发现及其地质意义。地质论评，34（5）421～437。

顾知微、楚旭春，1951，宜洛煤田地质普测调查报告。地质矿产调查队印。

关保德、耿午辰、杜惠英等，1983，河南省罗圈组冰碛层时代探讨。前寒武纪地质，第1号。北京：地质出版社。

关保德、耿午辰、戎治权、杜惠英，1988，河南东秦岭北坡中一上元古界。郑州：河南科学技术出版社。

关保德、潘泽成、耿午辰、戎治权、杜惠英，1980，东秦岭北坡震旦亚界。天津地质矿产研究所主编，中国震旦亚界，天津：天津科学技术出版社。

关保德、吕国芳、王耀霞，1993，河南华北地台区中—晚元古代构造沉积盆地分析。河南地质，11（3）181～191。

郭书元、张泽润、朱达今，1985，济源盆地早第三纪地层和古生物特征。地层学杂志，9（1）35～46。

侯鸿飞、王士涛等，1988，中国的泥盆系。中国地层7。北京：地质出版社。

郝诒纯、关绍曾，1985，中国白垩—第三系界线划分的研究。地球科学，10（特）213～224。

何培元、刘兰锁、于清河，1984，从三门峡东坡沟剖面探讨“三门系”的时代及其环境演变。地质论评，30（2）161～169。

何廷贵、裴放、符光宏，1984，河南方城下寒武统辛集组中的一些小壳动物化石。古生物学报，23（3）350～357。

河南地质科学研究所，1979，河南白垩纪—第三纪地层划分对比及其含矿性。宜昌地矿研究所主编，中南地区白垩纪—第三纪岩相古地理。北京：地质出版社。

河南省地质矿产局，1989，河南省区域地质志。北京：地质出版社。

河南煤田地质公司，1991，河南省晚古生代聚煤规律。武汉：中国地质大学出版社。

胡建民、孟庆任、张维吉、王 战，1991，豫西长城系遗迹化石及其意义。地质论评，37（5）437～444。

贾福海，1959，对黄河三门峡水库三门系的初步认识。中国第四纪研究委员会编，三门峡第四纪地质会议论文集。北京：科学出版社。

金守文，1984，关于二郎坪群。河南地质，3（4）49～54。

金守文，1991，北秦岭的柿树园组。河南地质，9（4）23～32。

金守文，1991，北秦岭华力西褶皱带的存在。中国区域地质，(2）135～137。

金守文，1994，二郎坪群两点商议。河南地质，12（1）36～40。

柯元、伍震，1976，豫西的上前寒武系及其对比关系。地质科学，(2）157～168。

赖才根等，1982，中国的奥陶系。中国地层（5）。北京：地质出版社。

劳子强，1984，河南境内北秦岭地层分区前寒武系的划分。河南地质，2（1）29～35。

劳子强，1988，河南地层概要。河南地质，6（1）23～33。

劳子强，1989，登封群剖面特征及其划分。河南地质，7（3），20～26。

劳子强，1991，二郎坪群的层序及时代归属。河南地质，9（4）49～53。

雷奕振，1984，中南地区早第三纪哺乳动物群分析。中科院宜昌地矿所所刊，8号。
李捷、朱森，1930，秦岭中段南部地质。前中央研究院地质研究所地质集刊，9号。
李采一、马国建、陈瑞保，1988，河南省二郎坪群的层序及时代归属新知。河南地质，6（4）33～39。
李钦仲，1980，陕西省秦岭地区震旦亚界。天津地质矿产研究所主编，中国震旦亚界。天津：天津科学技术出版社。
李世麟，1964，河南嵩山前寒武纪地层问题及豫西冰碛层时代的初步探讨。地质学报，44（2）131～136。
李四光、赵亚曾，1924，长江峡谷（从宜昌至秭归）地质（特别谈到峡谷的发展）。中国地质学会志，3（3—4）350～392。
林德超，1987，关于商城群。河南地质，5（1）42～44。
林德超、王世炎、杜建山、刘振宏、黄载环，1990，河南省宽坪群及其边界特征。刘国惠、张寿广主编，秦岭大巴山地质论文集（一）变质地质。北京：科学技术出版社。
林宝玉等，1984，中国的志留系。中国地层6。北京：地质出版社。
刘东生、朱海之，1959，对三门系地层划分的一些意见。中国第四纪研究委员会编，三门峡第四纪地质会议论文集。北京：科学出版社。
刘东升、李玉清，1963，河南洛阳东沙坡层的中新世脊椎动物。古脊椎动物与古人类，7（4）。
刘国昌，1947，陇海路局英豪煤矿区地质。地质论评，12（6）563～574。
刘国昌、曹冠娥，1959，关于三门系地层的意见。中国第四纪研究委员会编，三门峡第四纪地质会议论文集。北京：科学出版社。
刘国惠、张寿广、游振东、索书田、张国伟，1993，秦岭造山带主要变质岩群及变质演化。北京：地质出版社。
刘后贻，1963，中南地区第三系。
刘印环、王建平、张海清、杜凤军，1991，河南的寒武系和奥陶系。北京：地质出版社。
刘志刚、牛宝贵、任纪舜，1992，信阳群的解体及其大地构造意义。地质论评，38（4）293～301。
卢衍豪，1962，中国的寒武系。北京：科学出版社。
卢衍豪、董南庭，1952，山东寒武纪标准剖面新观察。地质学报，32（2）164～201。
马杏垣，1957，关于河南嵩山区的前寒武纪地层及其对比问题。地质学报，37（1）11～32。
马杏垣，1959，对豫西前寒武系若干问题的探讨（登封前寒武纪铁矿地层现场会议后记）。地质月刊，6。
马杏垣、索书田，1981，嵩山构造变形—重力构造构造分析。北京：地质出版社。
马杏垣、索书田、闻立峰、王维襄，1975，河南嵩山区震旦系古构造型式。地质科学，（1）12～31。
孟宪松，1987，河南北部寒武纪地层及三叶虫化石带。河南地质，5（1）23～30。
穆时富、朱训道、阎国顺，1991，河南永城晚寒武世地层及其生物群。河南地质，9（4）16～22。
聂宗笙，1964，大别山北麓石炭系划分对比问题。地质论评，22（6）405～418。
潘钟祥，1934，陕北油母页岩地质。地质汇报，24号。
裴放，1985a，河南下寒武统辛集组小壳动物群。河南地质，3（3）40～44。
裴放，1985b，*Yochelcionella* 在我国下寒武统的首次发现及其意义。微体古生物学报，2（4）395～400。
裴放、蔡淑华，1987，河南省奥陶纪牙形石。武汉：武汉地院出版社。
裴放，1991，河南省华北型寒武系。中国区域地质，（3）210～220。
裴放，张元国、刘长乐，1995，河南北秦岭晚古生代孢子化石的发现及其地质意义。中国区域地质，14（2）112—117。
裴文中、黄万波，1959，对三门系的一些意见。中国第四纪研究委员会编，三门峡第四纪地质会议论文集。北京：科学出版社
彭立阳、屠森，1984，东秦岭北坡栾川群、陶湾群的划分与对比。河南地质，2（1）48～54。
邱树玉、刘洪福，1982，小秦岭地区（陕西境内）晚前寒武纪叠层石及其生物地层意义。西北大学学报，前寒武纪地层专辑。
全国地层委员会，1962，中国的前寒武系。全国地层会议学术报告汇编，北京：科学出版社。
山西省地质矿产局，1989，山西省区域地质志。北京：地质出版社。
陕西地矿局，1989，陕西省区域地质志。北京：地质出版社。
陕西区测队，1976，陕西省地层表。北京：地质出版社。
商庆芳、薛松鹤、曹祯，1992，河南省西峡信阳群龟山组化石碎屑的发现及其意义。河南地质，10（1）40～46。
苏育民，1960，大别山北麓变质岩系的时代问题。地质论评，20（6）258～261。
孙枢、从柏林、李继亮，1981，豫陕中—晚元古代沉积盆地（一）。地质科学，（4）314～322。

孙枢、陈志明、王清晨，1982，豫陕中—晚元古代沉积盆地（二）。地质科学，(1) 5～12。
孙大中、李惠民等，1991，中条山前寒武纪年代学、年代构造格架和年代地壳结构模式的研究。地质学报，65 (3) 216～231。
孙健初，1934，河南禹县·密县煤田地质。河南地质调查所地质报告书，1 号。
谭锡畴、魏中谷，1925，河南信阳、罗山、光山、商城、固始、潢川地质矿产。
陶自强、艾永亮、赵莹、张恩惠、阎国顺，1994，河南林县下奥陶统顶部的河流相沉积。河南地质，12 (2) 104～109。
童永生、王景文，1980，河南渑头。卢氏和灵宝盆地上白垩统—下第三系的划分。古脊椎动物与古人类，18 (1) 21～26。
汪啸风、薛子俭，1986，豫西南早志留世的笔石群。中国地质科学院院报，12 号 35～49。
王伴月、周世全，1982，河南信阳平昌关盆地晚始新世哺乳动物化石。古脊椎动物与古人类，20 (3)。
王德有，1982，对河南固始庙冲组的研究。地层学杂志，6 (1)。
王德有、阎国顺、姜瑗、席运宏等，1987，河南石炭纪和早二叠世早期地层与古生物。北京：中国展望出版社。
王德有、张恩惠、阎国顺、席运宏，1992，河南省华北地台早寒武世岩相古地理及铅锌矿找矿远景的研究。武汉：中国地质大学出版社。
王鸿祯、李光岑，1990，国际地层时代对比表。北京：地质出版社。
王铭生、李洁才、喻积贤、赵文典，1984，豫陕交界东秦岭地区有关地质构造几个问题的讨论。河南地质 2 (1) 36～41。
王清光、王志宏，1984，焦作本溪组粘土岩中发现海相化石及其时代划分。河南地质，84 (2) 37～39。
王钰、吴燕生、马振图，1935，河南省安阳、林县、汤阴、淇县、浚县一带地下水。中央研究院地质研究所，地下水研究报告，2 号。
王曰伦，1960，嵩山地质观察。地质论评，20 (5) 191～197。
王曰伦，1963，中国北部震旦系和寒武系分界问题。地质学报，43 (2) 116～140。
王泽九，1963，河南嵩山两个绝对年龄资料介绍。地质论评，21 (2) 107～108。
王泽九、李德本、李世麟、郭孟申，1963，嵩山区前寒武纪地质问题。中国科学院地质研究所地质丛刊，甲种 1 号，北京：工业出版社。
王振东、唐锐、伊鲲英、王逢新，1989，陕豫交界的陶湾群及其与寒武系的关系。河南地质，7 (4) 39～47。
王作勋，1984，东秦岭北坡含砾灰岩层位·时代沉积环境及其与陶湾群等地层的关系。中国地质科学院院报，9。
魏家庸等，1992，沉积岩区 1：5 万区域地质填图方法指南。武汉：中国地质大学出版社。
吴瑞棠、关保德，1988，论罗圈组的冰成特征及重力流改造。地质学报，62 (1) 78～89。
武汉地质学院嵩山队，1977，河南嵩山区前寒武纪构造变形史及古构造型式。地质科学，(2) 105～117。
武铁山，1982，豫西（型）震旦系地层的对比统一划分和时代问题。中国区域地质，第 1 辑。
邢裕盛、段承华、梁玉左、曹仁关等，1985，中国晚前寒武纪古生物。北京：地质出版社。
项礼文等，1981，中国的寒武系。中国地层 (4)。北京：地质出版社。
肖思云、张维吉、宋子季，1988，北秦岭变质地层。西安：西安交通大学出版社。
谢家荣，1932，江苏铜山县贾汪煤田地质。地质汇报，19。
徐辉，1985，大别山北麓商城群歪庙组化石的发现及意义。河南地质，4 (3) 33～39。
徐嘉炜，1956，淮南寒武纪沉积。合肥矿业学院学报，1 (1) 22～44。
徐余宣、阎德法、周世全等，1979，李官桥盆地红层时代的划分及所含哺乳动物化石的研究。中国科学院古脊椎动物与古人类研究所等，华南中、新生代红层。北京：科学出版社。
薛松鹤，1988，河南省三叠系及其印支期构造。河南地质，6 (2) 25～30。
阎廉泉，1959，秦岭区域地质测量及普查工作的基本成就。地质月刊，11。
阎廉泉、韩影山，1952，伊阳县云梦山铁矿简报。豫西地质矿产调查报告。中南地质调查所开封分所编。
阎国顺、王德有、姜媛、席运宏，1987，河南华北型石炭纪及二叠纪早期地层的划分与对比。地层古生物论文集，第 17 辑，72～97。北京：地质出版社。
阎国顺、席运宏、王德有，1983，东秦岭南坡上奥陶统的发现及奥陶系的初步研究。河南地质，1 (1) 41～48。
阎国顺、王德有、席运宏，1986，东秦岭南坡早志留世的三叶虫。河南地质，4 (3) 30～43。
杨关秀，1985，豫西禹县晚古生代含煤地层植物群顺序及区域地层的重新解释。地球科学，10 (特) 145～162。
杨家騄，1988，东秦岭寒武纪构造古地理概况。地球科学，13 (5) 473～480。
杨家騄等，1991，东秦岭—大巴山寒武纪地层岩相古地理及三叶虫动物群。武汉：中国地质大学出版社。

杨起等，1987，河南省禹县晚古生代煤系沉积环境与聚煤物征。北京：地质出版社。
杨志坚，1958，豫西下古生界地层及其对比问题。地质学报，38（4）473～510。
杨志坚，1961，大别山北麓的陆相中生界。安徽地质局研究所。
杨钟健，1936，三门系之历史检讨。地质论评，1（3）323－330。
杨遵仪、李子舜、曲立范、卢重明等，1982，中国的三叠系。地质学报，56（1）1～21。
殷鸿福等，1991，中国古生物地理学。武汉：中国地质大学出版社。
尹凤娟、邱树玉、张长年，1987，对陕、晋、豫交界地区蓟县纪早期地层的新认识。西北大学地质系成立四十五年学术报告论文集。
喻积贤、王铭生、杨建朝等，1985，豫西熊耳群划分与对比。河南地质，3（4）55～62。
曾鼎乾，1951，如何划分石盒子系及狭义的山西系并叙述二者间的不整合现象。地质论评，15（4～6）203～218。
张伯声，1952，巩县小关涉村区煤田及铁铝矿。豫西地质矿产调查报告。中南地质调查所开封分所编。
张伯声，1951，嵩阳运动和嵩山区的五台系。地质论评，16（1）79。
张尔道，1954，河南嵩山前寒武纪地层。地质学报，34（2）197～208。
张海清，1989，豫西南泥盆系与石炭系的分界和对比。中国区域地质，（1）38～41。
张秋生，1980，中国东秦岭变质地层。吉林：吉林人民出版社。
张仁杰，1978，河南渑池．南召地区晚三叠世淡水瓣鳃类化石及其意义。地层古生物论文集，4 135～145。
张守信，1992，理论地层学现代地层学概论。北京：科学出版社。
张守信，1992，中国岩石地层对比研究—清理中国岩石地层单位。中国区域地质，（3）193～203。
张寿广、万渝生、刘国惠等，1991，北秦岭宽坪群变质地质。北京：北京科学技术出版社。
张思纯、唐尚文，1983，北秦岭早古生代放射虫硅质岩的发现与板块构造。陕西地质，1（2）。
张文堂，1962，中国的奥陶系。北京：科学出版社。
张小筠、梁湘沅，1987，河南荥阳。巩县地区太原组介形类。微体古生物学报，4（3）293～312。
张泽润、郭书元，1987，济源盆地早第三纪轮藻化石。石油地层古生物会议论文集编委会，石油地层古生物会议论文集。北京：地质出版社。
张宗恒等，1994，桐柏蔡家凹大理岩时代新知。河南地质，10（2）142。
赵亚曾、黄汲清，1931，秦岭山及四川之地质研究。地质专报，甲种 9 号。
赵自强、邢裕盛、马国干等，1985，长江三峡地区生物地层学，震旦纪分册（1）。北京：地质出版社。
郑家坚、邱占祥，1979，华南白垩纪—早第三纪陆相地层的特征及有关问题的讨论。中国科学院古脊椎动物与古人类所，华南中、新生代红层。北京：科学出版社。
中国地质学会编辑委员会，1958，中国区域地层表。中国科学院地质研究所。
中国科学院地质研究所沉积室，1959，河南西部的震旦纪冰碛层。地质科学，12。
中国科学院山西地层队，1959，山西石炭纪、二叠纪及三叠纪地层。
中南地区区域地层表编写小组，1974，中南地区区域地层表。北京：地质出版社。
周明镇，1959，河南卢氏始新世 Arctocyonidae 科的发现。古脊椎动物与古人类，1（3）。
周明镇、李传夔、张玉萍，1973，河南、山西晚始新世哺乳类化石地点与化石层位。古脊椎动物与古人类，11（2）165～181。
周明镇、叶祥奎，1957，河南卢氏始新世一新种 *Platypeltis* 属鳖类。古脊椎动物学报，1（3）。
周世全、韩世敬、张永才，1979，河南李官桥盆地“红层”划分的意见。地质科学，（1）43～55。
周世全、韩世敬、张永才，1983，河南西峡盆地晚白垩世地层。地层学杂志，7（1）。
周维屏、陈克强、简人初、田玉莹等，1993，1：5 万区调地质填图新方法。武汉：中国地质大学出版社。
朱洪源、陶金宝，1988，湖北均县习家店寒武纪地层。地层学杂志，12（3）230～234。
蓟万筹、邱万树、刘洪福、王学仁等，1987，华北地台西南缘及其邻区上前寒武系研究进展。西北大学地质系成立四十五周年学术报告集。
Andersson，J.G.，1923，Essays on the Cenozoic North Chian. Mem. Geol. Soc. China. ser. A（3）118。
Bien，M.N.，1934，On the Cenozoic deposits on the Lower Huangho Valley，Bull. Geol. Surv. China，13 433～448。
Blackwelder，E.，1907，Paleozoic. in Willis，B.，Blackwelder，E.，Research in China. Carnegie Inst. Washington.
Grabau，A.W.，1922，Ordovician fossils from North China. Paleont. Sinica，Ser. B.

Lee, J.S., Chao、Y.T., 1926, Classification and correlation of Palaeozoic coal-bearing formations in North China.-Bull. Geol. Soc. China. 5 (2) 107～134。

Lee Yueh-yen, 1938, Some New fossils localities in the eastern Tsinling. Bull. Geol. Soc. China., 18 (3—4) 227～239。

Norin, E., 1922, The late Palaeozoic and early Mesozoic sediments of central shansi, Bull Geol. Surv. China, 4。

Teilhard de Chardin, G.B. Barbour and M.N. Bien, 1935, A geological reconnaissance across the eastern Tsinling. Bull. Geol. Surv. China, 25, 10～42。

Willis, B., E. Blackwelder and Sargent, R.H., 1907, Descriptive topography and geology, Research in China. Vol. I Carnegie Inst. Washington。

Wen Wen-hao, Grabau, A.W., 1925, Carboniferous formation of China. Congr. Geol. Internat., Comp. Rend., 13e, session, Belgique, fasc. 2, 657～689。

地质图说明书及区测报告等

安徽区调队，1979，1:20万亳县幅、阜阳幅、蒙城幅、固始幅、寿县幅区调报告。

安徽区调队，1977，1:20万砀山幅、宿县幅、灵壁幅区调报告。

北京地质学院，1962，1:20万湖北省竹山幅区测报告。

北京地质学院豫南区测队，1961a，1:20万河南省商城地区综合区域地质测量总结报告。

北京地质学院豫南区测队，1961b，1:20万河南省内乡地区综合区域地质测量总结报告。

北京地质学院豫南区测队，1961c，1:20万河南省新县地区综合区域地质测量总结报告。

北京地质学院豫南区测队，1961d，1:20万河南省桐柏地区综合区域地质测量总结报告。

河北第一区调队，1974，1:20万邯郸市幅区调报告。

河北第二区测大队，1977，1:20万唐山幅区调报告。

河南地质局、北京地院豫南区测队，1966，1:20万内乡幅地质图说明书。

河南区测队，1964a，1:20万临汝幅区域地质测量报告书。

河南区测队，1964b，1:20万三门峡南半幅区测报告。

河南区测队，1964c，1:20万洛阳幅区测报告。

河南区测队，1966，1:20万泌阳幅区测报告。

河南区测队，1968，1:20万桐柏幅区测报告。

河南区测队，1977，1:20万许昌、平顶山幅区测报告。

河南区测队，1978，1:20万南阳幅区测报告。

河南区调队，1979，1:20万鹤壁幅区调报告。

河南区测队，1980a，1:20万郑州幅区调报告。

河南区测队，1980b，1:20万信阳幅区测报告。

河南区调队，1980c，1:20万商城幅区域地质调查报告。

河南区调队，1981a，1:50万河南省地质图及其说明书。

河南区调队，1981b，1:20万新县幅区调报告。

河南区调队，1991，1:20万鲁山幅地质图及说明书。

秦岭区测队，1959a，1:20万鲁山幅地质矿产图及其说明书。

秦岭区测队，1959b，1:20万洛宁幅地质矿产图及其说明书。

秦岭区测队，1959c，1:20万洛南幅地质矿产图及其说明书。

秦岭区测队，1959d，1:20万栾川幅地质矿产图及其说明书。

秦岭区测队，1959e，1:20万商南幅区测报告。

秦岭区测队，1965a，1:20万鲁山幅地质图及其说明书。

秦岭区测队，1965b，1:20万洛宁幅地质图及其说明书。

秦岭区测队，1965c，1:20万洛南幅地质图及其说明书。

秦岭区测队，1965d，1:20万栾川幅地质图及其说明书。

秦岭区测队，1962，1:20万商南幅地质图及其说明书。

山西区测队，1972，1:20万运城、三门峡幅地质图说明书。

山西区测队，1972，1:20万长治幅地质图及其说明书。
山西区调队，1977，1:20万晋城幅、陵川幅区调报告。
陕西区测队．1966，1:20万郧县幅地质图说明书。
陕西区测队，1967，东秦岭地层。
陕西区调队，1986，1:20万洛南幅区调报告（修编）。
陕西区调队，1989，1:20万洛南幅区调报告（修编）。

附录Ⅰ　河南省地层数据库的建库情况及功能介绍

一、前言

地层数据库的研制和建库工作是随地矿部“八五”期间设立《全国地层多重划分对比研究》项目同时开展的，其指导思想和研究内容与全国地层清理工作的有关文件要求基本一致，建立地层数据库的目的就是要为全国区域地质调查和基础地质研究工作服务，巩固地层清理的成果，避免今后使用地层单位的混乱现象，使我国地层研究和管理走向科学化、信息化，并与国际地层学研究工作接轨。

省级地层数据库是地矿部专项地勘科技项目（编号：DZ1992-01）《全国地层数据库》的一个重要组成部分，它既是全国地层数据库的一个基本子库，同时又是一个独立、完整的省级地层数据库。

省级数据库按照全国地层数据库的统一要求，以岩石地层单位为基本单元建库的，以全国地层清理项目办统一制定的五张地层剖面数据卡片为数据采集源。其数据采集、数据库信息管理、检索及查询软件是以《全国地层数据库》项目组提供的软件和标准进行的。有关全国地层数据库的概况，请参见《全国地层数据库》专题报告。

二、地层数据库功能介绍

地层数据库主要由三部分组成。①数据采集系统：包括对原始数据的录入、编辑、查错及地层信息检索、数据库字典查询、文献检索、地层单位数据文件管理等功能；②数据处理系统：包括地层卡片的输出、地层数据库各类信息的查询检索及汇总制表、岩石地层单位的监控等功能；③扩充部分接口，为地层数据库以后的进一步开发留有接口。

1. 系统运行环境

（1）DOS 版本

软件支撑环境：DOS 3.30以上　　Microsoft C 6.0

PTDOS 2.0　　FoxPro 2.0

硬件运行环境：286以上主机　　VGA 显示器

LQ－1600K 或其它24针打印机

（2）Windows 版本

软件支撑环境：Windows 3.1　　Borland C＋＋ 3.1

中文之星 1.2　　Foxpro for Windows 2.5

MS－DOS 5.0以上

硬件运行环境：386、486主机（内存≥4M，硬盘≥100M）　VGA 显示器

LQ－1600K 或其它 24针打印机

2. 数据采集模块功能

（1）选择“省份”、“地层单位”

（2）地层单位数据录入情况查询

（3）卡片Ⅰ数据录入与修改（可选择按编号、创名时间、汉语拼音等顺序）

（4）卡片Ⅱ数据录入与修改

（5）卡片Ⅲ数据录入与修改

（6）卡片Ⅳ剖面信息数据录入与修改

（7）卡片Ⅳ剖面文字描述数据录入与修改

（8）卡片Ⅳ柱状图数据录入与修改

（9）卡片Ⅳ化石数据录入与修改

（10）卡片Ⅳ分布特征数据录入与修改

（11）卡片Ⅳ数据检查整理

（12）卡片Ⅴ数据录入与修改

（13）地层单位数据文件备份

（14）地层单位数据文件入库

（15）地层单位数据文件转换

（16）省级库数据检索

(17) 数据库字典查询

(18) 省级文献库查询与修改

3. 卡片输出模块功能

(1) 选择省份

(2) 选择输出的地层单位

(3) 卡片封面输出

(4) 卡片Ⅰ输出：屏幕或打印机输出卡片Ⅰ

(5) 卡片Ⅱ输出（图形）

(6) 卡片Ⅲ柱状对比图输出（图形）

(7) 卡片Ⅲ岩石地层单位分布图输出

可选择绘制地名级别：（在地理底图上将标出地名）

1—省会　2—地市以上　3—县级以上

可选择绘制图框类型：

1—经纬框（地理底图上加画经纬框）

2—方 框（地理底图上只画图框）

3—不加框（地理底图上不画图框）

图中各剖面的分布位置采用不同的符号表示其层型：

三角形代表参考剖面、方形代表新层型剖面、方形中央的“＋”代表正层型、“－”代表副层型、“x”代表选层型。

(8) 卡片Ⅳ剖面文字描述表格输出

(9) 卡片Ⅳ剖面图输出（图形）

(10) 卡片Ⅴ输出

4. 地层信息检索模块功能

4.1　检索条件（一级）

(1) 选择省份—选择检索的区域范围

(2) 选择大区—选择检索的区域范围

(3) 选择经纬度—选择检索的区域范围

(4) 选择断代［纪］—选择检索的时间范围

(5) 地质年代数码转换—地质年代数据进行数码转换，是进行时间范围检索的必要条件。

(6) 输出方式选择

1—显示方式：将检索结果显示在屏幕上

2—打印方式：将检索结果在打印机上输出

3—文件方式：将检索结果表格文件以用户给定的文件名记盘

(7) 输出栏目选择

1—地层单位表格

2—地层剖面表格

3—文献表格

选择以上表格的输出栏目，依使用者的要求挑选所需的制表栏目序号，及表格每页的行数。

4.2. 地层单位信息检索（二级检索条件）

(1) 所有地层单位：检索出满足选定时间和区域条件的地层单位

(2) 正式地层单位：检索出满足选定时间和区域条件的正式地层单位

(3) 废弃地层单位：检索出满足选定时间和区域条件的停止使用地层单位

(4) 地层单位名称：检索出与指定地层单位名称相同的地层单位

(5) 地层单位名称（拼音）：检索出与指定拼音相同的地层单位

(6) 地层单位编号：检索出与指定地层单位编号相同的地层单位

(7) 地层单位代号：检索出与指定地层单位代号相同的地层单位

(8) 同物异名：检索出与指定名称相同的同物异名地层单位

(9) 同名异物：检索出与指定名称相同的同名异物地层单位

(10) 同物异名/同名异物：检索出有同物异名或同名异物的地层单位

(11) 输出剖面分布图：输出当前检索内容的地层单位的剖面分布图

4.3.剖面信息检索（二级检索条件）

(1) 所有剖面：检索出满足选定时间和区域条件的地层剖面

(2) 所有正层型：检索出满足选定时间和区域条件的正层型

(3) 所有副层型：检索出满足选定时间和区域条件的副层型

(4) 所有选层型：检索出满足选定时间和区域条件的选层型

(5) 所有新层型：检索出满足选定时间和区域条件的新层型

(6) 所有次层型：检索出满足选定时间和区域条件的次层型

(7) 剖面名称：检索出与指定剖面名称相同的地层剖面

(8) 剖面编号：检索出与指定剖面编号相同的地层剖面

(9) 剖面化石名称（中文）：检索剖面上化石分类的中文名称

(10) 剖面其它信息：检索剖面图上已录入的下列信息：

化石（拉丁文）：检索指定化石名称所在的剖面

生物地层带：检索指定生物地层带所在的剖面

颜色：检索含有指定颜色的剖面

磁极性：检索含有磁极性内容的所有剖面

化学特征：检索含有化学特征内容的所有剖面

矿物：检索含有矿物内容的所有剖面

矿产：检索含有矿产内容的所有剖面

变质相：检索含有变质相内容的所有剖面

（注意：不对文字描述的内容进行检索）

(11) 某地层单位正层型：检索出指定地层单位的正层型

(12) 输出剖面分布图：输出当前检索内容的剖面分布图

4.4.参考文献目录检索（二级检索条件）

(1) 作者：按指定作者检索文献目录

(2) 时间：按指定发表时间检索文献目录

(3) 书名（论文题目）：按指定书名检索文献目录

(4) 作者＋时间：按指定作者及发表时间检索文献目录

(5) 断代［纪］：按选定的地质年代范围，检索有关地层单位所涉及的文献目录

(6) 某地层单位文献：按地层单位检索文献目录

(7) 文献引用情况：指定某一文献所在的省码及文献库的记录号，检索该文献在本省的引用情况（创名或引用）。

5.地层单位监控模块功能

对新建地层单位进行命名监控

(1) 同名的监控：检索出与指定地层单位名称相同的地层单位

(2) 同音的监控：检索出与指定地层单位名称（拼音）相同的地层单位

(3) 同编号的监控：检索出与指定地层单位名称相同的地层单位

(4) 同代号的监控：检索出与指定地层单位名称相同的地层单位

(5) 有效性的监控：检索出与新建地层单位的经纬度邻近的剖面，供科研人员进行对比研究。

三、地层数据库的建库情况

1.组织管理

负责建立本省地层数据库的单位是：河南省地矿厅区域地质调查队。

使用的机型：主机 AMI-486、打印机 CR-3240。

河南省地层数据库建库人员：刘献华。

河南省地层数据库数据卡片审核校对人员：席文祥、裴放、贺国谦、武太安、巴光进、亢进法、王志海、王朝栋、刘福寿、刘长乐。

2.工作过程

卡片录入工作始于1994年2月中旬。自始至终由一台微机、一个人录入，于8月中旬完成了建议使用的地层单位卡片录入工作。10月份报告通过评审验收，11月～12月补录了废弃或停用的岩石地层单位卡片，并对选用的岩石地层单位卡片进行了修改完善。

3. 完成录入工作量

建议使用的岩石地层单位：184个

其中：群级15个

组级165个

段级3个

杂岩1个

其中各断代地层单位数：

下元古界19个，中上元古界49个，古生界50个，中生界32个，第三系34个。

剖面总数：586条（其中：142条正层型；10条副层型

32条选层型；1条新层型

401条参考剖面）

建议废弃或停用的岩石地层单位：341个。

4. 提交数据磁盘清单：

占用外存空间约5兆，分放5张1.2M软盘（5.25inch）。

各磁盘存放的地层单位如下：

1#：0101—0119编号及省级库（41r1.dbf 41r5.dbf）。

2#：0120—0209编号。

3#：0210—0308编号。

4#：0310—0409编号。

5#：0410—0561编号。

四、地层数据库的维护与功能扩充

1. 数据库的维护

省级数据库是全国地层数据库的基础，随着地质工作的深入、必须对地层数据库进行扩充与维护，并及时与全国库进行信息交流，以保证省库与全国库的数据一致性。

今后负责管理维护地层数据库的单位：河南省地矿厅区域地质调查队。

2. 功能扩充

地层数据库的建立，是逐步实现地层学研究和地层单位划分的建立、命名、定义、修订及废弃等管理的规范化、现代化。有许多功能还有待进一步开发使用。

附录Ⅱ　河南省采用的岩石地层单位

附录Ⅱ-1

序号	岩石地层单位名称		编号	代号	地质时代	创名人(介绍人)*	创建*时间	所在省	在本书页数
	英　文	汉　文							
1	Anyao Fm	鞍腰组	41-0413	J_1a	J_1	河南石油队	1960	河南	155
2	Baicaoping Fm	白草坪组	41-0125	Pt_2b	Pt_2	阎廉泉　韩影山	1952	河南	42
3	Bailongmiao Fm	白龙庙组	41-0328	O_1b	O_1	河南地矿局 北京地质学院豫南区测队	1966	河南	225
4	Baishangou Fm	白山沟组	41-0341	D_3b	D_3	北京地质学院豫南区测队	1961	河南	246
5	Baishugou Fm	白术沟组	41-0142	Pt_3b	Pt_3	河南地质三队	1978	河南	60
6	Baiwan Fm	白湾组	41-0424	K_1b	K_1	河南区测队	1978	河南	259
7	Baoshuping Fm	抱树坪组	41-0226	Pz_1b	Pz_1	金守文等	1973	河南	105
8	Bingmagou Fm	兵马沟组	41-0117	Pt_2b	Pt_2	河南区测队	1964	河南	32
9	Beidajian Fm	北大尖组	41-0126	Pt_2bd	Pt_2	阎廉泉　韩影山	1952	河南	43
10	Beiyashan Fm	北崖山组	41-0109	Pt_1b	Pt_1	河南区测队	1964	河南	23
11	Benxi Fm	本溪组	41-0332	$C_{2-3}b$	C_{2-3}	李四光　赵亚曾	1926	辽宁	119
12	Chaomidian Fm	炒米店组	41-0306	$\in_3\hat{c}$	$\in_3$	Willis 和 Blackwilder	1907	山东	93
13	Chenpeng Fm	陈棚组	41-0425	$K_1\hat{c}$	K_1	杨志坚	1961	河南	174
14	Chenzhaigou Fm	陈宅沟组	41-0518	$E_2\hat{c}$	E_2	河南区测队	1964	河南	186
15	Chishangou Fm	赤山沟组	41-0108	$Pt_1\hat{c}$	Pt_1	河南区测队	1964	河南	22
16	Chunshuyao Fm	椿树腰组	41-0408	$T_3\hat{c}$	T_3	河南石油队	1960	河南	153
17	Cuizhuang Fm	崔庄组	41-0127	Pt_3c	Pt_3	阎廉泉　韩影山	1952	河南	44
18	Daan Fm	大安组	41-0559	N_2d	N_2	河南地研所	1962	河南	190
19	Dacangfang Fm	大仓房组	41-0507	E_2d	E_2	河南石油队	1961	河南	265
20	Dagushi Fm	大古石组	41-0113	Pt_2d	Pt_2	河南区测队	1964	河南	26
21	Dahongkou Fm	大红口组	41-0154	Pt_3d	Pt_3	河南地质三队	1978	河南	66
22	Damiao Fm	大庙组	41-0237	Pz_1d	Pz_1	金守文等	1973	河南	101
23	Daorenchong Fm	道人冲组	41-0353	C_2d	C_2	河南区测队	1980	河南	134
24	Daying Fm	大营组	41-0421	K_1d	K_1	河南地研所	1962	河南	160
25	Dayu Fm	大峪组	41-0516	E_3d	E_3	河南第四地质队(童永生等)	(1980)	河南	198
26	Dengying Fm	灯影组	41-0220	Z_2dy	Z_2	李四光　赵亚曾	1924	湖北	219
27	Dingyuan Fm.	定远(岩)组	41-0223	Pt_2dy	Pt_2	北京地质学院	1961	河南	213
28	Dongjia Fm	董家组	41-0131	Zdj	Z	关保德等	1980	河南	48
29	Dongmengcun Fm	东孟村组	41-0429	K_2d	K_2	焦作矿业学院	1982	河南	159
30	Dongpo Fm	东坡组	41-0152	Zdp	Z	关保德等	1980	河南	51
31	Douling Cp	陡岭杂岩	41-0216	Pt_1dl	Pt_1	河南区测队	1976	河南	210
32	Doushantuo Fm	陡山沱组	41-0219	Z_2d	Z_2	李四光　赵亚曾	1924	湖北	219
33	Duanji Fm	段集组	41-0418	J_3d	J_3	北京地质学院豫南区测队	1961	河南	172

*栏内有括号里的内容表示介绍人或介绍时间

序号	岩石地层单位名称		编号	代号	地质时代	创名人(介绍人)	创建时间	所在省	在本书页数
	英文	汉文							
34	Duguan Fm	杜关组	41-0139	Pt_2dg	Pt_2	阎廉泉	1959	河南	57
35	Erlangping Gr	二郎坪群	41-0235	Pz_1E	Pz_1	金守文	1976	河南	100
36	Ermaying Fm	二马营组	41-0405	T_2e	T_2	中科院山西地层队	1959	山西	151
37	Fenghuangzhen Fm	凤凰镇组	41-0560	Nf	N	周世全等	1979	河南	268
38	Fengjiaao Fm	冯家凹组	41-0313	$\in_2f$	$\in_2$	朱洪源等	1988	湖北	234
39	Fengjiawan Fm	冯家湾组	41-0140	Pt_2f	Pt_2	阎廉泉	1959	河南	58
40	Gaogou Fm	高沟组	41-0426	K_2g	K_2	周世全等	1975	河南	260
41	Gaoshanhe Fm	高山河组	41-0132	Pt_2g	Pt_2	河南地研所	1962	陕西	51
42	Gaoyugou Fm	高峪沟组	41-0511	E_1g	E_1	董永生　王景文	1980	河南	200
43	Guandaokou Gr	官道口群	41-0136	Pt_2G	Pt_2	河南区调队	1981	河南	53
44	GuangdongpingFm.	广东坪(岩)组	41-0202	Pt_2g	Pt_2	陕西区调大队(张秋生)	1979 (1980)	陕西	79
45	Guishan Fm.	龟山(岩)组	41-0239	Pt_3g	Pt_3	北京地质学院	1961	河南	214
46	Guozhuang Fm.	郭庄(岩)组	41-0209	Pt_1g	Pt_1	河南区调队	1981	河南	70
47	Gushan Fm	崮山组	41-0305	$\in_3g$	$\in_3$	Willis 和 Blackwilder	1907	山东	92
48	Hanzhuang Fm	韩庄组	41-0417	J_3h	J_3	河南石油队	1960	河南	157
49	Hebi Fm	鹤壁组	41-0552	N_2h	N_2	王钰等	1935	河南	179
50	Hejiazhai Fm	何家寨组	41-0122	Pt_3h	Pt_3	王曰伦等	1959	河南	37
51	Heshanggou Fm	和尚沟组	41-0404	T_1h	T_1	刘鸿允等	1959	山西	151
52	Hetaoyuan Fm	核桃园组	41-0508	E_2h	E_2	河南石油队	1961	河南	266
53	Hongling Fm	红岭组	41-0153	Zhn	Z	马杏垣、索书田等	1975	河南	38
54	Huanglianduo Fm	黄连垛组	41-0130	Zh	Z	关保德等	1980	河南	46
55	Huayu Fm	花峪组	41-0105	Pt_1h	Pt_1	北京地质学院	1977	河南	20
56	Huayuanqiang Fm	花园墙组	41-0351	C_1h	C_1	聂宗笙等	1959	河南	132
57	Hulushan Fm	葫芦山组	41-0343	D_3h	D_3	北京地质学院豫南区测队	1961	河南	248
58	Huoshenmiao Fm	火神庙组	41-0236	Pz_1h	Pz_1	金守文等	1973	河南	102
59	Huwan Fm	浒湾(岩)组	41-0222	Pt_2h	Pt_2	北京地质学院	1961	河南	213
60	Huyoufang Fm	胡油坊组	41-0354	C_2h	C_2	聂宗笙等	1959	河南	135
61	Jidanping Fm	鸡蛋坪组	41-0115	Pt_2j	Pt_2	河南区测队	1964	山西	29
62	Jiepai Fm.	界牌(岩)组	41-0213	$Pt_{2-3}j$	Pt_{2-3}	阎廉泉	1959	河南	79
63	Jingangtai Fm	金刚台组	41-0419	J_3j	J_3	河南地质研究所	1962	河南	173
64	Jiudian Fm	九店组	41-0422	K_1j	K_1	河南区测队	1964	河南	161
65	Kuanping Gr.	宽坪(岩)群	41-0201	PtK	Pt	阎廉泉	1959	陕西	77
66	Lianggou Fm	梁沟组	41-0345	C_1l	C_1	北京地质学院豫南区测队	1961	河南	250
67	Lishigou Fm	李士沟组	41-0503	$E_2l\acute{s}$	E_2	河南区测队	1968	河南	203
68	Liujiagou Fm	刘家沟组	41-0403	T_1l	T_1	刘鸿允等	1959	山西	149

序号	岩石地层单位名称		编号	代号	地质时代	创名人(介绍人)	创建时间	所在省	在本书页数
	英文	汉文							
69	Liulinhe Fm	刘林河组	41-0529	E_3l	E_3	山西区测队	1972	山西	194
70	Lizhuang Fm	李庄组	41-0501	E_2lz	E_2	周世全等	1980	河南	206
71	Longjiayuan Fm	龙家园组	41-0137	Pt_2l	Pt_2	秦岭区测队	1959	陕西	55
72	Luanchuan Gr	栾川群	41-0141	Pt_3L	Pt_3	河南地研所	1962	河南	59
73	Luohandong Fm	罗汉洞组	41-0102	Pt_1l	Pt_1	北京地质学院	1964	河南	16
74	Luoquan Fm	罗圈组	41-0151	Zl	Z	刘长安　林蔚兴	1961	河南	49
75	Luotuopan Fm	骆驼畔组	41-0121	Pt_3lt	Pt_3	王曰伦等	1959	河南	37
76	Luoyang Fm	洛阳组	41-0557	N_1l	N_1	河南区测队	1964	河南	188
77	Luoyukou Fm	洛峪口组	41-0129	Pt_3l	Pt_3	阎廉泉　韩影山	1952	河南	46
78	Lushi Fm	卢氏组	41-0515	E_2l	E_2	周明镇　叶祥奎	1957	河南	197
79	Luwangfen Fm	潞王坟组	41-0558	N_2l	N_2	山西区测队	1974	河南	181
80	Maanshan Fm	马鞍山组	41-0119	Pt_2ma	Pt_2	王曰伦等	1959	河南	33
81	Maao Fm	马凹组	41-0415	J_2m	J_2	河南石油队	1960	河南	156
82	Majiacun Fm	马家村组	41-0427	K_2m	K_2	周世全等	1975	河南	261
83	Majiagou Fm	马家沟组	41-0308	$O_{1-2}m$	O_{1-2}	Grabau	1922	河北	95
84	Majiahe Fm	马家河组	41-0116	Pt_2m	Pt_2	河南区测队	1964	山西	30
85	Mangchuan Fm	蟒川组	41-0519	E_2m	E_2	河南区测队	1964	河南	187
86	Mantou Fm	馒头组	41-0303	$\in_{1-2}m$	$\in_{1-2}$	Willis 和 Blackwilder	1907	山东	89
87	Manziying Fm	蛮子营组	41-0325	$O_{2-3}m$	O_{2-3}	北京地质学院豫南区测队	1961	河南	228
88	Maojiapo Fm	毛家坡组	41-0502	E_2mj	E_2	河南区测队	1968	河南	202
89	Mashiping Fm	马市坪组	41-0423	K_1m	K_1	曹美珍等	1986	河南	169
90	Meiyaogou Fm	煤窑沟组	41-0145	Pt_3m	Pt_3	河南地质三队	1978	河南	64
91	Menli Fm	门里组	41-0526	E_2mn	E_2	山西区测队	1972	山西	190
92	Mianao Fm	棉凹组	41-0555	N_2m	N_2	曹照垣等	1985	河南	195
93	Miaoposhan Fm	庙坡山组	41-0104	Pt_1m	Pt_1	河南区测队	1977	河南	19
94	Nanchao Fm	南朝组	41-0430	K_2n	K_2	童永生　王景文	1980	河南	163
95	Nannihu Fm	南泥湖组	41-0144	Pt_3n	Pt_3	阎廉泉	1959	河南	63
96	Nanwan Fm	南湾组	41-0240	Dn	D	北京地质学院豫南区测队	1961	河南	253
97	Nanyao Fm	南姚组	41-0524	E_2n	E_2	河南石油队	1961	河南	185
98	Nanzhao Fm	南召组	41-0420	J_3n	J_3	曹美珍等	1986	河南	168
99	Niezhuang Fm	聂庄组	41-0521	E_2n	E_2	河南石油队	1961	河南	183
100	Niuweibashan Fm	牛尾巴山组	41-0327	O_1n	O_1	刘印环	1985	河南	226
101	Pangcun Fm	庞村组	41-0554	N_2p	N_2	河南区测队	1979	河南	182
102	Pingdingshan Mem	平顶山段	41-0338	$P_{1-2}s^p$	P_{1-2}	中南地质局401队	1956	河南	128
103	Podi Fm	坡底组	41-0527	E_2P	E_2	山西区测队	1972	山西	192
104	Putaoyu Fm	葡萄峪组	41-0120	Pt_3p	Pt_3	王曰伦等	1959	河南	36

序号	岩石地层单位名称		编号	代号	地质时代	创名人(介绍人)	创建时间	所在省	在本书页数
	英文	汉文							
105	Qinling Gr.	秦岭(岩)群	41-0208	Pt_1Q	Pt_1	赵亚曾　黄汲清	1931	陕西	70
106	Qiuba Fm	秋扒组	41-0431	K_2q	K_2	郑家坚　邱占祥	1979	河南	163
107	Ruyang Gr	汝阳群	41-0123	$Pt_{2-3}R$	Pt_{2-3}	金守文	1976	河南	39
108	Sanchakou Fm	三岔口组	41-0206	Zs	Z	河南地质三队	1978	河南	68
109	Sanchuan Fm	三川组	41-0143	Pt_3s	Pt_3	秦岭区测队	1965	河南	62
110	Sanguanya Fm	三关垭组	41-0346	C_2s	C_2	阎国顺等	1988	河南	251
111	Sanjiaotang Fm	三教堂组	41-0128	Pt_3s	Pt_3	阎廉泉　韩影山	1952	河南	45
112	Sanshanzi Fm	三山子组	41-0307	$\in Os$	$\in_3—O_1$	谢家荣	1932	江苏	94
113	Shangsi Fm	上寺组	41-0509	$E_3\hat{s}$	E_3	河南石油队	1961	河南	267
114	Shanxi Fm	山西组	41-0334	$P_1\hat{s}$	P_1	Blackwelder	1907	山西	121
115	Shicaogou Fm.	石槽沟(岩)组	41-0224	$Pt_1\hat{s}$	Pt_1	河南地调四队	1987	河南	73
116	Shihezi Fm	石盒子组	41-0335	$P_{1-2}\hat{s}$	P_{1-2}	Norin	1922	山西	122
117	Shimenchong Fm.	石门冲(岩)组	41-0214	$Pz_1\hat{s}$	Pz_1	河南地质十队	1976	河南	106
118	Shiqianfeng Gr	石千峰群	41-0401	$PT\hat{S}$	$P_2—T_1$	Norin	1922	山西	129
119	Shishuyuan Fm	柿树园组	41-0238	$Pz_2\hat{s}$	Pz_2	河南区调队	1986	河南	130
120	Shitaijie Fm	石台街组	41-0520	$E_3\hat{s}$	E_3	河南区测队	1964	河南	188
121	Shiwengzi Fm	石瓮子组	41-0323	$\in_3\hat{s}$	$\in_3$	赵亚曾　黄汲清	1931	陕西	225
122	Shuangfang Fm.	双房(岩)组	41-0110	$Pt_1\hat{s}$	Pt_1	河南区测队	1964	河南	24
123	Shuangshitou Fm	双石头组	41-0356	$C_3\hat{s}$	C_3	聂宗笙等	1959	河南	137
124	Shuigoukou Fm	水沟口组	41-0321	$\in_1\hat{s}$	$\in_1$	陕西区测队(卢衍豪)	1958 (1964)	陕西	221
125	Sichakou Fm.	四岔口(岩)组	41-0203	Pt_2s	Pt_2	陕西区调队(张秋生)	1979 (1980)	陕西	80
126	Sigou Fm	寺沟组	41-0428	K_2s	K_2	周世全等	1975	河南	262
127	Songshan Gr	嵩山群	41-0101	Pt_1S	Pt_1	张伯声	1951	河南	15
128	Sujiahe Gr.	苏家河(岩)群	41-0221	Pt_2S	Pt_2	北京地质学院	1961	河南	212
129	Sunjiagou Fm	孙家沟组	41-0402	P_2s	P_2	刘鸿允等	1959	山西	130
130	Taishanmiao Fm	太山庙组	41-0410	T_3t	T_3	焦作矿业学院	1982	河南	164
131	Taiyuan Fm	太原组	41-0333	P_1t	P_1	翁文灏等	1925	山西	120
132	Taizishan Fm	太子山组	41-0412	T_3tz	T_3	河南煤田地质五队	1971	河南	167
133	Tantou Fm	潭头组	41-0512	E_2t	E_2	秦岭区测队	1959	河南	201
134	Tanzhuang Fm	谭庄组	41-0409	T_3t	T_3	河南石油队	1980	河南	154
135	Taowan Fm.	陶湾(岩)组	41-0205	Zt	Z	阎廉泉	1959	河南	68
136	Waimiao Fm.	歪庙(岩)组	41-0215	Pz_2w	Pz_2	河南区调队	1980	河南	138
137	Wangguangou Fm	王冠沟组	41-0342	D_3w	D_3	北京地质学院豫南区测队	1961	河南	247
138	Wufoshan Gr	五佛山群	41-0118	$Pt_{2-3}W$	Pt_{2-3}	张尔道	1954	河南	33

序号	岩石地层单位名称		编号	代号	地质时代	创名人(介绍人)	创建时间	所在省	在本书页数
	英文	汉文							
139	Wulichuan Fm	五里川组	41-0411	T_3w	T_3	河南地研所	1962	河南	170
140	Wulidun Fm	五里墩组	41-0504	E_2w	E_2	河南区测队	1968	河南	204
141	Wuzhiling Fm	五指岭组	41-0103	Pt_1w	Pt_1	张伯声	1951	河南	18
142	Xiahe Gr.	峡河(岩)群	41-0211	Pt_2X	Pt_2	河南区调队	1993	河南	74
143	Xiaji Fm	下集组	41-0344	C_1x	C_1	河南地矿局 北京地质学院豫南区测队	1961	河南	249
144	Xiaoan Fm	小安组	41-0528	E_2x	E_2	张仁杰	1974	河南	192
145	Xiaofengkou Mem	小风口段	41-0336	$P_{1-2}s^x$	P_{1-2}	杨关秀	1985	河南	123
146	Xiaozhai Fm	小寨组	41-0234	Pz_1x	Pz_1	金守文等	1973	河南	103
147	Xiewan Fm.	谢湾(岩)组	41-0204	Pt_2x	Pt_2	陕西区调队	1981	陕西	80
148	Xijiadian Fm	习家店组	41-0314	$\in_2x$	$\in_2$	朱洪源等	1988	湖北	234
149	Xingfuyuan Fm	幸福园组	41-0107	Pt_1x	Pt_1	河南区测队	1964	河南	21
150	Xinji Fm	辛集组	41-0301	$\in_1x$	$\in_1$	河南地质研究所	1962	河南	84
151	Xionger Gr	熊耳群	41-0112	Pt_2X	Pt_2	秦岭区测队	1959	河南	25
152	Xiuzigou Fm	秀子沟组	41-0315	$\in Ox$	$\in_3—O_1$	北京地质学院豫南区测队	1961	河南	235
153	Xuejiagou Fm	雪家沟组	41-0556	N_2x	N_2	刘后贻	1963	河南	199
154	Xunjiansi Fm	巡检司组	41-0138	Pt_2x	Pt_2	阎廉泉	1959	陕西	56
155	Xushan Fm	许山组	41-0114	Pt_2x	Pt_2	河南区测队	1964	河南	27
156	Yanchang Gr	延长群	41-0406	TY	T_{2-3}	潘钟祥	1934	陕西	152
157	Yangjiabao Fm	杨家堡组	41-0311	$\in_1y$	$\in_1$	朱洪源、陶金宝	1988	湖北	232
158	Yangshan Fm	杨山组	41-0352	C_1y	C_1	聂宗笙等	1959	河南	133
159	Yangxiaozhuang Fm	杨小庄组	41-0355	C_3y	C_3	北京地质学院	1961	河南	136
160	Yanlinggou Fm.	雁岭沟(岩)组	41-0210	Pt_1y	Pt_1	阎廉泉	1959	河南	71
161	Yanwugou Fm	岩屋沟组	41-0312	$\in_1yw$	$\in_1$	朱洪源等	1988	湖北	233
162	Yaolinghe Fm	耀岭河组	41-0218	Pt_3y	Pt_3	阎廉泉	1959	陕西	217
163	Yaoyingzhai Fm	姚营寨组	41-0217	Pt_2y	Pt_2	北京地质学院	1961	河南	216
164	Yima Fm	义马组	41-0414	$J_{1-2}y$	J_{1-2}	河南煤田地质局104队	1960	河南	158
165	Yinyugou Gr	银鱼沟群	41-0106	Pt_1Y	Pt_1	河南区测队	1964	河南	21
166	Yinzhuang Fm	尹庄组	41-0561	Ny	N	河南区测队	1968	河南	205
167	Youfangzhuang Fm	油房庄组	41-407	T_2y	T_2	河南石油队	1960	河南	152
168	Yuejiaping Fm	岳家坪组	41-0322	$\in_2y$	$\in_2$	陕西区测队	1966	陕西	224
169	Yuemengou Gr	月门沟群	41-0331	CPY	C_2-P_1	Norin	1922	山西	116
170	Yuhuangding Fm	玉皇顶组	41-0506	$E_{1-2}y$	E_{1-2}	河南石油队	1961	河南	264
171	Yuku Fm	鱼库组	41-0207	Pt_3y	Pt_3	河南地质三队	1978	河南	67
172	Yungaishan Mem	云盖山段	41-0337	$P_{1-2}s^y$	P_{1-2}	杨关秀	1985	河南	126

序号	岩石地层单位名称		编号	代号	地质时代	创名人(介绍人)	创建时间	所在省	在本书页数
	英　文	汉　文							
173	Yunmengshan Fm	云梦山组	41-0124	Pt_2y	Pt_2	阎廉泉　韩影山	1952	河南	41
174	Yuzhuang Fm	余庄组	41-0522	E_2y	E_2	河南石油队	1961	河南	183
175	Zeyu Fm	泽峪组	41-0523	E_2z	E_2	河南石油队	1961	河南	184
176	Zhaigen Fm.	寨根(岩)组	41-0212	$Pt_{2-3}\dot{z}$	Pt_{2-3}	劳子强	1989	河南	75
177	Zhangjiacun Fm	张家村组	41-0514	$E_2\dot{z}$	E_2	河南地矿局	1989	河南	196
178	Zhangwan Fm	张湾组	41-0326	$S_1\dot{z}$	S_1	阎国顺等	1981	河南	231
179	Zhangwu Fm	彰武组	41-0551	$N_1\dot{z}$	N_1	河北第一区调队	1974	河南	177
180	Zhangxia Fm	张夏组	41-0304	$\in_2\dot{z}$	$\in_2$	Willis 和 Blackwilder	1907	山东	91
181	Zhaqu Fm	岞岫组	41-0324	$O_2\dot{z}$	O_2	北京地质学院豫南区测队	1961	河南	227
182	Zhoujiawan Fm	周家湾组	41-0433	$K_2\dot{z}$	K_2	地质部一普	1963	河南	175
183	Zhoujingou Fm.	周进沟(岩)组	41-0225	$Pz_1\dot{z}$	Pz_1	河南区调队	1976	河南	236
184	Zhuji Fm	朱集组	41-0416	$J_2\dot{z}$	J_2	北京地质学院	1961	河南	171
185	Zhushadong Fm	朱砂洞组	41-0302	$\in_1\dot{z}$	$\in_1$	冯景兰　张伯声	1952	河南	187

附录Ⅲ 河南省建议不采用的地层名称

附录Ⅲ-1

序号	地层单位名称		编号	地质时代	创名人	创建时间	所在省	不采用的理由
	英文	汉文						
1	Anmiao Gr	安庙群	41-5038	T_1	河南煤田地质公司	1982	河南省	石千峰群同物异名
2	Anping Gr	安坪群	41-3089	P_2	陕西区测队	1979	陕西省	归人秦岭(岩)群
3	Bailonggou Fm	白龙沟组	41-2009	Pt_1	河南地质二队	1981	河南省	归人双房(岩)组
4	Baishiya Fm	白石崖组	41-4084	O_1	阎国顺等	1988	河南省	并人下寨组
5	Baiyanshan Fm	白岩山组	41-2013	Pt_1	河南地质二队	1981	河南省	归人北崖山组
6	Baiying Fm	白营组	41-6004	E_1	周世全等	1979	河南省	玉皇顶组下部
7	Baiyugou Fm	白玉沟组	41-2080	Z_2	秦岭区测队	1965	河南省	相当龙家园组和巡检司组
8	Bajiagou Fm	巴家沟组	41-6014	N_2	华北石油队	1958	河南省	相当潞王坟组
9	Bandaojing limestone	搬倒井灰岩	41-4005	$\in_1$	王曰伦	1960	河南省	朱砂洞组同物异名
10	Banqiaochong Mem	板桥冲段	41-3040	Pz_1	河南区测队	1975	河南省	归人小寨组
11	Baibugang Gr	百步岗群	41-4076	C_{2-3}	孙尝君	1963	河南省	道人冲组等
12	Baoshan Fm	薄山组	41-2098	Z_1	北京地院	1961	河南省	归官道口群
13	Baozi Fm	堡子组	41-3013	Pt_1	河南区测队	1968	河南省	分解为二郎坪群和岩体
14	Boai Mem	博爱段	41-4030	C_{2-3}	王德有等	1987	河南省	并人本溪组
15	Caigou Fm	蔡沟组	41-4075	$\in_3$	刘印环等	1991	河南省	秀子沟组下部
16	Caijiawa Mem	蔡家凹段	41-3042	Pt_1	河南区测队	1975	河南省	归人雁岭沟(岩)组
17	Caijiawen Mem	蔡家湾段	41-3065	Pz_1	河南地质八队	1977	河南省	归人火神庙组
18	Caojiawan Fm	曹家湾组	41-4052	$\in_2$	杨家騄	1988	陕西省	岳家坪组上部
19	Caoxiedian Fm	草鞋店组	41-5018	K_2	北京地质学院豫南区测队	1961	河南省	陈棚组同物异名
20	Changling Fm	长岭组	41-2092	Z	河南地质九队及武汉地质学院	1976	河南省	归栾川群
21	Changshan Fm	长山组	41-4009	$\in_3$	孙云铸	1923	河北省	相当炒米店组
22	Changzhougou Fm	常州沟组	41-2100	Z	华北地研所	1964	天津市	归云梦山组
23	Chengang Fm	陈岗组	41-5016	K_2	北京地质学院	1961	河南省	归人陈棚组
24	Chenjiashan schist Fm	陈家山片岩组	41-2022	Pt_2	西北大学	1961	山西省	归人大古石组
25	Chimei Fm	赤眉组	41-3039	Pt_1	北京地质学院	1961	河南省	南湾组的一部分
26	Chitudian Gr	赤土店群	41-2072	C_2	河南地研所	1962	河南省	大致相当煤窑沟组
27	Chuankou Fm	川口组	41-6009	E_2	童永生　王景文	1980	河南省	相当坡底组
28	Chuanlinggou Fm	串岭沟组	41-2099	Z	高振西	1934	天津市	归人白草坪组
29	Chugouyu Fm	锄沟峪组	41-6008	E_2	童永生　王景文	1980	河南省	并人卢氏组
30	Dafengkou Bed	大风口层	41-4033	P_2	孙健初	1934	河南省	石盒子组中下部
31	Dagou Fm	大沟组	41-3023	Pt	河南区测队	1976	河南省	归人陡岭杂岩
32	Dahe Fm	大河组	41-3001	Pz_1	河南区测队	1975	河南省	分别归聚岭群和小寨组

序号	地层单位名称		编号	地质时代	创名人	创建时间	所在省	不采用的理由
	英文	汉文						
33	Dagouhe Fm	大沟河组	41-5006	T_{1-2}	河南石油队	1960	河南省	并入二马营组
34	Dahongzhai Quartzose sandstone Bed	大红寨石英砂岩层	41-2051	Pt_3	王景尊　韩影山	1937	河南省	相当马鞍山组
35	Daigang Fm	代岗组	41-2070	Pt_1	河南区测队	1977	河南省	归入高山河组、龙家园组
36	Daimeizhai Fm	岱嵋寨组	41-2045	Z_2	河南地质局	1959	河南省	见汝阳群
37	Dajian Mem	大涧段	41-4029	C_3	王德有等	1987	河南省	太原组下部
38	Dalishu Fm	大栗树组	41-3005	Pz_1	河南区测队	1975	河南省	归入火神庙组
39	Damaigou Fm	大麦沟(岩)组	41-2075	Pt_2	阎廉泉	1959	河南省	含义不清
40	Danfanyao Gr	丹矾窑群	41-3068	Pz_1	河南地调一队	1980	河南省	相当大庙组
41	Dansanshi Gr	担山石群	41-2020	Pt_2	西北大学	1961	山西省	大古石组
42	Danshui Fm	丹水组	41-5023	E_2-E_3	北京地质学院豫南区测队	1961	河南省	相当寺沟组
43	Dashiba Series	大石扒系	41-2077	$\in_1$	阎廉泉	1959	河南省	分为朱砂洞组和馒头组一段
44	Dashihe Gr	大石河群	41-2073	$\in_1$	河南地研所	1962	河南省	栾川群的一部分
45	Dashimen Quartzite	大石门石英岩	41-2037	Z	张伯声	1952	河南省	见汝阳群
46	Dayuzhen Fm	大峪镇组	41-5002	T	河南石油队	1960	河南省	相当孙家沟组
47	Dazhang Fm	大章组	41-6005	E_1	童永生　王景文	1980	河南省	并入高峪沟组潭头组
48	Dazhangzhuang Fm	大张庄组	41-6003	E_2	河南地质十二队	1979	河南省	并入五里墩组
49	Dazhuang Fm	大庄组	41-2084	Qb	陕西冶金712队及西北大学地质系	1975	河南省	白术沟组同物异名
50	Diaochuanggou Fm	吊床沟组	41-4083	O_1	陕西区调队	1966	陕西省	牛尾巴山组下部
51	Donghu Gr	东湖群	41-5034	K-E	李四光　赵亚曾	1924	湖北省	相当周家湾组
52	Dongshapo Bed	东沙坡层	41-6020	N_1	刘东生等	1963	河南省	相当洛阳组
53	Dongshuanghe metamorphic sliver	东双河变质岩片	41-3037	Pz	河南区调队	1991	河南省	相当南湾组
54	Doudishan Gr	斗底山群	41-3084	Z_2	河南地研所	1962	河南省	归陡山沱组
55	Dushan Fm	独山组	41-5014	K_1	北京地质学院	1961	河南省	并入朱集组
56	Erdaohe Fm	二道河组	41-4080	C_3	苏育民	1960	河南省	杨山组同物异名
57	Erjingou Fm	二进沟组	41-3010	Z_1	河南区测队	1973	河南省	并入大庙组
58	Fangshan Fm	方山组	41-5003	T-P	河南石油队	1960	河南省	刘家沟组同物异名
59	FanKuang Fm	钒矿组	41-4047	$\in_1$	刘印环	1983	河南省	水沟口组下部
60	Fanpingdao Fm	范坪道组	41-3078	E_2	北京地质学院	1965	河南省	灯影组一部分
61	Fanzhuang Series	范庄系	41-5025	E	李捷　朱森	1930	河南省	见玉皇顶组

序号	地层单位名称		编号	地质时代	创名人	创建时间	所在省	不采用的理由
	英文	汉文						
62	Fengfeng Fm	峰峰组	41-4017	O_2	河北区测队	1976	河北省	马家沟组7、8段
63	Fenghuangling Bed	凤凰岭层	41-2047	Ch	河南豫〇二队	1960	河南省	归云梦山组
64	Fenghuangwo Mem	凤凰窝段	41-3044	Pz_1	河南省区测队	1975	河南省	归人石槽沟岩组
65	Fengmaimiao Fm	风脉庙组	41-3027	Ob	河南地质三队	1978	河南省	归入陶湾岩组
66	Fengshan Bed	凤山层	41-4010	$\in_3$	孙云铸	1923	河北省	属三山子组
67	Fenshuiling Fm	分水岭组	41-4019	O_3	裴放　蔡淑华	1987	河南省	见第四章第五节
68	Foziling Gr	佛子岭群	41-3075	Pt	张祖还	1957	安徽省	划归龟山岩组、南湾组
69	Fudian Fm	付店组	41-2015	Pt_1	河南省地质局	1959	河南省	熊耳群同物异名
70	Gangyao Fm	缸窑组	41-4066	C_2	阎国顺等	1988	河南省	并入三关垭组
71	Ganjianghe Fm	干江河组	41-3071	Pz_1	陕西区测队	1979	陕西省	归入大庙组
72	Ganjiaogou Fm	赶脚沟组	41-3007	Z_2	河南区测队	1973	河南省	并入雁岭沟岩组
73	Ganluogou Fm	甘罗沟组	41-3033	Pt_2	河南区调队	1988	河南省	广东坪岩组同物异名
74	Guandimiaogang Fm	关帝庙岗组	41-5019	K_2	地质部一普河南区队	1963	河南省	并入陈棚阻
75	Guangshan Series	光山系	41-5030	K_1	谭锡畴	1925	河南省	相当陈棚组
76	Guankou Sandstone and Conglomerate	关口砂岩砾岩	41-4004	$\in_1$	王曰伦	1960	河南省	辛集组同物异名
77	Guanyindong Mem	观音洞段	41-3063	Pz_1	河南地质八队	1977	河南省	划归火神庙组
78	Guozhuyuan Fm	果竹园组	41-3074	Pt_2	北京地质学院	1961	河南省	归入大庙组
79	Gushantou Fm	孤山头组	41-3002	Pz_1	河南区测队	1975	河南省	归入秦岭群
80	Hanpoling Fm	寒坡岭组	41-4079	C_1	聂宗笙等	1959	河南省	并入杨山组
81	Hanxinzhai Gr	韩信寨群	41-5010	T—J	秦岭区测队	1965	河南省	见太山庙组
82	Haoping Fm	蒿坪组	41-4069	$\in_1$	杨家騄	1988	湖北省	相当冯家凹组
83	Heishan Fm	黑山组	41-6017	N_2	华北石油队	1958	河南省	相当庞村组
84	Heishanzhai Fm	黑山寨组	41-2093	Z_2	河南地质九队	1978	河南省	相当煤窑沟组
85	Hejiagou Fm	何家沟组	41-6007	E_2	河南第四地质大队	1980	河南省	并入卢氏组
86	Hekou Fm	河口组	41-3094	Pz_1	王铭生等	1984	河南省	归入二郎坪组
87	Hekou Gr	河口群	41-2017	Z_1	河南地质研究所	1962	河南省	分为熊耳群等
88	Henglinghe Fm	横岭河组	41-3080	Z_2	北京地质学院	1961	河南省	归入灯影组
89	Hexiaoying Mem	和孝营段	41-3058	P_{21}	河南地质八队	1977	河南省	归入大庙组
90	Heyao Fm	何窑组	41-2060	Z	马杏垣　索书田等（介绍）	1975	河南省	何家寨组同物异名
91	Hongfanji Fm	洪范集组	41-5020	K_2	北京地质学院	1961	河南省	陈棚组同物异名
92	Hongyagou Fm	红崖沟组	41-3024	Pt	河南地质三队	1978	河南省	相当四岔口组
93	Houfanzhuang Series	后范庄系	41-6023	N	李捷　朱森	1930	河南省	见凤凰镇组

序号	地层单位名称		编号	地质时代	创名人	创建时间	所在省	不采用的理由
	英文	汉文						
94	Houjiashan Fm	猴家山组	41-4001	$\in_1$	徐嘉炜	1956	安徽省	分为辛集组和朱砂洞组
95	Huanggou Fm	黄沟组	41-4065	C_1	阎国顺等	1988	河南省	归人梁沟组
96	Hugang Fm	胡岗组	41-5024	K_2	徐余煊　周世全	1979	河南省	细分为高沟组等
97	Huilongsi Fm	回龙寺组	41-3011	Pt_2	北京地质学院	1961	河南省	划归宽坪群
98	Hujiahe Mem	胡家河段	41-3054	Pz_1	河南地质八队	1977	河南省	归人郭庄组
99	Hujiataizi Fm	胡家台子组	41-3081	Z_2	北京地质学院	1961	河南省	归人灯影组
100	Hujiazhuang Gr	胡家庄群	41-4072	$\in_2$	河南地矿局	1989	河南省	大致相当习家店组
101	Hulaozhuang Fm	胡老庄组	41-6002	E_3	张仁杰	1974	河南省	并人五里墩组
102	Hunshuihe Fm	浑水河组	41-6010	E_2	童永生　王景文	1980	河南省	相当小安组
103	Huoshangou Fm	火山沟组	41-3008	Z_2	河南省区测队	1973	河南省	构造地层单位
104	Huoshishan Fm	火石山组	41-2062	Jx	杨文智	1981	河南省	黄连垛组上部
105	Hutuo Series	滹沱系	41-2103	Pt_1	马杏垣引至河南	1957	河北省	在河南很少有人用
106	Jianchanggou Fm	茧厂沟组	41-5022	K_2	北京地质学院豫南区测队	1961	河南省	相当马家村组
107	Jianshan Fm	尖山组	41-3049	Z	河南地质八队	1977	河南省	龟山(岩)组一部分
108	Jiaohe Fm	叫河组	41-3025	Pt_1	河南地质三队	1978	河南省	谢湾岩组同物异名
109	Jiaoyuan Fm	焦园组	41-2030	Ch	喻积贤　王铭生	1985	河南省	鸡蛋坪组同物异名
110	Jiaozishan Limestone	角子山石灰岩	41-4012	$\in_{2-3}$	孙健初	1934	河南省	三山子组同物异名
111	Jiawang Fm	贾汪组	41-4023	O_2	谢家荣(介绍)	1932	江苏省	马家沟组一段
112	Jiepailiang Quartzite Fm	界牌梁石英岩组	41-2004	Pt_1	西北大学	1961	山西省	相当幸福园组
113	Jingeryu Fm	景儿峪组	41-4003	$\in_1$	高振西等	1934	河北省	杨志坚指的是朱砂洞组
114	Jinggou Series	井沟系	41-4006	$\in_1$	寨岭区测队	1959	河南省	归馒头组
115	Jingle Fm	静乐组	41-6021	N_2	山西区调队	1977	山西省	并人璐王坟组
116	Jingwan Fm	井湾组	41-2002	Pt_1	北京地质学院	1973	河南省	庙坡山组同物异名
117	Jinniushan Fm	金牛山组	41-3055	Pz_1	河南地质八队	1977	河南省	相当大庙组一部分
118	Jiulishan Coal Series	九里山煤系	41-5006	J	曹世禄	1936	河南省	分为太山庙组太子山组
119	Jiunudong Gr	九女洞群	41-2101	Pt_3	河南地质科研所	1988	河南省	跨越两个大的平行不整合
120	Jiyuan Gr	济源群	41-6013	K_2	河南石油地质队	1961	河南省	细分为聂庄组等
121	Kangjiawan Fm	康家湾组	41-3064	Pz_1	河南地质八队	1977	河南省	划归火神庙组
122	Laojunshan Fm	老君山组	41-3076	Z_2	北京地质学院	1961	河南省	相当灯影组
123	Laolishan Fm	老李山组	41-2094	Z_2	河南地质九队	1976	河南省	可能相当陶湾组
124	Laopozhai Fm	老婆寨(岩)组	41-2042	Z_1	阎廉泉	1959	河南省	相当高山河组一部分
125	Leijiachang Mem	雷家场段	41-3091	Pt_1	北京地质学院	1961	河南省	相当郭庄岩组
126	Leijiazhai Mem	雷家寨段	41-3072	Pt_1	北京地质学院	1961	河南省	归人秦岭岩群

序号	地层单位名称		编号	地质时代	创名人	创建时间	所在省	不采用的理由
	英　文	汉　文						
127	Liangao Fm	梁凹组	41-4058	O_1	裴放　蔡淑华	1987	河南省	见岞岫组
128	Liangjiashan Fm	亮甲山组	41-4015	O_1	叶良辅　刘季良	1919	河北省	属三山子组
129	Liangting Fm	凉亭组	41-4082	C_1	河南地质八队	1977	河南省	并入花园墙组
130	Lianxisi Bed	莲溪寺层	41-2055	Z	张伯声	1952	河南省	并入云梦山组
131	Linru drift sheet	临汝冰碛层	41-2086	Z_1	杨志坚	1960	河南省	分解为罗圈组东坡组
132	Linxian Fm	林仙组	41-5004	T—P	河南石油队	1960	河南省	和尚沟组同物异名
133	Lishiling Fm	砾石岭（岩）组	41-2044	Z_1	阎廉泉	1959	河南省	相当现高山河组一部分
134	Liujiapo Fm	刘家坡组	41-4062	O_3	刘印环等	1991	河南省	蛮子营组上部
135	Liujiawa Mem	刘家洼段	41-3057	Pz_1	河南地质八队	1977	河南省	归入大庙组
136	Liuling Fm	刘岭组	41-3018	O_{2-3}	秦岭区测队	1959	河南省	相当南湾组和龟山（岩）组
137	Liushan Fm	留山组	41-5012	J	河南地质勘探公司五队	1971	河南省	相当太山庙组下部
138	Liushanyan Fm	刘山岩组	41-3003	Pz_1	河南区测队	1975	河南省	火神庙组同物异名
139	Liuyemiao Fm	六爷庙组	41-5031	E—K	河南石油队	1960	河南省	相当寺沟组
140	Liuzhuang Fm	刘庄组	41-2038	Pt_1	河南区测队	1968	河南省	解体为熊耳群和岩体
141	Liuzhuangye schist Fm	刘庄冶片岩组	41-2007	Pt_1	西北大学	1961	河南省	相当赤山沟组一部分
142	Lizigou Bed	栗子沟层	41-4013	$\in_{1-2}$	孙健初	1934	河南省	馒头组和张夏组
143	Lizigou quartz sandstone Bed	栗子沟石英砂岩层	41-2050	Pt_3	王景尊　韩影山	1937	河南省	相当马鞍山组
144	Longbo Fm	龙脖组	41-2034	Z_1	河南区测队	1964	河南省	次火山岩
145	Longfengdian Fm	龙凤店组	41-3052	Pz_1	河南地质八队	1977	河南省	相当郭庄岩组
146	Longpozhai Bed	龙坡寨层	41-2001	Pt_1	孙健初	1933	河南省	相当五指岭组
147	Longquan Fm	龙泉组	41-4085	O_1	裴放　蔡淑华	1987	河南省	白龙庙组
148	Longtangou Fm	龙潭沟组	41-3017	Pt_1	北京地质学院	1961	河南省	相当陡岭杂岩
149	Longyu State Schist Fm	龙峪板岩片岩组	41-2005	Pt_2	西北大学	1961	山西省	相当赤山沟组一部分
150	Luoao Gr	落凹群	41-2018	Z_1	河南石油队	1961	河南省	相当熊耳群
151	Luofushan Sandstone	落凫山砂岩	41-4031	P_2	冯景兰	1952	河南省	即平顶山段
152	Luohe Gr	洛河群	41-2066	Z	河南区测队	1976	河南省	创名后无人使用
153	Luojiawan Mem	罗家湾段	41-3050	Z	河南地质八队	1977	河南省	相当龟山（岩）组一部分
154	Luonan Gr	洛南群	41-2068	Jx	邱树玉　刘洪福	1982	陕西省	相当官道口群
155	Luoying Fm	罗营组	41-5021	K_2	北京地质学院豫南区测队	1961	河南省	相当高沟组
156	Luoyu Gr	洛峪群	41-2040	Jx	关保德等	1980	河南省	汝阳群上部
157	Lutiezhuang Series	芦铁庄统	41-4014	$\in_1$	中南地质局401队	1956	河南省	馒头组一段

序号	地层单位名称		编号	地质时代	创名人	创建时间	所在省	不采用的理由
	英文	汉文						
158	Majiacitang Mem	马家祠堂段	41-3041	Pz_1	河南区测队	1975	河南省	归人小寨组
159	Makuzhuang Fm	马库庄组	41-2063	Z	杨文智	1981	河南省	董家组同物异名
160	Maoji Gr	毛集群	41-3014	Pt_1	河南区调队	1968	河南省	分解为秦岭（岩）群和二郎坪群
161	Maotang Gr	毛堂群	41-3036	Pt_2	河南区调队	1981	河南省	分为姚营寨组、耀岭河组
162	Maozhuang Series	毛庄统	41-4007	$\in_2$	卢衍豪　董南庭	1952	山东省	见馒头组
163	Mashankou Conglomerate Bed	马山口砾岩层	41-2054	Z	王北海　楚新春	1954	河南省	云梦山组底部
164	Matoushan Fm	马头山组	41-3016	Z	北京地质学院	1961	河南省	相当耀岭河组
165	Matoushan Sandstone	马头山砂岩	41-4024	P_2	冯景兰	1952	河南省	即平顶山段
166	Maotouya Fm	马头崖（岩）组	41-2043	Z_1	阎廉泉	1959	河南省	相当现高山河组一部分
167	Mayao Fm	马窑组	41-2061	Z	马杏垣　索书田等（介绍）	1975	河南省	相当红岭组
168	Meilaowan Mem	梅老湾段	41-3053	Pz_1	河南地质八队	1977	河南省	相当郭庄组一部分
169	Miaochong Fm	庙冲组	41-4078	C_2	王德有	1982	河南省	道人冲组同物异名
170	Miping Gr	米坪群	41-3083	Pz_1	席文祥	1984	河南省	群内的子母沟组等已经废弃
171	Mojie Mem	磨街段	41-4028	C_3	王德有等	1987	河南省	太原组中段
172	Moshigou Fm	磨石沟组	41-2024	Ch	喻积贤　王铭生等	1985	河南省	大古石组同物异名
173	Mudanduo Fm	牡丹垛组	41-2091	Z	河南地质九队及武汉地院	1976	河南省	归官道口群
174	Nangou Fm	南沟组	41-3093	Pz_1	王铭生等	1984	河南省	归人火神庙组
175	Nantianmen Gr	南天门群	41-2083	Z_2	河南地研所	1962	河南省	官道口群同物异名
176	Nanyang Series	南阳系	41-6024	N	巴尔博(Barbour)	1935	河南省	见凤凰镇组
177	Naozizhai Fm	脑子寨组	41-4050	$\in_1$	刘印环	1985	河南省	岳家坪组下部
178	Neibu Fm	内埠组	41-6022	N_2	河南区调队	1981	河南省	大安组同物异名
179	Panlongshan Sandstone Bed	盘龙山砂岩层	41-5036	P—T	曹世禄	1936	河南省	属石盒子组
180	Panping Fm	潘坪组	41-2095	Z_2	河南地质九队	1978	河南省	大致相当南泥湖组
181	Pengjiazhai Fm	彭家寨组	41-3092	C_{2-3}	北京地质学院	1961	河南省	归人雁岭沟(岩)组
182	Pohe Fm	泼河组	41-5015	J_3	地质部一普河南区队	1963	河南省	相当段集组
183	Poqianjie Fm	坡前街组	41-2033	Ch	喻积贤　王铭生等	1985	河南省	马家河组同物异名
184	Puyu Shale	普峪页岩	41-2059	Z	王曰伦　王泽九等	1959	河南省	葡萄峪组同物异名
185	Qiajiamiao Mem	乔家庙段	41-3059	Pz_1	河南地质八队	1977	河南省	划归大庙组
186	Qiganshan quartzose sandstone	旗杆山石英砂岩层	41-2052	Pt_3	王景尊　韩影山	1937	河南省	创名后无人使用
187	Qikeshu Gr	七棵树群	41-5035	J_1	河南地质研究所	1962	河南省	在确山未分组
188	Qinggangping Fm	青岗坪组	41-3029	Pt_2	河南区调队	1986	河南省	四岔口岩组同物异名

序号	地层单位名称		编号	地质时代	创名人	创建时间	所在省	不采用的理由
	英文	汉文						
189	Qinglonghe Fm	青龙河组	41-3079	Z_2	北京地质学院	1961	河南省	归人灯影组
190	Qinjiamiao Gr	覃家庙群	41-4045	ϵ_2	王钰	1938	湖北省	见岳家坪组
191	Qiumugou Fm	秋木沟组	41-3026	Qb	河南地质三队	1978	河南省	归人陶湾(岩)组
192	Rongwushu Fm	容吾树组	41-4055	O_1	北京地质学院豫南区测队	1961	河南省	归白龙庙组
193	Sendaozhuang Fm	三道撞组	41-2083	ϵ_1	秦岭区测队	1965	河南省	分解为白术沟组和三岔口组
194	Sanfengshan Sandstone Bed	三峰山砂岩层	41-5001	P_2-T_1	孙健初	1934	河南省	即平顶山段
195	Sanguan Fm	三官组	41-3073	C_2	北京地质学院	1961	河南省	归人石槽沟(岩)组
196	Sanjianfang Series	三间房系	41-2076	ϵ_1	阎廉泉	1959	河南省	分为辛集组、东坡组
197	Sanyoudong Gr	三游洞群	41-4046	ϵ_3	王钰	1938	湖北省	属石瓮子组
198	Sagou Fm	沙沟组	41-3020	D_{2-3}	河南区测队	1976	河南省	相当南湾组
199	Saiyiling Fm	晒衣岭(岩)组	41-2074	Pt_2	阎廉泉	1959	河南省	创名后无人使用
200	Shanganyao Fm	上鞍腰组	41-5029	J_1	河南石油队	1960	河南省	鞍腰组上部
201	Shangbali Fm	上八里组	41-2065	ϵ_1	河南地研所	1962	河南省	属汝阳群
202	Shangcheng Gr	商城群	41-3034	Pt_2	河南区调队	1980	河南省	已细分为歪庙(岩)组石门冲(岩)组
203	Shangji Fm	上集组	41-4043	C_1	北京地质学院豫南区测队	1961	河南省	即下集组
204	Shangkuanping Fm	上宽坪组	41-3088	Pt_1	秦岭区测队	1965	陕西省	分解为宽坪群、小寨组
205	Shangluanchuan	上栾川群	41-2088	Jx	河南地质三队	1978	河南省	即现栾川群
206	Shangyuyu Bed	上浴峪层	41-2056	Z	阎廉泉 韩影山	1952	河南省	并人北大尖组
207	Shangmaanshan Fm	上马鞍山组	41-2090	Jx	关保德等	1980	河南省	马鞍山组上部
208	Shangmajiagou Fm	上马家沟组	41-4020	O_2	王鸿祯	1954	河北省	马家沟组四、五、六段
209	Shangmiaoling Quartzile Bed	尚庙岭石英岩层	41-2049	Z	孙健初	1933	河南省	现为马鞍山组
210	Shangshihezi Fm	上石盒子组	41-4037	P	那琳(Norin)	1924	山西省	石盒子组云盖山段
211	Shangtaogou Quartzite Fm	上桃沟石英岩组	41-2023	Pt_2	西北大学	1961	山西省	归人大古石组
212	Shangwafangzhuang Mem	上瓦房庄段	41-3045	Pz_1	河南区测队	1975	河南省	归人郭庄岩组
213	Shangxionger Gr	上熊耳群	41-2023	Pt_1	秦岭区测队	1959	河南省	相当马家河组
214	Shangyanlinggou Gr	上雁岭沟群	41-3086	Ar	秦岭区测队	1965	河南省	创名后无人使用含义不清
215	Shangyoufang-zhuang Fm	上油房庄组	41-5027	T_3	河南石油队	1960	河南省	油房庄组上部
216	Shanshuwan Fm	杉树湾组	41-3047	Z	河南地质八队	1977	河南省	归人雁岭沟岩组
217	Shaolinsi Fm	少林寺组	41-2041	Ar_1	王日伦	1960	河南省	相当何家寨组
218	Shengou Fm	神沟组	41-2010	Pt_1	河南地质二队	1981	河南省	归人双房岩组

序号	地层单位名称		编号	地质时代	创名人	创建时间	所在省	不采用的理由
	英文	汉文						
219	Shengwan Fm	盛湾组	41-4070	$\in_3$-O_1	阎国顺等	1988	河南省	并入秀子沟组
220	Shenhou Bed	神后层	41-4034	P_1	孙健初	1934	河南省	山西组同物异名
221	Shibapan Fm	十八盘组	41-3019	D_{2-3}	河南区测队	1976	河南省	相当南湾组
222	Shibeigou Fm	石北沟组	41-2085	Qb	李钦仲	1980	河南省	白术沟组同物异名
223	Shibushan Gr	石步山群	41-4040	$\in_2$	河南地质研究所	1962	河南省	相当岳家坪组
224	Shifo Fm	石佛组	41-5007	T_3	焦作矿院	1982	河南省	相当潭庄组
225	Sigang Fm	寺岗组	41-4059	O_2	裴放　蔡淑华	1987	河南省	并人蛮子营组
226	Shilipu Fm	十里铺组	41-6006	N	北京地院豫西地层队	1961	河南省	相当大峪组
227	Shilongdong Fm	石龙洞组	41-4044	$\in_1$	王钰	1938	湖北省	水沟口组上部
228	Shipai Fm	石牌组	41-4042	$\in_1$	李四光　赵亚增	1924	湖北省	水沟口组中部
229	Shiyanhe Fm	石燕河组	41-4060	O_3	阎国顺等	1982	河南省	蛮子营组上部
230	Shuijinghe Fm	水晶河组	41-3030	Pt_2	河南区调队	1986	河南省	归人栾川群
231	Shuijingtuo Fm	水井沱组	41-4041	$\in_1$	张文堂等	1957	湖北省	水沟口组下部
232	Sishiwuligang Fm	四十五里岗组	41-6016	N_2	华北石油队	1958	河南省	并人潞王坟组
233	Suixianqiao Fm	睡仙桥组	41-3046	Z	河南地质八队	1977	河南省	归秦岭岩群
234	Tanggou Fm	唐沟组	41-2096	Z_2	河南地质九队	1978	河南省	大致相当煤窑沟组
235	Tangjiao Fm	塘角组	41-3048	Z	河南地质八队	1977	河南省	创名后无人使用
236	Tangyin Gr	汤阴群	41-6015	N_2	河南地质研究所	1962	河南省	见鹤壁组
237	Taohe Gr	滔河群	41-5037	K_{2-E}	河南地研所	1976	河南省	已细分为高沟组等
238	Taoyuan Fm	桃园组	41-2012	Pt_1	河南地质二队	1981	河南省	归人北崖山组
239	Tianheban Fm	天河板组	41-4043	$\in_1$	张文堂	1957	湖北省	水沟口组中部
240	Tianhu Gr	田湖群	41-5017	K_2	河南地质研究所	1962	河南省	相当九店组
241	Tiaoshan	条山组	41-3090	Pt_2	北京地质学院	1961	河南省	相当大庙组
242	Tiejianglu Fm	铁匠炉组	41-3032	Pt_2	河南区调队	1988	河南省	四岔口(岩)组同物异名
243	Tieshanhe Fm	铁山河组	41-2088	Pt_1	河南区调队	1964	河南省	归人银鱼沟群
244	Tieshan Fm	铁山组	41-4058	D_3	陕西区调队	1966	陕西省	相当葫芦山组
245	Tiexiangou Fm	铁仙沟组	41-4056	$\in_{3-O1}$	北京地质学院豫南区测队	1961	河南省	并人石瓮子组
246	Tuba Fm	土坝组	41-4011	$\in_3$	徐嘉炜	1956	安徽省	属三山子组
247	Waitoushan Fm	歪头山组	41-3004	Pt_1	河南区测队	1975	河南省	并人大庙组
248	Wandoushan Fm	豌豆山组	41-3077	Pt_2	北京地质学院	1961	河南省	归人秦岭(岩)群
249	Wangjiadian Fm	汪家店组	41-4049	$\in_1$	杨家禄	1988	河南省	水沟口组中部
250	Wangjiawa Fm	王家洼组	41-3066	Pz_1	河南地质八队	1977	河南省	划归南湾组
251	Wanhedian Gr	万和店群	41-3015	Pt_1	河南区测队	1968	河南省	相当苏家河(岩)群
252	Wawuchang Fm	瓦屋场组	41-3022	Pt	河南区测队	1976	河南省	归人陡岭杂岩
253	Wucheng Gr	吴城群	41-6001	E	河南区测队	1968	河南省	分为毛家坡组等

序号	地层单位名称		编号	地质时代	创名人	创建时间	所在省	不采用的理由
	英文	汉文						
254	Wugongya Fm	蜈蚣丫组	41-5054	ϵ_3	陕西区测队	1966	陕西省	并入石瓮子组
255	Wulou Fm	吴楼组	41-3067	S—D	河南第八地质队	1977	河南省	划归大庙组
256	Wutai Series	五台系	41-2102	Pt_1	孙健初引至河南	1933	山西省	在河南很少有人用
257	Wuwan Fm	武湾组	41-2058	Z	河南地质局	1959	河南省	并入云梦山组
258	Wuwanhougou Bed	武湾后沟层	41-2057	Z	阎廉景　韩彭山	1952	河南省	并入北大尖组、崖庄组
259	Xiasanmen Series	下三门系	41-6018	N_2	安特生(Andesson)	1923	河南省	见棉凹组
260	Xiaanyao Fm	下鞍腰组	41-5028	J_1	河南石油队	1960	河南省	鞍腰组下部
261	Xiakuanping Fm	下宽坪组	41-3087	Pt_1	秦岭区测队	1965	陕西省	相当二郎坪群
262	Xialuanchuan Gr	下栾川群	41-2087	Jx	河南地质三队	1978	河南省	改称官道门群
263	Xiamaanshan Fm	下马鞍山组	41-2089	Jx	关保德等	1980	河南省	马鞍山组下部
264	Xiamajiagou Fm	下马家沟组	41-4022	O_2	王鸿祯	1954	河北省	见马家沟组
265	Xiamaling Fm	下马岭组	41-4002	ϵ_1	叶良辅	1920	河南省	杨志坚指的是辛集组
266	Xiame Fm	峡阿组	41-2048	Jx	关保德等	1988	河南省	马鞍山组上部
267	Xiangcheng Fm	项城组	41-6011	E_{2-3}	北京地质学院豫西地层队	1961	河南省	相当门里组
268	Xiangpu Mem	香铺段	41-3061	Pz_1	河南地质八队	1977	河南省	划归大庙组
269	Xiangziping Fm	香子坪组	41-2081	Z_1	秦岭区测队	1965	河南省	相当杜关组和冯家湾组
270	Xiaodingshan Series	小顶山统	41-2039	Z_2	杨志坚	1958	河南省	包括现三教堂组和洛峪口组
271	Xiaogoubei Fm	小沟背组	41-2046	Z_1	王志宏	1979	河南省	相当兵马沟组
272	Xiaoquangou Gr	小泉沟群	41-4039	ϵ_1	河南地质研究所	1962	河南省	即水沟口组
273	Xiaoshan Gr	崤山群	41-2016	Z_1	河南地质研究所	1962	河南省	相当熊耳群和高山河组
274	Xiaoxian Fm	肖县组	41-4018	O_2	安徽区调队	1977	安徽省	马家沟组二、三段
275	Xiaozhuang Fm	效庄组	41-5005	T_{1-2}	河南石油队	1960	河南省	并入二马营组
276	Xiashihezi Fm	下石盒子组	41-4038	P	那琳(Norin)	1924	河南省	石盒子组小风口段
277	Xiawafangzhuang Mem	下瓦房庄段	41-3043	Pz_1	河南区测队	1975	河南省	归人石槽沟(岩)组
278	Xiaxionger Gr	下熊耳群	41-2026	Pt_1	秦岭区测队	1959	河南省	相当许山组
279	Xiayanlinggou Gr	下雁岭沟群	41-3085	Ar	秦岭区调队	1965	河南省	创名后无人使用含义不清
280	Xiayoufangzhuang	下油房庄组	41-5026	T_3	河南石油队	1960	河南省	油房庄组下部
281	Xiazhuang Fm	下庄组	41-3028	Pt_2	河南区调队	1986	河南省	归广东坪(岩)组
282	Xichongtou Fm	西冲头组	41-4077	C_{2-3}	聂宗笙等	1959	河南省	见道人冲组
283	Xiewa Green Sandstone	谢凹灰绿砂岩	41-4063	O_2-D_3	曹世禄	1933	河南省	细分为蛮子营组等
284	Xiguanzhuang Fm	西官庄组	41-3021	D_{2-3}	河南区测队	1976	河南省	相当龟山(岩)组

序号	地层单位名称		编号	地质时代	创名人	创建时间	所在省	不采用的理由
	英文	汉文						
285	Xinyang Gr	信阳群	41-3035	C—P	北京地质学院	1961	河南省	解体为龟山(岩)组南湾组
286	Xishandi Bed	西山底层	41-2036	Ch	河南豫〇二队	1960	河南省	相当马家河组
287	Xiyanghe Gr	西阳河群	41-2014	Pt_1	河南区测队	1964	河南省	熊耳群同物异名
288	Xugou Fm	徐沟组	41-4074	$\in_3$	阎国顺等	1988	河南省	秀子沟组下部
289	Xujiazhuang Gr	徐家庄群	41-4073	$\in_3$	河南地矿局	1989	河南省	秀子沟组中下部
290	Xuzhuang Series	徐庄统	41-4008	$\in_2$	卢衍豪　董南庭	1952	山东省	并入馒头组
291	Yangdazhuang Fm	杨大庄组	41-4081	C—P	聂宗笙等	1959	河南省	杨小庄组同物异名
292	Yangfan Mem	杨畈段	41-3060	Pz_1	河南地质八队	1977	河南省	划归大庙组
293	Yangjiahe Fm	杨家河组	41-3062	Pz_1	河南地质八队	1977	河南省	划归火神庙组
294	Yangjiatun Coal Series	杨家屯煤系	41-4036	C	叶良辅	1920	河南省	细分为山西组、太原组
295	Yangshugou Fm	杨树沟组	41-2097	Z_2	河南地质九队	1978	河南省	大致相当三岔口组
296	Yangshuzhuang Fm	杨树庄组	41-5013	J_2	焦作矿院	1982	河南省	相当鞍腰组上部
297	Yangsizhuang Fm	杨寺庄组	41-2064	Z	杨文智	1981	河南省	并入东坡组
298	Yangtoushan Fm	羊头山组	41-2071	Pt_1	河南区测队	1977	河南省	归入栾川群
299	Yangzhuangcun Fm	杨庄村组	41-4061	O_2	刘印环等	1991	河南省	见蛮子营组
300	Yanyaozhai Fm	眼窑寨组	41-2035	Ch	喻积贤　王铭生等	1985	河南省	次火山岩
301	Yaoshang Fm	窑上组	41-3095	Pz_1	王铭生等	1984	河南省	归入二郎坪群
302	Yefanggou Fm	叶芳沟组	41-4051	$\in_2$	杨家騄	1988	陕西省	岳家坪组下部
303	Yeli Fm	冶里组	41-4016	O_1	孙云铸　Crabau	1920	河北省	属三山子组
304	Yihe Gr	伊河群	41-2067	Z	金守文	1976	河南省	创名后无人使用
305	Yindonggou Fm	银洞沟组	41-2069	Pt_1	河南区测队	1966	河南省	已分别划归汝阳群、陶湾组
306	Yindonghe Fm	银洞河组	41-2011	Pt_1	河南地质二队	1981	河南省	归入双房(岩)组
307	Yongqingshan Fm	永青山组	41-4064	D_3	阎国顺等	1988	河南省	归入葫芦山组
308	Yuegou Fm	月沟组	41-2078	Pt_2	阎廉泉	1957	河南省	含义不清
309	Yueyagou Fm	月牙沟组	41-3070	Pz_1	陕西区调队	1979	陕西省	归入大庙组
310	Yuezhuang Fm	月庄组	41-6026	K_2	河南石油地质队	1961	河南省	余庄组同物异名
311	Yunjiashan Gr	云架山群	41-3069	Pz_1	陕西区测队	1979	陕西省	分解为二郎坪群及柿树园组
312	Yunyanghe Fm	云阳河组	41-5011	J	河南地质勘探公司五队	1971	河南省	相当太山庙组上部
313	Yuxian Fm	禹县组	41-4025	P_1	阎国顺等	1985	河南省	太原组上段
314	Yuyuanxia Marble Fm	余元下大理岩组	41-2006	Pt_1	西北大学	1961	山西省	相当赤山沟组一部分
315	Zhanghemiao Fm	张合庙组	41-2027	Ch	喻积贤　王铭生	1985	河南省	许山组同物异名
316	Zhangjiadazhuang Fm	张家大庄组	41-3006	Pz_1	河南区测队	1975	河南省	并入大庙组
317	Zhangzhuang Fm	张庄组	41-6025	K_2	河南石油队	1961	河南省	并入聂庄组

序号	地层单位名称		编号	地质时代	创名人	创建时间	所在省	不采用的理由
	英　文	汉　文						
318	Zhaoying Fm	赵营组	41-5032	K_2	河南石油队	1960	河南省	相当马家村组
319	Zhifanggou Fm	纸房沟组	41-4053	$\in_3$	阎国顺等	1988	河南省	石瓮子组中下部
320	Zhongmajiagou Fm	中马家沟组	41-4021	O_2	河北区测队	1974	河北省	马家沟组四一六段
321	Zhongtiao Gr	中条群	41-2003	Pt_1	王植	1954	山西省	见银鱼沟群
322	Zhongxiongner Gr	中熊耳群	41-2029	Pt_1	秦岭区测队	1957	河南省	相当鸡蛋坪组
323	Zhouying Fm	周营组	41-4067	C_2	阎国顺等	1988	河南省	并入三关垭组
324	Zhutougou Fm	猪头沟组	41-4026	P_1	王德有等	1987	河南省	太原组上段
325	Zhutun Bed	朱屯层	41-4035	C_3	孙健初	1934	河南省	太原组同物异名
326	Zhuyuangou Series	竹园沟系	41-2079	Pt_2	阎廉泉	1959	河南省	含义不清
327	Zhuzhuang Gr	朱庄群	41-3082	Pz_1	河南地科所	1982	河南省	群内的组均已停用
328	Ziluoshan Conglomerate Bed	紫罗山砾岩层	41-2053	Z	阎廉泉　韩影山	1952	河南省	云梦山组底部
329	Zimugou Fm	子母沟组	41-3009	Z_2	河南区测队	1973	河南省	构造地层
330	Zoumagang Fm	走马岗组	41-5033	K_2	河南石油队	1960	河南省	相当高沟组
331	Zuolaozhuang Fm	左老庄组	41-3012	Pt_1	河南区测队	1968	河南省	划归宽坪(岩)群
332	Zushimiao Fm	祖师庙组	41-4071	$\in_{1-2}$	杨家騄	1988	河南省	属冯家凹组、习家店组